최신 기출 유형 **100%** 반영

콘크리트 산업기사 필기
5개년 과년도
1200제

KDS, KCS 적용 | SI 단위 적용

고행만 저

기출문제
CBT 형식
반영

핵심요약 + 모의고사

실무 및 강의 경험이 풍부한 최상급 저자

정확한 답과 명쾌한 해설

과목별 핵심 요약 수록

질의응답 카페 운영
cafe.daum.net/khm116
(토목, 건설재료, 콘크리트)

PREFACE | 이 책의 머리말 |

　건설공사에서 콘크리트 구조물에 관련한 전문 기술인의 필요성이 대두되어 어느 때보다 콘크리트 지식과 실무 경험을 가진 기술인이 요구되고 있습니다.

　본 자격 직종은 토목 및 건축공사의 콘크리트 시공업체, 레미콘 2차 제품 등의 콘크리트 관련 제조업체, 설계업체, 감리업체, 구조물의 안전진단 및 유지관리기관 등에 종사하는 실무자들이 갖추어야 할 자격 직종입니다.

　본 수험서는 짧은 시간에 핵심 포인트 문제를 최종 점검할 수 있도록 과년도 기출문제를 최근 출제 경향에 따라 CBT 문제 형식으로 반영하여 수록하게 되었습니다.

　수험자 여러분!
여러분의 정진하는 모습이 아름답습니다.
수험자 여러분께 도움이 되도록 나름대로 심혈을 기울였습니다.

　끝으로 교정 작업 담당자의 노고에 감사드립니다.
아울러 건기원 사장님과 임직원 여러분께 감사드리며 출판사의 무한한 발전을 기원합니다.

　수험자 여러분!
합격의 영광을 함께하고 싶습니다. 감사합니다.

저자 올림

CONTENTS | 이 책의 차례 |

핵심요약

CHAPTER 1 콘크리트 재료 및 배합

- **01.** 시멘트 ········· 10
- **02.** 시멘트의 종류 ········· 10
- **03.** 혼화재 ········· 12
- **04.** 혼화제 ········· 13
- **05.** 골재 ········· 14
- **06.** 굵은골재 최대치수 ········· 15
- **07.** 시멘트 시험 ········· 15
- **08.** 골재 시험 ········· 16
- **09.** 콘크리트의 배합 ········· 17

CHAPTER 2 콘크리트 제조 시험 및 품질관리

- **01.** 레디믹스트 콘크리트의 제조 ········· 21
- **02.** 콘크리트 시험 ········· 23
- **03.** 콘크리트의 품질관리 ········· 26
- **04.** 콘크리트 공사에서의 품질관리 및 검사 · 28
- **05.** 콘크리트의 성질 ········· 29

CHAPTER 3 콘크리트의 시공

- **01.** 콘크리트의 혼합 및 타설 ········· 33
- **02.** 거푸집 및 동바리 ········· 36
- **03.** 경량골재 콘크리트 ········· 37
- **04.** 매스 콘크리트 ········· 38
- **05.** 한중 콘크리트 ········· 39
- **06.** 서중 콘크리트 ········· 40
- **07.** 수밀 콘크리트 ········· 40
- **08.** 유동화 콘크리트 ········· 40
- **09.** 고강도 콘크리트 ········· 41
- **10.** 수중 콘크리트 ········· 42
- **11.** 프리플레이스트 콘크리트 ········· 43
- **12.** 해양 콘크리트 ········· 44
- **13.** 팽창 콘크리트 ········· 45
- **14.** 숏크리트 ········· 46
- **15.** 섬유보강 콘크리트 ········· 47
- **16.** 방사선 차폐용 콘크리트 ········· 47
- **17.** 프리스트레스트 콘크리트 ········· 48
- **18.** 고유동 콘크리트 ········· 49
- **19.** 순환골재 콘크리트 ········· 50
- **20.** 폴리머 시멘트 콘크리트 ········· 50

CHAPTER 4 　 콘크리트 구조 및 유지관리

- **01.** 프리캐스트 콘크리트 ·················· 51
- **02.** 철근 콘크리트 ························· 52
- **03.** 열화조사 및 진단 ···················· 64
- **04.** 열화 원인 ······························ 67
- **05.** 열화 성능평가 ························ 69
- **06.** 보수 · 보강공법 ······················ 70

5개년 과년도 1200제

week 1
- **01회** CBT 모의고사(2014년 8월 17일) ········ 72
- **02회** CBT 모의고사(2015년 3월 8일) ·········· 98
- **03회** CBT 모의고사(2015년 5월 31일) ····· 121

week 2
- **01회** CBT 모의고사(2015년 8월 16일) ······ 146
- **02회** CBT 모의고사(2016년 3월 6일) ······ 169
- **03회** CBT 모의고사(2016년 5월 8일) ······ 193

week 3
- **01회** CBT 모의고사(2016년 8월 21일) ······ 218
- **02회** CBT 모의고사(2017년 3월 5일) ········ 244
- **03회** CBT 모의고사(2017년 5월 7일) ········ 268

week 4
- **01회** CBT 모의고사(2017년 8월 26일) ······ 294
- **02회** CBT 모의고사(2018년 4월 28일) ······ 318
- **03회** CBT 모의고사(2018년 8월 19일) ······ 341

week 5
- **01회** CBT 모의고사(2019년 8월 4일) ········ 366
- **02회** CBT 모의고사(2020년 6월 13일) ······ 388
- **03회** CBT 모의고사(2020년 8월 23일) ······ 412

7주 완성 학습플래너

다음의 플랜은 가장 이상적인 것이므로 참고하여 개인의 입장과 일정에 맞춰 준비하시기 바랍니다.

Step 1
핵심요약
1주 소요
- 1주 동안 핵심요약을 정독하면서 중요사항은 외우고, 이해할 건 이해하고 넘어 가세요.
- 핵심요약과 관련된 기출문제가 나오면 핵심요약을 보면서 기출문제를 풀어 보세요.

Step 2
기출문제
5주 소요
- 1주에 3회, 총 15회의 기출문제가 수록되어 있습니다.
- 실제 시험을 치르는 것처럼 기출문제를 풀어 보세요.
- 틀린 문제는 꼭 체크한 후 나중에 다시 풀어보세요.

Step 3
정리
1주 소요
- 핵심요약을 전체적으로 복습합니다.
- 기출문제에서 체크해 두었던 틀린 문제만 다시 풀어보세요.

CBT 필기시험 미리보기

http://www.q-net.or.kr

처음 방문하셨나요?
큐넷 서비스를 미리 체험해보고
사이트를 쉽고 빠르게 이용할 수 있는
이용 안내, 큐넷 길라잡이를 제공

| 큐넷 체험하기 | CBT 체험하기 |
| 이용안내 바로가기 | 큐넷길라잡이 보기 |
| 동영상 실기시험 체험하기 |
| 전문자격시험체험학습관 바로가기 |

이용방법 큐넷에 **접속**한 후, 메인 화면 하단의 **〈CBT 체험하기〉 버튼**을 클릭한다.

효율적으로 정답을 선택합시다!
(정답을 모르는 문제는 이렇게 골라보면 어떨까요?)

1. 우선 본인이 공부를 하고 50% 정답을 맞힐 수 있는 능력을 갖도록 해야 합니다.

2. 과목별 과락은 넘고 평균 60점이 안 되는 분을 위해 적용하는 것입니다.

3. 확실히 아는 문제의 답만 답안지에 표시합니다.

4. 확실히 정답을 모르는 문제 중 정답이 아닌 지문 2개를 선택합니다.
   (예 ① ② ③̸ ④̸)

5. 다시 모르는 문제의 지문 2개를 연구하여 선택합니다. 이때 확신이 없으면 정답으로 선택해서는 안 됩니다. (절대 추측은 금물입니다.)

6. 답안지에 확실히 정답을 표시한 문제 10개의 정답 분포를 나열합니다.
   (예 ① ② ③ ④)
       3 0 2 5

7. 나머지 정답을 모르는 문제 10개를 나열해 봅니다.

1번 ① ② ③̸ ④̸	14번 ①̸ ② ③ ④
⋮	⋮
5번 ① ② ③ ④	15번 ① ② ③̸ ④̸
⋮	⋮
7번 ①̸ ② ③ ④̸	17번 ①̸ ② ③̸ ④
⋮	⋮
10번 ①̸ ②̸ ③ ④	19번 ① ② ③̸ ④
⋮	⋮
12번 ① ②̸ ③ ④̸	20번 ①̸ ② ③̸ ④

8. 위와 같이 정답을 모르는 문제들 중에 2개 지문이 정답이 아닌 것을 사전에 알 정도로 공부가 되어 있어야 합니다.

9. 이제 정답을 모르는 문제의 답을 확실한 정답 분포와 비교하여 선택해 봅니다.
   1번 ②, 5번 ①, 7번 ②, 10번 ③, 12번 ③, 14번 ③, 15번 ②, 17번 ②, 19번 ①, 20번 ②

10. 공부를 하시고 이 방법으로 적용하여야 합니다.

효율적으로 공부하여 합격합시다!

1. 특정 과목을 선택하여 문제를 처음부터 끝까지 그 과목만 우선 마무리 진행합니다.

2. 해설의 풀이 과정을 이해하고 관련된 공식을 암기하도록 합니다. (토질 및 기초 과목의 경우는 연습장에 관련 공식을 10번 정도 반복하여 기재하면서 외웁니다. 그리고 기호와 숫자의 대입을 파악합니다.)

3. 해설이나 보충 내용은 아주 중요한 부분이므로 절대 소홀히 보시면 안 되겠습니다. (보충 내용은 시험에 많이 출제된 내용으로 편성되었습니다.)

4. 문제를 접하면서 어려운 부분이나 핵심이 되는 내용은 별도의 노트를 준비하여 요약을 간단히 합니다.

5. 또한, 다른 특정 과목을 선택하여 위 방법으로 진행하면서 앞에 공부했던 과목을 같이 병행해 나아가는데, 이때 어려운 부분이나 관련된 핵심의 공식을 점검합니다.

6. 위와 같은 방법으로 반복하여 3회 정도 하면 합격을 하실 수 있습니다.

7. 시험의 출제 경향을 살펴보면 문제가 과년도와 똑같거나 숫자만 약간 변경되어 나오고 있으므로 풀이 과정만 잘 이해하면 합격을 하실 수 있습니다.

8. 시험 보기 일주일 전에는 과목별로 노트에 요약된 내용을 총점검하면서 오전, 오후로 나누어 과목별 문제를 가볍고 빠르게 점검합니다.

핵심요약

콘크리트산업기사

- I. 콘크리트 재료 및 배합
- II. 콘크리트 제조, 시험 및 품질관리
- III. 콘크리트의 시공
- IV. 콘크리트 구조 및 유지관리

CHAPTER I 콘크리트 재료 및 배합

STUDY GUIDE

*응결
- 시멘트와 물이 혼합된 시멘트 풀이 시간이 지남에 따라 유동성과 점성을 잃고 굳어지는 현상
- 응결은 초결 1시간 이후, 종결은 10시간 이내로 규정되어 있다.
- 시멘트의 응결시험은 비카침 및 길모어침에 의해 시멘트의 응결시간을 측정한다.

01 시멘트

1 시멘트 제조

석회석과 점토를 혼합하여 1400~1500℃ 정도 소성하여 클링커를 만든 후 응결 지연제인 석고를 2~3% 정도 넣고 클링커를 분쇄하여 만든다.

2 시멘트의 화학적 성분

① 주성분
 ㉠ 석회(CaO) : 63%
 ㉡ 실리카(SiO_2) : 23%
 ㉢ 알루미나(Al_2O_3) : 6%
② 부성분
 ㉠ 산화철(Fe_2O_3)
 ㉡ 무수황산(SO_3)
 ㉢ 산화마그네슘(MgO)

02 시멘트의 종류

1 보통 포틀랜드 시멘트

① 일반적인 시멘트를 보통 포틀랜드 시멘트라 한다.
② 원료가 석회석과 점토로 재료 구입이 쉽고 제조 공정이 간단하여 그 성질이 우수하다.

2 중용열 포틀랜드 시멘트

① 수화열을 적게 하기 위해 알루민산 3석회(C_3A)의 양을 적게 하고 장기강도를 내기 위해 규산 이석회(C_2S)량을 많게 한 시멘트
② 수화열이 적다.

③ 조기강도는 작으나 장기강도는 크다.
④ 댐, 매스 콘크리트, 방사선 차폐용 등에 적합하다.
⑤ 건조수축은 포틀랜드 시멘트 중에서 가장 적다.

3 조강 포틀랜드 시멘트

① 보통 포틀랜드 시멘트의 28일 강도를 재령 7일 정도에서 나타난다.
② 수화속도가 빠르고 수화열이 커 한중공사, 긴급공사 등에 사용된다.
③ 수화열이 크므로 매스 콘크리트에서는 균열 발생의 원인이 되므로 주의해야 한다.
④ 수경률이 큰 시멘트이다.

4 고로 시멘트

① 수화열이 비교적 적다.
② 내화학약품성이 좋아 해수, 공장폐수, 하수 등에 접하는 콘크리트에 적당하다.
③ 댐공사에 사용된다.
④ 단기강도가 적고 장기강도가 크다.

5 실리카 시멘트(포졸란)

① 콘크리트 워커빌리티를 증가시킨다.
② 장기강도가 커진다.
③ 수밀성 및 해수에 대한 화학적 저항성이 크다.

6 플라이 애시 시멘트

① 콘크리트 워커빌리티를 증대시키며 단위수량을 감소시킬 수 있다.
② 수화열이 적고 건조수축도 적다.
③ 장기강도가 커진다.
④ 해수에 대한 내화학성이 크다.

7 알루미나 시멘트

① 1일 강도가 보통 포틀랜드 시멘트의 28일 강도와 같다.
② 발열량이 커 한중공사, 긴급공사에 적합하다.
③ 해수 및 기타 화학작용을 받는 곳에 저항성이 크다.
④ 내화용 콘크리트에 적합하다.

*혼합 시멘트
고로 슬래그 시멘트, 플라이 애시 시멘트, 포졸란 시멘트 등

⑤ 보통포틀랜드 시멘트와 혼합하여 사용하면 순결성이 나타나므로 주의하여야 한다.

8 초속경 시멘트(jet cement)

① 2~3시간에 큰 강도를 얻을 수 있다.
② 응결시간이 짧고 경화시 발열이 크다.
③ 알루미나 시멘트와 같은 전이현상이 없다.
④ 보통시멘트와 혼합해서 사용하면 안 된다.
⑤ 강도발현이 매우 빨라 물을 가한 후 2~3시간에 압축강도가 약 10~20 MPa 달한다.
⑥ 재령 1일에 40MPa의 강도를 발현한다.

9 팽창시멘트

① 보통 포틀랜드 시멘트를 사용한 콘크리트는 경화 건조에 의해 수축, 균열이 발생하는데 이 수축성을 개선할 목적으로 사용한다.
② 초기에 팽창하여 그 후의 건조수축을 제거하고 균열을 방지하는 수축보상용과 크게 팽창을 일으켜 프리스트레스 콘크리트로 이용하는 화학적 프리스트레스 도입용이 있다.
③ 팽창성 콘크리트의 수축률은 보통 콘크리트에 비해 20~30% 작다.
④ 팽창성 콘크리트는 양생이 중요하며 믹싱시간이 길면 팽창률이 감소하므로 주의해야 한다.

*잠재 수경성 있는 혼화재
고로 슬래그 미분말

03 혼화재

사용량이 비교적 많아 그 자체의 부피가 콘크리트의 배합계산에 관계가 되며 시멘트 사용량의 5% 이상 사용한다.

1 포졸란

① 블리딩이 감소하고 워커빌리티가 좋아진다.
② 수밀성 및 화학 저항성이 크다.
③ 발열량이 적어지므로 강도의 증진이 늦고 장기강도가 크다.
④ 댐 등 단면이 큰 콘크리트에 사용된다.

2 플라이 애시

① 콘크리트의 워커빌리티를 좋게 하고 사용수량을 감소시켜 준다.
② 장기강도가 크다.
③ 수화열이 적어 단면이 큰 콘크리트 구조물에 적합하다.
④ 콘크리트의 수밀성을 크게 개선한다.
⑤ 플라이 애시의 품질 규정
   ㉠ 시료의 수량 및 채취 방법은 인도·인수 당사자 사이의 협의에 따른다.
   ㉡ 채취한 시료는 표준체 $850\mu m$로 체를 쳐서 이물질을 제거하고 통과분을 방습성의 기밀한 용기에 밀봉하여 보존한다.
   ㉢ 시험용 시료는 시험하기 전에 시험실 안에 넣어 실온과 같아지도록 한다.

3 고로 슬래그

① 내해수성, 내화학성이 향상된다.
② 수화열에 의한 온도상승의 대폭적인 억제가 가능하게 되어 매스 콘크리트에 적합하다.
③ 알칼리 골재반응의 억제에 대한 효과가 크다.

04 혼화제

1 공기연행제

① 콘크리트 내부에 독립된 미세한 기포를 발생시켜 이 연행공기가 시멘트, 골재입자 주위에서 볼 베어링 작용을 함으로 콘크리트의 워커빌리티를 개선한다.
② 블리딩을 감소시킨다.
③ 동결융해에 대한 내구성을 크게 증가시킨다.
④ 공기량이 1% 증가함에 따라 슬럼프가 1.5cm 증가하고 압축강도는 4~6% 감소한다.
⑤ 단위수량이 적게 된다.
⑥ 철근과 부착강도가 저하되는 단점이 있다.
⑦ 알칼리 골재반응이 적다.

*실리카 퓸
① 밀도가 2.1~2.2g/cm³ 정도이며 시멘트 질량의 5~15% 정도 치환하면 콘크리트가 치밀한 구조가 된다.
② 재료분리 저항성, 수밀성, 내화학약품성이 향상되며 알칼리 골재반응의 억제효과 및 강도 증진이 된다.

2 유동화제

① 낮은 물-결합재비 콘크리트에 사용하여 반죽질기를 증가시켜 워커빌리티를 증진시킨다.
② 고강도 콘크리트를 얻을 수 있다.

3 경화 촉진제

① 시멘트의 수화작용을 촉진하는 혼화제로 시멘트 질량의 1~2% 정도 사용한다.
② 조기강도를 증가시켜 주나 2% 이상 사용하면 큰 효과가 없으며 오히려 순결, 강도저하를 준다.
③ 조기강도의 증대 및 동결온도의 저하에 따른 한중 콘크리트에 사용한다.
④ 경화 촉진제로 염화칼슘, 규산나트륨 등이 있다.

4 지연제

① 시멘트의 수화반응을 늦추어 응결시간을 길게 할 목적으로 사용한다.
② 서중 콘크리트 시공시 워커빌리티의 저하를 방지한다.
③ 레디믹스트 콘크리트의 운반거리가 멀어 운반시간이 장시간 소요되는 경우 유효하다.
④ 수조, 사일로 및 대형 구조물 등 연속 타설을 필요로 하는 콘크리트 구조에서 작업이음 발생 등의 방지에 유효하다.

05 골재

1 골재의 입경에 따른 분류

① 굵은골재 : 5mm체에 거의 남는 골재
② 잔골재 : 10mm체를 전부 통과하고 5mm체를 거의 통과하며 0.08mm체에 다 남는 골재

2 골재의 필요 조건

① 깨끗하고 유해물이 함유하지 않을 것
② 물리, 화학적으로 안정하고 강도 및 내구성이 클 것

---

*발포제
알루미늄 또는 아연 등의 분말을 혼합하여 모르타르 및 콘크리트 속에 미세한 기포를 발생하게 한다.

③ 입도 분포가 양호할 것
④ 모양은 구 또는 입방체에 가까울 것
⑤ 마모에 대한 저항성이 클 것

06 굵은골재 최대치수

① 골재의 체가름 시험을 하였을 때 통과질량 백분율이 90% 이상 통과한 체 중에서 최소치수의 눈금을 말한다.
② 구조물의 종류별 굵은골재 최대치수

구조물의 종류		굵은골재 최대치수
무근 콘크리트		40mm 이하, 부재 최소치수의 1/4 이하
철근 콘크리트	일반적인 경우	20mm 또는 25mm 이하
	단면이 큰 경우	40mm 이하
댐 콘크리트		150mm 이하
포장 콘크리트		40mm 이하

부재 최소치수의 1/5 이하, 피복두께 및 철근의 최소 수평, 수직 순간격의 3/4 이하

★알칼리 골재반응
① 포틀랜드 시멘트 속의 알칼리 성분이 골재 속의 실리카질 광물과 화학반응을 일으키는 것이다.
② 알칼리 골재반응을 억제하기 위해 알칼리량을 0.6% 이하로 하는 것이 좋다.

07 시멘트 시험

1 시멘트 밀도시험

① 르샤틀리에 병에 광유를 0~1ml 눈금사이 넣고 눈금을 읽는다.
② 병의 목 부분에 묻은 광유를 철사에 천을 감고 닦아낸다.
③ 시멘트 64g을 넣고 병을 가볍게 굴리거나 흔들어 내부 공기를 뺀 후 광유의 표면 눈금을 읽는다.
④ 시멘트 밀도 = $\dfrac{\text{시멘트의 질량(g)}}{\text{병 눈금의 차(ml)}}$

2 시멘트 분말도 시험

블레인 공기 투과 장치를 이용한다.

3 시멘트 응결시험

비카 침, 길모어 침에 의해 응결시간을 측정한다.

※ 시멘트 모르타르의 인장강도시험
모르타르는 시멘트와 표준모래를 섞어 질량비가 1 : 2.7의 질량비로 한다.

4 시멘트 팽창도 시험
오토클레이브를 이용한다.

5 시멘트의 강도시험(KSL ISO 679)
모르타르는 시멘트와 표준모래를 1 : 3의 질량비로 한다.(시멘트 450g, 표준사 1350g, 물 225g, W/C=0.5)

08 골재 시험

1 골재의 체가름 시험
① 체 진동기에 골재를 넣고 조립하여 1분동안 체가름하여 1% 이내의 통과가 될 때까지 체가름 한다.
② 조립률은 표준체(75mm, 40mm, 20mm, 10mm, 5mm, 2.5mm, 1.2mm, 0.6mm, 0.3mm, 0.15mm)의 각 체에 남는 양의 누계 백분율의 합을 100으로 나눈 값으로 말하며 골재의 입자가 크면 클수록 조립률이 크다.
③ 잔골재 조립률 : 2.0~3.3
④ 굵은골재 조립률 : 6~8
⑤ 체가름용 시료의 표준량

골재	질량(g)
• 잔골재 1.2mm체를 95%(질량비) 이상 통과하는 것	100g
• 잔골재 1.2mm체를 5%(질량비) 이상 남는 것	500g
• 굵은골재 최대치수 20mm	4 kg
• 굵은골재 최대치수 25mm	5 kg
• 굵은골재 최대치수 40mm	8 kg

㉠ 굵은골재의 경우 사용하는 골재의 최대치수(mm)의 0.2배를 kg으로 표시한 양을 시료의 최소건조질량으로 한다.
㉡ 구조용 경량골재 시료의 최소건조질량은 일반골재 규정값의 1/2배로 한다.

※ 잔골재 시험 허용치
• 밀도 : 0.01g/cm³ 이하
• 흡수율 : 0.05% 이하

2 잔골재 밀도 및 흡수율 시험
① 잔골재의 밀도는 보통 2.50~2.65g/cm³ 정도이다.
② 잔골재의 밀도는 표면 건조 포화 상태의 밀도를 말한다.

3 굵은골재의 밀도 및 흡수율 시험

① 골재의 밀도는 표면 건조 포화 상태의 밀도를 말한다.
② 굵은골재의 밀도는 2.55~2.70g/cm³ 정도이다.
③ 굵은골재의 흡수율은 보통 0.5~4% 정도이다.

4 골재의 단위 용적질량 시험

다짐대를 사용하는 방법, 충격을 이용하는 방법이 있다.

5 골재의 안정성 시험

① 골재의 내구성을 알기 위해 황산나트륨 용액으로 골재의 부서짐 작용에 대한 저항성을 시험하는 것이다.
② 기상 작용에 의한 골재의 균열 또는 파괴에 대한 저항성을 측정한다.

6 잔골재 유기불순물 시험

알코올, 타닌산, 수산화나트륨 용액을 사용하며 시험용액의 색깔이 표준색 용액보다 연할 때는 사용 가능하다.

7 굵은골재의 닳음시험(마모시험)

① 로스앤젤레스 시험기에 의한 굵은골재의 닳음 저항을 측정하는 것이다.
② 마모율 = $\dfrac{\text{시험전 시료의 질량} - \text{시험후 1.7mm 체에 남는 시료의 질량}}{\text{시험전 시료의 질량}} \times 100$
③ 보통 콘크리트용 골재의 마모율은 40% 이하, 댐 콘크리트는 40% 이하, 포장 콘크리트의 경우는 35% 이하이다.

09 콘크리트의 배합

1 배합강도(f_{cr})

구조물에 사용된 콘크리트의 압축강도가 품질기준강도보다 작지 않도록 현장 콘크리트의 품질 변동을 고려하여 콘크리트의 배합강도(f_{cr})는 품질기준강도(f_{cq})보다 크게 정하여야 한다.
콘크리트 배합강도는 다음의 두 식에 의한 값 중 큰 값으로 정한다.

STUDY GUIDE

∗ 간극률(빈틈률)
= 100 − 실적률
= $\left(1 - \dfrac{\omega}{\rho}\right) \times 100$

여기서,
ρ : 골재의 밀도(절건밀도)
ω : 골재의 단위용적질량
 ※ 고강도 콘크리트용 굵은골재의 실적률은 59% 이상을 기준한다.

∗ 안정성 시험 골재의 손실 질량비
• 잔골재 : 10% 이하
• 굵은골재 : 12% 이하

① $f_{cq} \leq 35\text{MPa}$인 경우

$f_{cr} = f_{cq} + 1.34s$
$f_{cr} = (f_{cq} - 3.5) + 2.33s$ ┐ 큰 값

② $f_{cq} > 35\text{MPa}$인 경우

$f_{cr} = f_{cq} + 1.34s$
$f_{cr} = 0.9f_{cq} + 2.33s$ ┐ 큰 값

여기서, s = 압축강도의 표준편차(MPa)

③ 콘크리트 압축강도의 표준편차
  ㉠ 실제 사용한 콘크리트의 30회 이상의 시험실적으로부터 결정하는 것을 원칙으로 한다.
  ㉡ 압축강도의 시험횟수가 29회 이하이고 15회 이상인 경우는 계산한 표준편차에 보정계수를 곱한 값을 표준편차로 사용한다.

▣ 시험횟수가 29회 이하일 때 표준편차의 보정계수

시험횟수	표준편차의 보정계수
15	1.16
20	1.08
25	1.03
30 이상	1.00

④ 콘크리트 압축강도의 표준편차를 알지 못할 때 또는 압축강도의 시험횟수가 14회 이하인 경우 콘크리트 배합강도

호칭강도(MPa)	배합강도(MPa)
21 미만	$f_{cn} + 7$
21 이상 35 이하	$f_{cn} + 8.5$
35 초과	$1.1f_{cn} + 5.0$

★ 품질기준강도(f_{cq})
설계기준 압축강도(f_{ck})와 내구성 기준 압축강도(f_{cd}) 중에서 큰 값

2 물-결합재비

① 소요의 강도, 내구성, 수밀성 및 균열 저항성 등을 고려하여 정한다.
② 동결융해에 대한 콘크리트의 물-결합재비는 노출등급에 따라 55~45%로 하여야 한다.
③ 해양환경, 제설염 등 염화물에 대한 물-결합재비는 노출등급에 따라 45~40%로 하여야 한다.
④ 콘크리트의 탄산화 저항성을 고려하여야 하는 경우 물-결합재비는 노출등급에 따라 60~45%로 한다.

3 단위수량

작업이 가능한 범위 내에서 될 수 있는 대로 적게 되도록 시험을 통해 정한다.

4 굵은골재의 최대치수

① 부재 최소치수의 1/5, 슬래브 두께의 1/3, 철근피복 및 철근의 최소 순간격의 3/4을 초과해서는 안 된다.
② 굵은골재의 최대치수 표준

구조물의 종류	굵은골재의 최대치수(mm)
일반적인 경우	20 또는 25
단면이 큰 경우	40
무근 콘크리트	40 부재 최소치수의 1/4 이하

5 슬럼프의 표준값

종 류		슬럼프 값(mm)
철근 콘크리트	일반적인 경우	80~150
	단면이 큰 경우	60~120
무근 콘크리트	일반적인 경우	50~150
	단면이 큰 경우	50~100

*슬럼프
운반, 타설, 다지기 등의 작업에 알맞은 범위 내에서 될 수 있는 대로 작은 값으로 정한다.

6 잔골재율

① 소요의 워커빌리티를 얻을 수 있는 범위 내에서 단위수량이 최소가 되도록 시험에 의해 정한다.
② 콘크리트 배합을 정할 때 가정한 잔골재의 조립률에 비하여 조립률이 ±0.2 이상의 변화를 나타내었을 때는 배합을 변경하여야 한다. 공기연행 콘크리트를 사용할 경우에는 입도 변화의 허용값을 작게 규정하는 것이 좋다.
③ 고성능 공기연행 감수제를 사용한 콘크리트의 경우로서 물-결합재 비 및 슬럼프가 같으면 일반적인 공기연행 감수제를 사용한 콘크리트와 비교하여 잔골재율을 1~2% 정도 크게 하는 것이 좋다.

7 시방배합

① 단위시멘트량 : $\dfrac{\text{단위수량}}{\text{물} - \text{시멘트비}}$

② 단위 골재량의 절대부피(m^3)

$$1 - \left(\dfrac{\text{단위수량}}{\text{물의 밀도} \times 1000} + \dfrac{\text{단위시멘트량}}{\text{시멘트의 밀도} \times 1000} + \dfrac{\text{단위혼화재량}}{\text{혼화재의 밀도} \times 1000} + \dfrac{\text{공기량}}{100}\right)$$

③ 단위 잔골재량의 절대부피(m^3)

단위 골재량의 절대부피 × 잔골재율

④ 단위 잔골재량(kg)

단위 잔골재량의 절대부피 × 잔골재의 밀도 × 1000

⑤ 단위 굵은골재량의 절대부피(m^3)

단위 골재량의 절대부피 − 단위 잔골재량의 절대부피

⑥ 단위 굵은골재량(kg)

단위 굵은골재량의 절대부피 × 굵은골재의 밀도 × 1000

※ 현장배합
현장 골재의 입도 및 함수 상태를 고려하여 보정한다.

8 현장배합

① 골재의 입도에 대한 보정

㉠ $x = \dfrac{100S - b(S+G)}{100 - (a+b)}$

㉡ $y = \dfrac{100G - a(S+G)}{100 - (a+b)}$

여기서, x : 계량해야 할 현장의 잔골재량(kg)
y : 계량해야 할 현장의 굵은골재량(kg)
S : 시방배합의 잔골재량(kg)
G : 시방 배합의 굵은골재량(kg)
a : 잔골재 속의 5mm체에 남는 양(%)
b : 굵은골재 속의 5mm체를 통과하는 양(%)

② 골재의 표면 수량에 대한 보정

㉠ $S' = x\left(1 + \dfrac{c}{100}\right)$

㉡ $G' = y\left(1 + \dfrac{d}{100}\right)$

㉢ $W' = W - x \cdot \dfrac{c}{100} - y \cdot \dfrac{d}{100}$

여기서, S' : 계량해야 할 현장의 잔골재량(kg)
G' : 계량해야 할 현장의 굵은골재량(kg)
W' : 계량해야 할 현장의 물의 양(kg)
c : 현장의 잔골재의 표면수량(%)
d : 현장의 굵은골재의 표면수량(%)
W : 시방 배합의 물의 양(kg)

콘크리트 제조 시험 및 품질관리

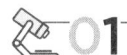 **레디믹스트 콘크리트의 제조**

1 품질의 지정

① 레디믹스트 콘크리트의 종류는 보통 콘크리트, 경량골재 콘크리트, 포장 콘크리트, 고강도 콘크리트로 하고 구입자는 굵은골재의 최대치수, 슬럼프 및 호칭강도를 지정한다.
② 공기량은 보통 콘크리트의 경우 4.5%이며 경량골재 콘크리트의 경우 5.5%, 포장 콘크리트 4.5%, 고강도 콘크리트 3.5%로 하여 그 허용오차는 ±1.5%로 한다.
③ 슬럼프 및 슬럼프 플로

슬럼프(mm)	슬럼프 허용차(mm)
25	±10
50 및 65	±15
80 이상	±25

※ 여기서, 슬럼프 30mm 이상 80mm 미만인 경우 허용오차 ±15mm를 적용한다.

슬럼프 플로(mm)	슬럼프 플로의 허용차(mm)
500	±75
600	±100
700	±100

※ 여기서, 슬럼프 플로 700mm는 굵은골재의 최대치수가 15mm인 경우에 한하여 적용한다.

2 염화물 함유량

① 콘크리트 중에 함유된 염소이온의 총량으로 표시한다.
② 굳지 않은 콘크리트 중의 전 염소이온량은 원칙적으로 $0.3\,kg/m^3$ 이하로 한다.
③ 염소이온량이 적은 재료의 입수가 곤란한 경우는 책임기술자의 승인을 얻어 콘크리트 중의 전 염소이온량의 허용 상한값을 $0.6\,kg/m^3$로 할 수 있다.

STUDY GUIDE

*콘크리트 강도시험
① 1회의 시험결과는 호칭강도의 85% 이상
② 연속 3회 시험결과의 평균치는 호칭강도의 값 이상

여기서, 1회의 압축강도 시험결과는 임의의 1개 운반차로부터 채취한 시료로 3개의 공시체를 제작하여 시험한 평균값으로 한다.

STUDY GUIDE

*콘크리트 강도에 영향을 미치는 주된 요인
재료, 배합, 공기량, 시공방법, 양생방법, 시험방법 등

3 콘크리트 강도

① 표준양생을 실시한 콘크리트 공시체의 재령 28일의 시험값으로 한다.
② 콘크리트 구조물은 주로 콘크리트의 압축강도를 기준한다.
③ 콘크리트의 강도시험 횟수는 450m³를 1로트로 하여 150m³당 1회의 비율로 한다. 다만, 인수·인도 당사자간의 협정에 따라 검사 로트를 조정할 수 있다.

4 재료의 계량 오차

재료의 종류	1회 계량 오차
시멘트, 물	시멘트(-1%, +2%), 물(-2%, +1%)
혼화재	±2%
골재, 혼화제	±3%

5 품질관리

① 시멘트의 품질관리
공사 시작전, 공사중 1회/월 이상 및 장기간 저장한 경우
(공시체 : 150mm×150mm×530mm)

② 혼합수의 품질관리
㉠ 상수도수 : 공사 시작 전
㉡ 상수도수 이외의 물 : 공사 시작 전, 공사중 1회/년 이상 및 수질이 변한 경우
㉢ 콘크리트 제조시의 혼합용수는 기름, 산, 염류, 유기물 등의 콘크리트 품질에 영향을 주는 품질의 유해량을 함유하지 않는 깨끗한 물이라야 한다.
㉣ 하천수는 상수돗물 이외의 물에 대한 품질규정에 적합하지 않으면 사용할 수 없다.
㉤ 상수돗물은 시험하지 않고 사용할 수 있으나 그 이외의 물은 시험을 하여야 한다.
㉥ 슬러지수는 시험을 해야 하며 슬러지 고형분율은 3% 이하이어야 한다.
㉦ 배합설계시 슬러지수에 포함된 슬러지 고형분은 물의 질량에는 포함되지 않는다.

③ 회수수의 품질

항 목	품 질
염소이온(Cl⁻)량	250mg/l 이하
시멘트 응결시간의 차	초결은 30분 이내, 종결은 60분 이내
모르타르의 압축강도비	재령 7일 및 28일에서 90% 이상

단, 고강도 콘크리트의 경우 회수수를 사용해서는 안 된다.

02 콘크리트 시험

1 슬럼프 시험(slump test)

① 목 적

굳지 않은 콘크리트의 반죽질기를 측정하는 것으로 워커빌리티를 판단한다.

② 시험기구
  ㉠ 슬럼프 콘 : 밑면의 안지름 200mm, 윗면의 안지름 100mm, 높이 300mm, 두께 1.5mm인 금속제
  ㉡ 다짐대 : 지름 16mm, 길이 500~600mm인 원형 강봉

③ 시험방법
  ㉠ 시료를 슬럼프 콘 부피의 약 1/3 되게 넣고 다짐대로 25번 다진다.
  ㉡ 시료를 슬럼프 콘 부피의 약 2/3까지 넣고 다짐대로 25번 다진다. 이때 다짐대는 그 앞층에 거의 도달할 정도의 깊이로 한다.
  ㉢ 마지막으로 슬럼프 콘에 넘칠 정도로 넣고 다짐대로 25번 다진다.
  ㉣ 콘크리트가 내려앉은 길이를 콘크리트의 중앙부에서 5mm 단위로 측정한다.

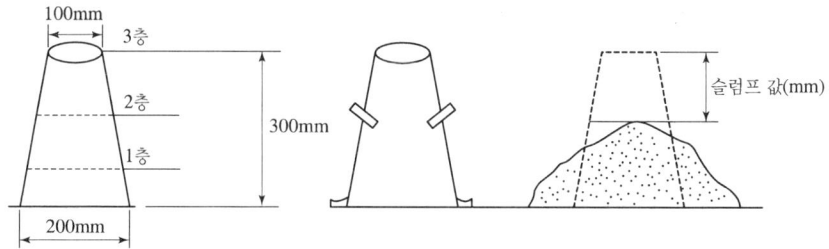

STUDY GUIDE

*상수돗물 이외의 물의 품질

항 목	품 질
현탁 물질의 양	2 g/l 이하
용해성 증발 잔류물의 양	1 g/l 이하
염소 이온 (Cl⁻)량	250 mg/l 이하
시멘트 응결 시간의 차	초결은 30분 이내, 종결은 60분 이내
모르타르의 압축강도비	재령 7일 및 재령 28일에서 90% 이상

＊슬럼프 시험
두 번 이상 시험한 평균값

④ 결과
　㉠ 슬럼프 콘에 시료를 채우고 벗길 때까지 전 작업시간은 3분 이내로 한다.
　㉡ 슬럼프 콘을 들어올리는 시간은 높이 30cm에서 2~3초로 한다.(전 작업시간에 포함)

2 공기량 시험

① 대표적인 시료를 용기에 3층으로 나누어 넣고 각 층을 다짐대로 25번씩 다진다.
② 용기의 옆면을 고무망치로 가볍게 두들겨 빈틈을 없앤다.
③ 용기 윗부분의 콘크리트를 반듯하게 깎아내고 뚜껑을 얹어 공기가 생기지 않게 잠근다.
④ 공기실의 주밸브를 잠그고 배기구 밸브와 주수구 밸브를 열어 놓고 물을 넣어 배기구로 기포가 나오지 않을 때까지 넣고 배기구와 주수구를 잠근다.
⑤ 공기실 내의 압력을 초압력까지 올리고 약 5초 지난 뒤에 주밸브를 연다.
⑥ 지침이 정지되었을 때 압력계를 읽어 겉보기 공기량(A_1)을 구한다.
⑦ 결과 : $A = A_1 - G$

　여기서, A : 콘크리트의 공기량 (%)
　　　　　A_1 : 겉보기 공기량 (%)
　　　　　G : 골재의 수정계수 (%)

＊공기량 측정기
공기실 압력법(워싱턴형)

3 콘크리트 압축강도 시험

① 공시체 제작 방법($\phi 150 \times 300$mm의 경우)
　㉠ 공시체는 지름의 2배 높이인 원기둥형이며 지름은 굵은골재 최대 치수의 3배 이상, 100mm 이상으로 한다.
　㉡ 콘크리트를 몰드에 2층 이상으로 채워 층당 1000mm^{2}마다 1회 비율로 다진다.(각 층의 채우는 두께는 75~100mm로 채운다.)
　㉢ 몰드 옆면을 고무망치로 두들긴 후 흙 손으로 콘크리트의 표면을 고른다.
　㉣ 2~4시간 지나서 된반죽의 시멘트풀(W/C=27~30%)로 시험체의 표면을 캐핑한다.
② 공시체의 양생
　㉠ 몰드를 제작한 후 16시간 이상 3일 이내에 해체한다.
　㉡ 공시체를 20±2℃에서 습윤상태로 양생한다.

③ 압축강도 시험방법
  ㉠ 일정한 속도(매초 0.6±0.4MPa)로 하중을 가한다.

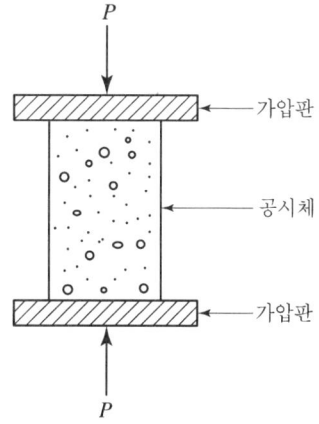

  ㉡ 압축강도(f_{cu}, MPa) = $\dfrac{\text{최대 하중(N)}}{\text{공시체의 단면적}(\text{mm}^2)}$

4 콘크리트 인장강도 시험

① 공시체 지름은 굵은골재 최대치수의 4배 이상이며 150mm 이상으로 한다.
② 공시체 길이는 그 지름 이상, 2배 이하로 한다.(일반적으로 지름 100mm의 경우 길이는 200mm가 적절하다.)
③ 매초 0.06±0.04MPa의 일정한 비율로 증가시켜 하중을 준다.
④ 인장강도(f_{sp}, MPa) = $\dfrac{2P}{\pi dl}$

  여기서, P : 공시체가 파괴될 때 최대하중(N)
       d : 공시체의 지름(mm)
       l : 공시체의 길이(mm)

*쪼갬 인장강도
콘크리트 압축강도용 시험체를 옆으로 뉘어 놓고 압력을 가해서 파괴

5 콘크리트 휨강도 시험

① 콘크리트를 몰드에 2층으로 나눠 채워 윗면적 1000mm²에 대하여 1회 비율로 다진다.(공시체 : 150×150×530mm)
② 공시체 한 변의 길이는 굵은골재 최대치수의 4배 이상이며 100mm 이상으로 하고 공시체 길이는 단면 한 변 길이의 3배보다 80mm 이상 긴 것으로 한다.
③ 몰드를 제작한 후 16시간 이상 3일 이내에 해체한다.
④ 공시체를 20±2℃에서 습윤상태로 양생한다.

*휨강도 시험
4점 재하장치 이용

⑤ 휨강도(f_b, MPa) $= \dfrac{Pl}{bd^2}$

여기서, P : 시험기에 나타난 최대하중(N)
l : 지간의 길이
b : 평균 너비(mm)
d : 평균 두께(mm)

6 슈미트 해머에 의한 콘크리트 강도의 비파괴 시험

① 측정할 곳을 3cm 간격으로 20점 이상을 표시한다.
② 해머의 타격봉 끝을 콘크리트 표면의 측점에 대고 눌러 타격한다.
③ 멈춤 단추를 눌러 눈금 지침을 멈추게 하고 눈금을 읽는다.
④ 기준 반발도 R_o로부터 테스트 해머 강도

$$F(\text{MPa}) = -18.0 + 1.27R_o \ [-184 + 13R_o(\text{kg}/\text{cm}^2)]$$

⑤ 슈미트 해머의 종류
  ㉠ N형(보통 콘크리트용)
  ㉡ M형(매스 콘크리트용)
  ㉢ L형(경량 콘크리트용)
  ㉣ P형(저강도 콘크리트용)
  ※ 슈미트 해머는 사용 전에 테스트 앤빌($R = 80 \pm 1$)을 사용하여 검교정을 한다.

03 콘크리트의 품질관리

1 품질관리의 목적

① 설계 시방서에 표시된 규격을 만족시키면서 구조물을 가장 경제적으로 만들기 위해 통계적 기법을 응용하는 것이다.
② 품질 유지, 품질 향상, 품질 보증 등을 위해 실시한다.

2 품질관리 4단계 사이클

① 계획(plan)
② 실시(do)
③ 검토(check)
④ 조치(action)

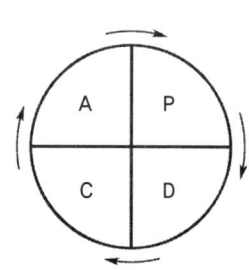

3 품질관리의 순서

① 품질 특성 결정　② 품질 표준 결정
③ 작업 표준 결정　④ 작업 실시
⑤ 관리 한계 설정　⑥ 히스토그램 작성
⑦ 관리도 작성　⑧ 관리 한계 재설정

4 품질관리의 수법

① 파레토도 : 결과와 원인을 분석하고 주요 문제점을 발견하기 위한 그래프
② 특성 요인도 : 어떤 특성(결과)과 그 원인의 관계를 정리하기 위한 그래프
③ 히스토그램 : 데이터를 일정한 폭으로 구분하고, 막대그래프로 표현하여 중심, 편차, 모양의 문제점을 발견하기 위한 그래프
④ 그래프 : 데이터를 형식과 관계에서 문제점을 발견하기 위한 도구
⑤ 층별 : 데이터를 grouping하며 문제를 발견해 내기 위한 도구
⑥ 산포도 : 한 쌍의 데이터가 대응하는 상태에서 문제를 발견해 내기 위한 도구
⑦ 체크시트 : 계산치의 자료를 모아 그것에서 문제를 발견해 내기 위한 도구
⑧ 관리도 : 데이터의 편차에서 관리 상황과 문제점을 발견해 내기 위한 도구

* 히스토그램
공사 또는 품질 상태가 만족한 상태에 있는지 여부를 판단하는 데 이용한다.

5 관리도의 종류

① $\bar{x} - R$ 관리도 : 시료의 길이, 질량, 강도 등과 같은 연속적으로 분포하는 계량값일 때 사용된다.
② $\tilde{x}$ 관리도(Median 관리도) : 평균치를 계산하는 시간과 노력을 줄이기 위해 사용된다.
③ x 관리도(1점 관리도) : 군으로 나누지 않고 한 개 한 개의 측정치를 사용하여 공정을 관리할 때 사용한다.
④ P 관리도(불량률 관리도) : 1개씩 취급하는 물품으로 1개마다 불량품이 어느 정도 비율로 나오는지를 판단한다.
⑤ P_n 관리도(불량개수 관리도) : 1개마다 양, 불량으로 구별할 경우 사용한다.

⑥ C관리도(결점수 관리도) : 취급하는 물품의 크기가 일정한 경우 사용한다.
⑦ U관리도(결점 발생률 관리도) : 1개의 물품 중에 흠이 몇 개인지를 알아내는 관리도로 단위당의 결점수 관리도라 한다.

6 관리도의 판독

① 공정의 관리상태인 경우(안전한 관리상태)
　㉠ 관리한계선 밖에 분포하는 점이 없다.
　㉡ 점의 배열상태에 어떤 특이한 경향이 없다.
　㉢ 중심선의 상·하에 대체로 같은 수의 점이 분포한다.
　㉣ 중심선 부근일수록 많은 수의 점이 분포한다.
　㉤ 중심선에서 멀어질수록 점의 분포수가 감소하는 상태를 나타낸다.
② 공정의 관리상태가 아닌 경우(불안전한 관리상태)
　㉠ 점이 중심선의 어느 한 측에 연속으로 배열되는 경우
　㉡ 점의 배열이 상승 또는 하강하는 경향을 나타내는 경우
　㉢ 점의 배열에 주기적인 경향이 나타나는 경우
　㉣ 모든 점이 중심선 부근에 집중하는 경향을 나타내는 경우
　㉤ 점의 관리한계선 가까이에 배열되는 경우
　㉥ 관리한계선에 근접하는 점이 거의 없는 경우
　㉦ 중심선의 어느 한 편에 많은 수의 점이 배열되는 경우

04 콘크리트 공사에서의 품질관리 및 검사

*품질의 변동계수
$$\frac{표준편차}{측정값의\ 평균치} \times 100$$

1 콘크리트의 품질관리 시험

① 슬럼프시험, 공기량시험, 강도시험, 염화물 함유량시험, 단위용적 질량시험, 콘크리트 온도 측정 등을 한다.
② 트럭 애지테이터에서 시료를 채취하는 경우에는 트럭 애지테이터를 30초간 고속으로 휘저은 후 최초로 배출되는 콘크리트 약 $50l$를 제외한 후 콘크리트의 전 횡단면에서 3회 이상 나누어 채취한 다음 전체를 다시 비비기하여 시료로 사용한다.
③ 검사는 강도, 슬럼프, 공기량 및 염화물 함유량에 대하여 시험한다.

2 콘크리트 받아들이기 품질검사

① 워커빌리티의 검사는 굵은골재 최대치수 및 슬럼프가 설정치를 만족하는지의 여부를 확인함과 동시에 재료 분리 저항성을 외관 관찰에 의해 확인하여야 한다.
② 강도검사는 콘크리트의 배합 검사를 실시하는 것을 표준으로 한다. 배합 검사를 하지 않은 경우에는 압축강도에 의한 품질검사를 실시한다. 이 검사에서 불합격된 경우에는 구조물에 대한 콘크리트의 강도 검사를 실시하여야 한다.
③ 내구성 검사는 공기량, 염소이온량을 측정하는 것으로 한다. 내구성으로부터 정한 물-결합재비는 배합 검사를 실시하거나 강도 시험에 의해 확인할 수 있다.
④ 검사 결과 불합격으로 판정된 콘크리트는 사용할 수 없다.

05 콘크리트의 성질

1 굳지 않은 콘크리트의 성질을 나타내는 용어

① 워커빌리티(workability) : 반죽질기 여하에 따른 작업의 난이도 및 재료분리에 저항하는 정도를 나타내는 성질
② 반죽질기(consistency) : 주로 물의 양이 많고 적음에 따라 반죽이 되고 진 정도를 나타내는 성질
③ 성형성(plasticity) : 거푸집을 쉽게 다져 넣을 수 있고 거푸집을 제거하면 천천히 형상이 변하기는 하지만 허물어지거나 재료분리하지 않는 성질
④ 피니셔빌리티(finshability) : 굵은골재의 최대치수, 잔골재율, 잔골재의 입도, 반죽질기 등에 따른 마무리하기 쉬운 정도를 나타내는 성질

2 콘크리트의 워커빌리티 측정방법

① 슬럼프 시험
② 흐름 시험(flow test)
③ Vee-Bee 시험(진동대식 시험)
④ 다짐계수 시험
⑤ 리몰딩 시험
⑥ 구 관입 시험

*단위수량의 영향
수량이 많을수록 반죽질기가 크며 너무 많으면 재료분리의 원인이 된다.

3 콘크리트 재료의 분리 및 대책

① 콘크리트 작업중에 생기는 재료분리의 원인
　㉠ 굵은골재의 최대치수가 지나치게 큰 경우
　㉡ 입자가 거친 잔골재를 사용할 경우
　㉢ 단위 골재량이 너무 많은 경우
　㉣ 단위수량이 너무 많은 경우
　㉤ 콘크리트 배합이 적절하지 않은 경우
　㉥ 콘크리트 운반시 애지테이터의 회전이 정지되거나 속도가 맞지 않을 경우
　㉦ 컨시스턴시가 적합하지 않아 과도한 진동다짐을 한 경우에는 굵은골재의 침하, 블리딩이 생기기 쉽고 슈트를 사용한 경우 굵은골재의 분리가 심해진다.

② 콘크리트 작업 중에 생긴 재료분리 현상을 줄이기 위한 대책
　㉠ 잔골재율을 크게 한다.
　㉡ 잔골재 중의 0.15~0.3mm 정도의 세립분을 많게 한다.
　㉢ 단위수량이 작고 물·시멘트비가 낮은 콘크리트가 분리에 대한 저항성이 크다.

4 초기 균열

① 침하수축 균열
　㉠ 콘크리트 타설 후 콘크리트 표면 가까이 있는 철근, 매설물 또는 입자가 큰 골재 등이 콘크리트의 침하를 국부적으로 방해를 하기 때문에 철근의 상부 배근 방향으로 침하균열이 발생한다.
　㉡ 침하나 블리딩이 큰 콘크리트일수록 초기균열이 발생하기 쉽고 균열의 크기는 커진다.
　㉢ 응결시간이 빠른 시멘트, 장시간 비빈 콘크리트, 하절기에 시공된 콘크리트, 타설높이가 큰 콘크리트, 거푸집이 불안전하여 모르타르가 누출된 콘크리트, 거푸집의 조임이나 동바리가 불안전한 경우 등에 많이 발생한다.

② 초기 건조균열(플라스틱 수축균열)
　콘크리트 표면의 물의 증발속도가 블리딩 속도보다 빠른 경우와 같이 급속한 수분 증발이 일어나는 경우에 콘크리트 마무리면에 가늘고 얇은 균열이 생긴다.

*침하수축 균열 방지
단위수량을 될 수 있는 한 적게 하며 타설 종료 후에는 충분한 다짐을 한다.

③ 수화발열에 의한 온도균열
  ㉠ 콘크리트의 응결, 경화과정에서 시멘트의 수화열이 축적되어 콘크리트 내부 온도가 상승하여 발생되는 균열이다.
  ㉡ 댐과 같이 단면이 큰 매스콘크리트 등의 구조물에 타설한 콘크리트에서는 큰 문제가 된다.

5 굳은 콘크리트의 성질

① 압축강도
  ㉠ 콘크리트의 강도는 보통 압축강도를 말한다.
  ㉡ 표준양생을 한 재령 28일의 압축강도를 기준으로 한다.
  ㉢ 댐 콘크리트에서는 재령 91일 압축강도를 기준으로 한다.
  ㉣ 포장용 콘크리트에서는 재령 28일의 휨강도를 기준으로 한다.

② 인장강도
  ㉠ 인장강도는 압축강도의 1/10~1/13 정도이다.
  ㉡ 인장강도는 콘크리트를 건조시키면 습윤한 콘크리트보다 저하된다. 이런 경향은 흡수율이 큰 인공경량골재 콘크리트에 있어서 더욱 현저하다.
  ㉢ 인장강도 시험방법은 할렬시험이 일반적으로 사용된다.

③ 휨강도
  ㉠ 휨강도는 압축강도의 1/5~1/8 정도이다.
  ㉡ 휨강도는 도로, 공항 등의 콘크리트 포장의 설계기준강도, 콘크리트의 품질결정 및 관리 등에 사용된다.

★부착강도
이형철근의 부착강도가 원형철근의 2배 정도이다.

6 굳은 콘크리트의 변형

① 정탄성계수
  ㉠ 정적하중에 의하여 얻어진, 즉 일반적인 압축강도 시험에 의해 구해진 응력-변형률 곡선에서 구한 탄성계수(영계수)를 정탄성계수라 한다.
  ㉡ 콘크리트의 정탄성계수는 초기 탄성계수, 할선 탄성계수 및 접선 탄성계수로 구하나 일반적으로는 할선 탄성계수로 나타낸다.
  ㉢ 콘크리트의 탄성계수는 압축강도 및 밀도가 클수록 크다.
  ㉣ 압축강도가 동일할 경우 굵은골재량이 많을수록 탄성계수가 크다.
  ㉤ 재령이 길수록, 공기량이 작을수록 탄성계수가 크다.

＊동탄성계수
동결융해작용 등에 의한 콘크리트의 열화의 정도를 파악하는 척도로 사용된다.

ⓑ 콘크리트의 단위질량 m_c 의 값이 1,450~2,500 kg/m³인 콘크리트의 경우

$$E_c = 0.077\, m_c^{1.5}\, \sqrt[3]{f_{cm}}\ (\mathrm{MPa})$$

단, 보통 골재를 사용한 콘크리트($m_c = 2,300$ kg/m³)의 경우

$$E_c = 8,500\, \sqrt[3]{f_{cm}}\ (\mathrm{MPa})$$

여기서, 재령 28일에서 콘크리트의 평균압축강도 $f_{cm} = f_{ck} + \Delta f$ (MPa)이다.
Δf 는 f_{ck}가 40MPa 이하이면 4MPa, f_{ck}가 60MPa 이상이면 6MPa이다.

② 건조수축
 ㉠ 콘크리트는 습윤상태에서 팽창하고 건조하면 수축한다.
 ㉡ 건조수축은 분말도가 높은 시멘트일수록, 흡수율이 많은 골재일수록, 온도가 높을수록, 습도가 낮을수록, 단면치수가 작을수록 크다.

③ 크리프(creep)
 ㉠ 콘크리트의 일정한 하중이 지속적으로 작용하면 응력의 변화가 없어도 콘크리트의 변형은 시간의 경과와 함께 증가하는 성질을 말한다.

 ㉡ 크리프 계수 $\phi_t = \dfrac{\varepsilon_c}{\varepsilon_e}$

  • $E_c = \dfrac{f_c}{\varepsilon_e}$

  • $\varepsilon_e = \dfrac{f_c}{E_c}$

  • $\varepsilon_c = \phi_t \cdot \varepsilon_e = \phi_t \cdot \dfrac{f_c}{E_c}$

  여기서, ε_c : 크리프 변형률
   ϕ_t : 크리프 계수
   ε_e : 탄성변형률
   f_c : 콘크리트에 작용하는 응력
   E_c : 콘크리트 탄성계수

＊고강도 콘크리트
저강도 콘크리트보다 작은 크리프 변형률을 나타낸다.

• 대기중에 있는 실외의 경우 콘크리트의 크리프 계수는 2.0, 실내의 경우는 3.0, 경량골재 콘크리트는 1.5를 표준으로 한다.
• 인공경량골재 콘크리트의 크리프 변형률은 일반적으로 보통 콘크리트보다 크고 탄성 변형률도 크기 때문에 크리프 계수는 작다.

CHAPTER III 콘크리트의 시공

01 콘크리트의 혼합 및 타설

1 재료의 계량

① 재료는 현장배합에 의해 계량한다.
② 각 재료는 1배치씩 질량으로 계량한다. 단, 물과 혼화제 용액은 용적으로 계량해도 좋다.
③ 1배치량은 콘크리트의 종류, 비비기 설비의 성능, 운반방법, 공사의 종류, 콘크리트의 타설량 등을 고려하여 정한다.
④ 골재의 유효흡수율은 보통 15~30분간의 흡수율로 본다.
⑤ 혼화제를 녹이는 데 사용하는 물이나 혼화제를 묽게 하는 데 사용하는 물은 단위수량의 일부로 본다.
⑥ 재료의 계량시 허용오차

재료의 종류	허용 오차(%)
물	-2, +1
시멘트	-1, +2
골 재	±3
혼화재	±2
혼화제	±3

여기서, 고로 슬래그 미분말의 계량오차의 최대치는 1%로 한다.

2 비비기 시간

① 비비기 시간은 시험에 의해 정하는 것을 원칙으로 한다.
② 비비기 시간에 대한 시험을 하지 않은 경우
  ㉠ 가경식 믹서 : 1분 30초 이상
  ㉡ 강제식 믹서 : 1분 이상
③ 비비기는 미리 정해 둔 비비기 시간의 3배 이상 계속해서는 안 된다.
④ 비비기 전에 믹서 내부에 모르타르를 부착시킨다.
⑤ 믹서 안의 콘크리트를 전부 꺼낸 후가 아니면 믹서 안에 다음 재료를 넣어서는 안 된다.
⑥ 믹서는 사용 전후에 청소를 잘 하여야 한다.

> **STUDY GUIDE**
>
> ＊콘크리트 비비는 시간이 짧으면 압축강도가 작게 나올 수 있다.

3 콘크리트의 운반

① 콘크리트는 신속하게 운반하여 즉시 타설하고 충분히 다진다.
   ⊙ 비비기로부터 타설이 끝날 때까지의 시간
     • 외기온도가 25℃ 이상일 때 : 1.5시간 이내
     • 외기온도가 25℃ 미만일 때 : 2시간 이내
② 운반할 때에는 콘크리트의 재료분리가 될 수 있는 대로 적게 일어나도록 한다.
③ 운반 중에 현저한 재료분리가 일어났음이 확인되었을 때에는 충분히 다시 비벼 균질한 상태로 콘크리트를 타설한다.

4 콘크리트 타설준비

① 철근, 거푸집 및 그 밖의 것이 설계에서 정해진 대로 배치되어 있는가, 운반 및 타설설비 등이 시공 계획서와 일치하였는지 확인한다.
② 운반장치, 타설설비 및 거푸집 안을 청소하여 콘크리트 속에 잡물이 혼입되는 것을 방지한다.
③ 콘크리트가 닿았을 때 흡수할 우려가 있는 곳은 미리 습하게 해야 하는데 이 때 물이 고이지 않게 한다.
④ 콘크리트를 직접 지면에 치는 경우에는 미리 콘크리트를 깔아두는 것이 좋다.
⑤ 터파기 안의 물은 타설 전에 제거한다.

✱ 허용 이어치기 시간간격의 표준

외기 온도	허용 이어치기 시간간격
25℃ 초과	2.0 시간
25℃ 이하	2.5 시간

5 콘크리트 타설

① 원칙적으로 시공계획서에 따른다.
② 철근 및 매설물의 배치나 거푸집이 변형 및 손상되지 않도록 한다.
③ 타설한 콘크리트를 거푸집 안에서 횡방향으로 이동시켜서는 안 된다.
   ⊙ 콘크리트는 취급할 때마다 재료분리가 일어나기 쉬우므로 거듭 다루기를 피하도록 목적하는 위치에 콘크리트를 내려서 치는 것이 좋다.
   ⓒ 내부 진동기를 이용하여 콘크리트를 이동시켜서는 안 된다.
④ 한 구획 내의 콘크리트는 타설이 완료될 때까지 연속해서 타설해야 한다.
⑤ 콘크리트는 그 표면이 한 구획 내에서는 거의 수평이 되도록 타설하는 것을 원칙으로 한다.
⑥ 콘크리트 타설의 1층 높이는 다짐능력을 고려하여 결정한다.

6 콘크리트 다지기

① 내부 진동기를 하층 콘크리트 속으로 0.1m 정도 찔러 다진다.
② 연직으로 찔러 다지며 삽입 간격은 0.5m 이하로 한다.
③ 1개소당 진동시간은 5~15초로 한다.
④ 콘크리트 속에서 진동기를 천천히 빼 구멍이 생기지 않게 한다.
⑤ 콘크리트의 재료분리의 원인 때문에 내부 진동기는 콘크리트를 횡방향 이동에 사용해서는 안 된다.

7 콘크리트 양생

① 습윤양생
  ㉠ 콘크리트는 타설한 후 경화가 시작될 때까지 직사광선이나 바람에 의해 수분이 증발되지 않도록 보호한다.
  ㉡ 콘크리트 표면을 해치지 않고 작업될 수 있을 정도로 경화하면 콘크리트의 노출면은 양생용 매트, 모포 등을 적셔서 덮거나 또는 살수를 하여 습윤상태로 보호한다.
  ㉢ 습윤상태의 보호기간은 다음 표와 같다.

일평균기온	보통 포틀랜드 시멘트	고로 슬래그 시멘트 2종 플라이 애시 시멘트 2종	조강 포틀랜드 시멘트
15℃ 이상	5일	7일	3일
10℃ 이상	7일	9일	4일
5℃ 이상	9일	12일	5일

*촉진양생 종류
증기양생, 급열양생 등

8 콘크리트 이음

① 시공이음
  ㉠ 될 수 있는 대로 전단력이 작은 위치에 시공이음을 한다.
  ㉡ 부재의 압축력이 작용하는 방향과 직각이 되게 한다.
  ㉢ 부득이 전단이 큰 위치에 시공이음을 할 경우 시공이음에 장부 또는 홈을 두거나 적절한 강재를 배치하여 보강한다.
  ㉣ 수밀을 요하는 콘크리트는 적절한 간격으로 시공이음부를 둔다.
② 수평 시공이음
  ㉠ 거푸집에 접하는 선은 될 수 있는 대로 수평한 직선이 되게 한다.
  ㉡ 콘크리트를 이어칠 경우 구 콘크리트 표면의 레이턴스, 품질이 나쁜 콘크리트, 꽉 달라붙지 않은 골재알 등을 제거하고 충분히 흡수시킨다.
  ㉢ 새 콘크리트를 타설할 때 구 콘크리트와 밀착되게 다짐을 한다.

> **STUDY GUIDE**
>
> **＊균열 유발 줄눈(수축이음)**
> 콘크리트의 수화열이나 외기 온도 등에 의해 온도변화, 건주수축, 외력 등 변형이 생겨 균열이 발생하는데 이 균열을 제어할 목적으로 설치한다.

③ 신축이음 : 신축이음은 온도변화, 건조수축, 기초의 부등침하 등에 의해 생기는 균열을 방지하기 위해 설치한다.
  ㉠ 양쪽의 구조물 혹은 부재가 구속되지 않는 구조라야 한다.
  ㉡ 필요에 따라 줄눈재, 지수판 등을 배치한다.

02 거푸집 및 동바리

1 거푸집의 구비조건

① 형상과 위치를 정확히 유지되어야 할 것
② 조립과 해체가 용이할 것
③ 거푸집널 또는 패널의 이음은 가능한 한 부재축에 직각 또는 평행으로 하고 모르타르가 새어나오지 않는 구조가 될 것
④ 콘크리트의 모서리는 모따기가 될 수 있는 구조일 것
⑤ 거푸집의 청소, 검사 및 콘크리트 타설에 편리하게 적당한 위치에 일시적인 개구부를 만든다.
⑥ 여러 번 반복 사용할 수 있을 것

2 동바리의 구비조건

① 하중을 완전하게 기초에 전달하도록 충분한 강도와 안전성을 가질 것
② 조립과 해체가 쉬운 구조일 것
③ 이음이나 접속부에서 하중을 확실하게 전달할 수 있는 것일 것
④ 콘크리트 타설 중은 물론 타설 완료 후에도 과도한 침하나 부등침하가 일어나지 않도록 한다.

3 거푸집 및 동바리의 구조계산

거푸집 및 동바리는 구조물의 종류, 규모, 중요도, 시공조건 및 환경조건 등을 고려하여 연직방향 하중, 수평방향 하중 및 콘크리트의 측압 등에 대해 설계하여야 하며 동바리의 설계는 강도뿐만 아니라 변형도 고려한다.
① 연직방향 하중
  ㉠ 고정하중
    • 철근콘크리트와 거푸집의 질량을 고려하여 합한 하중이다.
    • 콘크리트 단위용적질량은 철근질량을 포함하여 보통 콘크리트

24kN/m³, 제1종 경량골재 콘크리트 20kN/m³, 제2종 경량골재 콘크리트 17kN/m³를 적용한다.
- 거푸집의 하중은 최소 0.4kN/m² 이상을 적용한다.
- 특수 거푸집의 경우에는 그 실제의 질량을 적용한다.

ⓒ 활하중
- 작업원, 경량의 장비하중, 기타 콘크리트 타설시 필요한 자재 및 공구등의 시공하중, 충격하중을 포함한다.
- 구조물의 수평투영면적(연직방향으로 투영시킨 수평면적)당 최소 2.5 kN/m² 이상으로 설계한다.
- 전동식 카트 장비를 이용하여 콘크리트를 타설할 경우에는 3.75kN/m² 활하중을 고려한다.
- 콘크리트 분배기 등의 특수장비를 이용할 경우에는 실제 장비하중을 적용한다.

4 거푸집 및 동바리 해체

콘크리트의 압축강도 시험결과 다음 값에 도달했을 때는 해체할 수 있다.

부 재		콘크리트 압축강도
확대기초, 보 옆, 기둥, 벽 등의 측벽		5 MPa
슬래브 및 보의 밑면, 아치 내면	단층 구조의 경우	설계기준 압축강도×2/3 다만, 14 MPa 이상
	다층 구조의 경우	설계기준 압축강도 이상 (필러 동바리 구조를 이용할 경우는 구조 계산에 의해 기간을 단축할 수 있음. 단, 이 경우라도 최소강도 14 MPa 이상으로 함)

03 경량골재 콘크리트

1 일반사항

① 경량골재 콘크리트는 공기연행 콘크리트로 하는 것을 원칙으로 한다.
② 소요의 강도, 단위용적질량, 내동해성 및 수밀성을 가지며 작업에 적합한 워커빌리티를 갖는 범위 내에서 단위수량 적게 한다.

2 물-결합재비

① 소정의 값보다 2~3% 정도 작은 값을 목표로 한다.

＊거푸집의 존치기간이 짧은 순서
기둥, 푸팅 기초, 스팬이 짧은 보, 스팬이 긴 보, 콘크리트 포장 순이다.

② 콘크리트의 수밀성을 기준으로 정할 때는 50% 이하를 표준으로 한다.
③ 단위결합재량의 최소값은 300kg/m³로 한다.
④ 물-결합재비의 최대값은 60%로 한다.

3 다지기

경량골재 콘크리트를 내부진동기로 다질 때 그 유효범위는 보통골재콘크리트에 비해서 작고, 자중에 의해서 거푸집의 구석구석이나 철근의 둘레에 잘 돌지 않으므로 진동기를 찔러 넣는 간격을 작게 하거나 진동시간을 약간 길게 해 충분히 다져야 한다.

★ 경량골재 콘크리트
설계기준 압축강도가 15 MPa 이상으로 기건단위질량이 2,100kg/m³ 이하

04 매스 콘크리트

1 개요

① 구조물의 부재치수는 일반적인 표준으로서 넓이가 넓은 평판 구조에서는 두께 0.8m 이상, 하단이 구속된 벽체에서는 두께 0.5m 이상으로 한다.
② 부재 혹은 구조물의 치수가 커서 시멘트의 수화열에 의한 온도 상승을 고려하여 설계 시공해야 한다.

2 온도 균열 방지 및 제어

① 프리쿨링(pre-cooling)
  콘크리트 타설온도를 낮추는 방법으로 물, 골재 등의 재료를 미리 냉각시켜 온도균열을 제어한다.
② 파이프 쿨링(pipe-cooling)
  콘크리트 타설 후 미리 콘크리트 속에 묻은 파이프 내부에 냉수 또는 공기를 보내 콘크리트의 온도를 제어한다.
  ㉠ 파이프의 지름은 25mm 정도의 얇은 관을 사용한다.
  ㉡ 파이프 주변의 콘크리트 온도와 통수온도의 차이는 20℃ 이하이다.
③ 구조물에서의 표준적인 온도균열지수
  ㉠ 균열 발생을 방지하여야 할 경우 : 1.5 이상
  ㉡ 균열 발생을 제한할 경우 : 1.2~1.5
  ㉢ 유해한 균열 발생을 제한할 경우 : 0.7~1.2

3 배합

① 단위 시멘트량을 적게 하여 발열량을 감소시킨다.
② 저열 포틀랜드 시멘트, 중용열 포틀랜드 시멘트, 고로 슬래그 시멘트, 플라이 애시 시멘트 등을 사용하면 수화열을 저감할 수 있다.

05 한중 콘크리트

1 개요

① 하루 평균 기온이 4℃ 이하에서는 콘크리트가 동결할 염려가 있으므로 한중 콘크리트로 시공한다.
② 콘크리트가 동결하지 않더라도 5℃ 정도 이하의 저온에 노출되면 응결 및 경화반응이 상당히 지연되어 소정의 강도 발현이 이루어지지 않는다.

2 재료

① 시멘트는 보통 포틀랜드 시멘트를 사용하는 것을 표준한다.
② 긴급 공사용의 특수 시멘트는 초속경 시멘트, 알루미나 시멘트 등이 있다.
③ 골재가 동결되어 있거나 골재에 빙설이 혼입되어 있는 골재는 사용하지 않는다.
④ 시멘트는 어떠한 경우라도 직접 가열해서는 안 된다.

3 배합

① 공기연행 콘크리트를 사용하는 것을 원칙으로 한다.
② 단위수량은 초기 동해를 적게 하기 위하여 소요의 워커빌리티를 유지할 수 있는 범위 내에서 되도록 작게 정한다.
③ 물-결합재비는 60% 이하로 한다.

4 시공

① 타설할 때 콘크리트 온도는 5~20℃의 범위에서 한다.
② 기상조건이 가혹한 경우나 부재 두께가 얇을 경우에 칠 때의 콘크리트 최저 온도는 10℃ 정도로 한다.

＊온도균열지수
매스 콘크리트의 균열 발생 검토에 쓰이는 것으로, 콘크리트의 인장강도를 온도에 의한 인장응력으로 나눈 값

STUDY GUIDE

＊서중 콘크리트
지연형 감수제를 사용하는 경우라도 1.5시간 이내에 타설하여야 한다.

06 서중 콘크리트

1 개요
하루 평균 기온이 25℃를 초과할 경우에 서중 콘크리트로 시공한다.

2 시공
① 비빈 후 되도록 빨리 타설한다. 지연형 감수제를 사용한 경우라도 1.5시간 이내에 타설한다.
② 콘크리트 타설시 콘크리트의 온도는 35℃ 이하여야 한다.

07 수밀 콘크리트

1 배합
① 공기연행제, 감수제, 공기연행 감수제, 포졸란 등을 사용한다.
② 블리딩이 적어지도록 일반적인 경우보다 잔골재율을 크게 하는 것이 좋다.
③ 물-결합재비는 50% 이하를 표준한다.

＊콜드 조인트
먼저 타설된 콘크리트와 나중에 타설된 콘크리트 사이에 완전히 일체화가 되어있지 않은 이음

2 시공
① 적당한 간격으로 시공이음을 둔다.
② 콘크리트는 가능한 한 연속적으로 쳐서 균일하게 한다.
③ 연속타설시간 간격은 외부 기온이 25℃ 이하일 때는 2시간 이내로 한다.
④ 연직시공 이음판에는 지수판의 사용을 원칙으로 한다.

08 유동화 콘크리트

1 배합
슬럼프 증가량은 100mm 이하를 원칙으로 하며 50~80mm를 표준으로 한다.

2 콘크리트의 유동화 시공

① 유동화 콘크리트의 재유동화는 원칙적으로 하지 않는다.
② 레미콘의 경우 교반시간은 총 30회 전후의 회전수로 한다. 즉 고속으로 2~3분, 중속으로 3~5분 정도 혼합해 준다.
③ 유동화제는 원액으로 사용하고 미리 정한 소정의 양을 한꺼번에 첨가하여 계량오차는 1회에 3% 이내로 한다.

3 베이스 콘크리트를 유동화시키는 방법

① 현장 첨가 현장 유동화 방식
  ㉠ 유동화에 가장 효과적이다.
  ㉡ 베이스 콘크리트의 운반에 이용한 트럭 애지테이터를 그대로 사용하여 소정시간 고속회전시킨다.
② 공장(콘크리트 플랜트)첨가 공장 유동화 방식
  ㉠ 시공현장과 레미콘회사 간의 거리가 가까울 때 효과적이다.
  ㉡ 콘크리트 플랜트에서 베이스 콘크리트를 비빈 후 소정량의 유동화제를 첨가하고 출하시에 유동화시킨 후 운반한다.

09 고강도 콘크리트

1 개요

고강도 콘크리트의 설계기준 압축강도는 보통 또는 중량골재 콘크리트에서 40MPa 이상이며 고강도 경량골재 콘크리트는 27MPa 이상으로 한다.

2 재료

① 굵은골재 최대치수는 25mm 이하로 하며 철근 최소 수평 순간격의 3/4 이내의 것을 사용한다.
② 유동화 콘크리트로 할 경우 슬럼프 플로값을 설계기준 압축강도 40MPa 이상 60MPa 이하는 500, 600 및 700mm로 구분하여 정한다.

3 시공

① 콘크리트 타설 낙하고는 1m 이하로 한다.
② 기둥 부재에 타설시 콘크리트 강도와 슬래브나 보에 타설하는 콘크

＊고강도 콘크리트
기상의 변화가 심하지 않을 경우에는 AE제를 사용하지 않는 것을 원칙

리트 강도가 1.4배 이상 차이가 있는 경우에는 기둥에 사용한 콘크리트가 수평부재의 접합면에서 0.6m 정도 충분히 수평부재 쪽으로 안전한 내민 길이를 확보하면 타설한다.

③ 고강도 콘크리트는 낮은 물-결합재비로 수분이 적기 때문에 반드시 습윤양생을 한다. 부득이한 경우 현장 봉함양생을 할 수 있다.

10 수중 콘크리트

1 수중분리 저항성

수중 콘크리트
큰 유동성이 필요하며 재료분리를 적게 하기 위하여 단위시멘트량을 많게 하고 잔골재율을 크게 한 점성이 풍부한 콘크리트를 사용

① 수중 콘크리트의 물-결합재비 및 단위 시멘트량

콘크리트 종류 항목	일반 수중 콘크리트	현장타설 말뚝 및 지하연속벽에 사용하는 수중 콘크리트
물-결합재비	50% 이하	55% 이하
단위 시멘트량	370kg/m^3 이상	350kg/m^3 이상

② 수중 기중 강도비는 수중분리 저항성의 요구가 비교적 높은 경우 0.8 이상, 일반적인 경우에는 0.7 이상으로 한다.

2 유동성

① 슬럼프의 표준값(mm)

시공방법	일반 수중 콘크리트	현장타설 말뚝 및 지하연속벽에 사용하는 수중 콘크리트
트레미	130~180	180~210
콘크리트 펌프	130~180	-
밑열림상자, 밑열림포대	100~150	-

② 현장타설 말뚝 및 지하연속벽에 사용하는 수중 콘크리트에서 설계기준강도가 50MPa를 초과하는 경우 슬럼프 플로는 500~700mm 범위로 한다.

3 배합

① 수중 콘크리트의 배합은 설정된 소정의 강도, 수중분리저항성, 유동성 및 내구성 등의 성능을 만족하도록 시험에 의해 정하여야 한다.
② 일반 수중 콘크리트는 수중 시공시의 강도가 표준공시체 강도의 0.6~0.8 배가 되게 배합강도를 설정한다.

③ 수중낙하높이 0.5m 이하, 수중 유동거리 5m 이하에서 타설한 수중 불분리성 콘크리트 코어의 재령 28일 압축강도는 수중 제작 공시체의 압축강도를 기준으로 콘크리트 배합강도를 정한다.

4 시공

① 일반 수중 콘크리트
  ㉠ 물막이를 설치하여 물을 정지시킨 정수중에 타설한다. 완전히 물막이 할 수 없는 경우에는 50mm/초 이하의 유속을 유지한다.
  ㉡ 콘크리트는 수중에 낙하시키지 않는다.
  ㉢ 콘크리트를 연속해서 타설한다.
  ㉣ 타설 도중에 가능한 콘크리트가 흐트러지지 않도록 물을 휘젓거나 펌프의 선단부분을 이동시켜서는 안 되며 콘크리트가 경화될 때까지 물의 유동을 방지해야 한다.
  ㉤ 한 구획의 콘크리트 타설을 완료한 후 레이턴스를 모두 제거하고 다시 타설하여야 한다.
  ㉥ 수중 콘크리트 시공시 시멘트가 물에 씻겨서 흘러나오지 않도록 트레미나 콘크리트 펌프를 사용해서 타설한다. 그러나 부득이한 경우 및 소규모 공사의 경우 밑열림 상자나 밑열림 포대를 사용할 수 있다.

② 수중 불분리성 콘크리트의 타설
  ㉠ 타설은 유속이 50mm/sec 정도 이하의 정수 중에서 수중 낙하 높이가 0.5m 이하여야 한다.
  ㉡ 펌프로 압송할 경우 압송 압력은 보통 콘크리트의 2~3배, 타설 속도는 1/2~1/3 정도로 한다.
  ㉢ 일반 수중콘크리트보다 트레미 1개 및 콘크리트 펌프 배관 1개당 콘크리트 타설 면적을 크게 하여도 좋다.
  ㉣ 수중 유동거리는 5m 이하로 한다.

11 프리플레이스트 콘크리트

1 개요

① 특정한 입도를 가진 굵은골재를 거푸집에 채워놓고 그 공극 속에 특수한 모르타르를 적당한 압력으로 주입하여 만든 콘크리트이다.

STUDY GUIDE

***수중 불분리성 콘크리트**
수중 불분리성 혼화제를 혼합함에 따라 재료 분리 저항성을 높인 수중 콘크리트

② 대규모 프리플레이스트 콘크리트란 시공속도가 40~80m³/hr 이상 또는 한 구획의 시공면적이 50~250m² 이상의 경우로 정의한다.
③ 고강도 프리플레이스트 콘크리트는 고성능 감수제에 의해 모르타르의 물-결합재비를 40% 이하로 낮춤에 따라 재령 91일에서 40MPa 이상의 압축강도를 얻을 수 있다.

2 재료

① 혼화제에 포함되어 있는 발포제는 알루미늄 분말을 사용한다. 온도가 10~20℃의 경우 결합재에 대한 알루미늄 분말의 질량비로서 0.01~0.015% 정도 사용할 수 있다.
② 잔골재의 조립률은 1.4~2.2 범위가 좋다.
③ 굵은골재의 최소치수는 15mm 이상, 굵은골재의 최대치수는 부재단면 최소치수의 1/4 이하, 철근 콘크리트의 경우 철근 순간격의 2/3 이하로 한다.
④ 굵은골재의 최대치수는 최소치수의 2~4배 정도가 좋다.

12 해양 콘크리트

*해양 콘크리트
내구적인 콘크리트를 만들기 위해 일반 콘크리트에 비해 작은 물-시멘트비를 사용

1 개요

① 직접 해수의 작용을 받는 구조물에 사용되는 콘크리트뿐만 아니라 육상 혹은 해면 상에 건설되어 파랑이나 해수 조풍의 작용을 받는 구조물에 사용되는 콘크리트
② 방파제, 계선안, 호안, 해상교량, 둑, 해저터널, 해상 공항, 해상발전소, 해상도시 등의 해양 콘크리트 구조물이 있다.

2 배합

① 노출 등급(ES)에 따른 최대 물-결합재비
  ㉠ ES1(해안가 또는 해안 근처에 있는 구조물) : 0.45
  ㉡ ES2(습윤하고 드물게 건조되며 염화물에 노출되는 콘크리트 : 0.45
  ㉢ ES3(항상 해수에 침지되는 콘크리트 : 0.40
  ㉣ ES4(물보라 지역, 간만대에 위치한 콘크리트) : 0.40

② 내구성으로 정해지는 최소 단위결합재량(kg/m³)

환경 구분	굵은골재 최대치수(mm) 20	25	40
물보라 지역, 간만대 및 해상 대기중	340	330	300
해 중	310	300	280

③ 콘크리트 공기량의 표준값

굵은골재의 최대치수(mm)	공기량(%) 심한 노출	일반 노출
20	6.0	5.0
25	6.0	4.5
40	5.5	4.5

13 팽창 콘크리트

1 개요

① 팽창재를 시멘트, 물, 잔골재, 굵은골재 및 기타의 혼화재료와 같이 비빈 것으로 경화 후에도 체적 팽창을 일으키는 모든 콘크리트를 가리킨다.
② 수축보상용 콘크리트, 화학적 프리스트레스용 콘크리트 및 충전용 모르타르와 콘크리트로 크게 나눌 수 있다.

2 팽창률

① 재령 7일에 대한 시험치를 기준한다.
② 수축보상용 콘크리트는 150×10^{-6} 이상, 250×10^{-6} 이하로 한다.
③ 화학적 프리스트레스용 콘크리트는 200×10^{-6} 이상, 700×10^{-6} 이하로 한다.
④ 프리캐스트 콘크리트에 사용하는 화학적 프리스트레스용 콘크리트는 200×10^{-6} 이상, $1,000 \times 10^{-6}$ 이하로 한다.

3 시공

① 팽창재는 다른 재료와 별도로 질량으로 계량하며 그 오차는 1회 계량 분량의 1% 이내로 한다.
② 포대 팽창재를 사용하는 경우는 포대수로 계산해도 된다. 1포대 미만의 경우 반드시 질량으로 계량한다.

*팽창 콘크리트
내·외부 온도차에 의한 온도균열의 우려가 있어 급격하게 살수할 수 없다.

③ 믹서에 투입된 팽창재가 호퍼 등에 부착되지 않게 하고 부착시 굳기 전에 털어낸다.
④ 팽창재는 다른 재료와 동시에 믹서에 투입한다.

숏크리트(shotcrete)
컴프레셔 혹은 펌프를 이용하여 노즐 위치까지 호스 속으로 운반한 콘크리트를 압축공기에 의해 시공면에 뿜어서 만든 콘크리트

14 숏크리트

1 개요

① 터널이나 큰 공동구조물의 라이닝, 비탈면, 법면 또는 벽면의 풍화나 박리, 박락의 방지, 터널, 댐 및 교량의 보수·보강 공사에 적용한다.
② NATM(숏크리트와 록볼트 및 강재 지보공에 의한 원지반을 보호하는 산악터널공법)에 의한 산악터널에서 사용되는 숏크리트를 대상한다.

2 뿜어 붙이기 성능 및 강도

① 분진 농도의 표준값

갱내 환기, 측정방법, 측정위치	분진농도(mg/m³)
갱내 환기를 정지한 환경, 뿜어 붙이기 작업 개시 5분 후로부터 원칙적으로 2회 측정, 뿜어 붙이기 작업 개소로부터 5m 지점	5 이하

② 숏크리트 초기강도의 표준값

재 령	숏크리트의 초기강도(MPa)
24시간	5.0~10.0
3시간	1.0~3.0

3 시공

① 노즐은 항상 뿜어 붙일 면에 직각을 유지한다.
② 건식 숏크리트는 배치 후 45분 이내, 습식 숏크리트는 배치 후 60분 이내에 뿜어 붙인다.
③ 숏크리트 타설장소의 대기온도가 32℃ 이상이 되면 건식 및 습식 숏크리트의 뿜어 붙이기는 할 수 없다.
④ 숏크리트는 대기온도가 10℃ 이상일 때 뿜어 붙이기를 실시한다.
⑤ 숏크리트 작업시 리바운드된 재료는 혼합되지 않게 한다.
⑥ 숏크리트 1회 타설 두께는 100mm 이내가 되게 타설한다.
⑦ 숏크리트 작업환경은 3mg/m³ 이하이다.

15 섬유보강 콘크리트

1 개요

불연속의 단섬유를 콘크리트 중에 균일하게 분산시킴에 따라 인장강도, 휨강도, 균열에 대한 저항성, 인성, 전단강도 및 내충격성 등의 개선을 도모한 복합재료를 말한다.

2 재료

① 강섬유는 길이가 25~60mm, 지름이 0.3~0.9mm로서 형상비(l/d)가 30~100 정도의 것을 사용한다.(강섬유의 평균인장강도 : 700MPa 이상)
② 섬유보강 콘크리트용 섬유로서 갖추어야 할 조건
  ㉠ 섬유와 시멘트 결합재 사이의 부착성이 좋을 것
  ㉡ 섬유의 인장강도가 충분히 클 것
  ㉢ 섬유의 탄성계수는 시멘트 결합재 탄성계수의 1/5 이상일 것
  ㉣ 형상비가 50 이상일 것
  ㉤ 내구성, 내열성 및 내후성이 우수할 것
  ㉥ 시공성에 문제가 없을 것
  ㉦ 가격이 저렴할 것

3 배합

① 섬유보강 콘크리트의 배합은 소요의 품질을 만족하는 범위 내에서 단위수량을 될 수 있는 대로 적게 되도록 정하여야 한다.
② 섬유의 형상, 치수 및 혼입률은 섬유보강 콘크리트의 압축강도, 휨강도 및 인성 등의 요구성능을 고려하여 정하는 것을 원칙으로 한다.

> **STUDY GUIDE**
>
> **＊섬유 혼입률**
> 섬유보강 콘크리트 1m^3 중에 포함된 섬유의 용적백분율(%)

16 방사선 차폐용 콘크리트

1 개요

① 생물체의 방호를 위하여 X선, γ선 및 중성자선 등의 방사선을 차폐할 목적으로 사용되는 콘크리트를 말한다.
② 소규모의 방사선 의료용, 방사선 연구용 시설, 원자력 발전소 시설, 핵연료 재처리, 저장시설 등에 필요하다.

2 배합

① 중정석, 갈철광, 자철광, 적철광 등의 중량 골재를 사용한다.
② 감수제, 고성능 공기연행 감수제, 플라이 애시의 혼화재를 사용하며 이외 철분 등을 혼화재로 첨가한다.
③ 콘크리트의 슬럼프는 150mm 이하로 한다.
④ 물-결합재비는 50% 이하를 원칙으로 하며 실제로 사용되고 있는 차폐용 콘크리트의 물-결합재비는 대개 30~50% 범위이다.

17 프리스트레스트 콘크리트

*프리스트레스트 콘크리트
균열이 발생하더라도 복원성이 우수하여 균열이 최소화된다.

1 개요

외력에 의하여 일어나는 응력을 소정의 한도까지 상쇄할 수 있도록 미리 인공적으로 그 응력의 분포와 크기를 정하여 내력을 준 콘크리트

2 재료

① 굵은 골재 최대 치수는 보통의 경우 25mm를 표준으로 한다. 그러나 부재치수, 철근간격, 펌프압송 등의 사정에 따라 20mm를 사용할 수 있다.
② 그라우트에 사용하는 혼화제는 블리딩 발생이 없는 타입을 표준으로 한다.
③ 그라우트의 덕트 내 충전성은 그라우트의 유동성, 블리딩률, 체적변화율로 판단한다.
  ㉠ 유동성은 유하시간 또는 플로를 측정하고 기준값과 비교하여 적절성을 판단하도록 한다.
  ㉡ 블리딩률은 강연선이 배치된 수직관 또는 경사관 시험을 통해 측정하고 기준값과 비교하여 적절성을 판단하도록 한다. 기준값은 3시간 경과 시 0.3% 이하로 한다.
  ㉢ 체적변화율은 수직관 시험을 통해 측정하고 기준값과 비교하여 적절성을 판단하도록 한다. 기준값은 24시간 경과 시 (-1~5)%의 범위이다.
④ 그라우트의 물-결합재비는 45% 이하로 한다.
⑤ 부착강도는 재령 7일 또는 28일의 압축강도로 대신하여 설정할 수 있다. 압축강도는 7일 재령에서 27MPa 이상 또는 28일 재령에서 30MPa 이상이어야 한다.

18 고유동 콘크리트

1 개요
굳지 않은 상태에서 재료분리 없이 높은 유동성을 가지면서 다짐작업 없이 자기 충전성이 가능한 콘크리트를 말한다.

2 적용
① 보통 콘크리트로 충전이 곤란한 구조체
② 균질하고 정밀도가 높은 구조체
③ 타설시간 단축의 효과를 얻기 위할 경우
④ 다짐시 소음, 진동을 억제할 경우

3 유동성
① 굳지 않은 콘크리트의 유동성은 슬럼프 플로 600mm 이상으로 한다.
② 슬럼프 플로 시험 후 콘크리트 중앙부에 굵은골재가 모여 있지 않고 주변부에는 페이스트가 분리되지 않아야 한다.
③ 재료분리 저항성은 슬럼프 플로 500mm, 도달시간 3~20초 범위이어야 한다.
④ 유동성은 슬럼프 플로 시험을 관리한다.
⑤ 재료분리 저항성은 500mm 플로 도달시간 또는 깔때기 유하시간으로 관리한다.
⑥ 자기 충전성은 충전장치를 사용한 간극 통과성 시험으로 관리한다.
⑦ 자기충전 등급
  ㉠ 1등급은 최소 철근 순간격이 35~60mm 정도의 단면에서 50m^{3}당 1회 이상 실시하며 충전높이가 300mm 이상이어야 한다.
  ㉡ 2등급은 최소 철근 순간격이 60~200mm 정도의 단면에서 50m^{3}당 1회 이상 실시하며 충전높이가 300mm 이상이어야 한다.
  ㉢ 3등급은 최소 철근 순간격이 200mm 정도 이상의 단면 또는 무근 콘크리트 구조물에서 충전성을 갖는다.
  ㉣ 철근 콘크리트 구조물은 자기 충전 등급을 2등급으로 표준한다.

STUDY GUIDE

*고유동 콘크리트
혼화재료로 플라이 애시, 고로 슬래그 미분말, 실리카 퓸 등을 사용

> **STUDY GUIDE**
>
> * 순환골재 절대건조 밀도(g/cm³)
> - 순환 굵은골재 : 2.5 이상
> - 순환 잔골재 : 2.3 이상

19 순환골재 콘크리트

1 개요

건설 폐기물인 콘크리트를 크러셔로 분쇄하여 인공적으로 만든 순환골재를 사용하여 콘크리트를 개조한 것을 말한다.

2 품질관리

① 순환골재를 사용할 경우에는 천연골재와 혼합하여 사용하는 것을 원칙으로 한다.
② 순환골재 최대치수는 25mm 이하로 하며 가능한 20mm 이하의 것을 사용한다.
③ 순환골재의 1회 계량분 오차는 ±4%로 한다.
④ 콘크리트 설계기준 압축강도는 27MPa 이하로 한다.
⑤ 콘크리트 설계기준 압축강도가 27MPa 이하의 경우 순환 굵은골재의 최대 치환량은 총 굵은골재 용적의 30%로 한다.
⑥ 콘크리트 설계기준 압축강도가 27MPa 이하의 경우 순환골재의 최대 치환량은 총 골재용적의 30%로 한다.
⑦ 공기량은 보통 골재를 사용한 콘크리트보다 1% 크게 한다.

> * 폴리머 시멘트 모르타르
> 결합재로 시멘트와 시멘트 혼화용 폴리머(또는 폴리머 혼화재)를 사용한 모르타르

20 폴리머 시멘트 콘크리트

1 개요

결합재로 시멘트와 시멘트 혼화용 폴리머(또는 폴리머 혼화제)를 사용한 콘크리트를 말한다. 결합재로 열경화성 또는 열가소성 수지 등을 사용하여 골재를 결합한다.

2 배합

① 물-결합재비는 플로 값 또는 슬럼프 값으로 정한다.
② 물-결합재비는 30~60% 범위에서 가능한 적게 한다.
③ 폴리머-시멘트비는 5~30% 범위로 한다.
④ 비비기는 기계비빔을 원칙으로 한다.
⑤ 비비기 시간은 시험에 의해서 정한다.

CHAPTER IV 콘크리트 구조 및 유지관리

01 프리캐스트 콘크리트

1 배합

① 프리캐스트 콘크리트에 사용하는 콘크리트의 배합은 성형 및 양생 방법을 고려하여 프리캐스트 콘크리트가 소요의 강도, 내구성, 수밀성 및 적정한 표면의 마무리 등을 갖도록 정하여야 한다.
② 슬럼프가 20mm 이상인 콘크리트의 배합은 슬럼프 시험을 원칙으로 하며, 슬럼프 20mm 미만인 콘크리트의 배합은 제조 방법에 적합한 시험 방법에 의한다.

2 콘크리트 강도

① 프리캐스트 콘크리트에 사용하는 콘크리트는 소요의 강도, 내구성, 수밀성, 강재를 보호하는 성능 등을 가져야 하며, 품질의 변동이 작은 것이어야 한다.
  ㉠ 일반적인 프리캐스트 콘크리트는 재령 14일에서의 압축강도 시험값
  ㉡ 오토클레이브 양생 등의 특수한 촉진 양생을 하는 프리캐스트 콘크리트는 14일 이전의 적절한 재령에서 압축강도 시험값
  ㉢ 촉진 양생을 하지 않은 프리캐스트 콘크리트나 비교적 부재 두께가 큰 프리캐스트 콘크리트는 재령 28일에서의 압축강도 시험값
② 프리캐스트 콘크리트의 탈형, 긴장력 도입, 출하할 때의 콘크리트 압축강도는 단계별 소요강도를 만족시켜야 한다.

3 시공

① 성형은 콘크리트를 거푸집에 채워 넣은 후 소요 품질의 프리캐스트 콘크리트가 얻어지도록 적절한 기계 다지기에 의해 실시하여야 한다.
② 거푸집 탈형을 즉시 하더라도 해로운 영향을 받지 않는 프리캐스트 콘크리트는 경화되기 전에 거푸집의 일부 또는 전부를 탈형할 수 있다.
③ 최종 제품의 경우 단부에서 강선의 단면이 외부에 노출되지 않아야 하며 부득이한 경우 방청처리를 하여야 한다.

> **STUDY GUIDE**
>
> ✱ 프리캐스트 콘크리트
> 관리된 공장에서 계속적으로 제조되는 프리캐스트(PC) 및 프리스트레스트(PSC) 콘크리트 제품

02 철근 콘크리트

1 강도설계법

① 설계의 기본 가정
  ㉠ 압축측 연단의 최대 변형률은 0.0033으로 가정한다.($f_{ck} \leq 40\text{MPa}$)
  ㉡ 철근의 항복 변형률은 f_y/E_s로 본다.
  ㉢ 철근 및 콘크리트의 변형률은 중립축으로부터의 거리에 비례한다.
  ㉣ 항복강도 f_y 이하에서의 철근의 응력은 그 변형률의 E_s배로 한다. ($f_y \leq 600\text{MPa}$)
  ㉤ 휨응력 계산에서 콘크리트의 인장강도는 무시한다.
  ㉥ 콘크리트의 압축응력 크기는 $\eta(0.85f_{ck})$로 균등하고 이 응력은 압축 연단에서 $a = \beta_1 c$ 까지의 부분에 등분포한다. 여기서, 계수 β_1은 $f_{ck} \leq 40\text{MPa}$에서 0.8이며 40MPa 초과할 경우 10MPa씩 증가할 때마다 0.0001씩 감소시킨다.
  ㉦ 콘크리트의 압축응력은 등가 직사각형 분포를 나타낸다.

*철근 콘크리트 역학적 해석
철근의 변형률은 철근을 둘러싸고 있는 콘크리트 변형률과 같다.

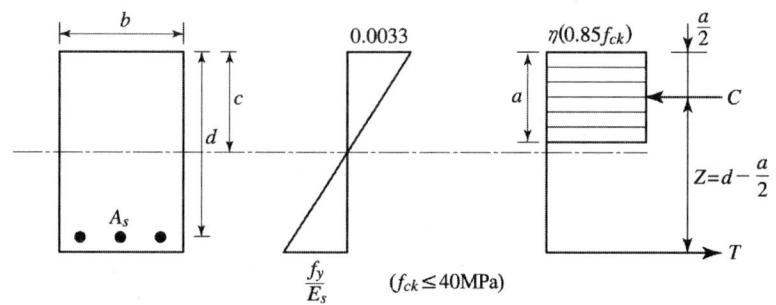

2 단철근 직사각형 보

① 균형단면
  ㉠ 보가 외력을 받아 파괴에 이를 때 인장측 철근과 압축측 콘크리트가 동시에 항복
  ㉡ 인장철근이 항복강도(f_y)에 상응하는 변형률(ε_y)의 도달함과 동시에 압축측 콘크리트가 극한 변형률 0.0033에 도달하는 상태

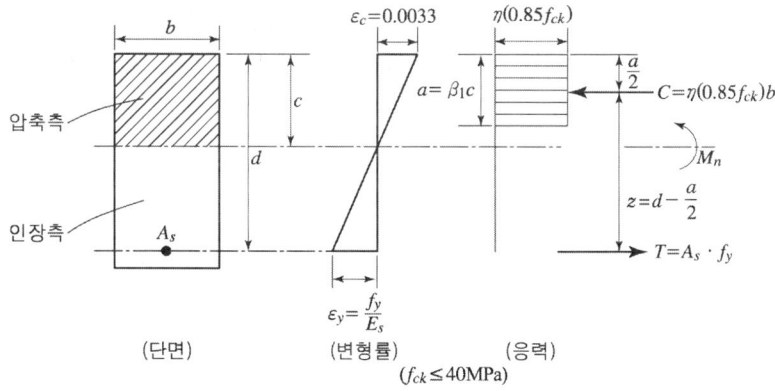

(단면)　(변형률)　(응력)
$(f_{ck} \leq 40\text{MPa})$

② 균형단면보의 중립축 위치(c)

$c : \varepsilon_{cu} = (d-c) : \varepsilon_y$

$c : 0.0033 = (d-c) : \dfrac{f_y}{E_s}$ 에서

$\therefore c = \dfrac{0.0033}{0.0033 + \dfrac{f_y}{E_s}} \cdot d = \dfrac{660}{660 + f_y} \cdot d$　또는　$c = \dfrac{\epsilon_{cu}}{\epsilon_{cu} + \epsilon_y} \cdot d$

③ 균형철근비(ρ_b)

$C = T$

$\eta(0.85 f_{ck}) \cdot a \cdot b = A_s \cdot f_y$

$a = \beta_1 \cdot c$, $\rho_b = \dfrac{A_s}{bd}$ 를 대입하면

$\eta(0.85 f_{ck}) \cdot \beta_1 \cdot c \cdot b = b \cdot d \cdot \rho_b \cdot f_y$

$\therefore \rho_b = \dfrac{\eta(0.85 f_{ck}) \cdot \beta_1}{f_y} \cdot \dfrac{660}{660 + f_y}$

여기서, $\beta_1 = 0.8(f_{ck} \leq 40\text{MPa}$인 경우 $\beta_1 = 0.8)$

④ 등가사각형 깊이(a)

$C = T$

$\eta(0.85 f_{ck}) \cdot a \cdot b = A_s \cdot f_y$

$\therefore a = \dfrac{A_s \cdot f_y}{\eta(0.85 f_{ck}) \cdot b}$

3 복철근 직사각형 보

① 개념 : 복철근 보는 인장철근 이외에 보의 압축측에도 철근을 넣어서 압축응력의 일부를 이 철근이 부담하는 구조로 복철근 단면을 사용하는 것은 일반적으로 비경제적이지만 구조상 보의 높이에 제한을

*스터럽과 굽힘철근 배근 목적
보에 작용하는 사인장 응력에 의한 균열을 방지

받을 때, 정(+)과 부(-)의 모멘트를 교대로 받는 부재, 부재의 처짐을 극소화할 경우에는 압축철근이 필요하게 된다. 또, 보의 고정지점 부분이나 연속보의 중간지점 부분에서는 보통 복철근 보라 한다.

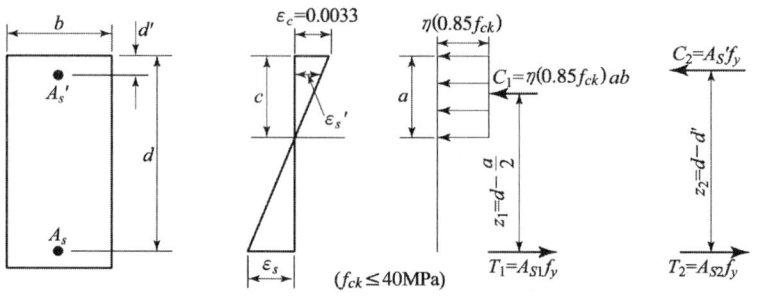

② 압축철근이 항복하는 경우
  ㉠ 등가 사각형 깊이(a)
  $C = T$
  $\eta(0.85f_{ck})ab + A_s'f_y = A_s f_y$
  $\therefore a = \dfrac{(A_s - A_s')f_y}{\eta(0.85f_{ck})b}$

  ㉡ 설계 휨강도($M_d = \phi M_n$)
  $M_d = \phi M_n = \phi \left[(A_s - A_s')f_y\left(d - \dfrac{a}{2}\right) + A_s'f_y(d - d') \right]$

4 T형 단면보

① 개념 : 교량이나 건물에서 보와 슬래브가 일체가 된 형태로 이 두 부분이 철근으로 연결된 T형 단면을 T형보라 한다.

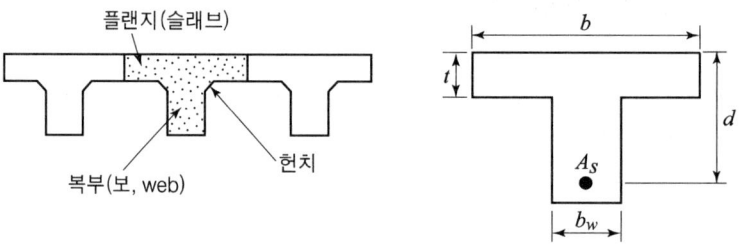

② 플랜지 유효 폭 : T형보 단면보 플랜지 폭이 너무 크면 응력 분포 계산의 복잡으로 적당한 크기의 폭에 균등한 응력이 작용하는 것으로 대치시켜 설계한다.

*헌치
플랜지와 복부의 접합부에 응력의 집중을 막기 위해 설치

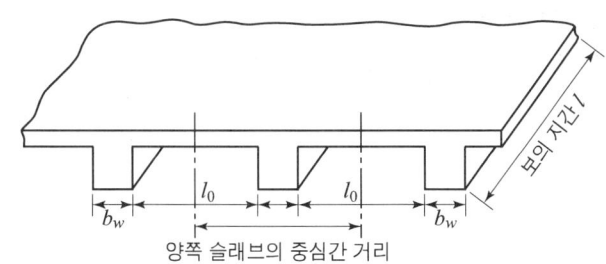

양쪽 슬래브의 중심간 거리

㉠ T형보

- $16t + b_w$
- 양쪽 슬래브의 중심간 거리
- 보 경간의 $\dfrac{1}{4}$

위 세 가지 중에서 가장 작은 값

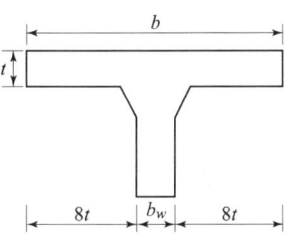

㉡ 반 T형보

- $6t + b_\omega$
- 보 경간의 $\dfrac{1}{12} + b_\omega$
- 인접보와 내측거리의 $\dfrac{1}{2} + b_\omega$

위 세 가지 중에서 가장 작은 값

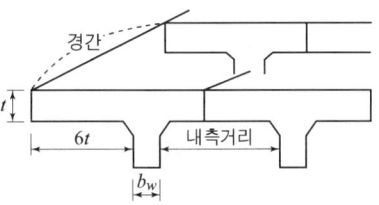

③ T형 보의 판별

㉠ 폭 b인 직사각형 단면 보를 보고 등가 사각형 깊이 a를 계산한 다음 판별한다.

$$a = \frac{A_s \cdot f_y}{\eta(0.85 f_{ck}) \cdot b}$$

㉡ $a \leq t$이면 폭이 b인 단철근 직사각형 단면 보로 보고 해석한다.

㉢ $a > t$이면 단철근 T형 단면 보로 해석한다.

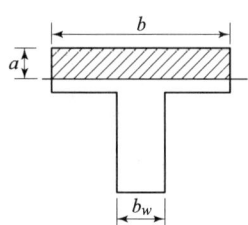

▲ 폭이 b인 직사각형 보

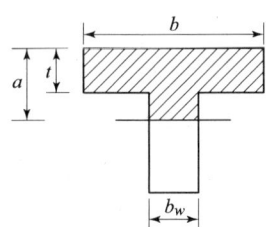

▲ T형 보

*설계의 기본 가정
인장을 받고 있는 중립축 이하의 콘크리트의 강도는 무시된다.

④ 단철근 T형 단면보 해석
  ㉠ 플랜지 내민부분 인장철근 단면적(A_{sf})

  $C_f = T_f$

  $\eta(0.85f_{ck}) \cdot (b-b_w)t = A_{sf} \cdot f_y$

  $\therefore A_{sf} = \dfrac{\eta(0.85f_{ck})(b-b_w) \cdot t}{f_y}$

  ㉡ 복부 부분 등가 직사각형의 깊이(a)

  $C_w = T_w$

  $\eta(0.85f_{ck}) \cdot a \cdot b_w = (A_s - A_{sf}) \cdot f_y$

  $\therefore a = \dfrac{(A_s - A_{sf}) \cdot f_y}{\eta(0.85f_{ck}) \cdot b_w}$

  ㉢ 설계 휨강도(ϕM_n)

  - $M_u = \phi M_n = 0.85\left\{A_{sf} \cdot f_y\left(d - \dfrac{t}{2}\right) + (A_s - A_{sf}) \cdot f_y\left(d - \dfrac{a}{2}\right)\right\}$

  - $M_u = \phi M_n = 0.85\left\{A_{ck}(b-b_w)t \cdot \left(d - \dfrac{t}{2}\right) + \eta(0.85f_{ck})\left(d - \dfrac{a}{2}\right)\right\}$

5 전단과 비틀림

① 전단강도
  ㉠ 콘크리트의 전단강도

  $V_c = \dfrac{1}{6}\lambda\sqrt{f_{ck}}\,b_w \cdot d$

  ㉡ 전단철근에 의한 전단강도
  - 부재축에 직각인 전단철근

    $V_s = \dfrac{A_v f_{yt} d}{s}$

  - 경사 스터럽을 전단철근으로 사용하는 경우

    $V_s = \dfrac{A_v f_{yt}(\sin\alpha + \cos\alpha)d}{s}$

  - 전단강도 $V_s = 0.2\left(1 - \dfrac{f_{ck}}{250}\right)f_{ck}\,b_w\,d$ 이하로 하여야 한다. 만일 초과할 경우에는 보의 단면을 크게 늘려야 한다.

  - 종방향 철근을 절곡하여 전단철근으로 사용할 때에는 그 경사길이의 중앙 3/4만이 전단철근으로 유효하다.

  - 전단철근이 1개의 굽힘철근 또는 받침부에서 모두 같은 거리에서 구부린 평행한 1조의 철근으로 구성될 경우 전단강도

    $V_s = A_v f_{yt}\sin\alpha$ (단, $V_s = 0.25\sqrt{f_{ck}}\,b_w d$를 초과할 수 없다.)

* 전단보강철근
받침부에서 d만큼 떨어진 보의 안쪽에서 사인장 파괴에 대한 보강

② 전단철근의 설계
　㉠ 전단을 휨 부재의 소요전단강도(V_u)
　　・ $V_u \leq \phi V_n$
　　・ $V_n = V_c + V_s$
　　　여기서, V_n : 공칭 전단강도
　　　　　　　V_c : 콘크리트가 부담하는 전단강도
　　　　　　　V_s : 전단철근이 부담하는 전단강도

　㉡ 전단철근의 배치
　　・ $V_u \leq \dfrac{1}{2}\phi V_c$의 경우
　　・ 전단철근이 필요하지 않다.

　㉢ $\dfrac{1}{2}\phi V_c < V_u \leq \phi V_c$의 경우
　　・ 최소전단철근을 배근한다.
　　・ $A_{v\min} = 0.0625\sqrt{f_{ck}}\,\dfrac{b_w \cdot s}{f_{yt}}$

　　단, 최소전단철근량은 $0.35\dfrac{b_w \cdot s}{f_{yt}}$보다 작지 않아야 한다.
　　여기서 b_w와 s의 단위는 mm이다.

　㉣ $V_u > \phi V_c$
　　・ 전단철근을 배치한다.
　　・ $V_u = \phi(V_c + V_s)$
　　　∴ $V_s = \dfrac{A_v \cdot f_{yt} \cdot d}{s}$

③ 비틀림 철근의 상세
　㉠ 종방향 비틀림 철근은 양단에 정착되어야 한다.
　㉡ 비틀림 모멘트를 받는 철근의 중심선에서 단면 내벽까지의 거리가 $0.5\dfrac{A_{oh}}{P_h}$ 이상이 되어야 한다.
　㉢ 횡방향 비틀림 철근의 간격은 $\dfrac{P_h}{8}$보다 작아야 하고 또한 300mm보다 작아야 한다.
　㉣ 비틀림에 요구되는 종방향 철근은 폐쇄 스터럽의 둘레를 따라 300mm 이하의 간격으로 분포시켜야 한다.
　㉤ 종방향 철근이나 긴장재는 스터럽의 내부에 배치시켜야 한다.
　㉥ 종방향 철근의 직경은 스터럽 간격의 1/24 이상이어야 하며 D10 이상의 철근이어야 한다.

＊비틀림 철근 사용 가능
① 부재축에 수직인 폐쇄스터럽
② 부재축에 수직인 횡방향 강선으로 구성된 폐쇄용접철망
③ 프리스트레싱되지 않은 부재에서 나선철근

＊전단철근
철근 콘크리트 보에 전단철근 양은 많을수록 거동에 불리하다.

ⓢ 비틀림 철근은 계산상으로 필요한 위치에서 (b_t+d) 이상의 거리까지 연장시켜 배치한다.
ⓞ 경사 균열폭을 제어하기 위해 비틀림 철근의 설계기준 항복강도는 500MPa를 초과해서는 안 된다.

6 철근의 정착

① 인장 이형철근 및 이형철선의 정착
　㉠ 정착길이 l_d=300mm 이상이어야 한다.
　㉡ 기본 정착길이 $l_{db}=\dfrac{0.6d_b \cdot f_y}{\lambda\sqrt{f_{ck}}}$
　㉢ 필요한 정착길이 $l_d=l_{db}×$보정계수(α, β, λ)

② 압축 이형철근의 정착
　㉠ 정착길이 l_d=200mm 이상이어야 한다.
　㉡ 기본 정착길이 $l_{db}=\dfrac{0.25d_b \cdot f_y}{\lambda\sqrt{f_{ck}}} \geq 0.043d_b \cdot f_y$
　㉢ 필요한 정착길이 $l_d=l_{db}×$보정계수

③ 표준 갈고리를 갖는 인장 이형철근의 정착
　㉠ 정착길이 l_{dh}=기본 정착길이$(l_{hd})×$보정계수
　㉡ 정착길이 l_{dh}는 $8d_b$ 이상, 150mm 이상일 것
　㉢ 기본 정착길이 $l_{hb}=\dfrac{0.24\beta d_b f_y}{\lambda\sqrt{f_{ck}}}$
　㉣ 표준갈고리를 갖는 인장 이형철근의 기본 정착길이 l_{hb}에 대한 보정계수
　　• D35 이하 철근에서 갈고리 평면에 수직방향인 측면 피복 두께가 70mm 이상이며 90° 갈고리에 대해서는 갈고리를 넘어선 부분의 철근 피복 두께가 50mm 이상인 경우 ········· 0.7
　　• D35 이하 90°, 180° 갈고리 철근에서 정착길이 l_{dh} 구간을 $3d_b$ 이하 간격으로 띠철근 또는 스터럽이 정착되는 철근을 수직으로 둘러싼 경우 또는 갈고리 끝 연장부와 구부림부의 전 구간을 $3d_b$ 이하 간격으로 띠철근 또는 스터럽이 정착되는 철근을 평행하게 둘러싼 경우 ········· 0.8

7 철근의 이음

① 겹침이음
  ㉠ D35를 초과하는 철근은 겹침이음을 하지 않고 용접에 의한 맞댐이음을 한다.
  ㉡ 다발철근의 겹침이음은 다발 내의 개개 철근에 대한 겹침이음길이를 기본으로 결정한다. 한 다발 내에서 각 철근의 이음은 한 군데에서 중복하지 않아야 한다. 또한 두 다발 철근을 개개 철근처럼 겹침이음을 하지 않아야 한다.
  ㉢ 휨 부재에서 서로 직접 접촉되지 않게 겹침이음된 철근은 횡 방향으로 소요 겹침이음길이의 1/5 또는 150mm 중 작은 값 이상 떨어지지 않아야 한다.

② 용접이음과 기계적 연결
  ㉠ 용접이음은 f_y의 125% 이상 발휘할 수 있게 용접한다.
  ㉡ 기계적 연결은 f_y의 125% 이상 발휘할 수 있게 기계적 연결을 한다.

③ 인장 이형 철근 및 이형 철선의 이음
  ㉠ 겹침이음길이는 300mm 이상이어야 한다.
   - A급 이음 : $1.0 l_d$
   - B급 이음 : $1.3 l_d$
   여기서, l_d : 인장이형철근의 정착길이로 보정계수를 적용하지 않는다.
  ㉡ 이음부에 배치된 철근량이 해석 결과 요구되는 소요 철근량의 2배 미만인 경우에 용접이음 또는 기계적 연결은 요구조건에 만족해야 한다.
  ㉢ 겹침이음의 분류
   - A급 이음 : 배치된 철근량이 이음부 전체 구간에서 해석 결과 요구되는 소요 철근량의 2배 이상이고 소요 겹침이음길이내 겹침이음된 철근량이 전체 철근량의 1/2 이하인 경우
   - B급 이음 : A급 이음에 해당되지 않는 경우
  ㉣ 인장 부재의 철근 이음은 완전 용접이나 기계적 연결로 이루어져야 한다. 이때, 인접 철근의 이음은 750mm 이상 떨어져서 서로 엇갈려야 한다.

④ 압축 이형 철근의 이음
  ㉠ 겹침이음길이는 f_y가 400MPa 이하인 경우는 $0.072 f_y d_b$ 이상, f_y가 400MPa를 초과할 경우는 $(0.13 f_y - 24) d_b$ 이상이어야 한다.

* **철근 콘크리트 보의**
주철근 이음 위치
휨 응력이 가장 작은 곳

ⓒ 겹침이음길이는 300mm 이상이어야 한다.
ⓒ 콘크리트의 설계기준강도가 21MPa 미만인 경우는 겹침이음길이를 1/3 증가시켜야 한다.
ⓔ 서로 다른 크기의 철근을 압축부에서 겹침이음하는 경우 이음길이는 크기가 큰 철근의 정착길이와 크기가 작은 철근의 겹침이음길이 중 큰 값 이상으로 한다. 이때 D41과 D51철근은 D35 이하 철근과의 겹침 이음이 허용된다.
ⓜ 단부 지압 이음은 폐쇄 띠철근, 폐쇄 스터럽 또는 나선 철근을 배치한 압축부재에서만 사용한다.
ⓗ 철근이 압축력만을 받을 경우는 철근과 직각으로 절단된 철근의 양 끝을 적절한 장치에 의해 중심이 잘 맞도록 접촉시킨다. 이때 철근의 양 단부는 철근 축의 직각면에 1.5° 이내의 오차를 갖는 평탄한 면이 되어야 하고 조립 후 지압면의 오차는 3° 이내여야 한다.

*이형철근 정착길이
300mm 이상

8 휨과 압축을 받는 부재의 해석

① 압축부재의 설계단면치수
　㉠ 띠철근 압축부재 단면의 최소치수는 200mm이고 그 단면적은 60,000mm² 이상이어야 한다.
　㉡ 나선철근 압축부재 단면의 심부 지름은 200mm이고 콘크리트의 설계기준강도는 21MPa 이상이어야 한다.
　㉢ 콘크리트 벽체나 교각구조와 일체로 시공되는 나선철근 또는 띠철근 압축부재의 유효 단면의 한계는 나선철근이나 띠철근 외측에서 40mm보다 크지 않게 취한다.
　㉣ 둘 이상의 맞물린 나선철근을 가진 독립 압축부재의 유효 단면의 한계는 나선철근의 최외측에서 요구되는 콘크리트 최소 피복 두께에 해당하는 거리를 더하여 취한다.
　㉤ 정사각형, 8각형 또는 다른 형상의 단면을 가진 압축부재 설계에서 전체 단면적을 사용하는 대신에 실제 형상의 최소 치수에 해당하는 지름을 가진 원형단면을 사용할 수 있다.
　㉥ 하중에 의해 요구되는 단면보다 큰 단면을 가진 압축부재의 경우 감소된 유효 단면적(A_g)을 사용하여 최소 철근량과 설계강도를 결정하여도 좋다. 이때, 감소된 유효 단면적은 전체 단면적의 1/2 이상이어야 한다.

② 압축부재의 철근량 제한
　㉠ 비합성 압축부재의 축방향 주철근 단면적은 전체 단면적(A_g)의

0.01배 이상 0.08배 이하로 한다. 축방향 주철근이 겹침이음되는 경우의 철근비는 0.04를 초과하지 않아야 한다.
ⓒ 압축부재의 축방향 주철근의 최소 개수는 직사각형이나 원형 띠철근 내부의 철근의 경우 4개, 삼각형 띠철근 내부의 철근의 경우 3개, 나선 철근으로 둘러싸인 철근의 경우 6개로 한다.
ⓒ 나선철근비(ρ_s)는 다음 값 이상으로 한다.

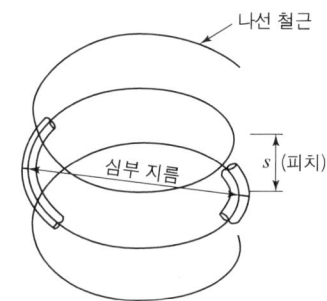

$$\rho_s = \frac{\text{나선철근의 체적}}{\text{심부 체적}} = 0.45\left(\frac{A_g}{A_{ch}} - 1\right)\frac{f_{ck}}{f_{yt}}$$

여기서, f_{yt} : 나선철근의 설계기준 항복강도이고 700MPa 이하
A_g : 기둥의 총 단면적(mm²)
A_{ch} : 심부의 단면적

*나선철근을 가진 압축 부재의 나선 철근비는 체적비이다.

③ 압축부재에 사용되는 띠철근의 규정
ⓐ D32 이하의 종방향 철근은 D10 이상의 띠철근으로, D35 이상의 종방향 철근과 다발철근은 D13 이상의 띠철근으로 둘러싸야 하며 띠철근 대신 등가 단면적의 이형철선 또는 용접 철망을 사용할 수 있다.
ⓑ 띠철근의 수직 간격은 종방향 철근 지름의 16배 이하, 띠철근이나 철선 지름의 48배 이하, 또한 기둥단면의 최소치수 이하로 한다.
ⓒ 띠철근은 모든 모서리에 있는 종방향 철근과 하나 건너 있는 종방향 철근이 135° 이하로 구부린 띠철근의 모서리에 의해 횡지지되도록 배치되어야 하며 어떤 종방향 철근도 띠철근을 따라 횡지지된 종방향 철근의 양쪽으로 순간격이 150mm 이상 떨어지지 않아야 한다. 또한 종방향 철근이 원형으로 배치된 경우에는 원형 띠철근을 사용할 수 있다.
ⓓ 확대 기초판 또는 기초 슬래브의 윗면에 배치되는 첫번째 띠철근 간격은 다른 띠철근 간격의 1/2 이하로 한다.
ⓔ 슬래브나 지판에 배치된 최하단 수평철근 아래에 배치되는 첫번째 띠철근도 다른 띠철근 간격의 1/2 이하로 한다.

ⓑ 보 또는 브래킷이 기둥의 4면에 연결되어 있는 경우에 가장 낮은 보 또는 브래킷의 최하단 수평철근 아래에서 75mm 이내에서 띠철근을 끝낼 수 있다.

9 기둥의 설계

① 단주

  ㉠ 나선철근 기둥의 축방향 설계강도

$$P_u = \phi P_n = 0.7 \times 0.85 \{\eta(0.85 f_{ck})(A_g - A_{st}) + f_y \cdot A_{st}\}$$

여기서, 공칭 압축강도 $P_n = 0.85 \{\eta(0.85 f_{ck})(A_g - A_{st}) + f_y \cdot A_{st}\}$

  ㉡ 띠철근 기둥의 축방향 설계강도

$$P_u = \phi P_n = 0.65 \times 0.8 \{\eta(0.85 f_{ck})(A_g - A_{st}) + f_y \cdot A_{st}\}$$

여기서, 공칭 압축강도 $P_n = 0.8 \{\eta(0.85 f_{ck})(A_g - A_{st}) + f_y \cdot A_{st}\}$

② 장주

  ㉠ 좌굴 하중

$$P_c = \frac{\pi^2 \cdot E \cdot I}{(k \cdot l)^2} = \frac{n \cdot \pi^2 \cdot E \cdot I}{l^2} = \frac{\pi^2 \cdot E \cdot A}{\lambda^2}$$

  ㉡ 좌굴 응력

$$f_{cr} = \frac{P_c}{A} = \frac{\pi^2 \cdot E \cdot I}{A(k \cdot l)^2} = \frac{\pi^2 \cdot E}{\left(\frac{k \cdot l}{r}\right)^2} = \frac{\pi^2 \cdot E}{\lambda^2}$$

10 슬래브, 확대기초

① 슬래브의 종류

  ㉠ 1방향 슬래브
- 마주보는 두 변에만 지지되는 슬래브로 주철근이 1방향에 배근
- $\dfrac{L}{S} \geq 2.0$

  여기서, L : 장변의 길이
  S : 단변의 길이

  ㉡ 2방향 슬래브
- 네 변으로 지지되는 슬래브로 서로 직교하는 그 방향으로 주철근을 배치
- $1 \leq \dfrac{L}{S} < 2$, $0.5 < \dfrac{S}{L} \leq 1$

※ 나선철근 배치 이유
축방향 철근의 위치를 확고히 하기 위해서

② 1방향 슬래브
  ㉠ 휨모멘트
    • 활하중에 의한 경간 중앙의 부휨모멘트는 산정된 값의 1/2만 취한다.
    • 경간 중앙의 정휨모멘트는 양단 고정으로 보고 계산한 값 이상으로 취한다.
    • 순경간이 3.0m를 초과할 때 순경간 내면의 휨모멘트를 사용할 수 있다. 그러나 이 값들이 순경간을 경간으로 하여 계산한 고정단 휨모멘트 이상으로 하여야 한다.
  ㉡ 구조 상세
    • 1방향 슬래브의 두께는 최소 100mm 이상이어야 한다.
    • 슬래브의 정철근 및 부철근의 중심간격은 최대 휨모멘트가 일어나는 단면에서는 슬래브 두께의 2배 이하, 또는 300mm 이하로 한다. 기타 단면은 슬래브 두께의 3배 이하, 또한 450mm 이하로 한다.
    • 1방향 슬래브에서는 정철근 및 부철근에 직각방향으로 수축·온도 철근을 배치한다.

③ 2방향 슬래브
  ㉠ 구조 상세
    • 2방향 슬래브 시스템의 각 방향 철근 단면적은 위험 단면의 휨모멘트에 의해 결정되지만 수축·온도 철근에서 요구되는 최소 철근량 이상이어야 한다.
    • 수축·온도 철근으로 배치되는 이형철근의 철근비
      − 어떤 경우에도 0.0014 이상
      − 설계기준항복강도가 400MPa 이하인 이형철근을 사용한 슬래브는 0.002 이상
      − 0.0035의 항복변형률에서 측정한 철근의 설계기준항복강도가 400MPa를 초과한 슬래브는 $0.002 \times \dfrac{400}{f_y}$ 이상

④ 기초판(확대기초)의 저면적(A_f)

$$A_f = \dfrac{P}{q_a}$$

여기서, P : 하중
q_a : 지반의 허용 지지력

STUDY GUIDE

*1방향 슬래브
정모멘트 철근 및 부모멘트 철근에 직각방향으로 수축·온도 철근을 배치한다.

⑤ 압축하중과 휨모멘트가 작용시 확대기초의 최대 지반반력
$$f = \frac{P}{A} \pm \frac{M}{I} \cdot y$$

⑥ 위험 단면에서의 휨모멘트
$$M = 응력 \times 단면적 \times 도심까지의\ 거리$$
$$= q \cdot \left\{ \frac{(L-t)}{2} \times S \right\} \times \left\{ \frac{(L-t)}{2} \times \frac{1}{2} \right\} = \frac{1}{8} q \cdot S(L-t)^2$$

11 옹벽

① 옹벽의 안정
　㉠ 전도에 대한 안정
　　• $F = \dfrac{저항모멘트}{활동모멘트} = \dfrac{M_r}{M_o} \geq 2.0$
　　• 모든 외력의 합력이 $x \geq d/3$에 있어야 한다.
　㉡ 활동에 대한 안정
　　• $F = \dfrac{수평저항력}{수평력} = \dfrac{\sum V}{\sum H} \geq 1.5$
　　• $\sum V = f \cdot W$
　　　여기서, f : 콘크리트 저판과 지반과의 마찰계수
　㉢ 침하에 대한 안정(지반 지지력에 대한 안정)
　　• $q_{\max} < q_a$
　　• 안전율은 1.0이다.
　　　여기서, q_a : 지반의 허용 지지력
　　　　　　　$q_{\max}$: 최대 지지반력

*옹벽의 구조해석
부벽식 옹벽의 추가철근은 3변 지지된 2방향 슬래브로 설계할 수 있다.

② 옹벽의 설계
　㉠ 뒷부벽은 T형보로 설계하여야 한다.
　㉡ 앞부벽은 직사각형보로 설계하여야 한다.

03 열화조사 및 진단

1 일반사항

시설물의 상태평가를 위한 점검과 진단 및 그 결과에 기초한 보수 · 보강 및 안정화조치 여부나 그 작업 등을 포함하며 이에 대한 자료정리 및 축적, 기록 등도 포함한다.

2 유지관리 계획 수립

① 시설물의 성격, 규모 및 중요도에 따라 준공시의 설계도서, 유지관리 이력, 시설물 관리대장, 관계 자료를 이용한다.
② 작업량의 적절한 배분 및 시기 등을 고려하며 작업이 특정 시기에 집중되지 않도록 한다.
   ㉠ 작업시기는 작업의 특수성, 교통 상황, 사용기간 등을 고려하여 최적의 시기를 결정한다.
   ㉡ 작업 인원, 자재, 사용장비 등을 적절하게 배치한다.
   ㉢ 점검이나 진단, 보수·보강이나 안정화를 위한 공사 등은 시설물의 종류에 따라 기온, 강우, 강설 등의 기상 조건을 고려한다.
   ㉣ 교통 통제, 소음, 진동 등은 작업의 난이도를 고려하여 공법, 시기, 작업시간대를 선정한다.
   ㉤ 작업에 따른 여러 가지 제한사항은 최소화하여 계획을 수립한다.
   ㉥ 다른 공사와의 조정을 도모한다.
   ㉦ 작업 공정이 변경되는 경우에는 이에 따른 수정 계획을 신속히 한다.

3 안전점검

① 안전점검이란 경험과 기술을 갖춘 자가 육안 또는 점검기구 등에 의하여 검사를 실시하여 시설물에 내재되어 있는 위험요인을 조사하는 것이다.
② 안전점검에는 초기점검, 정기점검, 정밀점검, 긴급점검 등이 있다.
③ 안전점검 항목은 균열, 박락, 보수, 누수, 처짐, 층분리, 침하, 기울기, 해체, 박리 등으로 한다.
④ 안전점검 방법에는 점검내용에 따라 외관 또는 적절한 점검 장비를 사용하며 필요시 근접 장비를 이용하여 근접점검을 실시한다.
⑤ 안전점검 항목은 시설물이나 부재의 중요도, 제삼자 영향도, 예정 사용기간, 환경조건, 유지관리의 난이도 등을 반영한 유지관리 구분과 열화 예측에 맞추어 선정한다.

★정기점검
외관조사 수준의 점검으로 시설물의 기능적 상태를 판단하고 현재의 사용요건을 계속 만족시키고 있는지 확인 점검

4 외관 조사

① 콘크리트 균열 조사
   ㉠ 균열 폭
      • 균열 폭을 측정할 때는 스케일, 게이지, 현미경을 사용한다.

★외관조사 항목
① 균열의 발생 위치와 규모
② 철근 노출조사
③ 구조물 전체의 침하 등의 변형

STUDY GUIDE

- 균열 변동 측정은 전기적인 측정방법, 클립 게이지를 사용하는 방법, 전기식 다이얼 게이지를 사용하는 방법 등이 있다. 또 표점간을 콘택트 게이지를 사용해서 측정해도 된다.
- 보수·보강 여부의 판정 자료로 사용할 경우에는 최대 균열폭에 중점을 둔다.
- 균열폭의 변동을 장기적으로 측정하는 경우에는 그 측정시의 온도 및 습도 조건은 되도록 같도록 한다.
- 측정시각은 되도록 일정하게 하며 오전 10시 전후에 하는 것이 좋다.
- 토목 구조물이나 건축물의 외벽 및 지붕 슬래브 등의 부재는 강우 후 적어도 3일 이상 경과하고 측정한다.

ⓒ 균열 길이
- 균열 폭이 0.05mm 정도 이상 되는 구간의 길이를 측정한다.
- 자를 사용하여 측정하며 균열의 굴곡까지 고려하여 엄밀하게 측정할 필요는 없다. 적당히 선정된 구간의 직선거리를 더하여 균열길이를 구한다.
- 균열 길이가 문제가 되는 것은 주로 보수·보강시 규모를 파악하여 공사비를 산출할 때이다.

ⓒ 균열의 관통 유무
- 물이나 공기가 통과되는가의 여부에 따라 판정한다.
- 콘크리트 양면을 관찰할 수 있는 경우는 표면과 안쪽면의 균열 패턴이 일치하는가에 따라 확인한다.

ⓔ 균열부분의 상황
- 균열부분의 상태로부터 이물질의 충진 유무, 백화 현상의 유무, 철근의 발청 유무 등을 관찰한다.

5 강도 평가

① 간접법
ⓐ 반발경도법
ⓑ 초음파 속도법
ⓒ 조합법
ⓓ 인발법

② 직접법
ⓐ 코어 채취에 의한 압축강도 시험

✱균열 조사
- 균열 길이
  - 스케일
  - 화상처리
- 균열 깊이
  - 초음파법
  - 코어채취

✱반발경도 시험
시험할 부재는 두께가 100mm 이상이어야 한다.

04 열화 원인

1 알카리 골재반응

① 알칼리 골재반응 형태
  ㉠ 알칼리 실리카 반응(ASR : alkali silica reaction)
  ㉡ 알칼리 탄산염 반응
  ㉢ 알칼리·실리케이트 반응

② 알칼리 골재반응의 손상
  ㉠ 골재 주면이 팽창하여 망상 형태의 균열 발생
  ㉡ 콘크리트 부재의 뒤틀림, 단차, 국부 파괴
  ㉢ 균열부에서 백화현상
  ㉣ 피복이 두꺼울수록 알칼리성 반응에 의한 균열은 커진다.
  ㉤ 구조물 내구성 저하, 미관 손상

③ 알칼리 골재반응 방지 대책
  ㉠ 반응성 골재(석영, 화산유리, 트리다마이트) 사용 금지
  ㉡ 고로 시멘트, 플라이 애시 시멘트, 고로 슬래그를 사용한다.
  ㉢ 방수제, 방청재료 콘크리트 표면 마감
  ㉣ 콘크리트 중의 수분은 알칼리 골재반응을 촉진하므로 구조물의 수밀성을 높인다.
  ㉤ 콘크리트가 다습하거나 습윤상태에 있을 때 알칼리 반응이 증가하므로 항상 건조상태를 유지한다.
  ㉥ 단위 시멘트량이 너무 많은 배합은 알칼리 골재반응에 약하므로 단위시멘트량을 최소로 한다.
  ㉦ 저알칼리형의 시멘트(Na_2O당량 0.6% 이하)를 사용한다.
  ㉧ 콘크리트 $1m^3$당 알칼리 총량을 3kg 이하로 한다.

*알칼리 실리카 반응
불규칙한 균열 발생

2 중성화(탄산화)

① 개요
  콘크리트중의 수산화칼슘이 공기중의 탄산가스와 접촉하여 서서히 탄산칼슘으로 변화하여 콘크리트가 알칼리성을 상실하는 것을 말한다.

② 중성화 속도
  ㉠ 중성화가 콘크리트 내부로 진행해가는 속도

*중성화 직접적인 영향
철근 부식의 원인

ⓒ 중성화 진행속도는 중성화 깊이와 경과한 시간의 함수로 나타낸다.

$$X = A\sqrt{t}$$

　　여기서, X : 기준이 되는 콘크리트 중성화 깊이(mm)
　　　　　　t : 경과년수(년)
　　　　　　A : 중성화 속도계수로서 시멘트, 골재의 종류, 환경조건, 혼화재료, 표면 마감재 등의 정도를 나타내는 상수(mm/$\sqrt{년}$)

　　ⓒ 중성화 속도는 실내가 실외보다 빠르다.

③ 중성화 속도에 영향을 미치는 요인
　　㉠ 혼합시멘트 혹은 실리카질의 혼화제를 사용하면 빠르다.
　　㉡ 조강 포틀랜드 시멘트가 보통 시멘트보다 늦고 더욱 좋은 효과가 있다.
　　㉢ 경량골재 콘크리트가 보통 콘크리트보다 빠르다.
　　㉣ 중성화 속도는 골재의 밀도가 작을수록 빨라진다.

④ 중성화의 방지대책
　　㉠ 조강, 보통 포틀랜드 시멘트 및 밀도가 큰 골재를 사용한다.
　　㉡ 물-결합재비, 공기량 등이 낮게 되도록 한다.
　　㉢ 충분한 초기 양생을 한다.
　　㉣ 콘크리트의 피복 두께를 크게 한다.

⑤ 중성화 판별방법
　　공시체의 파단면에 1% 페놀프탈레인-알코올용액을 분무하여 변색 여부를 관찰하는 방법이 가장 일반적이다. 무색으로 변화하면 중성화된 것으로 판단한다.

3 동해

① 개요
　　콘크리트 중의 수분이 외부 온도의 저하에 의해 동결과 융해의 반복작용으로 균열이 발생하거나 표면부가 박리하여 콘크리트 표면층에 가까운 부분부터 파괴되는 현상을 말한다.

> *팝 아웃(pop out)
> 동결융해에 의해 콘크리트 표면이 떨어져 나가는 현상

② 동결 융해의 저항성 판정
　　㉠ 내구성 지수(DF : Durability Factor)

$$DF = \frac{PN}{M}$$

　　여기서, P : 동결융해 N 사이클에서의 상대 동탄성계수(%)
　　　　　　N : P 값이 시험을 단속시킬 수 있는 소정의 최소값이 된 순간의 사이클 수
　　　　　　M : 사전에 결정된 동결 융해에의 노출이 끝날 때의 사이클 수(300)

ⓒ 내구성 지수가 클수록 내구성이 좋다.
- DF < 40 : 내구성이 낮다.
- DF > 60 : 내구성이 좋다.

4 내화성

① 화재로 1,000℃ 정도의 고온에 노출되는 경우 이에 저항하는 성질을 내화성이라 하며 콘크리트가 고온을 받으면 강도 및 탄성계수가 저하하며 철근과 콘크리트와의 부착력이 저하된다.
② 시멘트 수화물은 가열에 의하여 결정수를 방출하며 500℃ 전후에서 수산화칼슘[$Ca(OH)_2$]가 분해하여 석회(CaO)가 된다.
③ 750℃ 전후에서 탄산칼슘(석회석)[$CaCO_3$]의 분해가 시작되면서 수산화칼슘의 분해에 의하여 콘크리트 강도는 급격하게 감소한다.

* 화재에 의한 열화 특징
열응력에 의해 균열 발생, 슬래브나 보의 처짐 증가

05 열화 성능평가

1 초음파법에 의한 내부결함 위치측정

① 투과법
② 반사법
③ $T_c - T_o$법
④ T법
⑤ BS-4408에 규정한 방법
⑥ 레슬리법(Leslie)
⑦ 위상 변화를 이용하는 방법
⑧ SH파를 이용하는 방법

2 철근 배근상태 조사

① 전자유도법
② 전자 레이더법
③ 철근조사(철근탐사법)

3 철근의 부식상태 조사

① 자연전위 측정법
② 표면 전위차 측정법

* 자연전위법
대기중에 있는 콘크리트 구조물의 철근 등 강재가 부식환경에 있는지의 여부 진단

③ 분극 저항법
④ AC 임피던스법 (전기 저항법)

06 보수·보강공법

1 보수공법

① 표면처리 공법
② 주입공법
③ 충전공법
④ 전기 방식에 의한 공법
⑤ 단면 복구 공법
⑥ 표층 취약부의 보수공법

2 보강공법

① 콘크리트 단면 증설공법
② 강판 보강(접착) 공법
③ 연속 섬유 시트 접착공법
④ 외부 케이블에 의한 프리스트레싱 공법

3 보수·보강공법에 사용되는 재료

① 폴리머 시멘트
  내마모성, 내충격성은 양호하나 내화, 내열성은 불량하고 슬럼프는 50mm 이내이다.
② 에폭시 수지
  ㉠ 내수성, 내약품성, 가소성, 내마모성이 우수하다.
  ㉡ 경화에 있어 반응수축이 매우 작고 또한 휘발물질이 발생하지 않으며 기계적 성질, 전기전열성이 매우 우수하다.
  ㉢ 콘크리트와의 접착성과 시멘트에 대한 내알칼리성 등이 우수하다.

---

*보수방법을 선택할 때 고려할 사항
• 보수 목적
• 손상 원인
• 재발 가능성 등

*표면처리공법
0.2mm 이하의 미세한 결함 보수

*강판접착공법 순서
표면 조정, 앵커 장착, 강판 부착, 실링, 주입, 마감

*유리섬유
높은 온도에 견디며 불에 타지 않는다.

1과목 콘크리트 재료 및 배합

01 골재의 성질이 콘크리트에 미치는 영향에 대한 설명 중 틀린 것은?
① 콘크리트용 부순자갈 및 부순모래 시험결과 실적률이 큰 골재를 사용하면 콘크리트의 단위수량을 감소시킬 수 있다.
② 황산나트륨에 의한 골재 안정성시험결과 손실질량백분율이 작은 골재를 사용하면 콘크리트의 내열성이 향상된다.
③ 잔골재의 유기불순물 시험결과 표준용액과 비교하여 색이 짙어진 골재는 콘크리트의 응결 및 경화를 저해할 우려가 있다.
④ 골재 중에 함유된 점토덩어리를 측정한 시험결과 점토덩어리량이 큰 골재는 콘크리트의 강도 및 내구성을 저하시킨다.

해설 황산나트륨에 의한 골재 안정성 시험 결과 손실질량 백분율이 작은 골재를 사용하면 콘크리트의 내구성이 향상되어 기상작용에 대한 큰 저항값을 가지게 된다.

02 다음은 시멘트의 특성과 용도에 관하여 설명한 것이다. 틀린 것은?
① 중용열 포틀랜드 시멘트는 초기강도는 작지만 장기강도가 크고, 댐 등의 매스콘크리트에 사용되고 있다.
② 조강 포틀랜드 시멘트는 조기에 높은 강도를 얻을 수 있어 한중콘크리트 등에 사용되고 있다.
③ 고로 슬래그 시멘트는 장기재령에서 수밀성이 우수하여 하천공사 및 항만공사 등에 사용되고 있다.
④ 내황산염 포틀랜드 시멘트는 토양이나 공장폐수 등의 황산염에 대한 저항성을 높이기 위하여 C_3A의 함유량을 높이고 C_2S의 양을 줄여 만든 것이다.

해설
• 시멘트에서 C_3A의 양을 증가시키면 수화발열이 증가하고 초기강도가 크기 때문에 건조수축이 일어날 수 있다. 장기강도를 크게 하기 위해서는 C_2S의 양을 증가시킨다.
• 내황산염 포틀랜드 시멘트는 C_3A의 함유량을 줄이고 C_4AF의 함유량을 증가시켜 만든 것이다.

답안 표기란
01 ① ② ③ ④
02 ① ② ③ ④

[정답] 01. ② 02. ④

03 다음 중 양질의 골재로서 갖추어야 할 조건이 아닌 것은?

① 조직이 치밀하고 강하며 공극률이 적은 것
② 구형이며 단위용적중량이 큰 것
③ 조립률이 높으며 마모에 강한 것
④ 밀도가 높으며 흡수율이 낮은 것

해설 조립률이 높다는 것은 골재의 입경이 크다는 뜻이며 마모에 강한 골재는 양질의 골재에 해당된다.

04 콘크리트 배합설계에서 단위수량을 선정하는 내용 중 잘못된 것은?

① 공기연행제 및 공기연행 감수제를 사용하면 단위수량이 감소된다.
② 쇄석을 굵은골재로 사용하면 강자갈의 경우보다 단위수량이 증가된다.
③ 고로 슬래그의 굵은골재를 골재로 사용하면 강자갈의 경우보다 단위수량이 감소된다.
④ 소요의 워커빌리티 범위에서 가능한 한 단위수량이 적게 되도록 시험에 의해 정한다.

해설 고로 슬래그의 굵은골재를 골재로 사용하면 강자갈의 경우보다 단위수량이 증가된다.

05 시멘트의 분말도에 관한 설명 중 옳은 것은?

① 분말도가 작은 것일수록 물과 혼합시 접촉 표면적이 커서 수화작용이 빠르다.
② 분말도가 작은 것일수록 블리딩이 적고 워커블한 콘크리트가 얻어진다.
③ 분말도가 높을수록 초기강도는 작으나 장기강도가 크게 된다.
④ 분말도가 높을수록 풍화되기 쉽고 건조수축이 커져서 균열이 발생하기 쉽다.

해설 분말도가 높으면 수화열이 많으므로 건조수축이 커져서 균열이 발생하기 쉽다.

06 잔골재율(S/a)이 47.5%, 단위골재의 절대용적이 700ℓ, 잔골재의 표건밀도가 2.62g/cm³일 때 단위잔골재량은?

① 325kg/m³
② 534kg/m³
③ 725kg/m³
④ 871kg/m³

해설 단위 잔골재량
2.62×0.7×0.475×1000 = 871 kg/m³

정답 03.③ 04.③ 05.④ 06.④

07 플라이 애시에 대한 설명으로 틀린 것은?

① 볼베어링 작용에 의해 콘크리트의 워커빌리티를 개선한다.
② 콘크리트의 발열을 저감시키기 때문에 매스 콘크리트에 유리하다.
③ 플라이 애시는 함유탄소분의 일부가 공기연행제를 흡착하는 성질을 가지고 있어 소요의 공기량을 얻기 위해서는 공기연행제의 양이 많아 요구되는 경우가 있다.
④ 장기에 걸친 포졸란 반응에 의해 콘크리트의 수밀성은 향상되지만, 건조수축은 증가하는 경향이 있다.

해설 장기에 걸친 포졸란 반응에 의해 콘크리트의 수밀성이 향상되며 건조, 습윤에 따른 체적 변화와 동결융해에 대한 저항성이 향상된다.

08 시멘트 클링커 화합물에 대한 설명으로 옳은 것은?

① C_3S의 수화열보다 C_2S의 수화열이 많이 발열된다.
② 조기 강도 발현에 가장 적은 영향을 주는 화합물은 C_3S이다.
③ 구조물의 건조수축을 줄이기 위하여 C_2S와 C_4AF가 적은 시멘트를 사용해야 한다.
④ 구조물의 화학저항성을 향상시키기 위하여 C_2S와 C_4AF가 많은 시멘트를 사용해야 한다.

해설
• C_2S(규산이석회)의 수화열보다 C_3S(규산삼석회)의 수화열이 많이 발열된다.
• 조기강도 발현에 가장 적은 영향을 주는 화합물은 C_2S이다.
• 구조물의 건조수축을 줄이기 위하여 C_2S와 C_4AF(알루민산철 4석회)가 많은 시멘트를 사용해야 한다.
• 구조물의 화학저항성을 향상시키기 위하여 C_3A(알루민산 3석회)가 적고 C_4AF가 많은 시멘트를 사용해야 한다.

09 콘크리트 배합에 관한 일반적인 설명으로 잘못된 것은?

① 콘크리트의 운반시간이 길거나 기온이 높을 때에는 슬럼프가 크게 저하하므로, 배합은 운반중의 슬럼프 저하를 고려한 슬럼프값으로 정해야 한다.
② 고강도 콘크리트의 배합은 기상변화가 심하거나 동결융해에 대한 대책이 필요한 경우를 제외하고는 공기연행제를 사용하지 않는 것을 원칙으로 한다.
③ 공사 중에 잔골재의 조립률이 ±0.2 이상 차이가 있을 경우에

정답 07. ④ 08. ④ 09. ④

는 콘크리트의 워커빌리티가 변하므로 배합을 수정할 필요가 있다.
④ 굵은골재 최대치수는 철근의 최소 순간격의 3/4 이하이어야 하며, 콘크리트를 경제적으로 만들기 위해서는 최대치수가 작은 굵은골재를 사용하는 것이 유리하다.

해설 콘크리트를 경제적으로 만들기 위해서는 굵은골재 최대치수가 큰 골재를 사용하는 것이 유리하다.

10 콘크리트 시방배합 결과가 다음과 같고 5mm체에 남는 잔골재량이 6%, 5mm체를 통과하는 굵은골재량이 4%일 때 입도를 보정하여 잔골재량을 현장배합으로 수정한 값으로 옳은 것은?

단위량(kg/m³)			
물	시멘트	잔골재	굵은골재
175	365	650	1,280

① 626.8kg/m³
② 636.4kg/m³
③ 643.8kg/m³
④ 652.6kg/m³

해설
- 잔골재량

$$\frac{100S - b(S+G)}{100 - (a+b)} = \frac{100 \times 650 - 4(650 + 1280)}{100 - (6+4)} = 636.4 \text{kg/m}^3$$

- 굵은골재량

$$\frac{100G - a(S+G)}{100 - (a+b)} = \frac{100 \times 1280 - 6(650 + 1280)}{100 - (6+4)} = 1293.6 \text{kg/m}^3$$

11 시멘트의 강도시험(KS L ISO 679)에서 규정하고 있는 시멘트 모르타르의 압축강도 시험에 사용되는 공시체에 대한 설명으로 옳은 것은?

① 부피로 시멘트 1에 대해서 물/시멘트비 0.5 및 잔골재 2.7의 비율로 모르타르를 성형한다.
② 부피로 시멘트 1에 대해서 물/시멘트비 0.4 및 잔골재 3의 비율로 모르타르를 성형한다.
③ 질량으로 시멘트 1에 대해서 물/시멘트비 0.4 및 잔골재 2.7의 비율로 모르타르를 성형한다.
④ 질량으로 시멘트 1에 대해서 물/시멘트비 0.5 및 잔골재 3의 비율로 모르타르를 성형한다.

해설 모르타르는 시멘트와 표준모래를 1 : 3의 질량비로 한다.(시멘트 450g, 표준사 1,350g, 물 225g, w/c=0.5)

정답 10. ② 11. ④

12 잔골재의 밀도 및 흡수율 시험방법에 대한 설명으로 잘못된 것은?

① 표면건조 포화상태의 잔골재를 500g 이상 채취하고, 그 질량을 0.1g까지 측정하여, 이것을 1회 시험량으로 한다.
② 시험용 플라스크의 검정된 용량을 나타내는 눈금까지의 용적은 시료를 넣는 데 필요한 용적의 1.5배 이상 3배 미만으로 한다.
③ 표면건조 포화상태의 시료를 확인할 때는 시료를 원뿔형 몰드에 2층으로 나누어 넣고 다짐봉으로 각 층을 25회씩 다진 뒤 몰드를 수직으로 빼 올린다.
④ 시험값은 평균과의 차이가 밀도의 경우 $0.01g/cm^3$ 이하이어야 한다.

해설 표면건조 포화상태의 시료를 확인할 때는 시료를 원뿔형 몰드에 넣고 표면을 다짐대로 가볍게 25회 다지고 몰드를 수직으로 빼 올린다.

13 콘크리트 표준시방서에 의해 다음 조건에서의 배합강도(MPa)로 가장 적합한 것은? (단, f_{cn} = 27MPa, 30회 이상 압축강도시험에 의한 표준편차 s = 2.7MPa이다.)

① 28.0 ② 29.0
③ 30.0 ④ 31.0

해설 f_{cn} ≤ 35MPa인 경우이므로
$f_{cr} = f_{cn} + 1.34s = 27 + 1.34 \times 2.7 = 31$ MPa
$f_{cr} = (f_{cn} - 3.5) + 2.33s = (27 - 3.5) + 2.33 \times 2.7 = 30$ MPa
∴ 큰 값인 31MPa이다.

14 다음의 시멘트 시험항목에 대한 관련장치로서 적절하게 연결된 것은?

① 밀도시험 – 비카트 침
② 압축강도 – 르샤틀리에 프라스크
③ 분말도 – 45μm 표준체
④ 응결시간 – 블레인 공기투과장치

해설
- **밀도시험** – 르샤틀리에 프라스크
- **응결시간** – 비카트 침
- **분말도** – 45μm 표준체, 블레인 공기투과장치

[정답] 12. ③ 13. ④ 14. ③

15 골재의 체가름 시험으로부터 알 수 없는 골재의 성질은?

① 골재의 입도
② 골재의 조립률
③ 굵은골재의 최대치수
④ 골재의 실적률

해설 골재의 실적률은 골재의 단위질량 및 실적률 시험방법으로부터 알 수 있다.

16 아래 표의 조건에서의 시방배합에 관한 내용 중 틀린 것은? (단, 시멘트 밀도 3.15g/cm³, 잔골재 밀도 2.61g/cm³, 굵은골재 밀도 2.64g/cm³이다.)

단위량 (kg/m³)				
물	시멘트	잔골재	굵은골재	혼화제(g/m³)
165	328	795	1,020	164

① 물-시멘트비는 50.3%이다.
② 잔골재율은 43.8%이다.
③ 공기량은 5%이다.
④ 콘크리트의 단위용적질량은 2308kg/m³이다.

해설
- $\dfrac{W}{C} = \dfrac{165}{328} = 50.3\%$
- $S/a = \dfrac{795}{795 + 1020} = 43.8\%$
- 혼화제는 시멘트량의 0.05%이다.
- $V = 165 + 328 + 795 + 1020 = 2308\text{kg/m}^3$이다.

17 골재에 대한 설명 중 옳지 않은 것은?

① 질량비로 90% 이상을 통과시키는 체 중에서 최대치수의 체눈의 호칭치수로 나타낸 것을 굵은골재의 최대치수라 한다.
② 골재의 입경이 클수록 조립률이 크다.
③ 골재 입자의 표면은 물기가 없고 내부는 물이 꽉 차 있는 상태를 표면건조 포화상태라 한다.
④ 골재의 입도가 양호하면 실적률이 크다.

해설 질량비로 90% 이상을 통과시키는 체 중에서 최소치수의 체눈의 호칭치수로 나타낸 것을 굵은골재의 최대치수라 한다.

정답 15. ④ 16. ③ 17. ①

18 다음 표는 잔골재의 밀도 시험 결과 중의 일부이다. 이 잔골재의 표면건조 포화상태의 밀도는? (단, 시험온도에서의 물의 밀도는 1g/cm³이다.)

잔골재의 밀도 시험		
측정 번호	1	2
빈 플라스크의 질량(g)	213.0	213.0
(플라스크+물)의 질량(g)	711.4	712.2
표건 시료의 질량(g)	500.5	500.0
(플라스크+물+시료)의 질량(g)	1020.2	1020.8

① 2.61g/cm³ ② 2.63g/cm³
③ 2.65g/cm³ ④ 2.67g/cm³

해설
- 1회 표건밀도 $\dfrac{m}{B+m-C} \times \rho_w = \dfrac{500.5}{711.4+500.5-1020.2} \times 1 = 2.611 \text{g/cm}^3$
- 2회 표건밀도 $\dfrac{m}{B+m-C} \times \rho_w = \dfrac{500}{712.2+500-1020.8} \times 1 = 2.612 \text{g/cm}^3$

∴ 평균 표건밀도 $= \dfrac{2.611+2.612}{2} = 2.61 \text{g/cm}^3$

19 시멘트 모르타르 인장강도시험에서 공시체가 최대하중 900N에서 파괴되었다. 모르타르 인장강도는? (단, 공시체 단면적은 645mm²이다.)

① 1.39MPa ② 2.78MPa
③ 4.17MPa ④ 5.56MPa

해설
인장강도 $= \dfrac{P}{A} = \dfrac{900}{645} = 1.39 \text{MPa}$

20 다음 중 콘크리트 제조 시 화학혼화제 원책이 가장 적게 사용되는 것은?

① 염화칼슘을 사용하는 촉진제
② 단위수량을 줄이기 위한 감수제
③ 콘크리트의 유동성을 높여 작업의 효율성을 위한 유동화제
④ 동결융해 저항성을 위한 AE제

해설 AE제의 대략적인 사용량은 시멘트 중량의 0.004~0.012%인 빈졸레진(분말) 등이 있다.

정답 18. ① 19. ①
20. ④

2과목 콘크리트 제조, 시험 및 품질관리

21 강제식 믹서로 콘크리트의 비비기를 할 경우, 최소 비비기 시간은 얼마를 표준으로 하는가? (단, 비비기 시간에 대한 시험을 실시하지 않을 경우)

① 30초
② 1분
③ 1분 30초
④ 2분

해설
- 강제식 믹서 : 1분
- 가경식 믹서 : 1분 30초

22 콘크리트의 중성화에 대한 설명으로 틀린 것은?

① 콘크리트의 중성화를 촉진시키는 인자 중에 대기중의 이산화탄소가 있다.
② 페놀프탈레인 용액을 분무하면 콘크리트 자체의 pH를 정확히 알 수 있다.
③ 중성화 시험은 페놀프탈레인 용액을 분무하여 실시하는 것이 가장 일반적이다.
④ 중성화의 진행은 콘크리트 중의 철근 부식현상을 가속화시키는 원인이 된다.

해설 페놀프탈레인 용액을 분무하면 콘크리트 자체의 pH를 정확히 알 수 없다.

23 콘크리트 압축강도의 영향 인자 중 재료품질에 대한 영향을 설명한 것이다. 옳지 않은 것은?

① 콘크리트의 압축강도는 시멘트의 종류와 강도에 의하여 달라진다.
② 물-결합재비가 일정할 경우 굵은골재 최대치수가 클수록 압축강도는 증가한다.
③ 혼합수의 품질이 압축강도에 미치는 영향은 적은 편이나 시공 시의 응결시간 및 굳은 후의 콘크리트의 여러 성질 등에 영향을 미친다.
④ 골재의 표면이 거칠수록 압축강도는 증가한다.

해설 물·결합재비가 일정할 경우 가능한 한도 내에서 굵은골재 최대치수가 클수록 압축강도는 증가한다.

정답 21.② 22.② 23.②

24 굳지 않은 콘크리트의 공기량 시험방법의 종류가 아닌 것은?
① 질량법
② 압력법
③ 용적법
④ 증기법

> **해설** 질량법, 압력법, 용적법 종류 중에 공기실 압력법이 많이 사용되고 있다.

25 4점 재하장치에 의한 휨강도시험에 사용되는 보 시편의 지간길이는 높이의 몇 배가 적당한가?
① 2.5배
② 3배
③ 3.5배
④ 4배

> **해설** 시험할 공시체는 두께의 3배 이상의 지간을 가져야 하며 시험할 때까지 습윤상태로 두어야 한다.

26 콘크리트 압축강도 시험에 관한 설명으로 올바르지 않은 것은?
① 공시체의 지름은 0.1mm, 높이는 1mm까지 측정한다.
② 공시체의 제작에서 몰드를 떼는 시기는 채우기가 끝나고 나서 16시간 이상 3일 이내로 한다.
③ 일반적으로 사용하는 공시체는 원통형 공시체로 직경에 대한 길이의 비가 1 : 3인 것을 많이 사용한다.
④ 콘크리트의 압축강도의 표준은 특별한 경우를 제외하고는 일반적으로 재령 28일을 설계의 표준으로 한다.

> **해설**
> • 일반적으로 사용하는 공시체는 원통형 공시체로 직경에 대한 길이의 비가 1 : 2인 것을 많이 사용한다.
> • 공시체의 질량은 공시체 표면의 물을 모두 닦아 낸 후에 측정한다.
> • 공시체의 지름은 높이의 중앙에서 서로 직교하는 2방향에 대하여 측정한다.

27 콘크리트 타설현장에서 받아들이기 품질검사 항목 및 확인사항을 설명한 것으로 틀린 것은?
① 워커빌리티의 검사는 굵은골재 최대치수 및 슬럼프가 설정치를 만족하는지 여부를 확인함과 동시에 재료 분리 저항성을 외관 관찰에 의해 확인하여야 한다.
② 강도검사는 압축강도시험에 의한 검사를 실시한다.

[정답] 24. ④ 25. ② 26. ③ 27. ③

③ 내구성 검사는 중성화 속도계수, 염화물 이온량, 화학저항성을 평가하여야 한다.
④ 내구성으로부터 정한 물-결합재비는 배합 검사를 실시하거나 강도 시험에 의해 확인할 수 있다.

해설
- 내구성 검사는 공기량, 염화물 함유량을 측정하는 것으로 한다.
- 콘크리트의 받아들이기 품질관리는 콘크리트를 타설하기 전에 실시하여야 한다.

28 지름 150mm, 높이 300mm인 원주형 공시체의 인장강도를 측정하기 위해 쪼갬 인장강도시험으로 콘크리트에 하중을 가하여 공시체가 100kN에 파괴되었다면 이때 콘크리트의 인장강도는?

① 1.2MPa   ② 1.3MPa
③ 1.4MPa   ④ 1.6MPa

해설 인장강도 = $\dfrac{2P}{\pi dl} = \dfrac{2 \times 100000}{3.14 \times 150 \times 300} = 1.4\text{MPa}$

29 레디믹스트 콘크리트 공장에서 회수수를 배합수로서 사용할 경우에 대한 설명으로 틀린 것은?

① 슬러지수를 사용하였을 경우 슬러지 고형분율이 3%를 초과하면 안 된다.
② 회수수의 염소 이온량은 250mg/L 이하로 관리한다.
③ 회수수를 사용한 경우 모르타르 압축강도비는 재령 7일 및 28일에서 100% 이상이어야 한다.
④ 레디믹스트 콘크리트를 배합할 때 슬러지수 중에 포함된 슬러지 고형분은 물의 질량에는 포함되지 않는다.

해설
- 회수수를 사용한 경우 모르타르의 압축강도비는 재령 7일 및 28일에서 90% 이상이어야 한다.
- 슬러지수는 콘크리트의 세척 배수에서 굵은골재, 잔골재를 분리 회수하고 남은 현탁수이다.

30 레디믹스트 콘크리트의 품질에서 슬럼프에 따른 슬럼프의 허용오차로 틀린 것은?

① 슬럼프 25mm일 때 허용오차는 ±10mm이다.
② 슬럼프 50mm일 때 허용오차는 ±15mm이다.
③ 슬럼프 65mm일 때 허용오차는 ±15mm이다.
④ 슬럼프 80mm일 때 허용오차는 ±20mm이다.

해설 슬럼프 80mm 이상인 경우에는 ±25mm 범위를 넘어서는 안 된다.

정답 28. ③ 29. ③ 30. ④

31 공시체의 형상 및 시험방법이 압축강도에 미치는 영향에 대한 설명으로 틀린 것은?

① 원주형 공시체의 높이와 지름의 비인 H/D의 값이 커질수록 강도가 작게 된다.
② 재하속도가 빠를수록 강도가 크게 나타난다.
③ 캐핑의 두께는 가능한 얇은 것이 좋으며, 6mm를 넘으면 강도의 저하가 커진다.
④ 시험 직전에 공시체를 건조시키면 일시적으로 강도가 감소한다.

해설
- 시험 직전에 공시체를 건조시키면 일시적으로 강도가 증가한다.
- 모양이 다르면 크기가 작은 공시체의 압축강도가 더 크다.
- H/D가 동일하면 원주형 공시체가 각주형 공시체보다 압축강도가 크다.

32 콘크리트 비비기에 대한 설명으로 틀린 것은?

① 비비기 시간에 대한 시험을 실시하지 않은 경우 그 최소 시간은 강제식 믹서일 경우 1분 30초 이상을 표준으로 한다.
② 비비기는 미리 정해둔 비비기 시간의 3배 이상 계속하지 않아야 한다.
③ 비비기를 시작하기 전에 미리 믹서 내부를 모르타르로 부착시켜야 한다.
④ 연속믹서를 사용할 경우, 비비기 시작 후 최초에 배출되는 콘크리트는 사용하지 않아야 한다.

해설
- **강제식 믹서** : 1분 이상
- **가경식 믹서** : 1분 30초 이상
- 모르타르, 콘크리트가 엉기기 시작하였을 때 다시 비비는 작업을 되비비기라 한다.
- 비비기 시간은 시험에 의해 정하는 것을 원칙으로 한다.

33 6회의 압축강도시험을 실시하여 아래 표와 같은 결과를 얻었다. 범위 R은 얼마인가?

28.7, 33.1, 29.0, 31.7, 32.8, 27.6MPa

① 5.1MPa
② 5.3MPa
③ 5.5MPa
④ 5.7MPa

해설 $R = x_{max} - x_{min} = 33.1 - 27.6 = 5.5 \text{MPa}$

답안 표기란

31	①	②	③	④
32	①	②	③	④
33	①	②	③	④

정답 31. ④ 32. ①
33. ③

34 레디믹스트 콘크리트의 염화물 함유량(염소이온(Cl^-)량)은 구입자의 승인을 얻은 경우에는 최대 몇 kg/m³ 이하로 할 수 있는가?

① 0.1kg/m³
② 0.2kg/m³
③ 0.3kg/m³
④ 0.6kg/m³

해설 레디믹스트 콘크리트의 염화물 함유량(염소이온(Cl^-)량)은 0.3kg/m³ 이하로 한다. 다만, 구입자의 승인을 얻은 경우에는 0.6kg/m³ 이하로 한다.

35 믹서의 효율을 시험하기 위하여 콘크리트 중의 모르타르의 단위용적질량의 차 및 단위 굵은골재량의 차의 시험을 수행하여야 한다. 굵은골재의 최대치수가 25mm인 경우 각 부분에서 채취하는 시료의 양은 얼마인가?

① 10L
② 20L
③ 25L
④ 50L

해설 굵은골재의 최대치수가 20mm 이하일 경우에는 각 부분에서 채취하는 시료의 양은 20L로 한다.

36 콘크리트 압축강도 시험에서 20개의 공시체를 측정하여 평균값이 27.0MPa, 표준편차가 2.7MPa일 때의 변동계수는 얼마인가?

① 5%
② 8%
③ 10%
④ 15%

해설 변동계수 $= \dfrac{표준편차}{평균값} \times 100 = \dfrac{2.7}{27} \times 100 = 10\%$

37 콘크리트 받아들이기 품질검사의 항목에 대한 판정기준을 설명한 것으로 틀린 것은?

① 공기량의 허용오차는 ±0.5%이다.
② 염소이온량은 원칙적으로 0.3kg/m³ 이하여야 한다.
③ 펌퍼빌리티는 콘크리트 펌프의 최대 이론토출압력에 대한 최대 압송부하의 비율이 80% 이하여야 한다.
④ 굳지 않은 콘크리트 상태는 외관 관찰로서 판단하여 워커빌리티가 좋고, 품질이 균질하며 안정하여야 한다.

해설 공기량의 허용오차는 ±1.5%이다.

정답 34. ④ 35. ③ 36. ③ 37. ①

38. 레디믹스트 콘크리트의 품질 중 공기량에 대한 규정인 아래 표의 내용 중 틀린 것은?

콘크리트의 종류	공기량	공기량의 허용오차
보통 콘크리트	㉠ 4.5	±1.5
경량골재 콘크리트	㉡ 5.5	
포장 콘크리트	㉢ 4.0	
고강도 콘크리트	㉣ 3.5	

① ㉠　　② ㉡
③ ㉢　　④ ㉣

해설 포장 콘크리트의 경우 4.5%이다.

39. 굳지 않은 콘크리트의 균열 종류에 속하지 않는 것은?

① 휨균열
② 침하균열
③ 거푸집 변형에 의한 균열
④ 소성수축균열

해설 콘크리트가 굳은 후 발생하는 균열은 건조수축균열, 하중에 의한 휨균열, 온도균열 등이 있다.

40. 콘크리트의 공기량에 관한 다음 사항 중 옳지 않은 것은?

① 콘크리트 온도가 낮을수록 공기량이 커진다.
② AE제 혼입량이 증가하면 공기량도 증가한다.
③ 부배합의 경우 공기량이 증가한다.
④ 포졸란을 많이 사용하면 공기량이 감소한다.

해설
- 부배합의 경우 공기량이 감소한다.
- 슬럼프가 적을수록 공기량이 커진다.

정답 38. ③　39. ①　40. ③

콘크리트의 시공

41 수중 콘크리트 배합에 관한 설명으로 옳지 않은 것은?

① 굵은골재로 자갈을 사용할 경우 잔골재율은 50~55%를 표준으로 한다.
② 현장타설 콘크리트말뚝 및 지하연속벽의 콘크리트는 일반적으로 슬럼프값 180~210mm를 표준으로 한다.
③ 지하연속벽에 사용하는 콘크리트의 경우 지하연속벽을 가설(仮說)만으로 이용할 경우에는 단위시멘트량은 300kg/m³ 이상으로 하는 것이 좋다.
④ 재료분리를 적게 하기 위해 점성이 풍부한 배합으로 하는 것이 좋다.

해설 수중 콘크리트 배합시 잔골재율은 40~45%를 표준으로 하며 굵은골재는 둥근 모양의 입도가 양호한 자갈이 바람직하다.

42 뿜어 붙이기 콘크리트(shotcrete)에 대한 설명 중 옳지 않은 것은?

① 임의방향으로 시공 가능하고 재료의 손실이 많다.
② 수밀성이 적고 작업시 분진이 생길 수 있다.
③ 거푸집이 불필요하며 급속시공이 가능하다.
④ 콘크리트 접착면에서 용수 발생시 부착이 용이하다.

해설 숏크리트는 용수 발생시 부착이 어렵다.

43 프리캐스트 콘크리트에 관한 설명 중 틀린 것은?

① 슬럼프가 10mm 이상인 콘크리트에 대해서는 슬럼프 시험을 원칙으로 한다.
② 프리스트레스트 콘크리트 제품의 경우 재생골재를 사용해서는 안 된다.
③ PS 강재에는 스트럽 또는 가외철근 등을 용접하지 않는 것을 원칙으로 한다.
④ 프리캐스트 콘크리트의 품질관리 및 검사는 실물을 직접 시험함으로써 실시하는 것을 원칙으로 한다.

해설 슬럼프가 20mm 이상인 콘크리트에 대해서는 슬럼프 시험을 원칙으로 한다.

정답 41. ① 42. ④ 43. ①

44 수화열이나 건조수축으로 인한 콘크리트 구조물의 변형이 구속됨으로써 발생할 수 있는 균열에 대한 대책 중의 하나로, 소정의 간격으로 단면 결손부를 설치한 것을 지칭하는 것은?

① 콜드 조인트
② 시공이음
③ 균열유발줄눈
④ 전단키

해설 균열유발줄눈의 간격은 4~5m 정도를 기준으로 하고, 단면감소율은 20~30% 이상으로 한다.

45 콘크리트 타설시 슈트, 펌프 배관, 버킷, 호퍼 등의 배출구와 타설면까지의 낙하높이로 가장 적합한 것은?

① 1.5m 이하
② 2.0m 이하
③ 2.5m 이하
④ 3.0m 이하

해설 거푸집의 높이가 높을 경우 거푸집에 투입구를 설치하거나 연속 슈트 또는 펌프 수송관의 배출구를 치지면 가까운 곳까지 내려서 콘크리트를 타설해야 한다.

46 일반적인 프리캐스트 콘크리트에 사용되는 콘크리트의 강도는 재령 며칠의 압축강도 시험 값을 기준으로 하는가?

① 5일
② 10일
③ 14일
④ 28일

해설 촉진 양생을 하지 않은 프리캐스트 콘크리트나 비교적 부재 두께가 큰 프리캐스트 콘크리트는 재령 28일에서의 압축강도 시험값이다.

47 서중 콘크리트에 대한 설명으로 틀린 것은?

① 하루 평균기온이 25℃를 초과하는 것이 예상되는 경우 서중 콘크리트로 시공한다.
② 일반적으로 기온 10℃의 상승에 대하여 단위수량은 약 2~5% 정도 증가한다.
③ 콘크리트 재료는 온도가 되도록 낮아지도록 하여 사용하여야 한다.
④ 콘크리트를 타설할 때의 콘크리트 온도는 45℃ 이하이어야 한다.

해설 콘크리트를 타설할 때의 콘크리트 온도는 35℃ 이하이어야 한다.

정답 44. ③ 45. ①
46. ③ 47. ④

48 수중 콘크리트 비비기에 대한 설명으로 틀린 것은?

① 수중 불분리성 콘크리트의 비비기는 제조설비가 갖춰진 플랜트에서 물을 투입하기 전 건식으로 20~30초를 비빈 후 전 재료를 투입하여 비비기를 하여야 한다.
② 가경식 믹서를 이용하는 경우 드럼 내부에 콘크리트가 부착되어 충분히 비벼지지 못할 경우가 있기 때문에 강제식 배치믹서를 이용하여야 한다.
③ 수중 불분리성 콘크리트의 경우 소요 품질의 콘크리트를 얻기 위하여 1회 비비기 양은 믹서의 공칭용량의 80% 이하로 하여야 한다.
④ 비비기는 미리 정해 둔 비비기 시간의 5배 이상 계속하지 않아야 한다.

해설
- 일반적으로 비비기는 미리 정해 둔 비비기 시간의 3배 이상 계속하지 않아야 한다.
- 비비기 시간은 시험에 의해 콘크리트 소요의 품질을 확인하여 정하여야 하며 강제식 믹서의 경우 비비기 시간은 90~180초를 표준한다.

49 해양 콘크리트에 대한 설명으로 틀린 것은?

① 동해안과 서해안은 해안선으로부터 250m 이내의 육상지역은 콘크리트 구조물이 염해를 입기 쉬우므로 해안으로부터 거리에 따라 구분하여 내구성 향상 대책을 수립하여야 한다.
② 해안가 또는 해안 근처에 있는 콘크리트의 내구성 기준 압축강도는 24MPa 이상으로 하여야 한다.
③ 단위 결합재량을 크게 하면 해수 중의 각종 염류의 화학적 침식, 콘크리트 속의 강재의 부식 등에 대한 저항성이 커진다.
④ 해수에 의한 침식이 심한 경우에는 폴리머 시멘트 콘크리트와 폴리머 콘크리트 또는 폴리머 함침 콘크리트 등을 사용할 수 있다.

해설 해안가 또는 해안 근처에 있는 콘크리트의 내구성 기준 압축강도는 30MPa 이상으로 하여야 한다.

50 매스 콘크리트에서 온도균열지수는 구조물의 중요도, 기능, 환경조건 등에 대응할 수 있도록 선정되어야 한다. 철근이 배치된 일반적인 구조물에서 유해한 균열 발생을 제한할 경우 온도균열지수값으로 옳은 것은?

① 2.2~2.7　　　　② 1.7~2.2
③ 1.2~1.7　　　　④ 0.7~1.2

해설
- 균열 발생을 방지하여야 할 경우 : 1.5 이상
- 균열 발생을 제한할 경우 : 1.2~1.5
- 유해한 균열 발생을 제한할 경우 : 0.7~1.2

정답　48. ④　49. ②　50. ④

51. 콘크리트 다지기에서 내부진동기의 사용방법에 대한 설명으로 틀린 것은?

① 2층 이상의 층에 대한 시공 시에 내부진동기는 하층의 콘크리트 속으로 찔러 넣으면 안 된다.
② 내부진동기는 연직으로 찔러 넣으며, 삽입간격은 일반적으로 0.5m 이하로 하는 것이 좋다.
③ 1개소당 진동시간은 다짐할 때 시멘트 페이스트가 표면 상부로 약간 부상하기까지 한다.
④ 내부진동기는 콘크리트를 횡방향으로 이동시킬 목적으로 사용하지 않아야 한다.

해설 내부진동기를 하층의 콘크리트 속으로 0.1m 정도 찔러 넣는다.

52. 콘크리트 표준시방서에서 정의하고 있는 고강도 콘크리트에 대한 설명으로 옳은 것은?

① 설계기준 압축강도가 보통(중량) 콘크리트에서 40MPa 이상, 경량골재 콘크리트에서 30MPa 이상인 경우의 콘크리트
② 설계기준 압축강도가 보통(중량) 콘크리트에서 40MPa 이상, 경량골재 콘크리트에서 27MPa 이상인 경우의 콘크리트
③ 설계기준 압축강도가 보통(중량) 콘크리트에서 45MPa 이상, 경량골재 콘크리트에서 30MPa 이상인 경우의 콘크리트
④ 설계기준 압축강도가 보통(중량) 콘크리트에서 45MPa 이상, 경량골재 콘크리트에서 27MPa 이상인 경우의 콘크리트

해설 고강도 콘크리트의 배합강도는 물-결합재비가 강도에 가장 큰 영향을 끼치므로 40MPa 이상의 강도 발현을 위해서는 가능한 45% 이하의 물-결합재비 값으로 소요의 강도와 내구성을 고려하여 정한다.

53. 포장용 콘크리트의 배합기준에 대한 설명으로 틀린 것은?

① 휨 호칭강도(f_{28})는 3MPa 이상이어야 한다.
② 단위 수량은 150kg/m³ 이하이어야 한다.
③ 공기연행 콘크리트의 공기량 범위는 4~6%이어야 한다.
④ 굵은골재의 최대치수는 40mm 이하이어야 한다.

해설
- 휨 호칭강도(f_{28}) : 4.5MPa 이상
- 슬럼프 : 40mm 이하

정답 51. ① 52. ② 53. ①

54 숏크리트에 대한 설명으로 틀린 것은?

① 건식 숏크리트는 배치 후 45분 이내에 뿜어붙이기를 실시하여야 한다.
② 일반 숏크리트의 장기 설계기준압축강도는 재령 28일로 설정하며 그 값은 24MPa 이상으로 한다.
③ 숏크리트의 휨강도 및 휨인성의 성능 목표는 재령 28일 값을 기준으로 설정하여야 한다.
④ 습식 숏크리트는 배치 후 60분 이내에 뿜어붙이기를 실시하여야 한다.

해설 일반 숏크리트의 장기 설계기준압축강도는 재령 28일로 설정하며 그 값은 21MPa 이상으로 한다. 단, 영구 지보재 개념으로 숏크리트를 타설할 경우에는 설계기준압축강도를 35MPa 이상으로 한다.

55 한중콘크리트 배합시 이용하는 일반적인 적산 온도식으로 알맞은 것은? [단, M : 적산온도(°D · D(일), °C · D), θ : Δt 시간 중의 콘크리트의 일평균 양생온도(°C), Δt : 시간(일)]

① $M = \sum_{0}^{t} (\Delta t + \theta) \times 30°C$
② $M = \sum_{0}^{t} (\theta + 10°C) \Delta t$
③ $M = \sum_{0}^{t} (\Delta t + 30°C) \times \theta$
④ $M = \sum_{0}^{t} (\Delta t + 10°C) \times \theta$

해설 $M = \sum_{0}^{t} (\theta + A) \Delta t$ 여기서, A : 정수로서 일반적으로 10°C가 사용된다.

56 콘크리트가 경화될 때까지 습윤상태의 보호기간은 보통포틀랜드 시멘트와 조강포틀랜드 시멘트를 사용한 경우 각각 며칠 이상을 표준으로 하는가? (단, 일평균기온은 15°C 이상일 경우)

① 보통포틀랜드 시멘트 : 3일 이상, 조강포틀랜드 시멘트 : 5일 이상
② 보통포틀랜드 시멘트 : 5일 이상, 조강포틀랜드 시멘트 : 7일 이상
③ 보통포틀랜드 시멘트 : 5일 이상, 조강포틀랜드 시멘트 : 3일 이상
④ 보통포틀랜드 시멘트 : 7일 이상, 조강포틀랜드 시멘트 : 5일 이상

해설
• 일평균기온이 10°C 이상인 경우에는 보통 포틀랜드 시멘트 : 7일, 조강 포틀랜드 시멘트 : 4일 이상 양생한다.
• 조강 포틀랜드 시멘트를 사용한 콘크리트로 일평균 기온이 5°C 이상 10°C 미만인 경우에는 5일을 표준한다.

정답 54. ② 55. ② 56. ③

57 매스 콘크리트에 대한 설명으로 틀린 것은?

① 매스 콘크리트로 다루어야 하는 구조물의 부재치수는 일반적인 표준으로서 넓이가 넓은 평판구조에서는 두께 0.8m 이상으로 한다.
② 매스 콘크리트의 온도상승 저감을 위해서는 단위시멘트량을 줄이는 것보다 단위수량을 줄이는 편이 바람직하다.
③ 온도균열 방지 및 제어방법으로 선행냉각(pre-cooling) 및 관로식 냉각(pipe-cooling) 방법 등이 이용되고 있다.
④ 수축이음을 설치할 때 계획된 위치에서 균열 발생을 확실히 유도하기 위해서 수축이음의 단면 감소율을 35% 이상으로 하여야 한다.

해설
- 매스 콘크리트의 온도상승 저감을 위해서는 단위수량을 줄이는 것보다 단위시멘트량을 줄이는 편이 바람직하다.
- 팽창 콘크리트를 사용하여 매스 콘크리트의 균열방지 및 제어를 한다.

58 콘크리트 이음에 대한 설명으로 틀린 것은?

① 바닥틀의 시공이음은 슬래브 또는 보의 경간 중앙부 부근은 피해서 배치하여야 한다.
② 바닥틀과 일체로 된 기둥 또는 벽의 시공이음은 바닥틀과의 경계 부근에 설치하는 것이 좋다.
③ 아치의 시공이음은 아치축에 직각방향이 되도록 설치하여야 한다.
④ 신축이음은 양쪽의 구조물 혹은 부재가 구속되지 않는 구조이어야 한다.

해설
- 바닥틀의 시공이음은 슬래브 또는 보의 경간 중앙부 부근에 두어야 한다.
- 헌치는 바닥틀과 연속해서 콘크리트를 타설하여야 한다.
- 시공 이음은 부재의 압축력이 작용하는 방향과 직각이 되도록 설치하는 것이 원칙이다.
- 해양 및 항만 콘크리트 구조물은 시공 이음부를 되도록 두지 않는 것이 좋다.

59 숏크리트의 건식법 배합을 정할 때 선정할 항목이 아닌 것은?

① 슬럼프
② 단위 시멘트량
③ 굵은골재 최대치수
④ 혼화재료의 단위량

해설 건식법은 시멘트와 골재를 건비빔시켜서 노즐까지 보내어 여기서 물과 합류시키는 공법이다.

정답 57. ② 58. ① 59. ①

60 고강도 콘크리트 제조방법으로 틀린 것은?

① 물-결합재비를 감소시킨다.
② 실리카 퓸 등과 같은 미분말 혼화재료를 사용한다.
③ 굵은골재 최대치수를 증가시킨다.
④ 오토클레이브 양생을 실시한다.

해설 고강도 콘크리트에 사용되는 굵은골재의 최대치수는 25mm 이하로 하며, 철근 최소 수평 순간격의 3/4 이내의 것을 사용한다.

4과목 콘크리트 구조 및 유지관리

61 다음 콘크리트 압축강도 평가법 중 가장 신뢰성이 높은 방법은?

① 코어 압축강도시험
② 초음파속도법
③ 인발시험
④ 반발경도방법

해설 직접 시험대상의 구조물에서 코어를 채취하여 압축강도 시험을 하므로 가장 신뢰성이 높다.

62 다음과 같은 단철근 직사각형 단면 보가 균형철근비를 가질 때 중립축까지의 거리 c는 얼마인가? (단, f_{ck} = 28MPa, f_y = 400MPa, d = 450mm이다.)

① 255mm
② 260mm
③ 265mm
④ 280mm

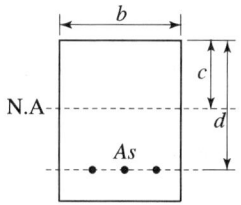

해설 $c = \dfrac{660}{660+f_y} \times d = \dfrac{660}{660+400} \times 450 = 280\,\text{mm}$

63 다음 중 콘크리트 자체변형으로 인해 발생하는 수축균열의 원인에 해당하지 않는 것은?

① 수화열 발생
② 건조수축
③ 중성화
④ 온도변화

해설 콘크리트중의 수산화칼슘이 공기중의 탄산가스와 접촉하여 서서히 탄산칼슘으로 변화하여 콘크리트가 알칼리성을 상실하는 것을 중성화라 한다.

정답 60. ③ 61. ①
      62. ④ 63. ③

64 설계기준항복강도가 400MPa 이하인 이형철근을 사용한 슬래브의 최소 수축·온도 철근비는 다음 중 어느 것인가?

① 0.0020
② 0.0030
③ 0.0035
④ 0.0040

해설
- 어떤 경우에도 이형철근의 철근비는 0.0014 이상이어야 한다.
- 수축·온도철근의 간격은 슬래브 두께의 5배 이하, 또한 450mm 이하로 하여야 한다.

65 알칼리 골재반응이 일어나기 위해서는 일반적으로 반응의 3조건이 충족되어야 한다. 여기에 해당하지 않은 것은?

① 골재 중의 유해물질
② 대기 중의 이산화탄소
③ 시멘트 중의 알칼리
④ 반응을 촉진하는 수분

해설 알칼리 골재반응은 콘크리트 중의 알칼리 이온이 골재 중의 실리카 성분과 결합하여 알칼리 실리카겔을 형성하고 이 겔이 주변의 수분을 흡수하여 콘크리트 내부에 국부적인 팽창으로 구조물에 균열이 생긴다.

66 철근의 이음에 대한 설명 중 틀린 것은?

① D35를 초과하는 철근은 겹침이음을 하지 않는다.
② 다발철근의 겹침이음은 다발 내의 개개 철근에 대한 겹침이음 길이를 기본으로 하여 결정하여야 한다.
③ 인장력을 받는 이형철근 및 이형철선의 겹침이음길이는 300mm 이상이어야 한다.
④ 용접이음은 콘크리트의 설계기준압축강도 f_{ck}의 125퍼센트 이상을 발휘할 수 있는 완전용접이어야 한다.

해설 용접이음과 기계적 연결은 철근의 항복강도 f_y의 125% 이상 발휘할 수 있어야 한다.

67 알칼리 골재반응 중 알칼리-실리카반응에 의한 구조물의 손상에 대한 설명으로 틀린 것은?

① 이상팽창을 일으킨다.
② 팝아웃 현상을 일으켜 골재 주위의 바깥부분 모르타르가 탈락되어 표면이 패인다.
③ 표면에 불규칙한(거북이등 모양 등) 균열이 생긴다.
④ 골재입자의 둘레에 검은색의 반응환이 보인다.

정답 64. ① 65. ② 66. ④ 67. ②

해설 팝아웃 현상은 주로 동결융해 작용에 의해 콘크리트 내부의 부분적인 팽창압에 의해 콘크리트 표면의 일부가 원추형으로 오목하게 파괴되는 것이다.

68 그림과 같은 직사각형 단면 보에서 콘크리트가 부담할 수 있는 전단강도(V_c)는? (단, f_{ck} = 21MPa, f_y = 400MPa, λ = 1.0이다.)

① 36.2kN
② 114.6kN
③ 262.4kN
④ 364.3kN

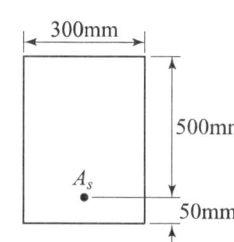

해설
$V_c = \frac{1}{6} \lambda \sqrt{f_{ck}} \, b_w \, d$
$= \frac{1}{6} \times 1.0 \times \sqrt{21} \times 300 \times 500$
$= 114,564\text{N} = 114.6\text{kN}$

69 강도설계법을 적용하기 위한 가정 조건으로 틀린 것은?

① 극한강도 상태에서 철근 및 콘크리트의 응력은 중립축으로부터의 거리에 비례한다.
② 압축측 연단에서 콘크리트의 극한변형률은 0.003으로 가정한다.
③ 콘크리트의 응력분포는 가로 $\eta(0.85f_{ck})$, 깊이 $a = \beta_1 c$인 등가 4각형 분포로 나타낼 수 있다.
④ 휨응력 계산에서 콘크리트의 인장강도는 무시한다.

해설
• 철근 및 콘크리트의 변형률은 중립축으로부터의 거리에 비례한다.
• 철근의 항복 변형률은 f_y / E_s로 본다.
• 항복강도 f_y 이하에서의 철근 응력은 그 변형률의 E_s배로 한다.

70 폭은 300mm, 유효깊이는 500mm, A_s는 2,000cm², f_{ck}는 28MPa, f_y는 400MPa인 단철근 직사각형 보가 있다. 강도설계법으로 설계할 때 공칭 휨모멘트강도(M_n)는 얼마인가?

① 301.9kN·m
② 318.5kN·m
③ 332.3kN·m
④ 355.2kN·m

해설
• $a = \dfrac{A_s f_y}{\eta(0.85f_{ck})b} = \dfrac{2000 \times 400}{1.0 \times (0.85 \times 28) \times 300} = 112\text{mm}$
여기서, $\eta = 1.0 (f_{ck} \leq 40\text{MPa})$
• $M_n = A_s f_y \left(d - \dfrac{a}{2}\right) = 2000 \times 400 \times \left(500 - \dfrac{112}{2}\right) = 355,200,000\text{N·mm}$
$= 355.2\text{kN·m}$

정답 68. ② 69. ① 70. ④

71. 콘크리트 바닥판의 보강 공법 중 연속섬유 시트접착공법에 대한 설명으로 틀린 것은?

① 내식성이 우수하고, 염해지역의 콘크리트 구조물 보강에도 적용할 수 있다.
② 주로 바닥판 콘크리트 압축측에 접착하여 콘크리트 압축강도 향상의 효과를 목적으로 한다.
③ 보강효과로서 균열의 구속효과, 내하성능의 향상효과도 기대된다.
④ 섬유시트는 현장성형이 용이하기 때문에 작업공간이 한정된 장소에서 작업이 편리하다.

해설 섬유보강 접착공법은 단면 강성의 증가가 크지 않으나 탄성한도 내의 피로강도가 높고 부착성이 양호하며 인장강도가 높다.

72. 그림과 같은 프리스트레스트 콘크리트 단순보에 PS 강선을 포물선으로 배치했을 때 중앙점에서 PS 강선의 편심은 100mm이고, 양지점에서는 0이었다. PS 강선을 4,000kN으로 인장할 때 생기는 등분포 상향력 U는?

① 11.6kN/m
② 15.0kN/m
③ 18.5kN/m
④ 22.2kN/m

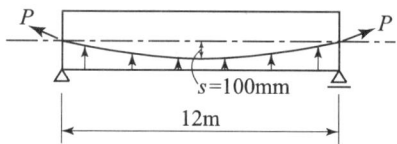

해설
$$P \cdot s = \frac{U \cdot l^2}{8}$$
$$\therefore U = \frac{8P \cdot s}{l^2} = \frac{8 \times 4000 \times 0.1}{12^2} = 22.2 \text{kN/m}$$

73. 아래의 표에서 설명하는 균열보수공법은?

> 콘크리트 구조물의 균열을 따라 약 10mm 폭으로 콘크리트를 U형 또는 V형으로 절개한 후, 이 부위에 가요성 에폭시 수지 또는 폴리머 시멘트 모르타르 등을 채워 넣어 보수한다.

① 표면처리공법
② 단면복구공법
③ 충전공법
④ 강판접착공법

정답 71. ② 72. ④ 73. ③

> **해설** 충전공법은 균열 폭이 0.5mm 이상의 비교적 큰 폭의 보수 균열에 적용하는 공법으로 균열선을 따라 콘크리트를 U형 또는 V형으로 잘라내고 보수하는 공법이다.

74 다음 중 콘크리트의 균열 폭을 줄일 수 있는 방법으로 가장 적합한 것은?

① 굵은 철근을 사용하기보다는 가는 철근을 많이 사용한다.
② 철근에 발생하는 응력이 커질 수 있도록 배근한다.
③ 철근이 배근되는 곳에서 피복두께를 크게 한다.
④ 콘크리트의 압축부분에 압축철근을 배치한다.

> **해설**
> • 인장측에 철근을 잘 분배하면 균열 폭을 최소로 할 수 있다.
> • 동일한 철근을 사용하더라도 가는 철근을 여러 개 사용하고 이형철근을 사용하며 배근 간격을 지나치게 크게 하지 않는 것이 좋다.

75 콘크리트 구조물의 보수에 관한 내용으로 틀린 것은?

① 콘크리트가 중성화되어 강재부식이 나타나 재가설할 수 없는 경우는 재알칼리화 공법을 사용한다.
② 동해에 의한 열화는 진행 정도에 따라 보수공법이 다르지만 기본적으로는 콘크리트 내부에서 수분이동과 확산을 방지할 수 있어야 한다.
③ 손상에 의해 박락된 콘크리트나 보수를 위해 쪼아낸 콘크리트는 기존 콘크리트보다 높은 탄성계수의 단면 복구재를 사용하여 복구한다.
④ 균열보수공법은 방수성과 내구성을 향상하는 것을 목적으로 하는 공법이며, 표면처리공법, 주입공법, 충진공법 등이 있다.

> **해설** 손상에 의해 박락된 콘크리트나 보수를 위해 쪼아낸 콘크리트는 기존 콘크리트와 동일한 탄성계수의 단면 복구재를 사용하여 복구한다.

76 부재 단면에 작용하는 강도감소계수(ϕ)의 값으로 틀린 것은?

① 띠철근으로 보강된 철근 콘크리트 부재의 압축지배 단면 : 0.70
② 인장지배 단면 : 0.85
③ 포스트텐션 정착구역 : 0.85
④ 전단력과 비틀림 모멘트 : 0.75

> **해설**
> • 압축지배단면 중 띠철근 기둥은 0.65, 나선철근 기둥은 0.70이다.
> • 무근 콘크리트의 휨모멘트 : 0.55

[정답] 74. ① 75. ③ 76. ①

77. 반 T형 보의 유효폭(b)을 정할 때 사용되는 식으로 거리가 먼 것은? (단, b_w : 플랜지가 있는 부재의 복부 폭이다.)

① (한쪽으로 내민 플랜지 두께의 6배)$+b_w$
② (보의 경간의 1/12)$+b_w$
③ (인접 보와의 내측거리의 1/2)$+b_w$
④ 보의 경간의 1/4

해설 T형 보의 유효 폭 결정
- (양쪽으로 각각 내민 플랜지 두께의 8배)$+b_w$
- 양쪽 슬래브의 중심간 거리
- 보의 경간의 $\frac{1}{4}$

중에서 가장 작은 값

78. 다음 중 콘크리트 타설 후 가장 빨리 발생하는 균열은?

① 소성수축균열
② 건조수축균열
③ 알칼리골재반응에 의한 균열
④ 온도균열

해설 소성수축균열(플라스틱 수축균열)은 콘크리트 치기 작업에서 표면마감 전이나 마감 후에 급속히 건조가 이루어져 표면에 균열이 생기는 것이다.

79. 보의 폭이 300mm, 보의 높이가 500mm, 보의 유효깊이가 450mm인 복철근 콘크리트 단면에서 하중에 의한 탄성처짐량이 1mm이었다. 재하기간 1년 후 총 처짐량은? (단, 인장철근량 2020mm², 압축철근량 1050mm², 시간경과계수 $\xi=1.4$이다.)

① 1mm
② 1.5mm
③ 2mm
④ 2.5mm

해설
- 압축철근비 $\rho' = \dfrac{A_s'}{bd} = \dfrac{1050}{300 \times 450} = 0.0078$
- 장기 처짐계수 $\lambda_\Delta = \dfrac{\xi}{1+50\rho'} = \dfrac{1.4}{1+50 \times 0.0078} = 1.0$
- 장기 처짐
  탄성 처짐 × 장기 처짐계수 $= 1 \times 1 = 1$mm
- 총 처짐량
  탄성 처짐+장기 처짐 $= 1+1 = 2$mm

정답 77. ④ 78. ① 79. ③

80 다음 중 콘크리트 동결융해에 대한 설명으로 틀린 것은?

① 콘크리트 속 기포간격계수가 작을수록 동결융해 저항성이 크다.
② AE제 공기량은 2% 정도 이하를 유지하면 동결융해에 대한 저항성이 향상된다.
③ 콘크리트 속 수분이 결빙점 이상과 이하를 반복하면 동해가 발생한다.
④ 동결융해에 대한 내구성 지수(DF)가 클수록 내구성이 양호하다.

해설 AE제 공기량은 5% 정도 이하를 유지하면 동결융해에 대한 저항성이 향상된다.

정답 80. ②

02회 CBT 모의고사

1과목 콘크리트 재료 및 배합

01 아래 표와 같은 조건을 갖는 잔골재의 표면수율 및 흡수율은?

- 습윤상태 : 110g
- 표면건조 포화상태 질량 : 105g
- 공기중 건조상태 질량 : 103g
- 절대건조상태 질량 : 101g

① 표면수율 : 4.95%, 흡수율 : 8.91%
② 표면수율 : 4.76%, 흡수율 : 1.98%
③ 표면수율 : 4.95%, 흡수율 : 6.93%
④ 표면수율 : 4.76%, 흡수율 : 3.96%

해설
- 표면수율 $= \dfrac{110-105}{105} \times 100 = 4.76\%$
- 흡수율 $= \dfrac{105-101}{101} \times 100 = 3.96\%$
- 함수율 $= \dfrac{110-101}{101} \times 100 = 8.91\%$
- 유효함수율 $= \dfrac{105-103}{103} \times 100 = 1.94\%$

02 일반 콘크리트용 잔골재로 가장 적합한 것은?

① 절대건조밀도가 $0.0025 g/mm^3$ 이상인 잔골재
② 조립률이 3.3~4.1 범위인 잔골재
③ 흡수율이 4.0% 이상인 잔골재
④ 염화물(NaCl 환산량)량이 질량 백분율로 0.4% 이하인 잔골재

해설 잔골재의 품질
① 절대건조밀도 : $0.0025 g/mm^3 (2.5 g/cm^3)$ 이상
② 흡수율 : 3% 이하(단, 고로 슬래그 잔골재 : 3.5% 이하)
③ 조립률 : 2.3~3.1
④ 염화물(NaCl 환산량) : 0.04% 이하

03 화학 혼화제의 품질시험 항목으로 옳지 않은 것은?

① 블리딩량의 비
② 길이 변화비
③ 동결융해에 대한 저항성
④ 휨강도 비

정답 01. ④ 02. ① 03. ④

감수율(%), 블리딩량의 비(%), 응결시간의 차(mm), 압축강도의 비(%), 길이 변화비(%), 동결융해에 대한 저항성(상대동탄성계수 %)

04 다음에 주어진 잔골재(전체 500g)의 체가름 시험결과표를 이용하여 골재의 조립률을 구하면?

체(mm)	10	5	2.5	1.2	0.6	0.3	0.15	pan
남는 질량(g)	0	20	40	80	210	100	40	10

① 2.90 ② 3.02
③ 3.15 ④ 3.20

체(mm)	10	5	2.5	1.2	0.6	0.3	0.15	pan
잔류율(%)	0	4	8	16	42	20	8	2
가적 잔류율(%)	0	4	12	28	70	90	98	100

$$F \cdot M = \frac{4+12+28+70+90+98}{100} = 3.02$$

05 KS L 5110에 의하여 시멘트 밀도시험을 실시한 결과, 르샤틀리에 병에 광유를 주입하고 측정한 눈금이 0.6mL였다. 이 병에 시멘트 64g을 넣고 광유가 올라온 눈금을 측정한 결과 21.25mL를 얻었다. 시멘트의 밀도는 얼마인가?

① 3.05g/cm³ ② 3.10g/cm³
③ 3.15g/cm³ ④ 3.20g/cm³

시멘트 밀도 = $\frac{64}{21.25 - 0.6} = 3.10 \text{g/cm}^3$

06 콘크리트의 배합강도를 결정할 때 사용하는 압축강도의 표준편차는 30회 이상의 시험실적으로부터 구하는 것을 원칙으로 하며, 그 이하일 경우 보정계수를 곱하여 그 값을 표준편차로 사용한다. 다음 중 시험횟수 15회일 때 표준편차의 보정계수로 옳은 것은?

① 1.16 ② 1.13
③ 1.08 ④ 1.03

시험횟수	표준편차의 보정계수
15	1.16
20	1.08
25	1.03
30 이상	1.0

07 터널 등의 숏크리트에 첨가하여 뿜어 붙인 콘크리트의 응결 및 조기의 강도를 증진시키기 위해 사용되는 혼화재료는?

① 감수제　　　　② 급결제
③ 포졸란　　　　④ 공기연행제

해설　급결제는 시멘트의 응결시간을 매우 빨리 하기 위하여 사용되는 혼화제로 콘크리트의 뿜어붙이기 공법, 그라우트에 의한 지수공법 등에 사용된다.

08 압축강도의 시험 기록이 없고 호칭강도가 21MPa인 경우 배합강도는?

① 28MPa　　　　② 29.5MPa
③ 31MPa　　　　④ 33.5MPa

해설　호칭강도가 21 이상 35MPa 이하이므로
$f_{cr} = f_{cn} + 8.5 = 21 + 8.5 = 29.5\text{MPa}$

09 콘크리트 배합설계에 대한 일반적인 설명으로 옳은 것은?

① 콘크리트의 수밀성을 기준으로 물-결합재비를 정할 경우 그 값은 45% 이하로 한다.
② 일반적 구조물에서 굵은골재의 최대치수는 40mm 이하로 한다.
③ 잔골재율이 작으면 소요 워커빌리티를 얻기 위한 단위수량이 감소된다.
④ 콘크리트 품질변동은 공기량의 증감과는 관련이 없다.

해설
- 콘크리트의 수밀성을 기준으로 물-결합재비를 정할 경우 그 값은 50% 이하로 한다.
- 일반적 구조물에서 굵은골재의 최대치수는 20 또는 25mm 이하로 한다.
- 콘크리트 품질변동은 공기량의 증감과는 관련이 있다.

10 시방배합 설계시 사용되는 골재의 상태 기준은?

① 기건상태　　　　② 표면건조포화상태
③ 습윤상태　　　　④ 절건상태

해설　시방배합의 경우 표면건조포화상태의 골재를 사용한다.

정답　07. ②　08. ②　09. ③　10. ②

11 시멘트의 강도시험(KS L ISO 679)에 대한 설명으로 틀린 것은?

① 모래로 인한 편차를 줄이기 위해 표준사를 사용하도록 규정한다.
② 공시체는 질량으로 시멘트 1에 대해서 물/시멘트비 0.5 및 잔골재 3의 비율로 모르타르를 형성한다.
③ 시험체는 치수 40mm×40mm×160mm인 각주형 공시체를 사용한다.
④ 시멘트 모르타르의 압축강도 및 인장강도 시험방법에 대하여 규정한다.

해설 시멘트 모르타르의 압축강도 및 휨강도 시험방법에 대하여 규정한다.

12 콘크리트의 배합에 대한 일반 사항을 설명한 것으로 틀린 것은?

① 현장 콘크리트의 품질변동을 고려하여 콘크리트의 배합강도는 설계기준 강도보다 적게 정한다.
② 잔골재율은 소요의 워커빌리티를 얻을 수 있는 범위 내에서 단위수량이 최소가 되도록 시험에 의해 정한다.
③ 단위수량은 작업에 적합한 워커빌리티를 갖는 범위 내에서 될 수 있는 대로 적게 한다.
④ 물-결합재비는 소요의 강도, 내구성, 수밀성 및 균열저항성 등을 고려하여 정한다.

해설 현장 콘크리트의 품질변동을 고려하여 콘크리트의 배합강도는 품질기준강도보다 크게 정한다.

13 일반 콘크리트에서 물-결합재비에 대한 설명으로 틀린 것은?

① 압축강도와 물-결합재비와의 관계는 시험에 의해 정하는 것을 원칙으로 한다. 이 때 공시체는 재령 28일을 표준으로 한다.
② 제빙화학제에 노출되는 도로와 교량 바닥판의 경우 물-결합재비는 45% 이하로 한다.
③ 보통 수준의 황산염 이온에 노출되는 콘크리트의 최대 물-결합재비는 40% 이하로 한다.
④ 습윤하고 드물게 건조되는 콘크리트로 탄산화의 위험이 보통으로 물-결합재비를 정할 경우 55% 이하로 한다.

해설 보통 수준의 황산염 이온에 노출되는 콘크리트의 최대 물-결합재비는 50% 이하로 한다.

정답 11. ④ 12. ① 13. ③

14 포장용 콘크리트 재료인 굵은골재를 마모시험한 결과 시험 전 시료의 질량이 10,000g, 시험 후 1.7mm체에 남는 시료의 질량 6,730g, 시험 후 1.2mm체에 남는 시료의 질량 6,850g이었다. 이 골재의 마모율은?

① 31.5%   ② 32.7%
③ 46.0%   ④ 48.6%

해설 마모율 $= \dfrac{10,000 - 6,730}{10,000} \times 100 = 32.7\%$

15 시멘트 응결시간시험 방법으로 옳은 것은?

① 오토클레이브 방법
② 비비시험
③ 블레인시험
④ 길모어 침에 의한 시험

해설 시멘트의 응결시험 방법에는 길모어 침, 비카 침 시험이 있다.

16 다음 중 시방배합표에 기재되는 사항이 아닌 것은?

① 굵은골재의 최대치수   ② 물-결합재비
③ 조립률   ④ 잔골재율

해설 시방배합표에는 굵은골재의 최대치수, 슬럼프, 공기량, 물-결합재비, 잔골재율, 단위수량, 단위 시멘트량, 단위 잔골재량, 단위 굵은골재량 등이 기재되어 있다.

17 표면건조 포화상태의 잔골재를 기준으로 한 표면수율 P_1을 구하는 식은? [단, $m_s = \dfrac{m_1}{\text{표건상태의 밀도}}$, $m_1 =$ 시료의 질량(g), $m =$ 시료에 의해서 배제되는 물의 질량(g)]

① $\dfrac{m_s - m}{m_1 - m} \times 100$ ② $\dfrac{m - m_s}{m_1 - m} \times 100$

③ $\dfrac{m_1 - m}{m - m_s} \times 100$ ④ $\dfrac{m_1 - m}{m_s - m} \times 100$

해설 표면수율 $= \dfrac{m - m_s}{m_1 - m} \times 100$

정답 14. ② 15. ④ 16. ③ 17. ②

18 다음 중 골재에 함유되어 있는 불순물에 대한 설명으로 틀린 것은?

① 조개껍질은 콘크리트 유동성을 저하시키며 콘크리트 강도를 저하시킨다.
② 후민산은 시멘트의 수화반응을 방해한다.
③ 염분은 수화반응을 촉진시키며 철근을 부식시킨다.
④ 황산은 시멘트 풀의 수축 및 골재와의 부착력을 저하시킨다.

해설 황산은 현저한 체적 팽창에 의해 콘크리트를 붕괴시켜 침식작용을 한다.

19 시멘트가 물과 완전히 반응할 경우에 시멘트 1g당 발생하는 수화열은?

① 125cal/g
② 150cal/g
③ 200cal/g
④ 225cal/g

해설 시멘트(시멘트 중의 수경성 화합물)과 물이 화학반응을 일으켜 생기는 반응열을 수화열이라고 한다.

20 콘크리트 배합수에 관한 설명으로 옳지 않은 것은?

① 해수는 철근콘크리트에 사용할 수 없다.
② 해수에는 이온 중에 염소이온(Cl^-)이 가장 많다.
③ 콘크리트 믹서나 운반차에 사용되는 물은 pH가 12 정도의 높은 알칼리성이다.
④ 지하수는 염소이온(Cl^-)량이 350mg/L 이하이다.

해설 상수도 이외의 물인 하천수, 호숫물, 저수지수, 지하수 등은 염소이온(Cl^-)량이 250mg/L 이하이다.

2과목 콘크리트 제조, 시험 및 품질관리

21 공기연행 콘크리트에 관한 다음 사항 중 옳지 않은 것은?

① 단위 잔골재량이 많을수록 공기량은 감소한다.
② 공기연행에 의한 공기량은 온도가 높을수록 감소한다.
③ 공기연행제를 적절하게 사용하면 콘크리트의 동결융해 저항성이 향상된다.
④ 공기량 1% 증가에 대하여 압축강도가 소정의 비율로 감소한다.

해설 단위 잔골재량이 많을수록 공기량은 증가한다.

정답 18. ④ 19. ①
20. ④ 21. ①

22 관리도의 가장 기본이 되는 관리도로서 평균치와 데이터변화를 관리할 수 있고 콘크리트의 압축강도, 슬럼프, 공기량 등의 특성을 관리하는 데에 편리한 관리도의 명칭은?

① $\bar{x} - R$ 관리도
② $\bar{x} - \sigma$ 관리도
③ x 관리도
④ P 관리도

해설 계량값 관리도로 평균값과 범위의 관리도인 $\bar{x} - R$ 관리도가 쓰인다.

23 콘크리트의 공시체가 압축 혹은 인장을 받을 때, 공시체 축의 직각 방향(횡방향)의 변형률을 축방향 변형률로 나눈 값을 무엇이라고 하는가?

① 탄성계수
② 푸아송수
③ 푸아송비
④ 크리프 계수

해설
• 푸아송비 = $\dfrac{\text{공시체 횡방향 변형률}}{\text{공시체 축방향 변형률}}$
• 푸아송수 = 푸아송비의 역수

24 콘크리트 타설 후 응결 및 경화과정에서 나타나는 초기 소성수축 균열에 대한 설명으로 옳은 것은?

① 콘크리트 표면의 물의 증발속도가 블리딩 속도보다 빠른 경우 발생되는 균열이다.
② 콘크리트 표면 가까이에 있는 철근, 매설물 또는 입자가 큰 골재 등이 침하를 방해하기 때문에 나타난다.
③ 균열이 발생하여 커지는 정도는 블리딩이 큰 콘크리트일수록 높아진다.
④ 콘크리트 작업시 시공이음부의 레이턴스를 제거하지 않았을 때 나타난다.

해설
• 콘크리트를 친 후 건조한 외기에 노출시 표면건조로 수축현상이 생기며 이 수축현상이 건조되지 않는 내부 콘크리트에 의한 변형 구속 때문에 표면에 인장응력이 발생한다. 이렇게 발생된 인장응력이 콘크리트의 초기 인장강도를 초과하여 여러 방향의 미세한 균열인 소성수축균열을 발생하게 한다.
• 소성수축균열을 방지하기 위해서는 콘크리트 표면과 기타 부분과의 상대적인 체적변화의 폭을 줄이거나 분무 노즐을 사용하며 최종 마무리 작업중에 표면을 덮기 위한 플라스틱 시트를 사용한 차양설비를 한다.

정답 22. ① 23. ③ 24. ①

25 콘크리트의 중성화시험 측정 시 사용되는 페놀프탈레인 용액의 농도는?

① 1%   ② 2%
③ 3%   ④ 4%

해설 공시체의 파단면에 1% 페놀프탈레인-알코올 용액을 분무하여 무색으로 변화하면 중성화된 것으로 판단한다.

26 콘크리트용 혼화제의 계량 허용오차는 몇 %인가?

① ±1%   ② ±2%
③ ±3%   ④ ±4%

해설
- 물 : -2%, +1%
- 시멘트 : -1%, +2%
- 혼화재 : ±2%
- 골재, 혼화제 : ±3%

27 150mm×150mm×530mm인 공시체로 휨강도 시험을 한 결과 최대 하중이 24500N일 때 공시체가 인장쪽 표면 지간방향 중심선의 4점 사이에서 파괴가 되었다. 이 공시체의 휨강도는? (지간 길이는 450mm이다.)

① 2.9MPa   ② 3.3MPa
③ 4.9MPa   ④ 5.3MPa

해설 휨강도 $= \dfrac{Pl}{b \cdot d^2} = \dfrac{24500 \times 450}{150 \times 150^2} = 3.3\text{MPa}$

28 동결융해 저항성을 알아보기 위한 급속동결융해에 따른 콘크리트의 저항시험방법에 대한 설명으로 틀린 것은?

① 동결융해 1사이클의 소요시간은 4시간 이상, 8시간 이하로 한다.
② 동결융해 1사이클은 공시체 중심부의 온도를 원칙으로 하며 원칙적으로 4℃에서 -18℃로 떨어지고, 다음에 -18℃에서 4℃로 상승되는 것으로 한다.
③ 시험의 종료는 300사이클로 하며, 그때까지 상대 동탄성계수가 60% 이하가 되는 사이클이 있으면 그 사이클에서 시험을 종료한다.
④ 특별히 다른 재령으로 규정되어 있지 않는 한, 공시체는 14일간 양생한 후 동결융해 시험을 시작한다.

해설
- 동결융해 1사이클의 소요시간은 2시간 이상, 4시간 이하로 한다.
- 공시체의 중심과 표면의 온도차는 항상 28℃를 초과해서는 안 된다.

정답 25. ① 26. ③ 27. ② 28. ①

29 지름 150mm, 높이 300mm인 원주형 공시체의 인장강도를 측정하기 위해 쪼갬 인장강도시험으로 콘크리트에 하중을 가하여 공시체가 100kN에 파괴되었다면 이때 콘크리트의 인장강도는?

① 1.2MPa
② 1.3MPa
③ 1.4MPa
④ 1.6MPa

해설 인장강도 = $\dfrac{2P}{\pi dl} = \dfrac{2 \times 100000}{3.14 \times 150 \times 300} = 1.4\text{MPa}$

30 플랜트에 고정믹서가 설치되어 있어 각 재료를 계량하고 혼합하여 완전히 비벼진 콘크리트를 트럭 믹서 또는 트럭애지테이터에 투입하여 운반중에 교반하면서 지정된 공사현장까지 배달, 공급하는 레디믹스트 콘크리트는?

① 쉬링크 믹스트 콘크리트
② 트랜싯 믹스트 콘크리트
③ 센트럴 믹스트 콘크리트
④ 프리 믹스트 콘크리트

해설
- **쉬링크 믹스트 콘크리트**
  콘크리트를 어느 정도 비빈 후 트럭믹서 또는 교반 트럭에 투입하여 공사현장에 도달할 때까지 운반시간 동안 혼합하여 도착시 완전히 혼합된 콘크리트로 공급하는 방법이다.
- **트랜싯 믹스트 콘크리트**
  계량된 각 재료를 직접 트럭믹서 속에 투입하고 운반도중에 소정의 물을 첨가하여 혼합하면서 공사현장에 도착하면 완전한 콘크리트로 공급하는 방법이다.

31 품질관리의 진행 순서로 옳은 것은?

① 실시(do) → 계획(plan) → 검토(check) → 조치(action)
② 검토(check) → 계획(plan) → 조치(action) → 실시(do)
③ 검토(check) → 조치(action) → 계획(plan) → 실시(do)
④ 계획(plan) → 실시(do) → 검토(check) → 조치(action)

해설 품질관리의 순서 : 품질 특성 결정 → 품질 표준 결정 → 작업 표준 결정 → 작업 실시 → 관리한계 설정 → 히스토그램 작성 → 관리도 작성 → 관리한계 재설정

32 콘크리트 압축강도 시험용 공시체의 제작에 관한 설명으로 틀린 것은?

① 공시체는 지름의 2배의 높이를 가진 원기둥형으로 하며, 그 지름은 굵은골재의 최대치수의 3배 이상, 100mm 이상으로 한다.

정답 29.③ 30.③ 31.④ 32.③

② 공시체를 제작할 때 콘크리트는 몰드에 2층 이상으로 거의 동일한 두께로 나눠서 채우며, 각 층의 두께는 160mm를 초과해서는 안 된다.
③ 공시체의 캐핑을 하는 경우 캐핑층의 압축강도는 콘크리트의 예상되는 강도보다 작아야 하며, 캐핑층의 두께는 공시체 지름의 5%를 넘어서는 안 된다.
④ 다짐봉을 사용하여 콘크리트 다지기를 할 경우, 각 층은 적어도 $1,000mm^2$에 1회의 비율로 다지도록 하고 바로 아래층까지 다짐봉이 닿도록 한다.

해설 공시체의 캐핑을 하는 경우 캐핑층의 압축강도는 콘크리트의 예상되는 강도보다 작아서는 안 되며, 캐핑층의 두께는 공시체 지름의 2%를 넘어서는 안 된다.

33 콘크리트의 비비기에 대한 설명으로 옳은 것은?

① 강제식 믹서의 최소 비비기 시간은 30초 이상으로 하여야 한다.
② 비비기는 미리 정해 둔 비비기 시간의 3배 이상 계속하여야 한다.
③ 비비기를 시작하기 전에 미리 믹서 내부를 모르타르로 부착하여야 한다.
④ 가경식 믹서의 최소 비비기 시간은 1분 이상으로 하여야 한다.

해설
- 강제식 믹서의 최소 비비기 시간은 1분 이상으로 하여야 한다.
- 비비기는 미리 정해 둔 비비기 시간의 3배 이상 계속해서는 안 된다.
- 가경식 믹서의 최소 비비기 시간은 1분 30초 이상으로 하여야 한다.
- 믹서 안의 콘크리트를 전부 꺼낸 후가 아니면 믹서 안에 다음 재료를 넣지 않아야 한다.
- 연속믹서를 사용할 경우 비비기 시작 후 최초에 배출되는 콘크리트는 사용해서는 안 된다.
- 비비기 시간은 시험에 의해 정하는 것을 원칙으로 한다.

34 레디믹스트 콘크리트의 품질 중 슬럼프 플로의 허용오차로서 옳게 설명한 것은?

① 슬럼프 플로 500mm인 경우 허용오차는 ±50mm이다.
② 슬럼프 플로 600mm인 경우 허용오차는 ±100mm이다.
③ 슬럼프 플로 700mm인 경우 허용오차는 ±125mm이다.
④ 슬럼프 플로 800mm인 경우 허용오차는 ±150mm이다.

해설
- 슬럼프 플로 500mm인 경우 허용오차는 ±75mm이다.
- 슬럼프 플로 700mm인 경우 허용오차는 ±100mm이다.

정답 33. ③ 34. ②

35. 품질관리의 7가지 도구 중 아래의 표에서 설명하고 있는 것은?

> 데이터(계산치)를 일정한 폭으로 구분하고 막대그래프로 표현하여 중심, 편차, 모양의 문제점을 발견하기 위한 그래프

① 파레토도
② 산포도
③ 히스토그램
④ 층별

해설
- **파레토도** : 결과와 원인을 분석하고 주요 문제점을 발견하기 위한 그래프
- **산포도** : 한 쌍의 데이터가 대응하는 상태에서 문제를 발견해 내기 위한 도구
- **층별** : 결과를 나타내는 데이터를 오류의 원인이라 생각되는 것으로서 몇 개의 소그룹으로 분류하여 문제를 발견해 내기 위한 도구

36. 블리딩에 대한 설명 중 틀린 것은?

① 블리딩이 많은 콘크리트는 침하량도 많다.
② 블리딩은 굵은골재와 모르타르, 철근과 콘크리트의 부착을 나쁘게 한다.
③ 콘크리트의 강도저하나 구조물의 내력저하의 원인이 된다.
④ 블리딩이 많으면, 모르타르 부분의 물-결합재비가 작게 되어 강도가 크게 된다.

해설 블리딩이 많으면 모르타르 부분의 물-결합재비가 커지고 콘크리트 경화 후 강도, 투수성, 투기성 등에 악영향을 미쳐 내구성이 현저하게 저하된다.

37. 콘크리트의 알칼리 골재반응에 대한 설명으로 옳은 것은?

① 고로 슬래그나 플라이 애시 시멘트와 같은 혼합시멘트를 사용하면 알칼리 골재반응의 억제에 효과가 있다.
② 골재를 세척하여 사용하면 알칼리 골재반응을 현저히 억제할 수 있다.
③ 알칼리 골재반응을 억제하기 위해서는 나트륨이나 칼륨이온의 함량이 높은 시멘트를 사용하는 것이 좋다.
④ 화강암 계열의 골재를 골재원으로 쓰는 경우 알칼리 골재반응이 진행될 가능성이 매우 높다.

해설 저알칼리형 시멘트를 사용하거나 혼화재의 혼합비율이 큰 플라이 애시 시멘트나 고로 슬래그 시멘트를 사용한다.

정답 35. ③ 36. ④ 37. ①

38 레디믹스트 콘크리트의 구입자가 지정해야 할 사항이 아닌 것은?

① 단위수량의 하한치   ② 골재의 종류
③ 시멘트의 종류   ④ 굵은골재의 최대치수

해설 구입자는 굵은골재의 최대치수, 슬럼프 및 호칭강도 등을 지정한다.

39 다음 중 레디믹스트 콘크리트의 종류에 해당하지 않는 것은?

① 보통 콘크리트   ② 경량골재 콘크리트
③ 중량골재 콘크리트   ④ 포장 콘크리트

해설 레디믹스트 콘크리트의 종류에는 보통 콘크리트, 경량골재 콘크리트, 포장 콘크리트, 고강도 콘크리트가 있다.

40 다음의 반죽질기 시험 중 된비빔 콘크리트의 시험에 해당하지 않는 것은?

① L플로시험   ② 비비시험
③ 진동대식 컨시스턴시시험   ④ 다짐계수시험

해설 L플로시험은 고유동 콘크리트의 컨시스턴시시험 평가방법이다.

3과목 콘크리트의 시공

41 매스 콘크리트에서 균열발생을 제한할 경우에 적용하는 온도균열지수의 범위는? (단, 철근이 배치된 일반적인 구조물의 경우)

① 1.5 이상   ② 1.2 이상~1.5 미만
③ 1.0 이상~1.2 미만   ④ 0.7 이상~1.0 미만

해설
· 균열 발생을 방지해야 할 경우 : 1.5 이상
· 유해한 균열 발생을 제한할 경우 : 0.7~1.2

42 매스콘크리트의 수화열 저감을 위하여 사용되는 시멘트가 아닌 것은?

① 중용열 포틀랜드 시멘트   ② 고로 슬래그 시멘트
③ 플라이 애시 시멘트   ④ 알루미나 시멘트

해설 단위시멘트량을 적게 하여 발열량을 감소시킨다.

정답 38. ① 39. ③ 40. ① 41. ② 42. ④

43. 한중콘크리트로서 시공하여야 하는 기상조건의 기준으로 가장 적합한 설명은?

① 타설온도 4℃ 이하
② 일평균기온 4℃ 이하
③ 타설온도 -4℃ 이하
④ 일평균기온 -4℃ 이하

해설 서중 콘크리트로서 시공하여야 하는 기상조건으로는 일평균기온이 25℃를 초과할 경우이다.

44. 수중 불분리성 콘크리트의 비비기 및 시공에 대한 설명으로 틀린 것은?

① 타설은 유속이 50mm/sec 정도 이하의 정수 중에서 수중 낙하높이 1m 이하여야 한다.
② 콘크리트의 품질저하 및 불균일성을 방지하기 위하여 수중 유동거리는 5m 이하로 하여야 한다.
③ 제조설비가 갖춰진 배치 플랜트에서 물을 투입하기 전 건식으로 20~30초를 비빈 후 전 재료를 투입하여 비비기를 하여야 한다.
④ 소요 품질의 콘크리트를 얻기 위하여 1회 비비기 양은 믹서의 공칭용량의 80% 이하로 하여야 한다.

해설
• 타설은 유속이 50mm/s 정도 이하의 정수 중에서 수중 낙하높이 0.5m 이하이어야 한다.
• 콘크리트 펌프로 압송할 경우 압송압력은 보통 콘크리트의 2~3배로 하여야 한다.

45. 일반 콘크리트의 타설에 대한 설명으로 틀린 것은?

① 한 구획 내의 콘크리트는 타설이 완료될 때까지 연속해서 타설해야 한다.
② 콘크리트를 2층 이상으로 나누어 타설할 경우, 상층 콘크리트는 하층 콘크리트가 완전히 굳은 뒤에 타설하여야 한다.
③ 슈트, 펌프배관, 버킷, 호퍼 등의 배출구와 타설면의 높이는 1.5m 이하를 원칙으로 한다.
④ 벽 또는 기둥과 같이 높이가 높은 콘크리트를 연속해서 타설할 경우 콘크리트를 쳐올라가는 속도는 일반적으로 30분에 1~1.5m 정도로 하는 것이 좋다.

정답 43. ② 44. ① 45. ②

- 콘크리트를 2층 이상으로 나누어 타설할 경우 상층의 콘크리트 타설은 원칙적으로 하층의 콘크리트가 굳기 시작하기 전에 타설하여야 한다.
- 콘크리트는 그 표면이 한 구획 내에서는 거의 수평이 되도록 타설하는 것을 원칙으로 한다.

46 포장 콘크리트의 인력포설 후 다짐에 대한 설명으로 옳은 것은?

① 거푸집 및 이음 부근은 봉다짐 진동기를 사용하여야 한다.
② 다질 수 있는 1층 두께는 200mm 이하로 하여야 한다.
③ 혼합물의 다짐은 포설 후 1시간 30분 이내에 완료하여야 한다.
④ 진동기는 한자리에서 30초 이상 다짐하여야 한다.

- 다질 수 있는 1층 두께는 350mm 이하로 하여야 한다.
- 혼합물의 다짐은 포설 후 1시간 이내에 완료하여야 한다.
- 진동기는 한자리에서 20초 이상 머물러 있을 수 없다.

47 댐 콘크리트 중 롤러 다짐 콘크리트 반죽질기의 표준값으로 옳은 것은? (단, VC시험을 실시한 경우)

① 10±5초
② 20±10초
③ 30±15초
④ 40±20초

콘크리트의 반죽질기를 슬럼프로 측정하는 경우 타설장소에서 측정한 슬럼프는 체가름을 하여 40mm 이상의 굵은골재를 제거하고 측정한 값으로 20~50mm를 표준으로 한다.

48 노출등급 EF1인 경우 공기연행 콘크리트 공기량의 표준은 몇 %인가? (단, 굵은골재의 최대치수는 25mm이다.)

① 4.5%
② 4.5%
③ 5%
④ 5.5%

노출등급 EF2, EF3, EF4의 경우는 6.0%이다.

49 다음은 숏크리트에서 리바운드율의 저감하기 위한 대책이다. 옳지 않은 것은?

① 분사 부착면을 거칠게 한다.
② 건식공법을 사용한다.
③ 숙련된 노즐 맨(nozzle man)이 작업토록 한다.
④ 뿜는 압력을 일정하게 한다.

습식공법을 사용한다.

정답 46. ① 47. ②
48. ① 49. ②

50 콘크리트를 2층 이상으로 나누어 타설할 경우 각 층의 콘크리트가 일체화되도록 아래층 콘크리트가 경화되기 전에 위층 콘크리트를 쳐야 한다. 외기온도가 25℃ 이하인 경우 허용 이어치기 시간 간격의 표준은?

① 1시간
② 1.5시간
③ 2.0시간
④ 2.5시간

해설 외기온도가 25℃ 초과의 경우 허용 이어치기 시간 간격의 표준 : 2시간

51 고강도 콘크리트의 특성에 대한 설명으로 틀린 것은?

① 보통강도를 갖는 콘크리트에 비해 재령에 따른 강도발현이 빠르게 나타나면서 늦게까지 강도증진이 이루어진다.
② 고강도 콘크리트는 부배합이므로 시멘트 대체 재료인 플라이애시, 고로 슬래그 분말 등을 같이 사용하는 경우가 많다.
③ 고강도 콘크리트의 설계기준 압축강도는 일반적으로 40MPa 이상으로 하며, 고강도 경량골재 콘크리트는 27MPa 이상으로 한다.
④ 고강도 콘크리트는 설계기준 압축강도가 높은 반면에 내구성은 낮으므로 해양 콘크리트 구조물에는 부적절하다.

해설
• 고강도 콘크리트는 설계기준 압축강도와 내구성이 커 해양 콘크리트 구조물에는 적절하다.
• 고강도 콘크리트에 사용되는 굵은골재의 최대치수는 40mm 이하로서 가능한 25mm 이하로 한다.

52 숏크리트 시공에 대한 일반적인 설명으로 틀린 것은?

① 숏크리트는 타설되는 장소의 대기 온도가 30℃ 이상이 되면 건식 및 습식 숏크리트 모두 뿜어붙이기를 할 수 없다.
② 숏크리트는 대기 온도가 10℃ 이상일 때 뿜어붙이기를 실시하며, 그 이하의 온도일 때는 적절한 온도대책을 세운 후 실시한다.
③ 건식 숏크리트는 배치 후 45분 이내에 뿜어붙이기를 실시하여야 한다.
④ 습식 숏크리트는 배치 후 60분 이내에 뿜어붙이기를 실시하여야 한다.

정답 50. ④ 51. ④
52. ①

해설
- 숏크리트는 타설되는 장소의 대기 온도가 32℃ 이상이 되면 건식 및 습식 숏크리트 모두 뿜어붙이기를 할 수 없다.
- 노즐은 항상 뿜어붙일 면에 직각을 유지한다.

53 아래 표와 같은 경우 콘크리트의 강도는 재령 며칠의 압축강도 시험값을 기준으로 하는가?

> 촉진양생을 하지 않은 프리캐스트 콘크리트이나 비교적 부재 두께가 큰 프리캐스트 콘크리트

① 7일　　② 14일
③ 28일　　④ 91일

해설
- 일반적인 프리캐스트 콘크리트는 재령 14일에서의 압축강도 시험값으로 한다.
- 오토클레이브 양생 등의 특수한 촉진양생을 하는 프리캐스트 콘크리트는 14일 이전의 적절한 재령에서 압축강도 시험값으로 한다.

54 바닥틀에 관련한 시공이음에 대한 설명으로 옳지 않은 것은?

① 바닥틀의 시공이음은 슬래브 또는 보의 경간 중앙부 부근에 두어야 한다.
② 바닥틀과 일체로 된 기둥 또는 벽의 시공이음은 바닥틀과의 경계부분에 설치하는 것이 좋다.
③ 보가 작은 보와 교차할 경우에는 작은 보 폭의 3배 거리만큼 떨어진 곳에 보의 시공이음을 설치한다.
④ 헌치 또는 내민 부분을 가지는 구조물에서는 바닥틀과 연속하여 콘크리트를 타설하여야 한다.

해설 보가 작은 보와 교차할 경우에는 작은 보 폭의 2배 거리만큼 떨어진 곳에 보의 시공이음을 설치한다. 이 경우 시공이음에는 큰 전단력이 작용하므로 시공이음을 통하는 45°의 경사진 인장철근을 사용하여 시공이음을 보강하여야 한다.

55 콘크리트의 수화열이나 외기온도 등에 의하여 온도변화, 건조수축, 외력 등의 변형에 의해 균열을 정해진 장소에 집중시킬 목적으로 소정의 간격으로 설치하는 것은?

① 균열유발줄눈　　② 수축줄눈
③ 팽창줄눈　　　　④ 시공이음

해설 균열유발줄눈의 간격은 4~5m 정도를 기준으로 하지만 구조물의 치수, 철근량, 치기온도, 치기방법 등에 의해 큰 영향을 받으므로 이들을 고려하여 정할 필요가 있다.

정답 53. ③　54. ③　55. ①

56. 서중 콘크리트에 대한 설명 중 틀린 것은?

① 콘크리트를 타설할 때 콘크리트의 온도가 25℃를 초과하는 것이 예상되는 경우에는 서중콘크리트로서 시공하여야 한다.
② 펌프로 수송할 경우에는 수송관을 젖은 천으로 덮는 것이 좋다.
③ 양생할 때 목재 거푸집의 경우처럼 거푸집판에 따라서 건조가 일어날 염려가 있는 경우에는 거푸집까지 습윤상태로 유지하여야 한다.
④ 콘크리트를 타설할 때 콘크리트의 온도는 35℃ 이하여야 한다.

해설 하루 평균기온이 25℃를 초과할 경우에 서중 콘크리트로 시공한다.

57. 아래 표의 ( ) 안에 공통적으로 들어갈 적합한 수치는?

> 해양 콘크리트 구조물에 부득이 시공이음부를 설치할 경우 만조위로부터 위로 ( )m, 간조위로부터 아래로 ( )m 사이의 감조부분에는 시공이음이 생기지 않도록 시공계획을 세워야 한다.

① 0.2　　　　② 0.4
③ 0.6　　　　④ 0.8

해설 해양 구조물에서는 시공 이음부를 피해야 한다. 특히 만조위로부터 위로 0.6m, 간조위로부터 아래로 0.6m 사이의 감조부분에는 시공 이음이 생기지 않게 한다.

58. 프리캐스트 콘크리트의 재료에 대한 설명으로 옳지 않은 것은?

① 일반적으로 혼화제를 사용하지 않는 것이 원칙이다.
② 프리스트레스트 콘크리트의 경우 순환골재를 사용해서는 안 된다.
③ 사용되는 철근 등의 강재는 KS 규격에 적합한 것을 사용한다.
④ 잔골재는 크고 작은 입자가 적합하게 혼입된 것을 사용하는 것이 좋다.

해설
• 일반적으로 혼화제를 사용한다.
• PS 강재에는 스트럽 또는 가외철근 등을 용접하지 않는 것을 원칙으로 한다.
• 슬럼프가 20mm 이상인 콘크리트에 대해서는 슬럼프 시험을 원칙으로 한다.

정답 56. ①　57. ③
58. ①

59 노출면적이 넓은 슬래브에서 콘크리트 타설 직후에 블리딩에 의한 물의 상승속도보다 물의 증발속도가 빠를 때 발생하는 균열은?

① 소성수축균열   ② 건조수축균열
③ 자기수축균열   ④ 수화수축균열

해설 소성수축균열은 콘크리트 타설시 표면 수분의 증발속도가 블리딩에 의한 물의 상승속도를 넘으면 콘크리트 표면이 급격히 건조되어 균열이 발생하는 것이다.

60 경량골재 콘크리트에 대한 특징으로 옳지 않은 것은?

① 건조수축과 수중 팽창이 작게 발생한다.
② 콘크리트의 질량이 작아서 운반 및 타설이 용이하다.
③ 열전도율과 선팽창률이 작게 발생한다.
④ 자중이 가벼워 구조물 부재의 치수를 줄일 수 있다.

해설 경량골재 콘크리트는 강도와 탄성계수가 작으며 건조수축이 크다.

4과목 콘크리트 구조 및 유지관리

61 알칼리 골재반응이 일어나기 위해서는 일반적으로 반응의 3조건이 충족되어야 한다. 여기에 해당하지 않은 것은?

① 골재 중의 유해물질   ② 대기 중의 이산화탄소
③ 시멘트 중의 알칼리   ④ 반응을 촉진하는 수분

해설 알칼리 골재반응은 콘크리트 중의 알칼리 이온이 골재 중의 실리카 성분과 결합하여 알칼리 실리카겔을 형성하고 이 겔이 주변의 수분을 흡수하여 콘크리트 내부에 국부적인 팽창으로 구조물에 균열이 생긴다.

62 콘크리트를 각종 섬유로 보강하여 보수공사를 진행할 경우 섬유가 갖추어야 할 조건으로 거리가 먼 것은?

① 섬유의 압축 및 인장강도가 충분해야 한다.
② 섬유와 시멘트 결합재와의 부착이 우수해야 한다.
③ 시공이 어렵지 않고 가격이 저렴해야 한다.
④ 내구성, 내열성, 내후성 등이 우수해야 한다.

해설
• 섬유의 인장강도가 충분해야 한다.
• 섬유는 인성과 연성이 풍부해야 한다.

정답 59. ① 60. ① 61. ② 62. ①

63 내동해성이 작은 골재를 콘크리트에 사용하는 경우 동결융해작용에 의해 골재가 팽창하여 파괴되어 떨어져 나가거나 그 위치의 콘크리트 표면이 떨어져 나가는 현상을 무엇이라 하는가?

① 팝아웃
② 백화
③ 스케일링
④ 침식

해설 콘크리트가 동해를 받았을 경우에는 미세균열, 박리·박락, 팝아웃의 열화현상이 발생한다.

64 중성화 속도계수가 $9mm/\sqrt{년}$인 콘크리트 구조물이 16년 경과한 시점의 중성화 깊이는? (단, 예측식의 변동성을 고려한 안전계수는 1로 가정한다.)

① 12mm
② 36mm
③ 48mm
④ 144mm

해설 $X = A\sqrt{t} = 9\sqrt{16} = 36mm$

65 콘크리트의 균열 중 경화 후에 발생하는 균열의 종류에 속하지 않는 것은?

① 건조수축균열
② 온도균열
③ 소성수축균열
④ 휨균열

해설 경화 전의 균열 종류
- 침하수축균열
- 소성수축균열(플라스틱 수축균열)

66 아래 그림과 같은 단철근 직사각형 보에 균형철근량이 배근되었을 때 중립축의 위치(c)는? (단, $f_{ck}=24MPa$, $f_y=400MPa$이다.)

① 164mm
② 190mm
③ 237mm
④ 270mm

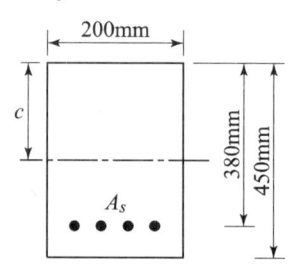

해설 $c = \dfrac{660}{660+f_y} \times d = \dfrac{660}{660+400} \times 380 = 237mm$

67 경간이 8m인 단순 지지된 철근 콘크리트 보에서 처짐을 계산하지 않는 경우의 최소 두께(h)는? (단, 사용 철근의 f_y =350MPa이다.)

① 400mm
② 437mm
③ 465mm
④ 500mm

해설 $\dfrac{l}{16}\left(0.43+\dfrac{f_y}{700}\right)=\dfrac{8}{16}\left(0.43+\dfrac{350}{700}\right)=0.465\text{m}=465\text{mm}$

68 나선철근 기둥에서 축방향 철근의 최소 개수로 옳은 것은?

① 5개
② 6개
③ 7개
④ 8개

해설 직사각형이나 원형 띠철근 내부의 철근의 경우 4개, 삼각형 띠철근 내부의 철근의 경우 3개로 한다.

69 옹벽의 안정에 대한 설명으로 틀린 것은?

① 전도에 대한 저항휨모멘트는 횡토압에 의한 전도모멘트의 1.5배 이상이어야 한다.
② 활동에 대한 저항력은 옹벽에 작용하는 수평력의 1.5배 이상이어야 한다.
③ 전도 및 지반지지력에 대한 안정조건은 만족하지만, 활동에 대한 안정조건만을 만족하지 못할 경우에는 활동 방지벽 혹은 횡방향 앵커 등을 설치하여 활동저항력을 증대시킬 수 있다.
④ 지반에 유발되는 최대 지반반력이 지반의 허용지지력을 초과하지 않아야 한다.

해설 전도에 대한 저항 휨모멘트는 횡토압에 의한 전도모멘트의 2배 이상이어야 한다.

70 보의 폭이 400mm, 높이가 600mm, 보의 유효깊이가 500mm, 인장 철근량이 2336mm², 압축철근량이 1524mm²인 복철근 직사각형 단면의 보에서 하중에 의한 탄성처짐량이 1.2mm이다. 하중 재하 1년 후 총 처짐량은?

① 1.2mm
② 2.4mm
③ 3.6mm
④ 4.0mm

해설
- $\rho'=\dfrac{A_s'}{bd}=\dfrac{1524}{400\times 500}=0.00762$
- $\lambda_\Delta=\dfrac{\xi}{1+50\rho'}=\dfrac{1.4}{1+50\times 0.00762}=1.01$
- 장기처짐량=탄성처짐량×λ_Δ=1.2×1.01=1.2mm
- 총처짐량=탄성처짐량+장기처짐량=1.2+1.2=2.4mm

정답 67. ③ 68. ② 69. ① 70. ②

71 강도설계법에서 고정하중(D)과 활하중(L)만 작용하는 휨부재에서 계수하중을 구하기 위한 하중조합은?

① $U = 1.2D + 1.6L$
② $U = 1.7D + 1.4L$
③ $U = 0.4D + 0.5L$
④ $U = 1.4D + 1.4L$

해설
- 고정하중(D)과 활하중(L)이 작용하는 경우
  $U = 1.2D + 1.6L$
- 고정하중(D)과 활하중(L) 및 풍하중(W)이 작용하는 경우
  $U = 1.2D + 1.0L + 1.3W$

72 그림과 같은 단철근 직사각형 보에서 $f_y = 400$MPa, $f_{ck} = 30$MPa 일 때 강도설계법에 의한 등가응력의 깊이 a는?

① 49.2mm
② 94.1mm
③ 13.8mm
④ 21.7mm

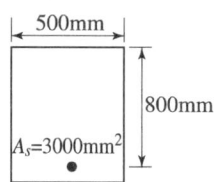

해설 $C = T$
$\eta(0.85 f_{ck}) ab = A_s f_y$
$\therefore a = \dfrac{A_s f_y}{\eta(0.85 f_{ck}) b} = \dfrac{3000 \times 400}{1.0 \times (0.85 \times 30) \times 500} \fallingdotseq 94.1 \text{mm}$
여기서, $\eta = 1.0 (f_{ck} \leq 40\text{MPa})$

73 그림과 같은 직사각형 단면 보에서 콘크리트가 부담할 수 있는 전단강도(V_c)는? (단, $f_{ck} = 21$MPa, $f_y = 400$MPa, $\lambda = 1.0$이다.)

① 36.2kN
② 114.6kN
③ 262.4kN
④ 364.3kN

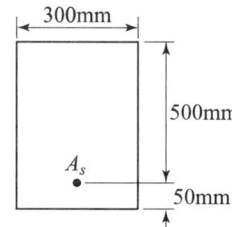

해설 $V_c = \dfrac{1}{6} \lambda \sqrt{f_{ck}} \, b_w d$
$= \dfrac{1}{6} \times 1.0 \times \sqrt{21} \times 300 \times 500$
$= 114,564\text{N} = 114.6\text{kN}$

정답 **71.** ① **72.** ② **73.** ②

74 강도설계법을 적용하기 위한 가정 조건으로 틀린 것은?

① 극한강도 상태에서 철근 및 콘크리트의 응력은 중립축으로부터의 거리에 비례한다.
② 압축측 연단에서 콘크리트의 극한변형률은 0.0033으로 가정한다.($f_{ck} \leq 40\,\text{MPa}$)
③ 콘크리트의 응력분포는 가로 $\eta(0.85f_{ck})$, 깊이 $a = \beta_1 c$인 등가 4각형 분포로 나타낼 수 있다.
④ 휨응력 계산에서 콘크리트의 인장강도는 무시한다.

해설
- 철근 및 콘크리트의 변형률은 중립축으로부터의 거리에 비례한다.
- 철근의 항복 변형률은 f_y/E_s로 본다.
- 항복강도 f_y 이하에서의 철근 응력은 그 변형률의 E_s배로 한다.

75 기본 정착길이(l_{ab})의 계산값이 650mm이고, 고려해야 할 보정계수가 1.3인 부재에서 인장 이형철근의 소요 정착길이는?

① 815mm
② 845mm
③ 900mm
④ 1,000mm

해설 소요 정착길이(l_d)
$l_{db} \times$ 보정계수 $= 650 \times 1.3 = 845\,\text{mm}$

76 콘크리트 구조물에 0.1mm 정도의 미세한 균열이 발생한 경우 내구성이 저하하게 된다. 따라서 구조물의 방수성 및 내구성을 향상시키기 위해 균열 발생 부위에 도막을 형성하여 보수하는 공법은?

① 표면처리공법
② 재알칼리화공법
③ 충전공법
④ 주입공법

해설 표면처리공법은 0.2mm 이하의 미세한 결함에 대해 방수성, 내구성 확보를 위해 이용된다.

77 섬유보강 접착공법에 사용하는 보강 재료로서 가장 부적합한 것은?

① 탄소섬유
② 유리섬유
③ 아라미드섬유
④ 폴리에스테르섬유

해설 섬유보강 접착공법에 사용되는 재료는 탄소섬유, 유리섬유, 아라미드 섬유, 에폭시 수지 등이 있다.

정답 74. ① 75. ② 76. ① 77. ④

78 콘크리트 내의 철근은 외부로부터의 염화물 침투에 의해서 부식할 수 있다. 다음 중 철근의 부식에 미치는 영향이 가장 적은 것은?

① 콘크리트에 침투하는 염화물의 양
② 콘크리트의 침투성
③ 콘크리트의 설계기준강도
④ 습기와 산소의 양

해설
- 이산화탄소, 이산화황에 노출되어 콘크리트 중의 알칼리를 중성화시킨다.
- 염화물의 함량에 따라 영향을 준다.
- 콘크리트 피복두께, 콘크리트 속의 공극, 이음부 누수 등이 영향을 준다.

79 균열보수기법 중 에폭시 주입법에 대한 설명으로 틀린 것은?

① 철근 및 콘크리트의 열화 방지에 효과가 있다.
② 균열부위에 수지주입은 보강과 병용하게 되면 보다 더 효과가 있다.
③ 균열부위를 수지로 채우게 되어 수밀성이 증대된다.
④ 수지의 탄성계수가 일반 콘크리트보다 상당히 높아 구조물의 내력증진에 효과적이다.

해설 수지의 탄성계수가 일반 콘크리트보다 상당히 낮아 구조물의 내력증진을 기대할 수 없다.

80 콘크리트 구조물의 압축강도를 파악하는 데 적절하지 않은 방법은 어느 것인가?

① 자연전위법　　② 반발경도법
③ 인발법　　　　④ 초음파속도법

해설 철근 부식 상황을 파악하는 데는 자연전위법, 분극저항법, 전기저항법 등이 이용된다.

정답　78. ③　79. ④
80. ①

1과목　콘크리트 재료 및 배합

01 콘크리트의 배합에 있어서 단위시멘트량에 관한 일반적인 설명으로 옳지 않은 것은?

① 단위시멘트량이 증가하면 슬럼프가 저하한다.
② 단위시멘트량이 증가하면 수화열이 증가한다.
③ 단위시멘트량이 증가하면 강도가 증가한다.
④ 단위시멘트량이 증가하면 공기량이 증가한다.

해설　시멘트의 분말도가 크고 단위시멘트량이 증가할수록 공기량이 감소한다.

02 알루미나 시멘트의 특성에 관한 다음 설명 중 옳지 않은 것은?

① 포틀랜드 시멘트에 비하여 빨리 응결하는 특성을 갖는다.
② 응결 및 경화시 발열량이 적다.
③ 화학적 저항성이 크고 내구성도 크나 가격이 고가이다.
④ 내화성이 우수하므로 내화물용으로 사용된다.

해설　응결 및 경화시 발열량이 크다.

03 실제 사용한 콘크리트의 31회 압축강도 시험으로부터 압축강도(MPa) 잔차의 제곱을 구하여 합한 값이 270이었다. 콘크리트의 배합강도를 결정하기 위한 압축강도의 표준편차를 구하면?

① 2.85MPa ② 2.90MPa
② 2.95MPa ④ 3.00MPa

해설　표준편차 $\sigma = \sqrt{\dfrac{S}{n-1}} = \sqrt{\dfrac{270}{31-1}} = 3\text{MPa}$

04 잔골재율(S/a)이 47.5%, 단위골재의 절대용적이 700ℓ, 잔골재의 표건밀도가 2.62g/cm³일 때 단위잔골재량은?

① 325kg/m³ ② 534kg/m³
③ 725kg/m³ ④ 871kg/m³

해설　단위 잔골재량 = 2.62×0.7×0.475×1000 = 871 kg/m³

정답　01. ④　02. ②　03. ④　04. ④

05 체가름 시험 결과 잔골재 조립률 2.65, 굵은골재 조립률 7.38이며 잔골재 대 굵은골재비를 1 : 1.6으로 할 때 혼합골재의 조립률은?

① 4.56
② 5.56
③ 6.56
④ 7.56

해설 $FM = \dfrac{1 \times 2.65 + 1.6 \times 7.38}{1 + 1.6} = 5.56$

06 포졸란 작용이 있는 혼화재가 아닌 것은?

① 규산질 미분말
② 규산백토
③ 규조토
④ 플라이 애시

해설
- **천연 포졸란** : 화산재, 규산백토, 규조토, 응회암
- **인공 포졸란** : 플라이 애시, 고로 슬래그, 점토나 혈암을 열처리한 것 등

07 콘크리트용 고로슬래그 미분말의 품질을 평가하기 위한 시험으로 적합하지 않은 것은?

① 밀도
② 비표면적(블레인)
③ 활성도지수
④ 전알칼리량

해설 플로값비, 산화마그네슘, 삼산화황, 강열감량, 염화물 이온 시험 등이 있다.

08 콘크리트 설계기준강도(f_{ck})가 24 MPa이며 내구성 기준 압축강도 (f_{cd})가 21MPa이다. 50회의 실험실적으로부터 구한 압축강도의 표준편차가 5MPa이라면, 콘크리트의 배합강도는?

① 29.0MPa
② 30.5MPa
③ 32.2MPa
④ 33.9MPa

해설
- f_{ck}와 f_{cd} 중 큰 값인 24MPa가 품질기준강도(f_{cq})이다.
- $f_{cq} \leq 35$MPa인 경우이므로
 $f_{cr} = f_{cq} + 1.34s = 24 + 1.34 \times 5 = 30.7$MPa
 $f_{cr} = (f_{cq} - 3.5) + 2.33s = (24 - 3.5) + 2.33 \times 5 = 32.2$MPa
∴ 두 값 중 큰 값인 32.2MPa이다.

정답 05. ② 06. ① 07. ④ 08. ③

09 굵은골재에 관한 시험을 통해 아래 표와 같은 결과를 얻었다. 이 골재의 흡수율은?

- 표면건조 포화상태 시료의 질량 : 4100g
- 절대건조상태 시료의 질량 : 3950g
- 수중에서 시료의 질량 : 2250g

① 3.48% ② 3.52%
③ 3.80% ④ 3.91%

 흡수율 $= \dfrac{B-A}{A} \times 100 = \dfrac{4100-3950}{3950} \times 100 = 3.8\%$

10 최대치수가 20mm인 굵은골재를 사용하여 체가름시험을 하고자 한다. 시료의 최소 건조 질량으로 옳은 것은?

① 500g ② 2kg
③ 4kg   ④ 8kg

- **20mm** : 4 kg
- **25mm** : 5 kg
- **40mm** : 8 kg

11 콘크리트 배합에 있어서 단위수량이 170kg/m³, 단위 시멘트량이 315kg/m³, 공기량 4%일 때 단위 골재량의 절대 부피는? (단, 시멘트의 밀도는 3.14g/cm³이다.)

① 0.69m³ ② 0.73m³
③ 0.75m³ ④ 0.77m³

 $V = 1 - \left(\dfrac{170}{1 \times 1000} + \dfrac{315}{3.14 \times 1000} + \dfrac{4}{100} \right) = 0.69\text{m}^3$

12 콘크리트용 혼화재료 중 실리카 품에 대한 설명으로 틀린 것은?

① 실리카 품을 사용하면 단위수량을 감소시킬 수 있고, 건조수축이 줄어든다.
② 실리카 품을 사용하면 재료분리 저항성, 수밀성 등이 향상된다.
③ 실리카 품을 사용하면 알칼리 골재반응의 억제효과 및 강도증가 등을 기대할 수 있다.
④ 각종 실리콘이나 훼로 실리콘 등의 규소합금을 전기아크식 노에서 제조할 때 배출되는 가스에 부유하여 발생하는 부산물의 총칭이다.

실리카 품을 사용하면 단위수량의 증가로 건조수축 증대 등의 결점이 있다.

답안 표기란				
09	①	②	③	④
10	①	②	③	④
11	①	②	③	④
12	①	②	③	④

 09. ③ 10. ③
11. ① 12. ①

13 다음의 시멘트 중에서 해안가 혹은 해수와 접하는 곳의 철근 콘크리트 구조물 공사에 가장 적합한 것은?

① 중용열 포틀랜드 시멘트
② 보통 포틀랜드 시멘트
③ 저발열시멘트
④ 조강 포틀랜드 시멘트

해설 중용열 포틀랜드 시멘트는 포틀랜드 시멘트 중에서 건조수축이 가장 작으며 댐이나 방사선 차폐용, 매시브한 콘크리트 등 단면이 큰 콘크리트용으로 적합하다.

14 콘크리트에 사용되는 혼화제에 관하여 옳지 않은 것은?

① AE제는 공기연행제로 동결융해에 대한 저항성을 향상시킨다.
② 고성능 AE감수제는 공기연행 작용 및 시멘트 분산작용을 대폭적으로 증대시켜 우수한 유동성과 슬럼프 유지 능력을 가진 혼화제이다.
③ 유동화제는 분산효과가 크고 슬럼프 경시변화가 적은 특성이 있다.
④ 수축저감제는 모세관수의 표면장력을 저하시켜 건조수축을 저감하는 특성이 있다.

해설 유동화제는 낮은 물-결합재비 콘크리트에서 사용하여 반죽질기를 증가시켜 워커빌리티를 증진시킨다. 그래서 분산효과가 크고 슬럼프 변화가 큰 특성이 있다.

15 다음의 시멘트 시험을 측정하는 시험기구로 잘못 연결된 것은?

① 안정성 – 오토클레이브
② 분말도 – 블레인 공기투과장치
③ 응결시간 측정 – 흐름판
④ 비중 – 르샤틀리에 플라스크

해설 응결시간 측정 - 비카 장치, 길모어 장치

16 다음 중 양질의 골재로서 갖추어야 할 조건이 아닌 것은?

① 조직이 치밀하고 강하며 공극률이 적은 것
② 구형이며 단위용적중량이 큰 것
③ 조립률이 높으며 마모에 강한 것
④ 비중이 높으며 흡수율이 낮은 것

해설 조립률이 높다는 것은 골재의 입경이 크다는 뜻이며 마모에 강한 골재는 양질의 골재에 해당된다.

[정답] 13. ① 14. ③ 15. ③ 16. ③

17 콘크리트 배합설계시 물-결합재비를 결정하는 요인이 아닌 것은?
① 압축강도 ② 내구성
③ 균열저항성 ④ 공기량

해설 물-결합재비를 결정하는 요인 : 압축강도, 내구성, 균열저항성, 내동해성

18 골재의 단위용적질량 및 실적률 시험방법(KS F 2505)에 대한 설명으로 옳지 않은 것은?
① 시험은 동시에 채취한 시료에 대하여 2회 실시한다.
② 시료는 절건상태로 한다. 다만 굵은골재의 경우는 기건상태이어야 한다.
③ 용기에 시료를 채우고 골재의 표면을 고른 후 용기 안의 시료의 질량을 잰다.
④ 굵은골재 최대치수가 커서 충격에 의한 방법이 곤란한 경우에는 봉다지기에 의한다.

해설 시료를 채우는 방법은 봉다지기에 따른다. 다만, 굵은골재 최대치수가 커서 봉다지기가 곤란한 경우 및 시료를 손상할 염려가 있는 경우는 충격에 의한다.

19 콘크리트 배합에 대한 설명으로 틀린 것은?
① 부순자갈과 강자갈을 혼합한 경우 부순자갈의 혼합률을 크게 하면 소요의 슬럼프를 얻기 위해 단위수량은 증가한다.
② 잔골재율을 크게 하면 소요의 공기량을 확보하기 위해 AE제는 적게 사용한다.
③ 굵은골재의 실적률을 작은 것으로 바꾸어 사용을 하면 동등의 워커빌리티를 얻기 위해 잔골재율은 커진다.
④ 잔골재의 조립률을 큰 것으로 바꾸어 사용을 하면 동등의 워커빌리티를 얻기 위해 잔골재율은 작게 한다.

해설 잔골재의 조립률이 큰 것을 사용하면 동등의 워커빌리티를 얻기 위해 잔고재율은 커진다.

20 다음 중 콘크리트의 배합수량에 미치는 영향이 가장 적은 혼화제는?
① 급결제 ② AE제
③ 감수제 ④ 유동화제

해설 급결제는 주로 응결을 단축시키기 위해 쓰이는 것이다.

[정답] 17. ④ 18. ④ 19. ④ 20. ①

2과목 콘크리트 제조, 시험 및 품질관리

21 관리도에는 데이터, 즉 측정값의 특성에 따라서 계량값 관리도와 계수값 관리도로 나눌 수 있다. 이 중 계량값 관리도의 적용이론은?

① 정규 분포이론
② 이항 분포이론
③ 카이자승 분포이론
④ 푸아송 분포이론

해설 관리도의 종류

종류	데이터의 종류	관리도	적용이론
계량값 관리도	길이, 중량, 강도, 화학성분, 압력, 슬럼프, 공기량, 생산량	• $\bar{x}-R$ 관리도(평균값과 범위의 관리도) • $\bar{x}-\sigma$ 관리도(평균값과 표준편차의 관리도) • x 관리도(측정값 자체의 관리도)	정규 분포
계수값 관리도	제품의 불량률	P 관리도(불량률 관리도)	이항 분포
	물량 개수	P_n 관리도(결점수 관리도)	
	결점수 (시료 크기가 같을 때)	C 관리도(결점수 관리도)	푸아송 분포
	단위당 결점수 (단위가 다를 때)	U 관리도(단위당 결점수 관리도)	

22 강제식 믹서를 사용하여 일반콘크리트를 제조할 때 비비기 시간의 표준으로 옳은 것은? (단, 비비기 시간에 대한 시험을 실시하지 않은 경우)

① 1분
② 1분 30초
③ 2분
④ 2분 30초

해설 가경식 믹서일 때는 1분 30초 이상을 표준으로 한다.

23 콘크리트의 압축강도 시험결과에 대한 서술로 바르지 않은 것은?

① 재하속도가 빠르면 강도가 작아진다.
② 공시체의 단면에 요철이 있으면 강도가 실제보다 작아지는 경향이 있다.
③ 공시체의 치수가 클수록 강도는 작게 된다.
④ 시험 직전에 공시체를 건조시키면 일시적으로 강도가 증대한다.

정답 21. ① 22. ① 23. ①

해설 재하속도가 빠르면 강도가 커진다.

24 6회의 압축강도시험을 실시하여 아래 표와 같은 결과를 얻었다. 범위 R은 얼마인가?

| 28.7, 33.1, 29.0, 31.7, 32.8, 27.6 MPa |

① 5.1MPa ② 5.3MPa
③ 5.5MPa ④ 5.7MPa

해설 $R = x_{max} - x_{min} = 33.1 - 27.6 = 5.5\text{MPa}$

25 콘크리트의 블리딩 시험에 대한 설명으로 틀린 것은?

① 시험 중에는 실온 20±3℃로 한다.
② 콘크리트를 채워 넣을 때 콘크리트의 표면이 용기의 가장자리에서 2cm 정도 높아지도록 고른다.
③ 기록한 처음 시각에서 60분 동안은 10분마다 콘크리트 표면에 스며나온 물을 빨아낸다.
④ 물을 빨아내는 것을 쉽게 하기 위하여 2분 전에 두께 약 5cm의 블록을 용기의 한쪽 밑에 주의 깊게 괴어 용기를 기울이고, 물을 빨아낸 후 수평위치로 되돌린다.

해설 콘크리트를 채워 넣을 때 콘크리트의 표면이 용기의 가장자리에서 3±0.3cm 낮아지도록 고른다.

26 콘크리트의 크리프에 대한 설명으로 틀린 것은?

① 하중이 실릴 때의 콘크리트의 재령이 클수록 크리프는 작게 일어난다.
② 물-결합재비가 큰 콘크리트는 물-결합재비가 작은 콘크리트보다 크리프가 크게 일어난다.
③ 크리프 변형의 증가 비율은 시간의 경과와 더불어 급격히 증가한다.
④ 콘크리트가 놓이는 주위의 온도가 높을수록 크리프 변형은 커진다.

해설 하중을 가한 초기에는 크리프 변형이 갑자기 증가하나 시간이 지남에 따라 지수함수적으로 증가의 추세가 감소한다.

정답 24. ③ 25. ② 26. ③

27 콘크리트 구조물의 비파괴시험법의 작용에 대한 설명으로 틀린 것은?

① 콘크리트의 중성화 깊이를 추정하기 위해서 중성자법을 이용한다.
② 콘크리트의 균열 깊이를 추정하기 위하여 초음파법을 이용한다.
③ 콘크리트 중의 철근위치를 파악하기 위해서 전자유도법을 이용한다.
④ 콘크리트의 압축강도를 추정하기 위하여 반발경도법을 이용한다.

해설 중성화 시험 방법은 페놀프탈렌 용액을 사용하여 붉은색으로 변하지 않은 부분을 중성화된 것으로 하여 그 두께를 측정한다.

28 다음 중 부착강도에 대한 설명으로 틀린 것은?

① 부착강도는 철근의 종류 및 지름, 콘크리트 속에 묻힌 철근의 위치와 방향, 묻힌 길이, 콘크리트의 피복두께 및 콘크리트 품질 등에 따라 달라진다.
② 조건이 일정한 경우 콘크리트의 압축강도나 인장강도가 커질수록 부착강도는 감소한다.
③ 이형철근의 부착강도가 원형철근의 부착강도 보다 크다.
④ 철근을 콘크리트 속에 수평으로 매입하면 콘크리트 중의 입자의 침하나 블리딩에 의하여 철근 하부에 수막 및 공극이 생겨 부착강도가 저하한다.

해설 조건이 일정한 경우 콘크리트의 압축강도나 인장강도가 커질수록 부착강도는 증가한다.

29 초기 재령 콘크리트에 발생하기 쉬운 균열의 원인이 아닌 것은?

① 소성수축   ② 황산염반응
③ 수화열   ④ 소성침하

해설 황산염반응은 장기간에 걸친 외부로부터 시멘트 수화물이 화학물질과 반응하여 조직이 다공화되거나 팽창하는 열화현상이 생겨 내구성능의 저하가 생기는 것이다.

정답 27.① 28.② 29.②

30 KS F 4009(레디믹스트 콘크리트)에서 정한 레디믹스트 콘크리트의 호칭강도에 포함되지 않는 것은?

① 27MPa   ② 30MPa
③ 37MPa   ④ 40MPa

해설 18, 21, 24, 27, 30, 35, 40, 45, 50, 55, 60MPa 등이 있다.

31 다음 그림과 같은 콘크리트의 쪼갬 인장강도시험에서 인장강도(f_{sp})를 구하는 공식으로 올바른 것은? (단, 공시체의 직경은 d, 최대 하중은 P, 공시체의 길이는 L, 원주율은 π이다.)

① $f_{sp} = \dfrac{2L}{\pi d}$

② $f_{sp} = \dfrac{2}{\pi L d}$

③ $f_{sp} = \dfrac{\pi L d}{2P}$

④ $f_{sp} = \dfrac{2P}{\pi L d}$

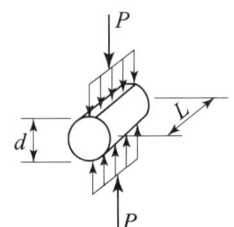

해설 인장강도 시험시 공시체를 매초 0.06±0.04 MPa의 일정한 비율로 증가시켜 하중을 준다.

32 콘크리트 제조시 1회 계량분 비비기 오차에 대하여 옳은 것은?

① 혼화제 : ±2%   ② 시멘트 : ±2%
③ 혼화재 : ±2%   ④ 물 : ±2%

해설
- 물 : -2%, +1%
- 시멘트 : -1%, +2%
- 혼화재 : ±2%
- 골재, 혼화제 : ±3%

33 품질관리의 7가지 도구 중 아래의 표에서 설명하고 있는 것은?

> 데이터(계산치)를 일정한 폭으로 구분하고 막대그래프로 표현하여 중심, 편차, 모양의 문제점을 발견하기 위한 그래프

① 파레토도   ② 산포도
③ 히스토그램   ④ 층별

해설
- **파레토도** : 결과와 원인을 분석하고 주요 문제점을 발견하기 위한 그래프
- **산포도** : 한 쌍의 데이터가 대응하는 상태에서 문제를 발견해 내기 위한 도구
- **층별** : 결과를 나타내는 데이터를 오류의 원인이라 생각되는 것으로서 몇 개의 소그룹으로 분류하여 문제를 발견해 내기 위한 도구

정답 30. ③ 31. ④ 32. ③ 33. ③

34. 콘크리트 재료의 계량에 대한 설명으로 틀린 것은?

① 재료는 현장배합에 의해 계량한다.
② 각 재료는 1배치씩 질량으로 계량한다.
③ 골재의 유효흡수율은 보통 15~30분간의 흡수율로 본다.
④ 혼화제를 녹이는 데 사용하는 물이나 묽게 하는 데 사용하는 물은 단위수량에서 제외한다.

해설 혼화제를 녹이는 데 사용하는 물이나 묽게 하는 데 사용하는 물은 단위수량의 일부로 본다.

35. 콘크리트의 워커빌리티에 대한 설명 중 옳지 않은 것은?

① 콘크리트 비빔 온도가 높을수록 슬럼프는 증가한다.
② 분말도가 높은 시멘트는 일반적으로 시멘트 풀의 점성이 높아 반죽질기가 작아진다.
③ AE제나 감수제는 미세한 기포의 볼베어링 작용으로 워커빌리티를 개선시켜 준다.
④ 불충분한 비빔은 워커빌리티가 나빠진다.

해설 콘크리트 비빔 온도가 높을수록 슬럼프는 감소한다.

36. 다음 중 레디믹스트 콘크리트 공장 선정시 고려할 사항과 거리가 먼 것은?

① 운반차량의 대수
② 출하 배출시간
③ 타 공장과의 거리
④ 콘크리트의 제조 능력

해설 콘크리트의 품질, 콘크리트의 생산량 등이 고려되어야 한다.

37. 포장 콘크리트처럼 평면으로 타설된 콘크리트의 반죽질기 측정방법으로 유리한 것은?

① 흐름시험
② 리몰딩시험
③ 구관입시험
④ 비비시험

해설 구관입시험
중량이 약 13.6kg인 반구를 콘크리트 표면에 놓았을 때 콘크리트 속에 관입되는 깊이를 측정하여 콘크리트 반죽질기를 알아보는 시험이다.

정답 34. ④ 35. ① 36. ③ 37. ③

38 다음의 용어에 대한 설명으로 옳지 않은 것은?

① 레이턴스는 블리딩에 의해 콘크리트 표면으로 떠올라 침전되는 물질을 말한다.
② 콘크리트 속에 자연적으로 생성되는 공기를 갇힌공기라 한다.
③ 골재의 실적률은 골재의 단위질량을 골재의 밀도로 나눈 값을 말한다.
④ 자기수축은 콘크리트가 건조하므로 체적이 감소하는 현상이다.

해설 자기수축은 시멘트 수화작용에 의해 응결과정에서 생기는 체적이 감소하는 현상이다.

39 콘크리트의 휨강도 측정시 공시체에 하중을 가하는 속도에 대한 설명으로 옳은 것은?

① 가장자리 응력도의 증가율이 매초 0.06 ± 0.04MPa이 되도록 조정하고 최대 하중에 도달할 때까지 그 증가율을 유지하도록 한다.
② 가장자리 응력도의 증가율이 매초 0.6 ± 0.04MPa이 되도록 조정하고 최대 하중에 도달할 때까지 그 증가율을 유지하도록 한다.
③ 가장자리 응력도의 증가율이 매초 0.06 ± 0.4MPa이 되도록 조정하고 최대 하중에 도달할 때까지 그 증가율을 유지하도록 한다.
④ 가장자리 응력도의 증가율이 매초 0.6 ± 0.4MPa이 되도록 조정하고 최대 하중에 도달할 때까지 그 증가율을 유지하도록 한다.

해설 콘크리트의 압축강도 측정시 하중을 가하는 속도는 압축 응력도의 증가율이 매초 0.6 ± 0.4MPa이 되도록 조정하고 최대하중이 될 때까지 그 증가율을 유지하도록 한다.

40 다음 중 콘크리트의 품질관리 계획시 고려할 사항으로 옳지 않은 것은?

① 어느 공사에도 맞게 획일적인 품질관리가 이루어지도록 한다.
② 품질검사 방법을 적합하게 선택하여 실시한다.
③ 구체적이고 체계적인 실행계획을 수립하여 실시한다.
④ 품질관리 교육 및 훈련을 수립하여 실행한다.

해설 공사의 종류에 맞게 품질관리를 수립하여야 한다.

정답 38. ④ 39. ①
40. ①

3과목 콘크리트의 시공

41 재령 24시간에서 숏크리트의 초기 압축강도 표준값은?

① 2~5MPa ② 5~10MPa
③ 10~15MPa ④ 15~20MPa

해설 재령 3시간에서 숏크리트의 초기 압축강도 표준값은 1.0~3.0MPa이다.

42 프리플레이스트 콘크리트용 잔골재의 입도는 주입 모르타르의 유동성과 보수성을 좋게 하기 위하여 콘크리트표준시방서에서 표준입도 범위 및 조립률의 범위를 규정하고 있다. 이때 조립률의 범위로서 옳은 것은?

① 0.6~1.3 ② 1.4~2.2
③ 2.3~3.1 ④ 6~7

해설
- 잔골재의 표준입도

체의 호칭치수(mm)	체 통과율(%)
2.5	100
1.2	90~100
0.6	60~80
0.3	20~50
0.15	5~30

- 굵은골재의 최소치수는 15mm 이상, 굵은골재의 최대치수는 부재단면 최소치수의 1/4 이하, 철근 콘크리트의 경우 철근 순간격의 2/3 이하로 하여야 한다.

43 고강도 콘크리트의 시공에 대한 설명으로 틀린 것은?

① 고강도 콘크리트는 높은 물-결합재비를 가지므로 수중양생을 실시하여야 한다.
② 콘크리트 운반 차량은 운반 지연으로 인한 급격한 슬럼프값 저하 가능성에 대비하여 고성능 감수제 투여장치 등의 보조장치를 준비하여야 한다.
③ 운반 시간 및 거리가 긴 경우에 사용하는 운반차는 트럭 믹서, 트럭 애지테이터 혹은 건비빔 믹서로 하여야 한다.

정답 41. ② 42. ② 43. ①

④ 기둥과 벽체 콘크리트, 보와 슬래브 콘크리트를 일체로 하여 타설할 경우는 보 아래 면에서 타설을 중지한 다음, 기둥과 벽에 타설한 콘크리트가 침하한 후 보, 슬래브의 콘크리트를 타설하여야 한다.

해설 고강도 콘크리트는 낮은 물-결합재비로 수분이 적기 때문에 반드시 습윤양생을 한다. 부득이한 경우 현장 봉함양생을 할 수 있다.

44 시공이음에 대한 설명으로 틀린 것은?

① 시공이음은 부재의 압축력이 작용하는 방향과 수평이 되게 설치한다.
② 시공이음은 될 수 있는 대로 전단력이 적은 위치에 설치한다.
③ 바닥틀과 일체로 된 기둥 또는 벽의 시공이음은 바닥틀과의 경계 부근에 설치하는 것이 좋다.
④ 수평시공이음부가 될 콘크리트 면은 경화가 시작되면 되도록 빨리 쇠솔이나 잔골재 분사 등으로 면을 거칠게 하며 충분히 습윤상태로 양생하여야 한다.

해설
• 시공이음은 부재의 압축력이 작용하는 방향과 직각이 되게 설치한다.
• 바닥틀의 시공이음은 슬래브 또는 보의 지간 중앙 근처에 설치하는 것이 보통이다.

45 팽창 콘크리트의 팽창률 및 압축강도의 품질검사에 대한 설명으로 틀린 것은?

① 팽창률은 일반적으로 재령 7일에 대한 시험값을 기준으로 한다.
② 화학적 프리스트레스용 콘크리트의 팽창률은 200×10^{-6} 이상, 700×10^{-6} 이하이어야 한다.
③ 수축보상용 콘크리트의 팽창률은 150×10^{-6} 이상, 250×10^{-6} 이하이어야 한다.
④ 압축강도를 근거로 물-결합재비를 정한 경우 각각의 압축강도 시험값이 설계기준강도의 85% 이하일 확률이 3% 이하라야 한다.

해설
• 압축강도 근거로 물-결합재비를 정한 경우 3회 연속한 압축강도의 시험값에 평균이 품질기준 압축강도에 미달하는 확률이 1% 이하라야 하고 또 품질기준 압축강도보다 3.5MPa을 미달하는 확률이 1% 이하일 것
• 팽창 콘크리트의 강도는 일반적으로 재령 28일의 압축강도를 기준으로 한다.

정답 44.① 45.④

46. 매스 콘크리트로 다루어야 하는 구조물 부재치수의 일반적인 표준에 대한 아래 문장의 ( )에 알맞은 수치는?

> 넓이가 넓은 평판 구조에서는 두께 (㉠)m 이상, 하단이 구속된 벽조에서는 두께 (㉡)m 이상일 경우

① ㉠ 0.5, ㉡ 0.8
② ㉠ 0.8, ㉡ 0.5
③ ㉠ 0.5, ㉡ 1.0
④ ㉠ 1.0, ㉡ 0.5

해설 프리스트레스트 콘크리트 구조물 등 부배합의 콘크리트가 쓰이는 경우에는 더 얇은 부재라도 구속조건에 따라 매스 콘크리트로 다룬다.

47. 수밀 콘크리트에 대한 설명으로 옳은 것은?

① 콘크리트의 소요 슬럼프는 되도록 적게 하여 100mm를 넘지 않도록 한다.
② 공기연행제, 공기연행 감수제 등을 사용하는 경우라도 공기량은 6% 이하가 되게 한다.
③ 물-결합재비는 50% 이하를 표준으로 한다.
④ 단위 굵은골재량은 되도록 작게 한다.

해설
• 콘크리트의 소요 슬럼프는 되도록 적게 하여 180mm를 넘지 않도록 하며 콘크리트 타설이 용이할 때에는 120mm 이하로 한다.
• 공기연행제, 공기연행 감수제 또는 고성능 공기연행 감수제를 사용하는 경우라도 공기량은 4% 이하가 되게 한다.
• 단위 굵은골재량은 되도록 크게 한다.

48. 유동화 콘크리트에서 베이스 콘크리트를 유동화시키는 제조방식에 해당되지 않는 것은?

① 현장첨가 현장유동화 방식
② 공장첨가 현장유동화 방식
③ 공장첨가 공장유동화 방식
④ 배처플랜트첨가 유동화 방식

해설
• 현장첨가 현장유동화 방식은 유동화에 가장 효과적인 방법이다.
• 유동화 콘크리트의 재유동화는 원칙적으로 할 수 없다.

49. 유동화 콘크리트에 대한 설명으로 틀린 것은?

① 유동화 콘크리트의 배합에서 슬럼프 증가량은 100mm 이하를 원칙으로 하며, 50~80mm를 표준으로 한다.

정답 46. ② 47. ③ 48. ④ 49. ③

② 유동화 콘크리트의 재유동화는 원칙적으로 할 수 없다.
③ 유동화제는 물에 희석하여 사용하고, 미리 정한 소정의 양을 3회 이상 나누어 첨가하여야 한다.
④ 품질관리에서 베이스 콘크리트 및 유동화 콘크리트의 슬럼프 및 공기량 시험은 50m³마다 1회씩 실시하는 것을 표준으로 한다.

해설 유동화제는 원액으로 사용하고 미리 정한 소정의 양을 한꺼번에 첨가하며 계량은 질량 또는 용적으로 계량하고 그 계량오차는 1회에 3% 이내로 한다.

50 프리캐스트 콘크리트의 특징을 설명한 것으로 틀린 것은?
① 규격의 표준화가 되어 있지 않아 실물 시험이 불가능하다.
② 숙련된 작업원에 의하여 안정된 품질에서 상시 제조가 가능하다.
③ 재료 선정에서 배합, 제조설비, 시공까지 전반적인 관리가 가능하다.
④ 형상이나 성형법에 따라 다양한 형상의 제품을 만들 수 있다.

해설
- KS 규격에 따라 표준화되어 실물 시험을 할 수 있는 경우가 많다.
- 단면적이 치밀하다.

51 포장용 시멘트 콘크리트의 배합기준에서 공기연행 콘크리트의 공기량 범위로 옳은 것은?
① 1~3%   ② 4~6%
③ 7~9%   ④ 10~12%

해설 콘크리트 포장의 재령 28일에서의 휨 호칭강도는 4.5MPa 이상을 기준으로 한다.

52 경량골재 콘크리트의 제조 및 시공에 대한 설명으로 틀린 것은?
① 경량골재 콘크리트의 단위질량 시험은 일반적으로 굳지 않은 콘크리트에 대하여 시험한다.
② 굵은골재의 최대치수는 원칙적으로 20mm로 한다.
③ 경량골재는 물을 흡수하기 쉬우므로 품질변동을 막기 위하여 충분히 물을 흡수시킨 상태로 사용하는 것이 좋다.
④ 경량골재 콘크리트의 공기량은 일반 골재를 사용한 콘크리트보다 작게 하는 것을 원칙으로 한다.

해설 경량골재 콘크리트의 공기량은 일반 골재를 사용한 콘크리트보다 1% 크게 5.5%로 하는 것을 원칙으로 한다.

정답 50. ① 51. ② 52. ④

53 수중 콘크리트의 배합에 대한 설명으로 틀린 것은?

① 일반 수중 콘크리트의 물-결합재비는 50% 이하로 한다.
② 일반 수중 콘크리트의 단위 시멘트량은 370kg/m³ 이상으로 한다.
③ 현장 타설말뚝 및 지하연속벽에 사용하는 수중 콘크리트의 물-결합재비는 60% 이하로 한다.
④ 현장 타설말뚝 및 지하연속벽에 사용하는 수중 콘크리트의 단위 시멘트량은 350kg/m³ 이상으로 한다.

해설 현장 타설말뚝 및 지하연속벽에 사용하는 수중 콘크리트의 물-결합재비는 55% 이하로 한다.

54 속이 빈 원통형 콘크리트 제품의 제조에 사용하는 다짐방법 중 가장 적합한 방법은?

① 봉다짐 ② 진동다짐
③ 원심력다짐 ④ 가압성형다짐

해설 원심력 다짐은 말뚝, 전주, 흄관 등을 생산하는 데 능률적이다.

55 숏크리트 작업에 대한 설명으로 틀린 것은?

① 노즐은 뿜어 붙일 면에 직각이 되도록 뿜어 붙이는 것이 좋다.
② 숏크리트는 급결제를 첨가한 후 바로 뿜어 붙이기 작업을 하지 않는 것이 좋다.
③ 소정의 두께가 될 때까지 반복해서 뿜어 붙여야 한다.
④ 강재 지보재를 설치한 곳에 숏크리트를 실시할 경우에는 숏크리트와 강재 지보재가 일체가 되도록 하여야 한다.

해설 숏크리트는 급결제를 첨가한 후 바로 뿜어 붙이기 작업을 하는 것이 좋다.

56 일평균 기온이 10℃ 이상~15℃ 미만인 경우 보통 포틀랜드 시멘트를 사용한 일반 콘크리트의 습윤양생기간의 표준으로 옳은 것은?

① 3일 ② 5일
③ 7일 ④ 9일

정답 53. ③ 54. ③
55. ② 56. ③

> **해설** 일평균 기온이 15℃ 이상의 경우 보통 포틀랜드 시멘트를 사용한 일반 콘크리트의 습윤양생기간은 5일을 표준한다.

57 해양 콘크리트에 대한 설명으로 틀린 것은?

① 일반 현장 시공을 하며 해상 대기 중에 놓여진 경우 내구성에 의해 정해지는 콘크리트의 물-결합재비는 45% 이하로 하여야 한다.
② 굵은골재 최대치수가 25mm이고, 물보라 지역에 놓여진 구조물인 경우 내구성으로 정해지는 단위 결합재량은 300kg/m³ 이상으로 하여야 한다.
③ 굵은골재 최대치수가 20mm이고, 간혹 수분과 접촉하나 염화물에 노출되지 않고 동결융해의 반복작용에 노출되는 콘크리트인 경우 공기량의 표준값은 5%이다.
④ 해양 콘크리트 구조물에 쓰이는 콘크리트의 내구성 기준 압축강도는 30MPa 이상으로 한다.

> **해설** 내구성으로 정해지는 최소 단위 결합재량(kg/m³)
>
> | 환경 구분 \ 굵은골재 최대치수(mm) | 20 | 25 | 40 |
> |---|---|---|---|
> | 물보라 지역, 간만대 및 해상 대기중 | 340 | 330 | 300 |
> | 해 중 | 310 | 300 | 280 |

58 콘크리트 구조물의 균열유발 이음의 간격 및 단면의 결손율에 대한 설명 중 옳은 것은?

① 균열유발 이음의 간격은 부재높이의 1배 이상에서 2배 이내 정도로 하고 단면의 결손율은 20%를 약간 넘을 정도로 하는 것이 좋다.
② 균열유발 이음의 간격은 부재높이의 1배 이상에서 2배 이내 정도로 하고 단면의 결손율은 10%를 약간 넘을 정도로 하는 것이 좋다.
③ 균열유발 이음의 간격은 부재높이의 3배 이상에서 4배 이내 정도로 하고 단면의 결손율은 20%를 약간 넘을 정도로 하는 것이 좋다.
④ 균열유발 이음의 간격은 부재높이의 2배 이상에서 3배 이내 정도로 하고 단면의 결손율은 10%를 약간 넘을 정도로 하는 것이 좋다.

> **해설** 콘크리트 구조물의 변형이 구속되면 균열이 발생한다. 그래서 미리 어느 정해진 장소에 균열을 집중시킬 목적으로 소정의 간격으로 단면 결손부를 설치하여 균열을 강제적으로 생기게 하는 균열유발 이음을 설치한다.

정답 57. ② 58. ①

59. 고강도 콘크리트의 배합 특성으로 틀린 것은?

① 사용되는 굵은골재의 최대 치수는 25mm 이하로 한다.
② 수밀성 향상을 위해 공기연행제를 사용하는 것을 원칙으로 한다.
③ 비비기에는 가경식 믹서보다 강제식 팬 믹서가 좋다.
④ 고강도 콘크리트의 설계기준 압축강도는 일반적으로 40MPa 이상으로 하며 고강도 경량골재 콘크리트는 27MPa 이상으로 한다.

해설 기상의 변화가 심하거나 동결융행에 대한 대책이 필요한 경우를 제외하고는 공기연행제를 사용하지 않는 것을 원칙으로 한다.

60. 다음 중 습윤양생의 종류가 아닌 것은?

① 수중양생
② 막양생
③ 젖은 포를 이용한 양생
④ 상압증기양생

해설 촉진양생의 종류에는 증기 양생, 온수 양생, 전기 양생, 적외선 양생, 고주파 양생, 오토클레이브 양생 등이 있다.

4과목 콘크리트 구조 및 유지관리

61. 철근콘크리트의 휨설계에 대한 기본 가정에 관한 내용으로 틀린 것은?

① 철근과 콘크리트의 변형률은 중립축으로부터의 거리에 비례한다.
② 변형 전에 평면인 단면은 변경 후에도 평면이다.
③ 콘크리트 압축연단의 최대 변형률은 0.03으로 본다.
④ 콘크리트의 인장강도는 무시한다.

해설
• 콘크리트 압축연단의 최대 변형률은 0.003으로 가정한다.($f_{ck} \leq 40\text{MPa}$)
• 콘크리트의 압축응력은 등가 직사각형 분포를 나타낸다.

정답 59. ② 60. ④ 61. ③

62 균열의 폭을 측정할 수 있는 방법이 아닌 것은?

① 균열 스케일
② 균열 게이지
③ 균열 현미경
④ 와이어 스트레인 게이지

해설 와이어 스트레인 게이지는 콘크리트의 탄성계수 및 푸아송비 실험을 할 때 공시체 표면에 접착시켜 변형을 측정하는 기구이다.

63 인장철근 D32(d_b = 31.8mm)를 정착시키는 데 필요한 기본 정착길이(l_{db})는? (단, f_{ck} = 24MPa, f_y = 400MPa, λ = 1.0이다.)

① 1324mm
② 1558mm
③ 1672mm
④ 1762mm

해설
- $l_{db} = \dfrac{0.6 d_b f_y}{\lambda \sqrt{f_{ck}}} = \dfrac{0.6 \times 31.8 \times 400}{1.0 \times \sqrt{24}} = 1558\text{mm}$
- 정착길이 $l_d = l_{db} \times$ 보정계수(α, β, λ)
- 정착길이 $l_d = 300\text{mm}$ 이상이어야 한다.

64 구조물의 내화성을 증대시키기 위한 대책으로 틀린 것은?

① 내화성능이 약한 강재는 보호하여 피복두께를 충분히 취한다.
② 콘크리트 표면에 내화재료로 피복을 한다.
③ 콘크리트 표면에 단열재료로 피복을 한다.
④ 석영질 골재를 사용하여 콘크리트를 제작한다.

해설 골재는 내화적인 화산암, 슬래그 등이 좋다.

65 그림과 같은 콘크리트 보의 균열 원인으로서 가장 관계가 깊은 것은?

① 과하중
② 소성균열
③ 콘크리트 충전불량
④ 부등침하

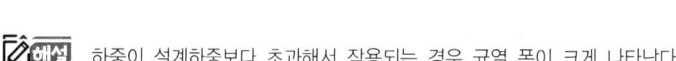

해설 하중이 설계하중보다 초과해서 작용되는 경우 균열 폭이 크게 나타난다.

66. 철근 콘크리트의 알칼리 골재반응에 의한 열화 메카니즘에 관한 설명으로 가장 적당한 것은?

① 알칼리 골재반응은 콘크리트중의 알칼리와 골재와의 반응으로 수분이 많으면 알칼리가 희석되어 반응이 작게 된다.
② 프리스트레스트 콘크리트 구조에서는 도입된 프리스트레스에 의해 알칼리 골재반응에 의한 균열을 방지할 수 있다.
③ 알칼리 골재반응은 타설 직후부터 팽창이 시작되어 재령에 따라 반응은 감소하고 거의 1년 정도에 멈춘다.
④ 알칼리 골재반응에 의한 균열은 망상으로 나타나는 경우가 많다.

해설
- 알칼리 골재반응은 콘크리트 중의 알칼리 이온이 골재 중의 실리카 성분과 결합하여 알칼리 실리카겔을 형성하고 이 겔이 주변의 수분을 흡수하여 콘크리트 내부에 국부적인 팽창으로 구조물에 균열이 생긴다.
- 1년 이내에 불규칙한 팽창성 균열이 생기며 장기간에 걸쳐 크게 된다.
- 프리스트레스트 콘크리트 구조에서는 도입된 프리스트레스에 의해 알칼리 골재반응에 의한 균열을 방지할 수 없다.

67. 콘크리트의 중성화에 관한 설명 중 틀린 것은?

① 공기 중의 탄산가스 농도가 높을수록 중성화 속도가 빨라진다.
② 콘크리트의 물–시멘트비가 낮으면 중성화 속도가 느려진다.
③ 중성화 깊이는 경과시간에 반비례한다.
④ 중성화 깊이가 철근 위치에 도달하면 철근 피복의 박리가 일어난다.

해설 중성화 깊이 $X = A\sqrt{t}$ 관계식에서 $\sqrt{t}$ 에 비례한다.

68. 그림과 같은 단철근 직사각형 단면의 공칭 휨강도(M_n)는? (단, $A_s = 2,540\text{mm}^2$, $f_{ck} = 24\text{MPa}$, $f_y = 300\text{MPa}$이다.)

① 295.5kN·m
② 272.9kN·m
③ 251.1kN·m
④ 228.5kN·m

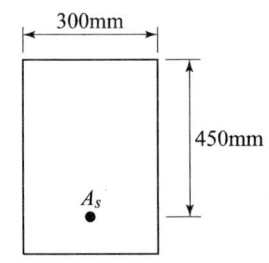

[정답] 66. ④ 67. ③ 68. ①

해설
- $a = \dfrac{A_s f_y}{\eta(0.85 f_{ck})b} = \dfrac{2,540 \times 300}{1.0 \times (0.85 \times 24) \times 300} = 124.5\,\text{mm}$
- $M_n = A_s f_y \left(d - \dfrac{a}{2}\right) = 2,540 \times 300 \times \left(450 - \dfrac{124.5}{2}\right) = 295,465,500\,\text{N}\cdot\text{m}$
  $= 295.5\,\text{kN}\cdot\text{m}$
  여기서, $\eta = 1.0(f_{ck} \le 40\,\text{MPa})$

69 비파괴시험 방법 중 철근 부식 평가를 위한 시험이 아닌 것은?

① 자연전위법 ② 전기저항법
③ 전자파 레이더법 ④ 분극저항법

해설 전자파 레이더법, 전자기장 유도법으로 철근배근 상태를 조사한다.

70 나선철근 기둥에서 축방향 철근의 최소 개수로 옳은 것은?

① 5개 ② 6개
③ 7개 ④ 8개

해설 직사각형이나 원형 띠철근 내부의 철근의 경우 4개, 삼각형 띠철근 내부의 철근의 경우 3개로 한다.

71 1방향 철근 콘크리트 슬래브에서 수축·온도 철근의 간격에 대한 설명으로 옳은 것은?

① 슬래브 두께의 3배 이하, 또한 450mm 이하로 하여야 한다.
② 슬래브 두께의 3배 이하, 또한 650mm 이하로 하여야 한다.
③ 슬래브 두께의 5배 이하, 또한 450mm 이하로 하여야 한다.
④ 슬래브 두께의 5배 이하, 또한 650mm 이하로 하여야 한다.

해설 1방향 슬래브의 정철근 및 부철근의 중심간격은 최대 휨 모멘트가 일어나는 단면에서 슬래브 두께의 2배 이하, 또한 300mm 이하로 한다. 기타 단면은 슬래브 두께의 3배 이하, 또한 450mm 이하로 한다.

72 $b_w = 400\text{mm}$, $d = 500\text{mm}$인 직사각형 단면 보의 균형 철근비는? (단, $f_{ck} = 21\text{MPa}$, $f_y = 400\text{MPa}$)

① 0.008 ② 0.011
③ 0.022 ④ 0.033

해설
$\rho_b = \eta(0.85 f_{ck}) \dfrac{\beta_1}{f_y} \dfrac{660}{660 + f_y}$
$= 1.0 \times (0.85 \times 21) \dfrac{0.8}{400} \times \dfrac{660}{660 + 400} = 0.022$
여기서, $\eta = 1.0(f_{ck} \le 40\,\text{MPa})$

정답 69. ③ 70. ② 71. ③ 72. ③

73 굳지 않은 콘크리트에 발생하는 균열 중 침하균열에 대한 설명으로 틀린 것은?

① 사용한 철근의 직경이 작을수록 침하균열은 증가한다.
② 슬럼프가 큰 콘크리트를 사용하면 침하균열은 증가한다.
③ 충분히 다짐을 하지 못한 콘크리트의 침하균열은 증가한다.
④ 누수되는 거푸집이나 변형이 일어나기 쉬운 거푸집을 사용한 경우 침하균열은 증가한다.

해설 침하균열은 철근 직경이 클수록, 슬럼프가 클수록, 콘크리트 덮개가 작을수록 증가한다.

74 부재의 강도설계법에서 콘크리트의 압축응력은 어떤 형상으로 나타내는가?

① 포물선 분포
② 사다리꼴 분포
③ 등가직사각형 분포
④ 직각삼각형 분포

해설 $C = \eta(0.85 f_{ck})ab$

75 다음과 같은 단철근 직사각형 단면 보가 균형철근비를 가질 때 중립축까지의 거리 c는 얼마인가? (단, $f_{ck}=28\text{MPa}$, $f_y=400\text{MPa}$, $d=450\text{mm}$이다.)

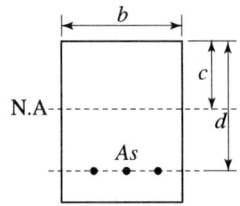

① 255mm
② 260mm
③ 265mm
④ 280mm

해설 $c = \dfrac{660}{660+f_y} \times d = \dfrac{660}{660+400} \times 450 = 280\text{mm}$

정답 **73.** ① **74.** ③ **75.** ④

76 부재 단면에 작용하는 강도감소계수(ϕ)의 값으로 틀린 것은?

① 띠철근으로 보강된 철근 콘크리트 부재의 압축지배 단면 : 0.70
② 인장지배 단면 : 0.85
③ 포스트텐션 정착구역 : 0.85
④ 전단력과 비틀림 모멘트 : 0.75

해설
- 압축지배단면 중 띠철근 기둥은 0.65, 나선철근 기둥은 0.70이다.
- 무근 콘크리트의 휨모멘트 : 0.55

77 콘크리트 구조기준의 구조물 사용성 및 내구성 검토에서 피로를 고려하지 않아도 되는 철근과 긴장재의 응력범위로 옳지 않은 것은?

① 이형철근(f_y = 350MPa) : 140MPa
② 이형철근(f_y = 400MPa) : 140MPa
③ 긴장재(연결부 또는 정착부) : 140MPa
④ 긴장재(기타 부위) : 160MPa

해설 피로를 고려하지 않아도 되는 철근과 긴장재의 응력범위

강재의 종류	설계기준항복강도 혹은 위치	철근 또는 긴장재의 응력범위(MPa)
이형철근	300MPa	130
	350MPa	140
	400MPa	150
긴장재	연결부 또는 정착부	140
	기타 부위	160

78 콘크리트 구조물의 안전상 영향이 없는 미세한 균열의 보수공법으로 적합하지 않은 것은?

① 강판접착공법
② 표면피복공법
③ 모르터 충전공법
④ 에폭시 주입공법

해설 콘크리트 구조물 보강공법의 종류
두께 증설공법, 강판접착공법, 탄소 섬유시트 접착공법, 프리스트레스 도입공법, FRP 접착공법, 외부 케이블 공법 등

79 콘크리트 보강공법 중에서 외부 케이블 공법을 사용하기에 부적합 부재는?

① 슬래브
② 기둥
③ 벽체
④ 보

해설 외부 케이블을 설치하여 프리스트레스를 도입하는 보강공법의 형태로 벽체 부재에 적용하기는 부적절한 방법이다.

정답 76.① 77.② 78.① 79.③

80 탄소섬유 보강공법의 시공 순서가 올바른 것은?

① 프라이머 및 수지 도포 → 균열 보수 및 패칭 처리 → 보호 코팅 → 섬유시트 부착
② 균열 보수 및 패칭 처리 → 프라이머 및 수지 도포 → 보호 코팅 → 섬유시트 부착
③ 프라이머 및 수지 도포 → 균열 보수 및 패칭 처리 → 섬유시트 부착 → 보호 코팅
④ 균열 보수 및 패칭 처리 → 프라이머 및 수지 도포 → 섬유시트 부착 → 보호 코팅

해설 먼저 균열 부위를 보수하고 프라이머 도포한 후 섬유시트 부착하고 마지막으로 보호 코팅처리를 한다.

정답 80. ④

CBT 모의고사

week 2

콘크리트산업기사

- I. 콘크리트 재료 및 배합
- II. 콘크리트 제조, 시험 및 품질관리
- III. 콘크리트의 시공
- IV. 콘크리트 구조 및 유지관리

알려드립니다

한국산업인력공단의 저작권법 저촉에 대한 언급(2013년 2회 시험)이 있어 과거에 출제된 동일한 문제나 그 유형의 문제로 재구성하였습니다.

1과목 콘크리트 재료 및 배합

01 다음 표는 굵은골재의 체가름시험결과를 나타낸 것이다. 이 굵은골재의 최대치수(G_{max})와 조립률(FM)을 나타낸 값 중 올바른 것은?

① $G_{max}=30\text{mm}$, FM$=6.90$
② $G_{max}=25\text{mm}$, FM$=6.90$
③ $G_{max}=25\text{mm}$, FM$=7.40$
④ $G_{max}=20\text{mm}$, FM$=7.40$

체의 치수(mm)	통과질량백분율(%)
30	100
25	98
20	73
15	52
10	30
5	5
2.5	2
1.2	0

해설 굵은골재 최대치수는 통과질량백분율 90% 이상 체 중에서 최소치수의 체눈이 25mm이므로 25mm 골재이다.

체치수(mm)	잔유율(%)
20	27
10	70
5	95
2.5	98
1.2	100
0.6	100
0.3	100
0.15	100

$$\text{FM}=\frac{27+70+95+98+400}{100}=6.9$$

02 시방배합결과 단위수량 185kg/m³, 단위잔골재량 750kg/m³, 단위굵은골재량 975kg/m³을 얻었다. 잔골재의 표면수율이 3%, 굵은골재의 표면수율이 2%라면 이를 보정하여 현장배합으로 바꾼 단위수량은?

① 143kg/m^3
② 157kg/m^3
③ 182kg/m^3
④ 227kg/m^3

해설 $185-(750\times0.03+975\times0.02)=143\text{kg}$

정답 01. ② 02. ①

03 시멘트 밀도시험(KS L 5110)의 정밀도 및 편차에 대한 아래 표의 내용에서 ( ) 안에 알맞은 수치는?

> 동일 시험자가 동일 재료에 대하여 (㉠)회 측정한 결과가 (㉡) 이내이어야 한다.

① ㉠ 2, ㉡ ±0.02g/cm³ ② ㉠ 2, ㉡ ±0.03g/cm³
③ ㉠ 3, ㉡ ±0.03g/cm³ ④ ㉠ 3, ㉡ ±0.02g/cm³

해설 동일 시험자가 동일 재료에 대하여 (2)회 측정한 결과가 (±0.03g/cm³) 이내이어야 한다.

04 최대치수가 25mm인 굵은골재로 체가름시험을 실시하려고 한다. 이때 필요한 시료의 최소 건조질량으로 옳은 것은?

① 500g ② 1kg
③ 2.5kg ④ 5kg

해설
- 굵은골재 최대치수 20mm : 4kg
- 굵은골재 최대치수 40mm : 8kg
- 굵은골재의 경우 사용하는 골재의 최대치수(mm)의 0.2배를 kg으로 표시한 양을 시료의 최소 건조질량으로 한다.
- 구조용 경량골재에서는 일반골재의 최소 건조질량의 1/2로 한다.

05 압축강도 시험결과가 아래 표와 같을 때 변동계수를 구하면? (단, 표준편차는 불편분산의 개념에 의해 구하시오.)

> 23.5MPa, 21.3MPa, 25.3MPa, 24.6MPa, 25.4MPa

① 3% ② 7%
③ 11% ④ 15%

해설
- 평균값

$$\frac{23.5+21.3+25.3+24.6+25.4}{5}=24.02\text{MPa}$$

- 표준편차(불편분산의 경우)

$$\sqrt{\frac{\Sigma(x_i-\bar{x})^2}{n-1}}=\sqrt{\frac{\{(23.5-24.02)^2+(21.3-24.02)^2+(25.3-24.02)^2 +(24.6-24.02)^2+(25.4-24.02)^2\}}{5-1}}$$
$$=1.7\text{MPa}$$

- 변동계수

$$\frac{\text{표준편차}}{\text{평균값}}\times100=\frac{1.7}{24.02}\times100=7\%$$

정답 03. ② 04. ④ 05. ②

06. 배합설계에서 잔골재의 절대용적이 320L, 굵은골재의 절대용적이 560L일 때, 잔골재율은 얼마인가?

① 36.4% ② 42.5% ③ 57.1% ④ 63.6%

해설 $S/a = \dfrac{320}{560+320} \times 100 = 36.4\%$

07. 시멘트의 강도시험(KS L ISO 679)에서 규정하고 있는 시멘트 모르타르의 압축강도 시험에 사용되는 공시체에 대한 설명으로 옳은 것은?

① 부피로 시멘트 1에 대해서 물/시멘트비 0.5 및 잔골재 2.7의 비율로 모르타르를 성형한다.
② 부피로 시멘트 1에 대해서 물/시멘트비 0.4 및 잔골재 3의 비율로 모르타르를 성형한다.
③ 질량으로 시멘트 1에 대해서 물/시멘트비 0.4 및 잔골재 2.7의 비율로 모르타르를 성형한다.
④ 질량으로 시멘트 1에 대해서 물/시멘트비 0.5 및 잔골재 3의 비율로 모르타르를 성형한다.

해설 모르타르는 시멘트와 표준모래를 1 : 3의 질량비로 한다.(시멘트 450g, 표준사 1,350g, 물 225g, w/c=0.5)

08. KS L 5201에 규정된 포틀랜드 시멘트의 종류가 아닌 것은?

① 보통 포틀랜드 시멘트 ② 조강 포틀랜드 시멘트
③ 포틀랜드 포졸란 시멘트 ④ 중용열 포틀랜드 시멘트

해설 포틀랜드 시멘트의 종류에는 보통, 중용열, 조강, 저열, 내황산염, 백색 포틀랜드 시멘트가 있다.

09. 다음 혼화재 중 잠재수경성인 것은?

① 고로 슬래그 ② 실리카 퓸
③ 플라이 애시 ④ 왕겨재

해설 고로 슬래그는 그 자체로는 수경성(水硬性)이 없으나 포틀랜드 시멘트의 수화에 의해서 생기는 수산화칼슘 또는 석고 등에 의해 잠재 수경성(潛在 水硬性)이 자극되어 경화현상을 나타낸다.

정답 06. ① 07. ④ 08. ③ 09. ①

10 단위수량 162kg/m³, 물-결합재비 55%, 슬럼프 8cm, 공기량 5% 및 잔골재율 45%의 조건으로 콘크리트의 배합설계를 실시할 때 단위시멘트량 및 단위굵은골재량은 얼마인가? (단, 시멘트의 밀도 : 3.14g/cm³, 잔골재의 표면건조 포화상태의 밀도 : 2.64g/cm³, 굵은골재의 표면건조 포화상태의 밀도 : 2.66g/cm³)

	시멘트	굵은골재(단위량 kg/m³)
①	295	1,015
②	295	824
③	305	1,015
④	305	824

해설
- $\dfrac{W}{C} = 0.55$ ∴ $C = \dfrac{162}{0.55} = 295\text{kg}$
- $V = 1 - \left(\dfrac{162}{1 \times 1000} + \dfrac{295}{3.14 \times 1000} + \dfrac{5}{100}\right) = 0.694\text{m}^3$
- $V_S = 0.694 \times 0.45 = 0.312\text{m}^3$
- $V_G = 0.694 - 0.312 = 0.382\text{m}^3$
  ∴ $G = 0.382 \times 2.66 \times 1000 = 1015\text{kg}$

11 골재의 입형에 대한 설명 중 옳지 않은 것은?

① 실적률이 작으면 시멘트 페이스트량이 증가되어 비경제적인 콘크리트가 된다.
② 골재의 입형이 나쁘면 작업성을 좋게 하기 위하여 단위수량 및 시멘트량이 증가된다.
③ 골재의 실적률이 증가하면 콘크리트의 유동성도 증가한다.
④ 부순 자갈은 입형이 나쁘기 때문에 콘크리트 강도면에서 상당히 불리하다.

해설 부순 자갈은 강자갈보다 비표면적이 커서 부착강도가 크므로 강도면에서 유리하다.

12 그라우팅용 혼화제의 특징으로 적절하지 않은 것은?

① 블리딩을 적게 한다.
② 그라우트를 수축시킨다.
③ 재료분리가 적어야 한다.
④ 주입하기 용이하여야 한다.

해설 그라우팅용 혼화제는 그라우트를 팽창시킨다.

정답 10. ① 11. ④ 12. ②

13 콘크리트의 압축강도를 알지 못할 때, 또는 압축강도의 시험횟수가 14회 이하인 경우 호칭강도가 40MPa인 콘크리트의 배합강도는?

① 47MPa
② 48.5MPa
③ 49MPa
④ 50MPa

해설 $f_{cr} = 1.1 f_{cn} + 5.0 = 1.1 \times 40 + 5.0 = 49\text{MPa}$

14 르샤틀리에법의 원리를 이용하여 두 바늘의 움직임을 표시하여 표준주도를 가진 시멘트 페이스트의 체적 팽창을 측정하는 시험은?

① 시멘트 분말도 시험
② 시멘트 밀도시험
③ 시멘트 안정도 시험
④ 시멘트 응결시험

해설 르샤틀리에의 원리란 외부 조건의 변화에 따른 평형의 이동은 압력을 감소시키는 방향으로 이동한다는 것으로 오토클레이브 안에 시료에 압력을 이용하여 시멘트의 팽창도를 측정한다.

15 풍화된 시멘트를 사용할 경우에 구조물의 강도 및 품질이 저하된다. 시멘트의 풍화에 영향을 미치는 요인으로 옳지 않은 것은?

① 석고 및 MgO
② 소성이 불충분한 클링커
③ 대기중 수분, 이산화탄소
④ 시멘트 분말도

해설 석고 및 MgO를 첨가하므로 응결조절의 효과를 얻을 수 있다.

16 AE 감수제를 사용하므로 얻을 수 있는 효과가 아닌 것은?

① 수밀성이 증대된다.
② 투수성이 증대된다.
③ 동결융해에 대한 저항성이 증대된다.
④ 단위수량을 감소시킬 수 있다.

해설 투수성을 감소시킬 수 있다.

정답 13. ③ 14. ③ 15. ① 16. ②

17 다음 중 주성분이 셀룰로스계와 아크릴계 수용성고분자 혼화제로 수중공사를 용이하게 하는 콘크리트 혼화제는?

① 지연제
② 수중불분리성 혼화제
③ 급결제
④ AE제

해설 수중불분리성 혼화제는 수중 콘크리트 시공 과정에 골재와 시멘트의 분리를 막아 시공을 용이하게 한다.

18 다음 중 콘크리트 배합설계에 대한 내용으로 옳지 않은 것은?

① 경제성을 고려한다.
② 굵은골재 최대치수는 가능한 작게 한다.
③ 소요의 강도와 내구성을 고려한다.
④ 단위수량은 작업이 가능한 범위에서 적게 한다.

해설 굵은골재 최대치수는 작업이 가능한 크게 한다.

19 콘크리트용 모래에 포함되어 있는 유기 불순물 시험(KS F 2510)에 대한 설명으로 틀린 것은?

① 잔골재 속의 유기불순물을 측정하여 배합설계에서 잔골재율을 조정한다.
② 유기불순물은 콘크리트의 강도, 내구성, 안정성에 해로운 영향을 준다.
③ 잔골재 속의 유기물은 육안으로 분별하기 곤란하다.
④ 시험용액의 색깔이 표준색 용액보다 연할 때 사용 가능하다.

해설 유기불순물 시험을 통해 잔골재의 사용 여부를 결정한다.

20 콘크리트용 굵은골재의 유해물 함유량의 한도(질량백분율) 중 연한 석편의 경우 최대값은?

① 0.25%
② 1%
③ 3%
④ 5%

해설 콘크리트용 굵은골재의 유해물 함유량의 한도(질량백분율) 중 점토 덩어리의 경우 최대 0.25%이다.

정답 17. ② 18. ②
19. ① 20. ④

2과목 콘크리트 제조, 시험 및 품질관리

21 일정량의 공기연행제를 사용한 경우에 굳지 않은 콘크리트의 공기량에 대한 설명이 잘못된 것은?

① 물-결합재비가 클수록 공기량은 증가한다.
② 콘크리트의 비빔시간을 5분 이상 지속하면 공기량은 증가한다.
③ 단위 잔골재량이 많을수록 공기량은 증가한다.
④ 콘크리트의 온도가 높을수록 공기량은 감소한다.

해설
- 비비는 시간이 너무 짧거나 너무 길면 공기량이 적어지지만 3~5분 정도이면 공기량이 최대가 된다.
- 너무 오래 비비면 재료분리가 생기고 공기연행 콘크리트의 경우 공기량이 감소한다.
- 진동다짐을 하면 공기량은 감소한다.
- 일반적인 사용범위 내에서 AE제의 사용량이 증가하면 공기량도 증가하게 된다.

22 관리도의 가장 기본이 되는 관리도로서 평균치와 데이터변화를 관리할 수 있고 콘크리트의 압축강도, 슬럼프, 공기량 등의 특성을 관리하는 데에 편리한 관리도의 명칭은?

① $\bar{x} - R$ 관리도
② $\bar{x} - \sigma$ 관리도
③ x 관리도
④ P 관리도

해설 계량값 관리도로 평균값과 범위의 관리도인 $\bar{x} - R$ 관리도가 쓰인다.

23 콘크리트의 워커빌리티에 관한 설명 중 옳지 않은 것은?

① 시멘트량이 많을수록 콘크리트는 워커블하게 된다.
② 온도가 높을수록 슬럼프는 증가되고 슬럼프 감소는 줄어든다.
③ 플라이 애시를 사용하면 워커빌리티가 개선된다.
④ 둥근 모양의 천연모래가 모가 진 것이나 편평한 것이 많은 부순모래에 비하여 워커블한 콘크리트를 얻기 쉽다.

해설 온도가 높을수록 슬럼프는 감소되고 슬럼프 감소는 커진다.

정답 21. ② 22. ① 23. ②

24 1개마다 양, 불량으로 구별할 경우 사용하나 불량률을 계산하지 않고 불량개수에 의해서 관리하는 경우에 사용하는 관리도는?

① U관리도 ② C관리도
③ P관리도 ④ P_n관리도

해설
- U관리도 : 단위당 결점수 관리도
- C관리도 : 취급하는 물품의 크기가 일정한 경우에 사용하는 결점수 관리도
- P관리도 : 불량률 관리도

25 콘크리트의 압축강도 시험을 실시한 결과가 아래의 표와 같다. 불편분산에 의한 표준편차는 얼마인가?

28, 26, 30, 27 (MPa)

① 1.71MPa ② 1.90MPa
③ 2.14MPa ④ 2.32MPa

해설
- 평균값($\bar{x}$) = $\dfrac{28+26+30+27}{4}$ = 27.75
- 편차 제곱의 합(S)
  $(28-27.75)^2 + (26-27.75)^2 + (30-27.75)^2 + (27-27.75)^2 = 8.75$
- 불편분산(V) = $\dfrac{S}{n-1} = \dfrac{8.75}{4-1} = 2.91$
- 표준편차(σ) = $\sqrt{V} = \sqrt{2.91} = 1.71$

26 콘크리트 강도 시험용 원주공시체(ϕ150mm×300mm)를 할렬에 의한 간접인장강도 시험을 실시한 결과 160kN에서 파괴되었다. 콘크리트 인장강도로 옳은 것은?

① 1.54MPa ② 2.26MPa
③ 2.96MPa ④ 4.57MPa

해설 인장강도 = $\dfrac{2P}{\pi dl} = \dfrac{2 \times 160000}{3.14 \times 150 \times 300} = 2.26\text{N/mm}^2 = 2.26\text{MPa}$

27 콘크리트의 응결 후에 발생하는 콘크리트의 균열의 종류가 아닌 것은?

① 건조수축균열 ② 온도균열
③ 하중에 의한 휨균열 ④ 소성수축균열

해설 콘크리트를 친 후 건조한 외기에 노출시 표면건조로 수축현상이 생기며 이 수축현상이 건조되지 않는 내부 콘크리트에 의한 변형구속 때문에 표면에 인장응력이 발생하는데 이 인장응력이 콘크리트의 초기 인장강도를 초과하여 여러 방향의 미세한 균열인 소성수축균열이 발생한다.

28 콘크리트의 압축강도 시험을 위한 공시체 제작에 관한 설명 중 옳지 않은 것은?

① 몰드에 채울 때 콘크리트는 2층 이상의 거의 같은 층으로 나눠서 채운다.
② 공시체의 지름은 굵은골재 최대치수의 3배 이하이어야 한다.
③ 공시체의 양생 온도는 (20±2)℃로 한다.
④ 몰드를 떼는 시기는 콘크리트 채우기가 끝나고 나서 16시간 이상 3일 이내로 한다.

해설
- 공시체는 지름의 2배 높이인 원기둥형이며 지름은 굵은골재 최대치수의 3배 이상, 100mm 이상으로 한다.
- 콘크리트를 몰드에 2층 이상으로 채워 층당 1000mm²마다 1회 비율로 다진다.

29 관입저항침에 의한 콘크리트의 응결시험에 대한 아래 표의 ( )에 들어갈 수치로 옳은 것은?

> 관입저항이 (㉠)MPa가 되기까지의 경과시간을 초결시간, (㉡)MPa가 되기까지의 시간을 종결시간으로 한다.

① ㉠ 3.0, ㉡ 28.0
② ㉠ 3.5, ㉡ 28.0
③ ㉠ 3.0, ㉡ 28.5
④ ㉠ 3.5, ㉡ 28.5

해설 관입저항값은 침의 관입길이가 25mm가 될 때까지 소요된 힘을 침의 지지면으로 나누어 계산한다.

30 일반적으로 콘크리트는 강알칼리성 재료로써 철근의 부식을 억제하는데, 콘크리트의 알칼리 정도의 범위로 알맞은 것은?

① pH 12~13
② pH 9~10
③ pH 7~8
④ pH 5~6

해설 알칼리 골재반응 시험에는 화학법, 모르타르바법 등이 있다.

31 보통 골재를 사용한 콘크리트의 단위 용적질량으로서 가장 적당한 것은?

① 1.8t/m³
② 2.3t/m³
③ 2.9t/m³
④ 3.3t/m³

해설 일반 콘크리트의 단위 질량은 2,300kg/m³이다.

정답 28. ② 29. ② 30. ① 31. ②

32 레디믹스트 콘크리트의 염화물 함유량(염소이온(Cl⁻)량)은 구입자의 승인을 얻은 경우에는 최대 몇 kg/m³ 이하로 할 수 있는가?

① $0.1 kg/m^3$
② $0.2 kg/m^3$
③ $0.3 kg/m^3$
④ $0.6 kg/m^3$

해설 레디믹스트 콘크리트의 염화물 함유량(염소이온(Cl⁻)량)은 $0.3 kg/m^3$ 이하로 한다. 다만, 구입자의 승인을 얻은 경우에는 $0.6 kg/m^3$ 이하로 한다.

33 레디믹스트 콘크리트의 지정 슬럼프 값이 25mm일 때 슬럼프의 허용오차로 옳은 것은?

① ±5mm
② ±10mm
③ ±15mm
④ ±20mm

해설 슬럼프의 허용오차(단위 : mm)

슬럼프	허용오차
25	±10
50 및 65	±15
80 이상	±25

34 레디믹스트 콘크리트의 운반차로서 덤프트럭에 대한 설명으로 틀린 것은?

① 덤프트럭의 적재함 바닥은 평활하고 방수가 되어야 한다.
② 포장 콘크리트 중 슬럼프 65mm의 콘크리트를 운반하는 경우에 한하여 사용할 수 있다.
③ 덤프트럭의 적재함은 필요에 따라 비, 바람 등에 대한 보호를 위해 방수 덮개를 갖춘 것으로 한다.
④ 콘크리트 표면의 1/3과 2/3인 부분에서 각각 시료를 채취하여 슬럼프 시험을 하였을 경우 그 양쪽의 슬럼프 차가 20mm 이내가 되어야 한다.

해설
- 포장 콘크리트 중 슬럼프 25mm의 콘크리트를 운반하는 경우에 한하여 사용할 수 있다.
- 콘크리트 운반차는 트럭 믹서나 트럭 애지테이터를 사용한다.

35 통계적 품질관리 방법이 아닌 것은?

① 관리도법
② 발취검사법
③ 표본조사
④ 현장검사

해설 통계적 품질관리 방법은 관리도법, 발취검사법, 표본조사 등이 있다.

정답 32. ④ 33. ② 34. ② 35. ④

36. 아래의 표에서 설명하는 비파괴시험방법은?

> 콘크리트 중에 파묻힌 가력 Head를 지닌 Insert와 반력 Ring을 사용하여 원추 대상의 콘크리트 덩어리를 뽑아낼 때의 최대 내력에서 콘크리트의 압축강도를 추정하는 방법

① RC-Radar Test
② BS Test
③ Tc-To Test
④ Pull-out Test

해설 콘크리트 타설시에 매설하는 방법(pull out법)으로 이것을 인발시켜 그 반력을 이용하여 강도를 추정한다.

37. 콘크리트 표준시방서에서는 잔골재의 유해물 중 염화물이온량의 한도(질량백분율)를 0.02%로 규정하고 있다. 여기서 0.02%의 염화물이온량을 염화나트륨으로 환산하면 질량백분율로 약 몇 %에 해당되는가?

① 0.01%
② 0.02%
③ 0.03%
④ 0.04%

해설 잔골재의 유해물 중 염화물이온량은 0.02% 최대치로 규정하고 있는데 이것은 잔골재의 절대건조질량에 대한 백분율이며 염화나트륨으로 환산하면 약 0.04%에 상당한다.

38. 일반 콘크리트의 재료로서 플라이 애시를 사용할 경우 1회 계량 허용오차는?

① ±1%
② ±2%
③ ±3%
④ ±4%

해설 일반적으로 혼화재는 ±2% 이내이나 고로 슬래그 미분말의 경우는 ±1% 이내로 한다.

39. 직경이 152mm, 중량이 13.6kg의 강재형 반구로 굳지 않는 콘크리트의 침강하는 깊이를 측정하여 워커빌리티를 판단하는 시험은?

① 흐름시험
② 리몰딩시험
③ 볼관입시험
④ VB시험

해설 케리볼 관입시험 : 중량이 약 13.6kg의 반구를 콘크리트 표면에 놓았을 때 구의 자중에 의해 콘크리트 속으로 관입되는 깊이 관입값을 측정하여 콘크리트의 반죽질기를 알아보는 시험으로 관입값의 1.5~2배 정도가 슬럼프 값에 해당된다. 주로 포장 콘크리트처럼 평면으로 타설된 경우의 측정에 유리하다.

정답 36. ④ 37. ④ 38. ② 39. ③

40 다음 중 콘크리트의 응결이 지연되는 경우에 해당되지 않는 것은?

① 시멘트 분말도의 증가
② 지연형 AE 감수제의 사용
③ 슬럼프 값의 증가
④ 플라이 애시 사용의 증가

해설 시멘트의 분말도가 큰 것을 사용할 경우에는 콘크리트의 응결이 지연되지 않는다.

3과목 콘크리트의 시공

41 매스 콘크리트에서 균열발생을 제한할 경우에 적용하는 온도균열지수의 범위는? (단, 철근이 배치된 일반적인 구조물의 경우)

① 1.5 이상
② 1.2 이상 ~ 1.5 미만
③ 1.0 이상 ~ 1.2 미만
④ 0.7 이상 ~ 1.0 미만

해설
• 균열 발생을 방지해야 할 경우 : 1.5 이상
• 유해한 균열 발생을 제한할 경우 : 0.7~1.2

42 콘크리트 제품을 제조할 때, 고온고압 용기에 제품을 넣고 180℃ 전후, 증기압 7~15기압으로 고온고압 처리하는 양생방법은?

① 오토클레이브 양생
② 상압증기양생
③ 피막양생
④ 전기양생

해설
• 오토클레이브 양생(고온고압양생)은 고온고압용기에 제품을 넣고 온도 180℃ 전후, 증기압 7~15기압의 고온고압 처리하는 방법이다.
• 전기양생은 증기양생이나 고온고압양생에 비교해서 열 손실이 적고 경제적이다.

43 강섬유보강 숏크리트에서 강섬유 혼입에 따른 가장 큰 증가 효과는 다음 중 어느 것인가?

① 휨인성   ② 쪼갬강도
③ 경도   ④ 압축강도

해설 불연속의 단섬유를 콘크리트 중에 균일하게 분산시킴에 따라 인장강도, 휨강도, 균열에 대한 저항성, 인성, 전단강도 및 내충격성 등이 개선된다.

[정답] 40. ① 41. ②
42. ① 43. ①

44. 한중 콘크리트에 대한 설명으로 틀린 것은?

① 공기연행 콘크리트를 사용하는 것을 원칙으로 한다.
② 시멘트의 온도가 낮을 경우 40℃ 이하로 가열하여 사용한다.
③ 타설할 때의 콘크리트 온도는 구조물의 단면 치수, 기상 조건 등을 고려하여 5~20℃의 범위에서 정하여야 한다.
④ 단위수량은 초기동해를 적게 하기 위하여 되도록 적게 정하여야 한다.

해설 시멘트는 어떠한 경우라도 직접 가열해서는 안 된다.

45. 고강도 콘크리트에 관한 설명으로 틀린 것은?

① 콘크리트를 타설한 후 경화할 때까지 직사광선이나 바람에 의해 수분이 증발하지 않도록 하여야 한다.
② 콘크리트의 운반시간 및 거리가 긴 경우에 사용하는 운반차는 트럭믹서, 트럭 애지테이터 혹은 건비빔 믹서로 하여야 한다.
③ 잔골재율은 소요의 워커빌리티를 얻도록 시험에 의하여 결정하여야 하며, 가능한 적게 하도록 한다.
④ 단위수량을 줄이고 워커빌리티의 개선을 위하여 공기연행제를 사용하는 것을 원칙으로 한다.

해설
- 기상의 변화가 심하거나 동결융해에 대한 대책이 필요한 경우를 제외하고는 공기연행제를 사용하지 않는 것을 원칙으로 한다.
- 슬럼프는 작업이 가능한 범위 내에서 되도록 적게 한다.

46. 해양 콘크리트에 대한 설명으로 틀린 것은?

① 보통 정도의 습도에서 대기 중의 염화물에 노출되지만 해수 또는 염화물을 함유한 물에 직접 접하지 않는 콘크리트의 물-결합재비는 45% 이하로 하여야 한다.
② 굵은골재 최대치수가 25mm이고, 물보라 지역에 놓여진 구조물인 경우 내구성으로 정해지는 단위 결합재량은 300kg/m³ 이상으로 하여야 한다.
③ 굵은골재 최대치수가 20mm이고, 동결융해작용을 받을 염려가 있는 해상 대기중 콘크리트인 경우 공기량의 표준값은 5%이다.
④ 해안가 또는 해안 근처에 있는 구조물의 내구성 기준 압축강도는 30MPa 이상으로 한다.

정답 44. ② 45. ④ 46. ②

해설 내구성으로 정해지는 최소 단위 결합재량(kg/m³)

환경 구분 \ 굵은골재 최대치수(mm)	20	25	40
물보라 지역, 간만대 및 해상 대기중	340	330	300
해 중	310	300	280

47 콘크리트의 압축강도 시험을 통하여 거푸집을 해체하고자 한다. 설계기준압축강도가 24MPa이고, 보의 밑면인 경우 거푸집을 해체할 때 콘크리트 압축강도는 얼마 이상이어야 하는가?

① 5MPa 이상   ② 8MPa 이상
③ 12MPa 이상   ④ 16MPa 이상

해설 슬래브 및 보의 밑면, 아치 내면은 설계기준 압축강도의 2/3배 이상 또한 최소 14MPa 이상이므로 $24 \times \dfrac{2}{3} = 16\text{MPa}$ 이상이다.

48 수밀 콘크리트에 대한 설명으로 옳은 것은?

① 콘크리트의 소요 슬럼프는 되도록 적게 하여 100mm를 넘지 않도록 한다.
② 공기연행제, 공기연행 감수제 등을 사용하는 경우라도 공기량은 6% 이하가 되게 한다.
③ 물-결합재비는 50% 이하를 표준으로 한다.
④ 단위 굵은골재량은 되도록 작게 한다.

해설
- 콘크리트의 소요 슬럼프는 되도록 적게 하여 180mm를 넘지 않도록 하며 콘크리트 타설이 용이할 때에는 120mm 이하로 한다.
- 공기연행제, 공기연행 감수제 또는 고성능 공기연행 감수제를 사용하는 경우라도 공기량은 4% 이하가 되게 한다.
- 단위 굵은골재량은 되도록 크게 한다.
- 콘크리트의 소요의 품질이 얻어지는 범위 내에서 물-결합재비는 되도록 적게 한다.
- 콘크리트의 소요의 품질이 얻어지는 범위 내에서 단위수량은 되도록 적게 한다.

49 경사슈트를 사용하여 콘크리트를 타설할 경우 경사는 어느 정도가 적당한가?

① 수평1에 대하여 연직1   ② 수평1에 대하여 연직2
③ 수평2에 대하여 연직1   ④ 수평3에 대하여 연직1

해설 연직슈트를 사용하여 타설하는 것을 원칙으로 하며 경사슈트를 사용할 경우에는 출구에서 조절판 및 깔때기를 설치해서 재료분리를 방지해야 한다. 깔때기 하단은 콘크리트 치는 표면에 1.5m 이하에 둔다.

정답 47. ④ 48. ③ 49. ③

50. 콘크리트 표준시방서에서 정의하고 있는 고강도 콘크리트에 대한 설명으로 옳은 것은?

① 설계기준 압축강도가 보통(중량) 콘크리트에서 40MPa 이상, 경량골재 콘크리트에서 30MPa 이상인 경우의 콘크리트
② 설계기준 압축강도가 보통(중량) 콘크리트에서 40MPa 이상, 경량골재 콘크리트에서 27MPa 이상인 경우의 콘크리트
③ 설계기준 압축강도가 보통(중량) 콘크리트에서 45MPa 이상, 경량골재 콘크리트에서 30MPa 이상인 경우의 콘크리트
④ 설계기준 압축강도가 보통(중량) 콘크리트에서 45MPa 이상, 경량골재 콘크리트에서 27MPa 이상인 경우의 콘크리트

해설 고강도 콘크리트의 배합강도는 물-결합재비가 강도에 가장 큰 영향을 끼치므로 40MPa 이상의 강도 발현을 위해서는 가능한 45% 이하의 물-결합재비 값으로 소요의 강도와 내구성을 고려하여 정한다.

51. 포장 콘크리트의 휨 호칭강도(f_{28})는 얼마 이상을 기준으로 하는가?

① 3MPa
② 3.5MPa
③ 4MPa
④ 4.5MPa

해설 포장용 콘크리트의 배합기준
- 설계기준 휨강도(f_{28}) : 4.5MPa 이상
- 단위수량 : 150kg/m³ 이하
- 굵은골재 최대치수 : 40mm 이하
- 슬럼프 : 40mm 이하
- 공기연행 콘크리트의 공기량 범위 : 4~6%

52. 프리캐스트 콘크리트의 특징으로 틀린 것은?

① 품질이나 작업환경이 제작시 기후 상황에 영향을 많이 받는다.
② 조립구조에 주로 사용되므로 일반적으로 공기가 빠르다.
③ 현장에서 거푸집이나 동바리 등의 준비가 필요 없다.
④ 규격품을 제조하므로 어느 정도 작업에 대한 숙련공이 필요하다.

해설 품질이나 작업환경이 제작시 기후 상황에 영향을 받지 않는다.

정답 50. ② 51. ④ 52. ①

53 경량골재 콘크리트의 시공에 대한 설명으로 옳지 않은 것은?

① 타설할 때 진동을 주면 모르타르가 침하하고 굵은골재가 위로 떠오르는 경우가 있어 재료 분리에 주의해야 한다.
② 보통 콘크리트에 비해 진동시간을 약간 길게 하거나 진동기 찔러 넣기 간격을 작게 하여 충분히 다져야 한다.
③ 슬럼프가 작을 경우는 강제교반기가 부착된 운반차를 이용하는 것이 좋다.
④ 콘크리트 운반에 콘크리트 펌프를 사용할 경우에는 유동화 시키지 않는 것을 원칙으로 한다.

해설
- 콘크리트 운반에 콘크리트 펌프를 사용할 경우에는 원칙적으로 유동화 콘크리트로 한다.
- 경량골재 콘크리트는 공기연행 콘크리트로 하는 것을 원칙으로 한다.

54 숏크리트의 시공에 대한 설명으로 틀린 것은?

① 절취면이 비교적 평활하고 넓은 법면에 대해서는 세로방향으로 적당한 간격으로 신축줄눈을 설치하여야 한다.
② 뿜어 붙인 콘크리트가 박리되거나 흘러내리지 않는 범위의 적당한 두께로 뿜어 붙여 소정의 두께가 될 때까지 반복해서 뿜어붙여야 한다.
③ 숏크리트는 빠르게 운반하고, 급결제를 첨가한 후는 바로 뿜어 붙이기 작업을 실시하여야 한다.
④ 비탈면이 동결하였거나 빙설이 있는 경우 표면에 물을 뿌려 시공한다.

해설 비탈면이 동결하였거나 빙설이 있는 경우 녹여서 표면의 물을 없앤 다음 뿜어붙여야 한다.

55 팽창 콘크리트에 대한 설명으로 틀린 것은?

① 팽창 콘크리트의 강도는 일반적으로 재령 28일의 압축강도를 기준으로 한다.
② 포대 팽창재는 지상 0.3m 이상의 마루 위에 쌓아 운반이나 검사에 편리하도록 배치하여 저장하여야 한다.
③ 포대 팽창재는 12포대 이하로 쌓아야 한다.
④ 콘크리트의 팽창률은 일반적으로 재령 28일에 대한 시험치를 기준으로 한다.

해설 콘크리트의 팽창률은 일반적으로 재령 7일에 대한 시험치를 기준으로 한다.

정답 53. ④ 54. ④ 55. ④

56 콘크리트의 운반 및 타설에 대한 설명으로 적합하지 않은 것은?

① 콘크리트의 재료분리가 될 수 있는 대로 적게 일어나도록 해야 한다.
② 넓은 장소에서는 일반적으로 콘크리트의 공급원으로부터 먼 쪽에서 타설하여 가까운 쪽으로 끝내도록 하는 것이 좋다.
③ 사전에 충분한 운반계획을 세우고, 신속하게 운반하여 즉시 타설한다.
④ 비비기에서 타설이 끝날 때까지의 시간은 외기온도 25℃ 이상일 때는 2시간 이내로 하여야 한다.

해설 비비기에서 타설이 끝날 때까지의 시간
- 외기온도 25℃ 이상일 때는 1.5시간 이내
- 외기온도 25℃ 미만일 때는 2시간 이내

57 터널이나 큰 공동구조물의 라이닝, 비탈면, 법면 또는 벽면의 풍화나 박리, 박락의 방지를 위하여 적용되는 것으로 뿜어 붙여서 시공하는 콘크리트는?

① 폴리머 시멘트 콘크리트
② 숏크리트
③ 프리플레이스트 콘크리트
④ 프리캐스트 콘크리트

해설 숏크리트의 설명으로 품질은 뿜어 붙인 직후에 원지반으로부터 박락이 없는 양호한 부착성, 시공성, 초기강도 특성이나 장기강도 특성이다.

58 굳지 않은 상태에서 재료 분리 없이 높은 유동성을 가지면서 다짐 작업 없이 자기 충전성이 가능한 콘크리트는?

① 베이스 콘크리트
② 고유동 콘크리트
③ 유동화 콘크리트
④ 프리플레이스트 콘크리트

해설
- **고유동 콘크리트** : 타설 시 다짐작업 없이 철근이 배근된 거푸집 내부를 재료 분리 없이 스스로 유동하여 밀실하게 충전되는 콘크리트
- **유동성** : 중력이나 밀도에 따라 유동하는 정도를 나타내는 고유동 콘크리트의 대표적인 성질로 주로 슬럼프 플로로 측정한다.

정답 56. ④ 57. ② 58. ②

59 매스 콘크리트에 대한 설명으로 옳지 않은 것은?

① 굵은골재의 최대크기가 클수록 단위수량을 줄이며, 입도가 좋을수록 단위 시멘트량을 줄일 수 있어 온도상승량이 적어진다.
② 시공계획을 수립할 때는 온도균열지수를 가능한 작게 하도록 한다.
③ 암반 위에 매스 콘크리트를 타설할 경우에는 외부구속에 의한 온도균열이 발생할 가능성이 있다.
④ 온도균열은 콘크리트의 인장강도와 온도응력에 의해 발생한다.

해설
- 온도균열지수가 클수록 균열이 생기기 어렵다.
- 온도균열지수는 사용 시멘트량의 영향을 받는다.
- 온도균열지수는 콘크리트 인장강도와 온도응력의 비이다.

60 일평균 기온이 10℃ 이상~15℃ 미만인 경우 보통 포틀랜드 시멘트를 사용한 일반 콘크리트의 습윤양생기간의 표준으로 옳은 것은?

① 3일   ② 5일
③ 7일   ④ 9일

해설 일평균 기온이 15℃ 이상의 경우 보통 포틀랜드 시멘트를 사용한 일반 콘크리트의 습윤양생기간은 5일을 표준한다.

4과목 콘크리트 구조 및 유지관리

61 철근의 부식이 먼저 진행하여 철근 주변의 체적팽창으로 인해 콘크리트에 균열 또는 박리를 발생시키는 열화현상은?

① 중성화   ② 염해
③ 알칼리 실리카 반응(ASR)   ④ 동해

해설 염해에 의해 철근의 부식이 먼저 진행되어 철근 주변의 체적 팽창으로 철근 배근방향과 같은 방향으로 균열이 발생하거나 콘크리트 피복층이 들떠 부식이 가속화된다.

62 콘크리트의 강도를 진단하는 시험으로 거리가 먼 것은?

① 코아테스트   ② 반발경도법
③ 투수성시험   ④ 부착강도시험

해설
- **직접법** : 코아테스트
- **간접법** : 반발경도법, 인발법, 초음파법, 공진법등이 있다.

정답 59.② 60.③ 61.② 62.③

63 휨 부재에서 $f_{ck}=28$MPa, $f_y=320$MPa, $\lambda=1.0$이고 인장철근으로 D32 철근을 사용할 때 기본 정착길이는? (단, D32 철근의 공칭직경은 31.8mm, 단면적은 794mm²이다.)

① 1154mm ② 1676mm
③ 1713mm ④ 1823mm

해설
- $l_{db} = \dfrac{0.6 d_b f_y}{\lambda \sqrt{f_{ck}}} = \dfrac{0.6 \times 31.8 \times 320}{1.0 \times \sqrt{28}} = 1154$mm
- 정착길이 $l_d = l_{db} \times$ 보정계수, l_d는 300mm 이상이어야 한다.
- 보정계수 = 상부철근 : 1.3이다.

64 시멘트계 보수재료 중 공극 및 균열 충전용으로 사용할 경우 다음 중 어느 것이 가장 적절한가?

① 마이크로 실리카(실리카퓸)
② 마그네슘 인산염
③ 팽창성·무수축 그라우트(팽창시멘트계)
④ 초미립 시멘트

해설 팽창성·무수축 그라우트(팽창시멘트계)는 초기재령에서 팽창하여 그 후의 건조수축을 제거하고 균열 발생을 방지하는 역할을 한다.

65 지간 4m의 단순보에 고정하중 20kN/m, 활하중 30kN/m가 작용할 때 하중조합에 의한 계수모멘트(M_u)는?

① 79.3kN·m ② 82.0kN·m
③ 111.2kN·m ④ 144.0kN·m

해설
- $\omega = 1.2D + 1.6L = 1.2 \times 20 + 1.6 \times 30 = 72$kN/m
- $M_u = \dfrac{\omega l^2}{8} = \dfrac{72 \times 4^2}{8} = 144$kN·m

66 콘크리트 구조물이 공기중의 탄산가스의 영향을 받아 콘크리트 중의 수산화칼슘이 서서히 탄산칼슘으로 되어 콘크리트가 알칼리성을 상실하는 현상을 무엇이라 하는가?

① 알칼리 골재반응 ② 염해
③ 탄산화 ④ 화학적 침식

정답 63.① 64.③ 65.④ 66.③

시멘트의 수화반응에서 생성되는 수산화칼슘은 pH 12~13 정도의 강알칼리성을 나타내는데 중성화(탄산화)가 되면 일반적으로 pH가 8.5~10 정도로 낮아진다.

67 아래의 표에서 설명하는 동해의 형태는?

> 콘크리트 표면에서 시멘트 페이스트 내부의 공극수가 동결할 때에 공극수의 수압이 상승하여 페이스트의 조직을 파괴함으로써 표면이 조그만 덩어리나 입자가 되어 조직의 붕괴, 탈락되는 현상으로서, 이것은 동결융해의 반복작용에 의해 나타나는 손상형태 중 가장 쉽게 볼 수 있는 현상이다.

① Spalling   ② Pop-Out
③ Scaling   ④ Cracking

- 박락(Spalling) : 콘크리트가 균열을 따라 원형으로 떨어져 나가는 현상
- 박리(Scaling) : 콘크리트 표면의 모르타르가 점진적으로 손실되는 현상

68 복철근 직사각형 보의 $A_s{'}$=1,927mm², A_s=4,765mm²이다. 등가 직사각형 블록의 응력 깊이(a)는? (단, f_{ck}=28MPa, f_y=350MPa이다.)

① 139mm
② 147mm
③ 158mm
④ 167mm

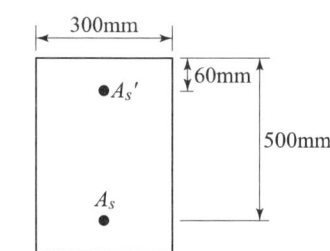

$$a = \frac{(A_s - A_s{'})f_y}{\eta(0.85f_{ck})b}$$
$$= \frac{(4765 - 1927)350}{1.0 \times (0.85 \times 28) \times 300} = 139\text{mm}$$
여기서, $\eta = 1.0 (f_{ck} \leq 40\text{MPa})$

69 표면 피복공법에 관한 설명으로 틀린 것은?

① 표면에 도포재를 발라 새로운 보호층을 형성시키고, 철근 부식인자의 침입을 억제한다.
② 표면 피복공법은 일반적으로 프라이머 도포, 바탕조정, 바름 등의 공정으로 실시된다.
③ 도포재의 도장횟수를 늘리면 표면부의 공극을 없애고, 두터운 막을 늘리면 열화요인에 대한 저항성을 강화시킬 수 있다.
④ 보수 규모가 큰 경우에는 드라이 팩트 콘크리트공법, 뿜어붙이기공법 등이 사용된다.

드라이 팩트 콘크리트공법, 뿜어붙이기공법 등은 보강공법에 사용된다.

[정답] 67. ① 68. ① 69. ④

70
그림과 같은 보에 최소 전단철근을 배근하려고 한다. 전단철근의 간격을 200mm로 할 때 최소 전단철근량은? (단, f_{ck}=24MPa, f_y=350MPa이다.)

① 52.5mm²
② 56.8mm²
③ 60.0mm²
④ 64.7mm²

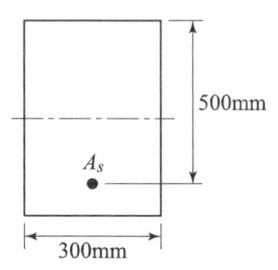

해설
$$A_{v,\min} = 0.35 \frac{b_w s}{f_{yt}} = 0.35 \times \frac{300 \times 200}{350} = 60.0\text{mm}^2$$

71
그림과 같은 단면의 단순보에서 균열모멘트(M_{cr})는? (단, f_{cr} = 24MPa, f_y = 400MPa)

① 25.4kN·m
② 31.6kN·m
③ 40.6kN·m
④ 45.4kN·m

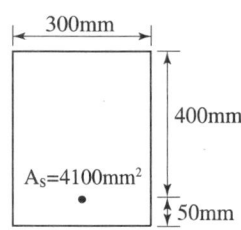

해설
- $f_r = 0.63\lambda\sqrt{f_{ck}} = 0.63 \times 1.0 \times \sqrt{24} = 3.09\text{MPa}$
- $I_g = \dfrac{bh^3}{12} = \dfrac{0.3 \times 0.45^3}{12} = 0.0023\text{m}^4$
- $y_t = \dfrac{h}{2} = \dfrac{0.45}{2} = 0.225\text{m}$

$\therefore M_{cr} = \dfrac{f_r \cdot I_g}{y_t} = \dfrac{3.09 \times 0.0023}{0.225} = 0.03159\text{MN}\cdot\text{m} = 31.6\text{kN}\cdot\text{m}$

72
일반적으로 정사각형 확대기초에서 전단에 대한 위험단면은? (단, d는 확대기초의 유효높이이고, 2방향 전단이 발생하는 경우)

① 기둥의 전면
② 기둥의 전면에서 $\dfrac{d}{2}$만큼 떨어진 면
③ 기둥 전면에서 d만큼 떨어진 면
④ 기둥의 전면에서 기둥 두께만큼 안쪽으로 떨어진 면

해설 확대기초에서 2방향 전단이 발생하는 경우 2방향 슬래브와 같이 위험단면은 기둥 전면에서 $\dfrac{d}{2}$만큼 떨어진 면으로 본다.

정답 70. ③ 71. ② 72. ②

73 다음과 같은 단철근 직사각형 단면 보가 균형철근비를 가질 때 중립축까지의 거리 c는 얼마인가? (단, $f_{ck}=28\text{MPa}$, $f_y=400\text{MPa}$, $d=450\text{mm}$이다.)

① 255mm
② 260mm
③ 265mm
④ 280mm

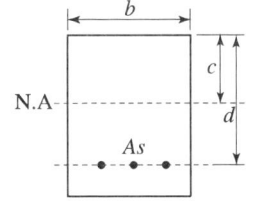

해설 $c = \dfrac{660}{660+f_y} \times d = \dfrac{660}{660+400} \times 450 = 280\text{mm}$

74 콘크리트 보강방법의 하나인 연속섬유 시트접착공법을 적용하는 경우 얻어지는 일반적인 개선 효과에 해당되지 않는 것은?

① 콘크리트 압축강도 증진 효과
② 내식성 향상 효과
③ 균열의 구속 효과
④ 내하성능의 향상 효과

해설 균열의 억제, 내식성 향상, 내하성능 증대 등의 효과가 있다.

75 건물의 휨부재에 대한 재하시험에서 재하할 시험하중은 해당 구조 부분에 작용하고 있는 고정하중을 포함하여 설계하중의 몇 % 이상이어야 하는가?

① 65%
② 75%
③ 85%
④ 95%

해설 건물에서 부재의 안전성을 재하시험 결과에 근거하여 직접 평가할 경우에는 보, 슬래브 등과 같은 휨부재의 안전성 검토에만 적용할 수 있다.

76 철근의 부착강도에 영향을 주는 요소가 아닌 것은?

① 피복 두께
② 철근의 표면상태
③ 콘크리트의 압축강도
④ 철근의 인장강도

해설 콘크리트와 철근(철근 간격, 이형철근)의 접촉면적이 클수록 부착강도가 크다.

정답 73. ④ 74. ①
     75. ④ 76. ④

77 콘크리트의 열화원인 중 환경적 요인에 해당되지 않는 것은?

① 동해 ② 염해
③ 단면의 부족 ④ 중성화

> **해설**
> • 물리·화학적 작용에 의한 열화원인 : 염해, 알칼리골재반응, 중성화 등
> • 기상작용에 의한 열화원인 : 동결융해, 건조수축, 온도변화 등

78 구조물의 내하력을 평가하기 위한 시험으로 가장 적합한 것은?

① 재하시험 ② 물리탐사
③ 전위차 측정 ④ 압축강도 시험

> **해설** 재하시험을 통해 구조물의 내하력을 평가할 수 있다.

79 철근 콘크리트 부재의 처짐에 대한 설명 중 틀린 것은?

① 순간처짐은 탄성 처짐공식을 사용하여 계산한다.
② 부철근을 배근하면 추가 처짐이 작아진다.
③ 처짐에는 탄성처짐과 장기처짐이 있다.
④ 크리프, 건조수축 등에 의한 처짐은 탄성처짐이다.

> **해설** 크리프, 건조수축 등은 시간의 경과와 더불어 발생하는 처짐으로 장기처짐이다.

80 프리스트레스트 콘크리트에서 프리텐션 방식에 대한 설명으로 틀린 것은?

① PS 강재를 곡선으로 배치하여 PSC 제품을 제조하기 쉽다.
② PS 강재와 콘크리트의 부착력에 의해 콘크리트에 프리스트레스를 도입한 것이다.
③ 긴장 재료에는 PS강선, PS강연선 등이 있다.
④ 정착장치를 사용하지 않는 경우에는 부재 중앙의 콘크리트에 도입된 프리스트레스는 부재 단부의 프리스트레스에 비해 더 크다.

> **해설** PS 강재를 곡선으로 배치하여 PSC 제품을 제조하기 쉽지 않다.

정답 77. ③ 78. ① 79. ④ 80. ①

02회 CBT 모의고사

1과목 콘크리트 재료 및 배합

01 골재가 필요로 하는 성질 중 틀린 것은?

① 물리·화학적으로 안정하고 내구성이 클 것
② 모양이 입방체 또는 공 모양에 가깝고 시멘트풀과 부착력이 큰 약간 거친 표면을 가질 것
③ 낱알의 크기가 차이 없이 균등할 것
④ 소요의 중량을 가질 것

해설 크고 작은 낱알이 골고루 혼입되어 있을 것

02 콘크리트 배합시 물-결합재비에 관한 설명 중 옳지 않은 것은?

① 물-결합재비는 소요의 강도, 내구성, 수밀성 및 균열저항성 등을 고려하여 정한다.
② 습윤하고 드물게 건조되며 염화물에 노출되는 콘크리트의 물-결합재비는 45% 이하로 하여야 한다.
③ 수밀 콘크리트에서 물-결합재비를 정할 경우, 그 값은 50% 이하로 하여야 한다.
④ 보통 정도의 습도에 노출되는 콘크리트로 탄산화 위험이 비교적 높은 경우 물-결합재비는 45% 이하로 하여야 한다.

해설 보통 정도의 습도에 노출되는 콘크리트로 탄산화 위험이 비교적 높은 경우 물-결합재비는 50% 이하로 하여야 한다.

03 콘크리트 품질기준강도(f_{cq})가 24MPa, 50회의 실험실적으로부터 구한 압축강도의 표준편차가 5MPa이라면, 콘크리트의 배합강도는?

① 29.0MPa
② 30.5MPa
③ 32.2MPa
④ 33.9MPa

해설 $f_{cq} \leq 35$MPa인 경우이므로
$f_{cr} = f_{cq} + 1.34s = 24 + 1.34 \times 5 = 30.7$MPa
$f_{cr} = (f_{cq} - 3.5) + 2.33s = (24 - 3.5) + 2.33 \times 5 = 32.2$MPa
∴ 두 값 중 큰 값인 32.2MPa이다.

정답 01. ③ 02. ④ 03. ③

04. 콘크리트용 골재에 대한 시험이 아닌 것은?

① 체가름 시험
② 공기량 시험
③ 안정성 시험
④ 유기불순물 시험

해설 공기량 시험은 굳지 않은 콘크리트 시험이다.

05. 포틀랜드 시멘트 제조시 석고를 첨가하는 주된 이유는?

① 시멘트의 조기강도 증진을 위해
② 시멘트의 급격한 응결을 방지하기 위해
③ 콘크리트 제조시 유동성 증진을 위해
④ 시멘트의 수화열을 조절하기 위해

해설 석고는 응결시간 조절 목적으로 2~3% 정도 넣는다.

06. 골재에 대한 설명 중 옳지 않은 것은?

① 5mm체에 거의 다 남는 골재 또는 5mm체에 다 남는 골재를 굵은골재라 한다.
② 공사 중에 잔골재의 입도가 변하여 조립률이 최소 ±0.50 이상 차이가 있을 경우에는 배합을 수정하여야 한다.
③ 굵은골재는 견고하고, 밀도가 크고, 내구성이 커야 한다.
④ 질량비로 90% 이상을 통과시키는 체 중에서 최소치수의 체눈의 호칭치수로 나타낸 것을 굵은골재의 최대치수라 한다.

해설 공사중에 잔골재의 입도가 변하여 조립률이 ±0.2 이상의 변화를 나타내었을 때는 배합을 변경하여야 한다.

07. 단위수량 175kg, 단위 잔골재량 750kg 및 단위 굵은골재량이 900kg의 콘크리트에서 잔골재 및 굵은골재의 표면수가 각각 4% 및 1%이면 보정된 단위수량은?

① 214kg
② 166kg
③ 145kg
④ 136kg

해설
- 표면수 보정
  - 잔골재 표면수 : $750 \times 0.04 = 30$kg
  - 굵은골재 표면수 : $900 \times 0.01 = 9$kg
- 단위수량 : $175 - (30 + 9) = 136$kg

정답 04. ② 05. ② 06. ② 07. ④

08 아래 표는 공기량 5%의 공기연행 콘크리트의 시방배합표를 나타낸 것이다. 콘크리트 배합의 잔골재율은 얼마인가? (단, 잔골재 표면건조 포화상태 밀도 : 2.57g/cm³, 굵은골재 표면건조 포화상태 밀도 : 2.67g/cm³, 시멘트 밀도 : 3.16g/cm³이다.)

단위량(kg/m³)			
단위수량	단위 시멘트량	단위 잔골재량	단위 굵은골재량
180	383	766	951

① 45.6% ② 46.6%
③ 47.6% ④ 48.6%

해설
- 골재 체적
$$V = 1 - \left(\frac{180}{1\times 1000} + \frac{383}{3.16\times 1000} + \frac{5}{100}\right) = 0.65\text{m}^3$$
- 단위 잔골재량
$S = 2.57 \times S/a \times V \times 1000$
$766 = 2.57 \times S/a \times 0.65 \times 1000$
∴ $S/a ≒ 45.6\%$

09 골재의 체가름 시험으로부터 알 수 없는 골재의 성질은?
① 골재의 입도
② 골재의 조립률
③ 굵은골재의 최대치수
④ 골재의 실적률

해설 골재의 실적률은 골재의 단위질량 및 실적률 시험방법으로부터 알 수 있다.

10 시멘트의 강도시험(KS L ISO 679)의 공시체 제작을 위해 모르타르를 제작하고자 한다. 사용하는 시멘트가 450g인 경우 필요한 표준사의 양으로 옳은 것은?
① 900g
② 1,103g
③ 1,215g
④ 1,350g

해설 1 : 3이므로 450×3=1,350g

11 일반적인 시멘트의 강도에 대한 설명으로 옳지 않은 것은?
① 재령 및 양생조건에 따라 다르다.
② 시멘트 페이스트의 강도 값을 의미한다.
③ 시멘트의 조성에 영향이 있다.
④ 물-시멘트비에 따라 변하게 된다.

해설 시멘트 모르타르의 강도를 의미한다.

답안 표기란
8 ① ② ③ ④
9 ① ② ③ ④
10 ① ② ③ ④
11 ① ② ③ ④

정답 08. ① 09. ④
      10. ④ 11. ②

12 아래 표는 시멘트의 오토클레이브 팽창도 시험 방법의 일부를 순서에 따라 나열한 것이다. 이 중 틀린 것은?

> ㉠ 시험하는 동안 오토클레이브 안에 오토클레이브 용적의 7~10% 정도의 물을 넣어 항상 포화증기로 차 있도록 한다.
> ㉡ 가열 기간의 초기에는 오토클레이브로부터 공기가 빠져 나가도록 통기 밸브를 수증기가 나오기 시작할 때까지 열어 놓는다.
> ㉢ 통기 밸브를 닫고 가열하기 시작해서부터 45~75분에 증기압이 2±0.07MPa이 되도록 오토클레이브의 온도를 올리며 2±0.07MPa의 압력으로 3시간 동안 유지한다.
> ㉣ 3시간이 경과한 뒤 가열을 중지하고, 다시 1시간 뒤에는 압력이 0.7MPa 이하가 되도록 오토클레이브를 냉각시킨다.

① ㉠ ② ㉡
③ ㉢ ④ ㉣

해설 3시간이 경과한 뒤 가열을 중지하고, 다시 1시간 30분 뒤에는 압력이 0.07MPa 이하가 되도록 오토클레이브를 냉각시킨다.

13 콘크리트의 배합에 대한 일반 사항을 설명한 것으로 틀린 것은?

① 현장 콘크리트의 품질변동을 고려하여 콘크리트의 배합강도는 품질기준 강도보다 적게 정한다.
② 잔골재율은 소요의 워커빌리티를 얻을 수 있는 범위 내에서 단위수량이 최소가 되도록 시험에 의해 정한다.
③ 단위수량은 작업에 적합한 워커빌리티를 갖는 범위 내에서 될 수 있는 대로 적게 한다.
④ 물-결합재비는 소요의 강도, 내구성, 수밀성 및 균열저항성 등을 고려하여 정한다.

해설
• 현장 콘크리트의 품질변동을 고려하여 콘크리트의 배합강도는 품질기준 강도보다 크게 정한다.
• 가능한 굵은골재 최대치수가 큰 것을 사용하면 경제적으로 유리하다.

14 흡수율이 6%인 경량 잔골재의 습윤상태 무게가 800g이었고, 이 경량 잔골재를 건조로에서 노건조상태까지 건조시켰을 때 700g이 되었을 때 표면수율은 얼마인가?

① 1.11% ② 3.46%
③ 5.94% ④ 7.82%

정답 12. ④ 13. ① 14. ④

- 흡수율 = $\frac{\text{표건무게} - \text{노건무게}}{\text{노건무게}} \times 100$

  $6 = \frac{\text{표건무게} - 700}{700} \times 100$

  ∴ 표건무게 = 742g

- 표면수율 = $\frac{800 - 742}{742} \times 100 = 7.82\%$

15 고로 슬래그 미분말을 사용한 콘크리트에 대한 설명이다. 옳지 않은 것은?

① 고로 슬래그 미분말을 사용한 콘크리트는 중성화 속도를 저하시키는 효과가 있다.
② 고로 슬래그 미분말을 사용한 콘크리트는 철근 보호성능이 향상된다.
③ 고로 슬래그 미분말을 사용한 콘크리트는 수밀성이 크게 향상된다.
④ 고로 슬래그 미분말을 사용한 콘크리트의 초기강도는 포틀랜드 시멘트 콘크리트보다 작다.

- 고로 슬래그 미분말을 사용한 콘크리트는 알칼리 골재 반응 억제에 대한 효과가 있다.
- 고로 슬래그 미분말의 함유량이 적당하면 수화열의 발생을 억제할 수 있다.
- 장기강도는 보통 포틀랜드 시멘트와 비교했을 때 비슷하거나 약간 커진다.

16 골재의 잔입자 시험결과 표를 보고 잔입자의 함유율은 얼마인가?

- 씻기 전 건조시료의 질량 : 500g
- 씻기 후 건조시료의 질량 : 475.5g

① 2.45% ② 3.52%
③ 4.9%   ④ 5.2%

잔입자 함유율 = $\frac{500 - 475.5}{500} \times 100 = 4.9\%$

17 콘크리트 배합강도를 구하기 위해 23회의 압축강도 시험을 실시한 경우 표준편차의 보정계수는 얼마인가?

① 1.03   ② 1.05
③ 1.08   ④ 1.16

시험횟수가 30회일 때 1.0, 25회일 때 1.03, 20회일 때 1.08, 15회일 때 1.16이므로 20회와 25회 사이에 해당하므로 1.03~1.08를 직선보간하여 구하면 23회는 1.05에 해당된다.

정답 15. ① 16. ③ 17. ②

18 철근콘크리트에 이용되는 길이 300mm이고 직경이 20mm인 강봉에 인장력을 가한 결과 2.34×10^{-1}mm가 신장되었다면 이때 강봉에 가해진 인장력은 얼마인가? (단, 강보의 탄성계수=2.0×10^5N/mm² 이다.)

① 20kN　　② 37kN
③ 40kN　　④ 49kN

해설

$$E = \frac{f}{\varepsilon} = \frac{\frac{P}{A}}{\frac{\Delta l}{l}} = \frac{Pl}{A \Delta l}$$

$$\therefore P = \frac{EA \Delta l}{l} = \frac{2.0 \times 10^5 \times \frac{3.14 \times 20^2}{4} \times 2.34 \times 10^{-1}}{300} = 48,984\text{N} = 49\text{kN}$$

19 골재의 흡수율에 대한 설명으로 맞는 것은?

① 절대건조상태에서 표면건조포화상태까지 흡수된 수량을 절대건조상태에 대한 골재질량의 백분율로 나타낸 것
② 공기 중 건조상태에서 표면건조포화상태까지 흡수된 수량을 공기 중 건조상태에 대한 골재질량의 백분율로 나타낸 것
③ 표면건조포화상태에서 습윤상태까지 흡수된 수량을 표면건조포화상태에 대한 골재질량의 백분율로 나타낸 것
④ 절대건조상태에서 표면건조포화상태까지 흡수된 수량을 질량으로 나타낸 것

해설

- 흡수율 = $\dfrac{\text{표건상태질량} - \text{절대건조질량}}{\text{절대건조질량}} \times 100$
- 유효흡수율 = $\dfrac{\text{표건상태질량} - \text{공기중건조질량}}{\text{공기중건조질량}} \times 100$

20 다음 중 혼화재료의 규정에 따른 품질시험의 항목이 아닌 것은?

① 방청제 - 방청률
② 고로 슬래그 미분말 - 활성도 지수
③ 플라이 애시 - 분말도
④ 고성능 AE 감수제 - 고형분

해설 고성능 AE 감수제의 성능 시험항목: 감수율, 블리딩량의 비, 응결시간의 차, 압축강도의 비, 길이 변화비, 동결 융해에 대한 저항성, 슬럼프 손실, 공기량 변화량

정답　18. ④　19. ①
　　　20. ④

2과목 콘크리트 제조, 시험 및 품질관리

21 굳지 않은 콘크리트의 슬럼프 시험을 할 때 콘크리트 시료를 몇 층으로 나누어 채우는가?

① 슬럼프 콘 용적의 약 1/2씩 되도록 2층
② 슬럼프 콘 용적의 약 1/3씩 되도록 3층
③ 슬럼프 콘 용적의 약 1/4씩 되도록 4층
④ 슬럼프 콘 용적의 약 1/5씩 되도록 5층

해설 3층 25회씩 다짐을 한 후 콘을 벗겨 콘크리트가 상단에서 주저앉는 길이를 측정한다.

22 공기연행제의 품질 및 공기연행제가 공기량에 미치는 영향 인자 요인이 아닌 것은?

① 온도가 높으면 공기량은 자연적으로 증가한다.
② 시멘트의 분말도가 증가하면 공기량은 감소한다.
③ 비빔시간 3~5분에서 공기량은 최대가 된다.
④ 펌프시공 및 지나친 다짐 등에서 공기량은 저하한다.

해설
- 온도가 높으면 공기량은 자연적으로 감소한다.
- 물-결합재비가 클수록 공기량이 증가한다.
- 슬럼프가 클수록 공기량이 증가한다.
- 시멘트의 분말도가 거칠수록 공기량이 증가한다.
- 단위 잔골재량이 많을수록 공기량이 증가한다.
- 콘크리트의 슬럼프가 클수록, 부재단면이 작을수록, 콘크리트량이 작을수록 진동다짐에 따른 공기량의 감소는 빠르다.
- 버킷이나 콘크리트 펌프에 의한 운반 중의 공기량 감소는 많지 않다.

23 콘크리트의 휨강도 시험에 사용되는 공시체의 치수로 알맞은 것은?

① $150 \times 150 \times 450$ cm
② $100 \times 100 \times 300$ cm
③ $100 \times 100 \times 350$ cm
④ $150 \times 150 \times 530$ cm

해설 콘크리트 휨강도 시험용 공시체는 $150 \times 150 \times 530$ cm이다.

24 콘크리트의 품질관리에 사용되는 관리도 중 계량값 관리도가 아닌 것은?

① x 관리도
② P 관리도
③ $\overline{x} - R$ 관리도
④ $\overline{x} - \sigma$ 관리도

해설 P관리도(불량률 관리도)는 계수값 관리도에 속한다.

정답 21. ② 22. ① 23. ④ 24. ②

25 콘크리트 믹서 종류별 비비기 시간의 표준값에 대한 설명 중 맞는 것은? (단, 일반콘크리트의 경우)

① 가경식 : 1분 30초 이상, 강제식 : 1분 이상
② 가경식 : 1분 30초 이상, 강제식 : 30초 이상
③ 가경식 : 2분 이상, 강제식 : 1분 이상
④ 가경식 : 30초 이상, 강제식 : 1분 이상

해설 일반 콘크리트의 경우
① 가경식 : 1분 30초 이상
② 강제식 : 1분 이상

26 콘크리트 강도 시험용 원주공시체(ϕ150mm×300mm)를 할렬에 의한 간접인장강도 시험을 실시한 결과 160kN에서 파괴되었다. 콘크리트 인장강도로 옳은 것은?

① 1.54MPa   ② 2.26MPa
③ 2.96MPa   ④ 4.57MPa

해설 인장강도 $= \dfrac{2P}{\pi dl} = \dfrac{2 \times 160000}{3.14 \times 150 \times 300} = 2.26 \text{N/mm}^2 = 2.26\text{MPa}$

27 일반 콘크리트의 비비기에 대한 설명으로 틀린 것은?

① 믹서 안의 콘크리트를 전부 꺼낸 후가 아니면 믹서 안에 다음 재료를 넣지 않아야 한다.
② 연속믹서를 사용할 경우, 비비기 시작 후 최초에 배출되는 콘크리트는 사용할 수 있다.
③ 비비기 시간은 시험에 의해 정하는 것을 원칙으로 한다.
④ 비비기는 미리 정해 둔 비비기 시간의 3배 이상 계속해서는 안 된다.

해설 • 연속믹서를 사용할 경우 비비기 시작 후 최초에 배출되는 콘크리트는 사용해서는 안 된다.
• 기계 비비기는 콘크리트 재료를 1회분씩 혼합하는 배치 믹서를 사용한다.

정답 25. ① 26. ② 27. ②

28 콘크리트의 압축강도시험 데이터 5개를 보고 표준편차를 구한 것으로 옳은 것은? (단, 불편분산에 의한 표준편차로서 콘크리트 표준시방서의 개념에 의함.)

> 41, 43, 42, 44, 46 (MPa)

① 1.92MPa ② 2.31MPa
③ 2.45MPa ④ 2.56MPa

해설
- 평균치
$$\bar{x} = \frac{41+43+42+44+46}{5} = 43.2 \text{MPa}$$
- 표준편차(불편분산 고려시)
$$\sigma = \sqrt{\frac{(41-43.2)^2+(43-43.2)^2+(42-43.2)^2+(44-43.2)^2+(46-43.2)^2}{5-1}}$$
$$= 1.92$$

29 콘크리트의 품질관리에 사용하는 관리도에 관한 설명으로 틀린 것은?

① 관리도로 콘크리트의 제조공정의 안정 여부를 판정할 수 있다.
② 관리도를 사용하면 우연한 변동과 이상 원인에 의한 변동을 구분할 수 있다.
③ 압축강도와 같은 데이터는 계수값 관리도에 의해 관리하는 것이 효과적이다.
④ 관리도는 관리특성의 중심적 특성을 나타내는 중심선과 이것의 상하에 허용되는 범위의 폭을 나타내는 관리한계로 구성된다.

해설 콘크리트의 압축강도, 슬럼프, 공기량 등의 데이터는 계량값 관리도에 의해 관리하는 것이 효과적이다.

30 콘크리트의 정탄성계수는 콘크리트의 어떤 특성에서 얻어지는가?

① 푸아송비
② 크리프
③ S-N 곡선(반복하중 횟수-응력 곡선)
④ 응력-변형률 곡선

해설
- 정적하중에 의하여 얻어진 응력-변형률 곡선에서 구한 탄성계수를 정탄성계수라 하며 동탄성계수와 구별한다.
- 콘크리트의 정탄성계수는 초기 탄성계수, 할선 탄성계수 및 접선 탄성계수로 구하나 일반적으로는 할선 탄성계수로 나타낸다.

정답 28. ① 29. ③ 30. ④

31 콘크리트의 균열 중 경화 후에 발생하는 균열의 종류에 속하지 않는 것은?

① 건조수축균열
② 온도균열
③ 소성수축균열
④ 휨균열

해설 경화 전의 균열 종류
- 침하수축균열
- 소성수축균열(플라스틱 수축균열)

32 콘크리트의 품질관리 도구 중 결과에 원인이 어떻게 관여하고 있는지를 한눈으로 알 수 있도록 작성한 것으로, 일명 생선뼈 그림이라고도 하는 것은?

① 히스토그램
② 특성요인도
③ 파레토그림
④ 체크시트

해설
- 특성요인도는 결과에 대해 원인 파악이 쉽다.
- 파레토그림은 결함시공 불량 결손항목을 구분하여 크기 순서로 표시한다.

33 레디믹스트 콘크리트의 지정 슬럼프 값이 25mm일 때 슬럼프의 허용오차로 옳은 것은?

① ±5mm
② ±10mm
③ ±15mm
④ ±20mm

해설 슬럼프의 허용오차(단위 : mm)

슬럼프	허용오차
25	±10
50 및 65	±15
80 이상	±25

34 콘크리트 재료의 계량에 대한 설명으로 틀린 것은?

① 재료는 현장배합에 의해 계량한다.
② 각 재료는 1배치씩 질량으로 계량한다.
③ 골재의 유효흡수율은 보통 15~30분간의 흡수율로 본다.
④ 혼화제를 녹이는 데 사용하는 물이나 묽게 하는 데 사용하는 물은 단위수량에서 제외한다.

[정답] 31. ③ 32. ② 33. ② 34. ④

해설 혼화제를 녹이는 데 사용하는 물이나 묽게 하는 데 사용하는 물은 단위수량의 일부로 본다.

35 콘크리트의 압축강도 시험 방법에 대한 설명으로 틀린 것은?

① 상하의 가압판의 크기는 공시체의 지름 이상으로 하고 두께는 25mm 이상으로 한다.
② 공시체를 공시체 지름의 5% 이내의 오차에서 그 중심축이 가압판의 중심과 일치하도록 놓고 시험을 실시한다.
③ 하중을 가하는 속도는 압축응력도의 증가율이 매초 (0.6±0.4)MPa이 되도록 한다.
④ 시험기의 가압판과 공시체의 사이에 쿠션재를 넣어서는 안 된다.(다만, 언본드 캐핑에 의한 경우는 제외한다.)

해설
- 공시체를 공시체 지름의 1% 이내의 오차에서 그 중심축이 가압판의 중심과 일치하도록 놓고 시험을 실시한다.
- 공시체가 급격한 변형을 시작한 후에는 하중을 가하는 속도의 조정을 중지하고 하중을 계속 가한다.

36 레디믹스트 콘크리트의 제조설비에 대한 설명으로 틀린 것은?

① 골재 저장 설비는 콘크리트 최대 출하량의 1일분 이상에 상당하는 골재량을 저장할 수 있는 크기로 한다.
② 계량기는 서로 배합이 다른 콘크리트의 각 재료를 연속적으로 계량할 수 있어야 한다.
③ 믹서는 이동식 믹서로 하여야 하며, 각 재료를 충분히 혼합시켜 균일한 상태로 배출할 수 있어야 한다.
④ 콘크리트 운반차는 트럭믹서나 트럭 애지테이터를 사용한다.

해설 믹서는 공장에 설치된 고정믹서에 의해 혼합한다.

37 다음 중 콘크리트 비파괴시험으로 측정하거나 추정하지 않는 것은?

① 크리프 변형률
② 압축강도
③ 동탄성계수
④ 동결융해 저항성

해설 콘크리트에 일정한 하중을 지속적으로 작용하면 응력의 변화가 없어도 콘크리트의 변형은 시간의 경과와 함께 증가하는 성질을 크리프라 하며 크리프로 인하여 일어난 변형률을 크리프 변형률이라 한다.

38. 된반죽의 콘크리트를 진동으로 다짐을 실시하여 반죽질기를 측정하는 시험은?

① 슬럼프 시험
② 비비(VB)시험
③ 플로우 시험
④ 볼 관입시험

해설 비비시험은 진동대 위에 원통 용기를 고정해 놓고 그 속에 슬럼프 시험과 같은 조작으로 슬럼프 시험을 실시한 후 투명한 플라스틱 원판에 콘크리트면 위에 놓고 진동을 주어 원판의 전면에 콘크리트가 완전히 접할 때까지의 시간을 초(sec)로 측정하는 반죽질기 시험이다.

39. 콘크리트의 내구성을 향상시키기 위한 방법으로 잘못된 것은?

① 체적 변화가 큰 콘크리트를 만든다.
② 습윤양생을 충분히 실시한다.
③ 물-결합재비는 가능한 낮게 한다.
④ 다짐을 철저히 한다.

해설 체적 변화가 작은 콘크리트를 만든다.

40. 콘크리트 인장강도에 대한 설명 중 옳지 않은 것은?

① 휨부재의 처짐 및 균열과 같은 사용성 설계에서 중요한 역할을 한다.
② 쪼갬 인장강도시험에 의해 구할 수 있다.
③ 일반적으로 휨부재의 설계에서 인장강도를 무시한다.
④ 인장강도는 압축강도의 약 50% 정도이다.

해설 인장강도는 압축강도의 1/10~1/13 정도이다.

정답 38. ② 39. ① 40. ④

3과목 콘크리트의 시공

41 고강도 콘크리트에 대한 다음의 기술내용 중 잘못된 것은?

① 고강도 콘크리트의 설계기준강도는 일반콘크리트에서는 40MPa 이상, 경량골재 콘크리트에서는 25MPa 이상으로 규정하고 있다.
② 기상의 변화가 심하지 않을 경우에는 공기연행제를 사용하지 않는 것을 원칙으로 한다.
③ 잔골재율은 소요의 워커빌리티를 얻도록 시험에 의하여 결정하여야 하며, 가능한 작게 하도록 한다.
④ 콘크리트 타설시 낙하고는 1m 이하로 한다. 또한 콘크리트는 재료분리가 일어나지 않는 방법으로 취급하여야 한다.

해설
- 고강도 콘크리트의 설계기준강도는 일반적으로 40MPa 이상으로 하며 고강도 경량골재 콘크리트는 27MPa 이상으로 한다.
- 거푸집판이 건조할 우려가 있을 경우에는 살수를 하여야 한다.

42 연질 지반 위에 친 슬래브 등(내부 구속응력이 큰 경우)에서 내부 온도가 최고일 때 내부와 표면적과의 온도차가 30℃ 발생하였다. 간이적인 방법에 의한 온도균열지수를 구하면?

① 2.0
② 1.5
③ 1.0
④ 0.5

해설 온도균열지수 = $\dfrac{15}{\Delta T_i} = \dfrac{15}{30} = 0.5$

43 표면마무리에 대한 설명으로 옳은 것은?

① 표면마무리는 내구성, 수밀성에 영향을 주지 않는다.
② 마모를 받는 면의 경우에는 물-결합재비를 크게 한다.
③ 표면마무리는 콘크리트 윗면으로 스며 올라온 물을 처리한 후에 한다.
④ 거푸집 제거 후 발생한 콘크리트 표면 균열은 방치해도 좋다.

해설
- 마무리에는 나무흙손이나 적절한 마무리 기계를 사용하고 마무리 작업은 과도하게 되지 않도록 한다.
- 마무리에 나무흙손을 사용하는 이유는 쇠흙손을 사용하면 표면에 물이 모여들고 균열이 일어나기 쉽기 때문이다.

[정답] 41. ① 42. ④ 43. ③

44 시공이음면의 거푸집 철거는 콘크리트가 굳은 후 되도록 빠른 시기에 하는 것이 좋다. 일반적으로 겨울철에 연직시공이음부의 거푸집 제거시기는 콘크리트 타설 후 얼마 정도로 하는 것이 좋은가?

① 4~6시간
② 7~9시간
③ 10~15시간
④ 15~20시간

해설 일반적으로 연직시공 이음부의 거푸집 제거시기는 콘크리트를 타설하고 난 후 여름에는 4~6시간 정도, 겨울에는 10~15시간 정도로 한다.

45 수중 콘크리트 타설의 원칙을 설명한 것으로 틀린 것은?

① 시멘트의 유실, 레이턴스의 발생을 방지하기 위하여 정수 중에 타설하는 것이 좋으며, 완전히 물막이를 할 수 없는 경우에도 유속은 1초간 50mm 이하로 하여야 한다.
② 트레미로 타설하는 경우 트레미의 안지름은 수심 5m 이상에서 300~500mm 정도가 좋으며, 굵은골재 최대치수의 8배 정도가 필요하다.
③ 한 구획의 콘크리트를 빠른 시간 내에 타설할 수 있도록 시공계획을 세우고 수중에 낙하시켜 시간을 단축시킨다.
④ 콘크리트 펌프 안지름은 0.1~0.15m 정도가 좋으며, 수송관 1개로 타설할 수 있는 면적은 5m2 정도이다.

해설
- 콘크리트는 수중에 낙하시키지 않는다.
- 콘크리트를 연속해서 타설한다.

46 경량골재 콘크리트에 대한 설명으로 틀린 것은?

① 경량골재 콘크리트는 공기연행 콘크리트로 하는 것을 원칙으로 한다.
② 일반적으로 인공경량골재 콘크리트는 동결융해의 반복에 대한 저항성능이 우수하다.
③ 단위 시멘트량의 최소값은 300kg/m^3, 물-결합재비의 최대값은 60%로 한다.
④ 슬럼프는 작업에 알맞은 범위 내에서 작게 하여야 하며, 일반적인 경우 대체로 80~210mm를 표준으로 한다.

해설 일반적으로 인공경량골재 콘크리트는 동결융해의 반복에 대한 저항성은 현저히 작다.

정답 44. ③ 45. ③ 46. ②

47 온도균열지수에 대한 설명으로 틀린 것은?

① 온도균열지수는 재령에 상관없이 일정한 값을 가진다.
② 온도균열지수가 클수록 균열이 생기기 어렵다.
③ 온도균열지수는 콘크리트 인장강도와 온도응력의 비이다.
④ 온도균열지수는 사용 시멘트량의 영향을 받는다.

해설 온도균열지수는 재령에 따라 값이 다르다.

48 섬유보강 콘크리트의 특성에 대한 설명으로 틀린 것은?

① 인장강도와 균열에 대한 저항성이 높다.
② 피로강도 개선으로 포장의 두께나 터널 라이닝 두께를 감소시킬 수 있다.
③ 부재의 전단내력을 증대시킬 수 있다.
④ 유동성이 좋아 작업성이 개선된다.

해설 유동성이 좋지 않으므로 시공성에 문제가 없어야 한다.

49 수밀 콘크리트의 연속타설시간 간격은 외기온이 25℃ 이하일 때 몇 시간 이내로 하여야 하는가?

① 1시간   ② 1시간 30분
③ 2시간   ④ 2시간 30분

해설 연속타설시간 간격은 외기온도가 25℃를 넘었을 경우에는 1.5시간, 25℃ 이하일 경우에는 2시간을 넘어서는 안 된다.

50 콘크리트의 이음에 대한 설명으로 틀린 것은?

① 수평시공이음이 거푸집에 접하는 선은 될 수 있는 대로 수평한 직선이 되도록 한다.
② 역방향 타설 콘크리트의 시공 시에는 콘크리트의 침하를 고려하여 시공이음이 일체가 되도록 시공방법을 결정하여야 한다.
③ 연직시공이음부의 거푸집 제거 시기는 콘크리트를 타설하고 난 후 3일 이상이 경과하여야 한다.
④ 시공이음은 될 수 있는 대로 전단력이 적은 위치에 설치하고, 부재의 압축력이 작용하는 방향과 직각이 되도록 하는 것이 원칙이다.

해설 연직시공이음부의 거푸집 제거 시기는 콘크리트를 타설하고 난 후 여름에는 4~6시간 정도, 겨울에는 10~15시간 정도로 한다.

정답 47.① 48.④ 49.③ 50.③

51. 매스 콘크리트에 대한 설명으로 옳은 것은?

① 콘크리트의 발열량은 단위 시멘트량과는 무관하다.
② 타설시간 간격은 외기온 25℃ 이상에서는 180분 이내로 하여야 한다.
③ 겨울철에는 방열성이 높은 거푸집을 사용한다.
④ 매스 콘크리트로 다루어야 하는 구조물의 부재치수는 일반적인 표준으로서 넓이가 넓은 평판구조의 경우 두께 0.8m 이상으로 한다.

해설
- 단위 시멘트량을 적게 하여 발열량을 감소시킨다.
- 타설시간 간격은 외기온 25℃ 이상에서는 1.5시간 이내로 하여야 한다.
- 겨울철에는 방열성이 낮은 거푸집을 사용한다.

52. 한중 콘크리트에 대한 설명으로 틀린 것은?

① 한중 콘크리트에는 공기연행 콘크리트를 사용하지 않는 것을 원칙으로 한다.
② 하루의 평균 기온이 4℃ 이하가 예상되는 조건일 때는 한중 콘크리트로 시공한다.
③ 물-결합재비는 원칙적으로 60% 이하로 하여야 한다.
④ 가열한 재료를 믹서에 투입하는 순서는 시멘트가 급결하지 않도록 정하여야 한다.

해설
- 한중 콘크리트에는 공기연행 콘크리트를 사용하는 것을 원칙으로 한다.
- 재료를 가열할 경우, 물 또는 골재를 가열하는 것으로 하며, 시멘트는 어떠한 경우라도 직접 가열할 수 없다.

53. 숏크리트 코어 공시체(ϕ10×10cm)로부터 채취한 강섬유의 질량이 30.8g이었다. 강섬유 혼입률(부피기준)을 구하면? (단, 강섬유의 단위질량은 7.85g/cm³이다.)

① 5% ② 3%
③ 1% ④ 0.5%

해설
- 강섬유의 체적 $\gamma = \dfrac{W}{V}$ ∴ $V = \dfrac{W}{\gamma} = \dfrac{30.8}{7.85} = 3.9\,\text{cm}^3$
- 채취된 공시체 체적 $V = A \cdot H = \dfrac{3.14 \times 10^2}{4} \times 10 = 785\,\text{cm}^3$
- 강섬유 혼입률 : $\dfrac{3.9}{785} \times 100 = 0.5\%$

정답 51. ④ 52. ① 53. ④

54 프리캐스트 콘크리트의 일반 사항을 설명한 것으로 잘못된 것은?

① 슬럼프가 20mm 이상인 콘크리트의 배합은 슬럼프 시험을 원칙으로 한다.
② 프리스트레스트 콘크리트에는 순환골재를 사용할 수 없다.
③ 일반적인 프리캐스트 콘크리트는 재령 7일에서의 압축강도 시험값을 콘크리트의 압축강도로 나타낸다.
④ 프리스트레스 긴장재는 스터럽이나 온도철근 등 다른 철근과 용접할 수 없다.

해설
- 일반적인 프리캐스트 콘크리트는 재령 14일에서의 압축강도 시험값을 콘크리트의 압축강도로 나타낸다.
- 굵은골재의 최대치수는 25mm 이하이고 철근 최소 수평 순간격의 3/4 이내의 것을 사용한다.
- PS 강재의 스터럽 또는 가외철근 등에 대해서는 용접을 하지 않는 것을 원칙으로 한다.
- 슬럼프가 20mm 미만인 경우는 제조방법에 적합한 시험방법에 의한다.

55 포장용 콘크리트의 배합기준에 대한 설명으로 틀린 것은?

① 휨 호칭강도(f_{28})는 3MPa 이상이어야 한다.
② 단위 수량은 150kg/m³ 이하이어야 한다.
③ 공기연행 콘크리트의 공기량 범위는 4~6%이어야 한다.
④ 굵은골재의 최대치수는 40mm 이하이어야 한다.

해설
- 휨 호칭강도(f_{28}) : 4.5MPa 이상
- 슬럼프 : 40mm 이하

56 프리플레이스트 콘크리트의 압송 및 주입에 관한 설명으로 옳지 않은 것은?

① 수송관을 통과하는 모르타르의 평균유속은 0.5~2.0m/sec 정도가 되도록 한다.
② 시공중 모르타르 주입을 주기적으로 중단시켜 시공이음이 발생하도록 유도하여 온도변화 및 건조수축 등에 의한 균열 발생을 제어하여야 한다.
③ 수송관의 연장은 짧게 하여야 하며, 연장이 100m 이상일 경우에는 중계용 펌프를 사용한다.
④ 연직주입관 및 수평주입관의 수평간격은 2m 정도를 표준으로 한다.

해설
- 모르타르 주입을 중단하여 설계나 시공계획에 없는 시공이음을 두어서는 안 된다.
- 수송관의 급격한 곡률과 단면의 급변은 피한다.
- 모르타르 펌프는 압송능력이 있어야 하며 공기를 혼입하지 않는 구조이어야 한다.

정답 54. ③ 55. ① 56. ②

57. 다음 중 경량골재 콘크리트 종류에 속하지 않는 것은?

① 폴리머시멘트 콘크리트
② 경량골재 콘크리트
③ 경량기포 콘크리트
④ 무잔골재 콘크리트

해설 폴리머를 사용한 콘크리트를 폴리머 시멘트 콘크리트라 한다.

58. 다음 중 콘크리트의 일반적인 양생방법에 속하지 않는 것은?

① 증기양생
② 습윤양생
③ 건조양생
④ 급열양생

해설
- 습윤양생에는 수중양생, 막양생, 젖은 포를 이용한 양생 등이 있다.
- 촉진양생에는 증기양생, 온수양생, 전기양생, 급열양생, 적외선양생 등이 있다.

59. 다음은 숏크리트 제조에 대한 설명이다. 틀린 것은?

① 섬유를 사용할 경우 배치플랜트에는 섬유를 개량하기 위한 호퍼 및 자동계량 기록 장치를 설치하여야 하며 계량오차는 ±3% 이내이어야 한다.
② 분말 급결제의 저장설비는 분말 급결제의 습기 흡수를 방지할 수 있는 것이어야 한다.
③ 숏크리트 장비는 소정의 배합 재료를 연속하여 압송하면서 뿜어붙일 수 있는 것이어야 한다.
④ 건식 방식의 경우 잔골재는 절대건조상태를 유지해야 한다.

해설 건식 방식의 경우 잔골재는 적정량의 표면수율(보통 3~6%)을 가지는 것을 사용하여야 한다.

60. 다음 중 프리캐스트 콘크리트의 특징에 대한 설명으로 틀린 것은?

① 기후에 좌우되지 않지만 동해 방지를 위해 한랭지 시공이 불가능하다.
② 제품이 다양하고 동일 규격의 제품 생산이 가능하다.
③ 품질관리의 신뢰가 있다.
④ 현장에서의 양생이 필요없어 공기가 단축된다.

해설 기후에 좌우되지 않아 한랭지 시공이 가능하다.

정답 57. ① 58. ③ 59. ④ 60. ①

4과목 콘크리트 구조 및 유지관리

61 프리스트레스트(prestressed) 콘크리트에 관한 일반적 표현이 잘못된 것은?

① PS강재는 릴렉세이션(relaxation) 값이 작은 것을 사용하는 것이 바람직하다.
② 콘크리트는 크리프가 큰 것을 사용하는 것이 바람직하다.
③ 포스트텐션(post-tension) 방식은 현장에서 프리스트레스를 도입하는 경우가 많다.
④ 프리텐션(pre-tension) 방식은 공장에서 동일 종류의 제품을 대량으로 제조하는 경우가 많다.

- 콘크리트는 건조수축과 크리프가 작아야 한다.
- PC강재는 적당한 연성과 인성이 있어야 한다.
- 프리스트레스트 콘크리트는 콘크리트의 균열 감소 이점이 있어 사용된다.

62 인장철근 D32($d_b=31.8mm$)를 정착시키는 데 필요한 기본 정착길이(l_{db})는? (단, $f_{ck}=24MPa$, $f_y=400MPa$, $\lambda=1.0$이다.)

① 1324mm ② 1558mm
③ 1672mm ④ 1762mm

- $l_{db} = \dfrac{0.6 d_b f_y}{\lambda \sqrt{f_{ck}}} = \dfrac{0.6 \times 31.8 \times 400}{1.0 \times \sqrt{24}} = 1558mm$
- 정착길이 $l_d = l_{db} \times$ 보정계수 (α, β, λ)
- 정착길이 $l_d = 300mm$ 이상이어야 한다.

63 유효깊이는 600mm이고 폭이 300mm인 보의 전단보강 철근이 부담하는 전단력이 $\dfrac{1}{3}\lambda\sqrt{f_{ck}}\,b_w d < V_s \leq \dfrac{2}{3}\sqrt{f_{ck}}\,b_w d$ 라면, 수직 스터럽의 최대 간격은? (단, 강도설계법에 따라 설계한다.)

① 600mm ② 300mm
③ 150mm ④ 125mm

- $V_s > \dfrac{1}{3}\sqrt{f_{ck}}\,b_w d$ 인 경우 수직 스터럽의 간격은 $\dfrac{d}{4}$ 이하, 300mm 이하로 배치한다.
- 수직 스터럽의 간격 : $\dfrac{d}{4} = \dfrac{600}{4} = 150mm$

정답 61. ② 62. ② 63. ③

64. 철근 부식이 의심스러운 경우 실시하는 비파괴검사 방법은?

① 초음파법
② 반발경도법
③ 전자파 레이더법
④ 자연전위법

해설 철근 부식 상태의 조사방법에는 자연전위법, 표면 전위차 측정법, 분극저항법, 전기저항법 등이 있다.

65. 강도설계법에서 고정하중(D)과 활하중(L)만 작용하는 휨부재에서 계수하중을 구하기 위한 하중조합은?

① $U = 1.2D + 1.6L$
② $U = 1.7D + 1.4L$
③ $U = 0.4D + 0.5L$
④ $U = 1.4D + 1.4L$

해설
- 고정하중(D)과 활하중(L)이 작용하는 경우
  $U = 1.2D + 1.6L$
- 고정하중(D)과 활하중(L) 및 풍하중(W)이 작용하는 경우
  $U = 1.2D + 1.0L + 1.3W$

66. 페놀프탈레인 시약을 사용하여 조사할 수 있는 열화현상은?

① 중성화
② 염해
③ 알칼리-실리카 반응
④ 동해

해설 공시체의 파단면에 1% 페놀프탈레인 용액을 분무하여 무색이면 중성화가 된 것으로 판단한다.

67. 그림과 같은 단철근 직사각형 보에서 $f_y = 400\text{MPa}$, $f_{ck} = 30\text{MPa}$일 때 강도설계법에 의한 등가응력의 깊이 a는?

① 49.2mm
② 94.1mm
③ 13.8mm
④ 21.7mm

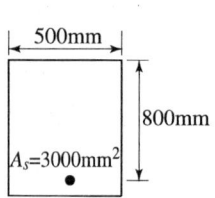

해설 $C = T$
$\eta(0.85 f_{ck}) a b = A_s f_y$
$\therefore a = \dfrac{A_s f_y}{\eta(0.85 f_{ck}) b} = \dfrac{3000 \times 400}{1.0 \times (0.85 \times 30) \times 500} \fallingdotseq 94.1\text{mm}$

정답 64. ④ 65. ① 66. ① 67. ②

68 옹벽의 안정에 대한 설명으로 틀린 것은?

① 전도에 대한 저항휨모멘트는 횡토압에 의한 전도모멘트의 1.5배 이상이어야 한다.
② 활동에 대한 저항력은 옹벽에 작용하는 수평력의 1.5배 이상이어야 한다.
③ 전도 및 지반지지력에 대한 안정조건은 만족하지만, 활동에 대한 안정조건만을 만족하지 못할 경우에는 활동 방지벽 혹은 횡방향 앵커 등을 설치하여 활동저항력을 증대시킬 수 있다.
④ 지반에 유발되는 최대 지반반력이 지반의 허용지지력을 초과하지 않아야 한다.

해설 전도에 대한 저항 휨모멘트는 횡토압에 의한 전도모멘트의 2배 이상이어야 한다.

69 다음과 같은 단철근 직사각형 단면 보가 균형철근비를 가질 때 중립축까지의 거리 c는 얼마인가? (단, $f_{ck}=28$MPa, $f_y=400$MPa, $d=450$mm이다.)

① 255mm
② 260mm
③ 265mm
④ 280mm

해설 $c = \dfrac{660}{660+f_y} \times d = \dfrac{660}{660+400} \times 450 = 280$mm

70 콘크리트 구조물에 0.1mm 정도의 미세한 균열이 발생한 경우 내구성이 저하하게 된다. 따라서 구조물의 방수성 및 내구성을 향상시키기 위해 균열 발생 부위에 도막을 형성하여 보수하는 공법은?

① 표면처리공법
② 재알칼리화공법
③ 충전공법
④ 주입공법

해설 표면처리공법은 0.2mm 이하의 미세한 결함에 대해 방수성, 내구성 확보를 위해 이용된다.

71 돌로마이트질 석회암이 알칼리 이온과 반응하여 그 생성물이 팽창하거나 암석 중에 존재하는 점토 광물이 흡수, 팽창하여 콘크리트에 균열을 일으키는 반응으로 옳은 것은?

① 알칼리 실리케이트 반응
② 알칼리 탄산염 반응
③ 알칼리 수산화 반응
④ 알칼리 실리카 반응

해설 알칼리 탄산염 반응에 의한 피해 구조물에는 겔이 발견되지 않는다.

72 콘크리트 압축강도 추정을 위한 반발경도 시험(KS F 2730)에 대한 설명으로 틀린 것은?

① 시험할 콘크리트 부재는 두께가 100mm 이상이어야 하며, 하나의 구조체에 고정되어야 한다.
② 시험할 때 타격위치는 가장자리로부터 100mm 이상 떨어져야 하고, 서로 30mm 이내로 근접해서는 안 된다.
③ 탄산화가 진행된 콘크리트의 경우 정상보다 낮은 반발경도를 나타낸다.
④ 콘크리트 내부의 온도가 0℃ 이하인 경우 정상보다 높은 반발경도를 나타낸다.

해설
- 탄산화가 진행된 콘크리트의 경우 정상보다 높은 반발경도를 나타낸다.
- 시험영역의 지름은 150mm 이상이 되어야 한다.
- 수평타격 시험값이 가장 안정된 값을 나타내기 때문에 수평타격을 원칙으로 한다.
- 각 측정 위치마다 슈미트 해머에 의한 측정점은 20점을 표준으로 한다.

73 $A_s = 4,000\text{mm}^2$, $A_s' = 1,500\text{mm}^2$로 배근된 그림과 같은 복철근 보의 탄성처짐이 15mm이다. 5년 이상의 지속하중에 의해 유발되는 총처짐은 얼마인가?

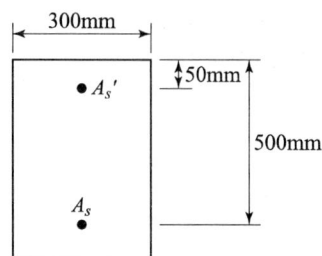

① 15mm ② 20mm
③ 25mm ④ 35mm

해설
- 처짐계수
$$\lambda_\Delta = \frac{\xi}{1+50\rho'} = \frac{2}{1+50 \times 0.01} = 1.33$$
여기서, $\rho' = \dfrac{A_s'}{bd} = \dfrac{1500}{300 \times 500} = 0.01$

- 장기처짐
탄성처짐 $\times \lambda_\Delta = 15 \times 1.33 ≒ 20\text{mm}$

- 총처짐
탄성처짐 + 장기처짐 $= 15 + 20 = 35\text{mm}$

정답 72. ③ 73. ④

74 이형 봉강 SD 400를 최외단 인장철근으로 사용한 압축부재에서 순인장 변형률(ε_t)이 0.002와 0.005 사이인 단면의 경우 나선철근으로 보강된 부재의 강도감소계수는?

① $\phi = 0.65 + (\varepsilon_t - 0.002) \times 50$
② $\phi = 0.70 + (\varepsilon_t - 0.002) \times 50$
③ $\phi = 0.65 + (\varepsilon_t - 0.002) \times \dfrac{200}{3}$
④ $\phi = 0.70 + (\varepsilon_t - 0.002) \times \dfrac{200}{3}$

해설 기타 철근의 경우
$$\phi = 0.65 + (\varepsilon_t - 0.002) \times \dfrac{200}{3}$$

75 콘크리트 구조물의 외관조사 중 육안조사할 때 추를 이용하여 조사하는 방법은 다음 중 어떤 종류의 손상에 적절한가?

① 경사 ② 균열
③ 이상 진동 ④ 박리

해설 추를 수직으로 떨어뜨려 연직상태를 파악하므로 경사 유무를 조사할 수 있다.

76 콘크리트 타설 후 양생기간에 발생하는 수화열로 인한 열화를 감소시킬 수 있는 방법으로 적합한 것은?

① 습윤양생을 철저히 한다.
② 단면의 크기를 증대한다.
③ 강재거푸집 대신에 목재 거푸집을 이용한다.
④ 거푸집 해체를 천천히 한다.

해설 콘크리트 수밀성은 습윤양생 기간에 따라 현저한 영향을 받으므로 초기 양생이 끝난 후에도 되도록 습윤양생을 실시하는 바람직하다.

77 철근 콘크리트 구조물의 장점으로 틀린 것은?

① 일체식 구조를 만들 수 있다.
② 구조물의 형상과 치수에 제약을 받지 않는다.
③ 소음, 진동이 적고 내구성 및 내화성이 좋다.
④ 구조물 시공 후 개조, 보강이 쉽다.

해설 구조물 시공 후 개조, 보강이 어렵다.

정답 74. ② 75. ① 76. ① 77. ④

78. 콘크리트 구조물의 보수방법을 선택할 경우 중요하게 고려되지 않아도 되는 것은?

① 보수의 목적
② 진단방법
③ 손상의 원인
④ 재발 가능성

해설 보수방법을 선택할 경우에는 보수 목적, 손상 원인, 재발 가능성 등을 파악하고 적절한 시공법을 적용해야 한다.

79. 콘크리트 구조물 보의 보강공법으로 적합하지 않은 것은?

① 강판접착공법
② 증타보강공법
③ 강판감기공법
④ 탄소섬유시트 접착공법

해설 콘크리트 구조물 보강공법의 종류
두께 증설공법, 프리스트레스 공법, 외부 케이블 공법 등

80. 콘크리트 부재 두께가 300mm인 두께 방향으로 초음파 전파시간을 측정한 결과가 200μs이었다. 이 콘크리트의 초음파 속도는?

① 1500m/s
② 6000m/s
③ 15000m/s
④ 60000m/s

해설 $V = \dfrac{L}{T} = \dfrac{0.3}{0.0002} = 1500 \, \text{m/s}$

정답 78. ② 79. ③ 80. ①

1과목 콘크리트 재료 및 배합

01 콘크리트의 배합에 대한 일반사항을 설명한 것으로 틀린 것은?

① 현장 콘크리트의 품질변동을 고려하여 콘크리트의 배합강도는 설계기준강도보다 적게 정한다.
② 잔골재율은 소요의 워커빌리티를 얻을 수 있는 범위 내에서 단위수량이 최소가 되도록 시험에 의해 정한다.
③ 단위수량은 작업이 가능한 범위 내에서 될 수 있는 대로 적게 되도록 시험을 통해 정한다.
④ 물-결합재비는 소요의 강도, 내구성, 수밀성 및 균열저항성 등을 고려하여 정한다.

해설 현장 콘크리트의 품질변동을 고려하여 콘크리트 배합강도는 설계기준강도보다 크게 정한다.

02 동해에 의한 골재의 붕괴작용에 대한 저항성을 측정하기 위한 시험방법은?

① 안정성 시험 ② 유기불순물 시험
③ 오토클레이브 시험 ④ 마모 시험

해설 골재의 안정성 시험은 기상작용에 의한 골재의 균열 또는 파괴에 대한 저항성을 측정한다.

03 굵은골재의 체가름 시험결과가 아래 표와 같을 때 이 골재의 조립률은?

체의 크기(mm)	40	20	10	5	2.5
각 체 잔량누계(%)	8	39	68	95	100

① 7.10 ② 2.10
③ 6.71 ④ 7.02

해설
• 조립률은 75, 40, 20, 10, 5, 2.5, 1.2, 0.6, 0.3, 0.15mm의 각 체에 남는 양의 누계 백분율의 합을 100으로 나눈 값이다.
• $FM = \dfrac{8+39+68+95+100+400}{100} = 7.1$

[정답] 01. ① 02. ① 03. ①

04 콘크리트의 압축강도를 알지 못할 때, 또는 압축강도의 시험횟수가 14회 이하인 경우 콘크리트의 배합강도를 구한 것으로 틀린 것은?

① 호칭강도가 20MPa일 때, 배합강도는 27MPa이다.
② 호칭강도가 25MPa일 때, 배합강도는 33MPa이다.
③ 호칭강도가 30MPa일 때, 배합강도는 38.5MPa이다.
④ 호칭강도가 40MPa일 때, 배합강도는 49MPa이다.

해설

호칭강도(MPa)	배합강도(MPa)
21 미만	$f_{cn}+7$
21 이상 35 이하	$f_{cn}+8.5$
35 초과	$1.1f_{cn}+5.0$

• 호칭강도가 25MPa일 때 배합강도 $f_{cr}=25+8.5=33.5$MPa이다.

05 흡수율이 2.48%인 젖은 모래 568.3g을 110°C에서 24시간 건조하여 525.6g으로 일정 질량이 되었다. 이 젖은 모래의 표면수율은?

① 4.2% ② 5.5%
③ 6.7% ④ 8.1%

해설

• 흡수율 = $\dfrac{\text{표건시료}-\text{절건시료}}{\text{절건시료}}\times 100$

$2.48 = \dfrac{x-525.6}{525.6}\times 100$

$(x-525.6)\times 100 = 2.48\times 525.6$

∴ $x = 538.6$g

• 표면수율 = $\dfrac{\text{습윤시료}-\text{표건시료}}{\text{표건시료}}\times 100 = \dfrac{568.3-538.6}{538.6}\times 100 = 5.5\%$

06 혼화재로 실리카 품을 사용한 콘크리트의 특성에 대한 설명으로 틀린 것은?

① 단위수량 및 건조수축이 감소된다.
② 투수성이 작아 수밀성이 향상되며, 재료분리 저항성이 향상된다.
③ 수화열이 작고, 화학저항성이 향상된다.
④ 마이크로 필러 효과로 압축강도 발현성이 크다.

해설
• 단위수량의 증가, 건조수축의 증대 등의 결점이 있다.
• 알칼리 골재반응의 억제효과 및 강도 증진 등을 기대할 수 있다.

정답 04. ② 05. ② 06. ①

07 잔골재의 밀도 및 흡수율 시험에서 결과의 정밀도에 대한 설명으로 옳은 것은?

① 시험값은 평균과의 차이가 밀도의 경우 $0.1g/cm^3$ 이하, 흡수율의 경우는 0.5% 이하이어야 한다.
② 시험값은 평균과의 차이가 밀도의 경우 $0.01g/cm^3$ 이하, 흡수율의 경우는 0.05% 이하이어야 한다.
③ 시험값은 평균과의 차이가 밀도의 경우 $0.05g/cm^3$ 이하, 흡수율의 경우는 0.01% 이하이어야 한다.
④ 시험값은 평균과의 차이가 밀도의 경우 $0.5g/cm^3$ 이하, 흡수율의 경우는 0.1% 이하이어야 한다.

해설 굵은골재의 밀도 및 흡수율 시험은 시험을 두 번 하며 평균값과 차가 밀도값은 $0.01g/cm^3$ 이하, 흡수율은 0.03% 이하일 것

08 화학혼화제 중 공기연행 감수제를 성능에 따라 분류할 때 그 종류에 속하지 않는 것은?

① 표준형   ② 지연형
③ 급결형   ④ 촉진형

해설 감수제 및 공기연행 감수제를 성능에 따라 표준형, 지연형, 촉진형으로 분류한다.

09 최대치수가 20mm인 굵은골재를 사용하여 체가름시험을 하고자 한다. 시료의 최소 건조 질량으로 옳은 것은?

① 500g   ② 2kg
③ 4kg   ④ 8kg

해설
- 20mm : 4kg
- 25mm : 5kg
- 40mm : 8kg

10 콘크리트 배합에서 단위 시멘트량을 증가시킬 경우에 대한 설명으로 옳은 것은?

① 점성이 감소된다.
② 재료분리가 감소된다.
③ 내구성, 수밀성이 감소된다.
④ 워커빌리티가 나빠진다.

해설
- 점성이 증가된다.
- 내구성, 수밀성이 증가된다.
- 워커빌리티가 좋아진다.

정답 07. ② 08. ③ 09. ③ 10. ②

11 콘크리트용 골재에 관한 설명으로 틀린 것은?

① 골재 중의 0.15mm~0.6mm의 골재가 많으면 공기연행성을 감소시킨다.
② 골재 중에 석탄, 갈탄의 양이 많으면 콘크리트의 강도가 낮아지며 외관을 해친다.
③ 콘크리트 표준시방서에서는 잔골재에 함유된 염화물(NaCl 환산량)량을 질량백분율로 0.04% 이하로 규정하고 있다.
④ 내화적이면서 강도, 내구성 등을 필요로 하는 콘크리트에서는 고로 슬래그 굵은골재나 내구적인 안산암, 현무암 등을 사용하는 것이 좋다.

해설 골재 중의 0.15mm~0.6mm의 골재가 많으면 공기연행성을 증가시킨다.

12 아래 표와 같은 조건에서 단위 굵은골재량은 얼마인가?

[조 건]
- 단위 수량 : 175kg
- 시멘트 밀도 : 0.00315g/mm³
- 잔골재의 표건밀도 : 0.0026g/mm³
- 잔골재율 : 41.0%
- 굵은골재의 표건밀도 : 0.00265g/mm³
- 단위 잔골재량 : 720.0kg

① 956kg
② 1,004kg
③ 1,056kg
④ 1,104kg

해설
- 골재의 단위 체적
  단위 잔골재량 = 잔골재 밀도 × 골재의 단위 체적 × 잔골재율 × 1,000
  $720 = 2.6 \times V \times 0.41 \times 1000$
  ∴ $V = 0.675 m^3$
- 단위 굵은골재량
  굵은골재 밀도 × 굵은골재의 단위 체적 × 1,000
  $2.65 \times 0.675 \times (1 - 0.41) \times 1000 = 1056 kg$

13 각종 골재에 대한 설명으로 틀린 것은?

① 콘크리트용 부순골재는 일반 콘크리트용 골재와는 달리 입자모양 판정 실적률을 검토하여야 한다.
② 고로 슬래그 잔골재는 고온 하에서 장기간 저장해 두면 굳어질 우려가 있기 때문에 동결 방지제를 살포함과 동시에 가능한 한 1개월 이내에 사용하는 것이 좋다.

정답 11. ① 12. ③ 13. ④

③ 부순 잔골재의 경우 다량의 미분말을 함유하는 경우가 많아 콘크리트의 성능에 영향을 미치기 때문에 미립분 함유량을 검토할 필요가 있다.
④ 인공경량골재를 사용한 콘크리트의 경우 하천 골재를 사용한 경우보다 압축강도는 떨어지지만 동결융해 저항성은 향상된다.

해설 인공경량골재를 사용한 콘크리트의 경우 하천 골재를 사용한 경우보다 압축강도 및 동결융해 저항성이 떨어진다.

14 혼화재의 저장방법으로 틀린 것은?

① 방습적인 사일로 또는 창고 등에 품종별로 구분하여 보관한다.
② 장기 저장이 가능하므로 입하하는 순서와 상관없이 사용한다.
③ 장기간 저장한 혼화재는 사용 전에 시험을 실시하여 품질을 확인해야 한다.
④ 혼화재는 취급 시에 비산하지 않도록 주의한다.

해설 입하의 순서대로 사용해야 한다.

15 한국산업규격 KS L 5110 시멘트 밀도시험방법에 대한 설명으로 틀린 것은?

① 포틀랜드 시멘트는 약 64g을 사용한다.
② 시멘트 병은 르샤틀리에 플라스크를 사용한다.
③ 시멘트 병에 시멘트를 넣기 전에 물을 투입하여야 한다.
④ 시멘트 밀도시험 시 시멘트를 넣은 병을 조금 기울여 굴리든가 또는 천천히 수평하게 돌려서 기포를 제거해야 한다.

해설 르샤틀리에 병에 시멘트를 넣기 전에 광유를 투입하여야 한다.

16 콘크리트에 사용되는 혼화제에 관하여 옳지 않은 것은?

① AE제는 공기연행제로 동결융해에 대한 저항성을 향상시킨다.
② 고성능 AE감수제는 공기연행 작용 및 시멘트 분산작용을 대폭적으로 증대시켜 우수한 유동성과 슬럼프 유지 능력을 가진 혼화제이다.
③ 유동화제는 분산효과가 크고 슬럼프 경시변화가 적은 특성이 있다.
④ 수축저감제는 모세관수의 표면장력을 저하시켜 건조수축을 저감하는 특성이 있다.

해설 유동화제는 낮은 물-결합재비 콘크리트에서 사용하여 반죽질기를 증가시켜 워커빌리티를 증진시킨다. 그래서 분산효과가 크고 슬럼프 변화가 큰 특성이 있다.

정답 14. ② 15. ③ 16. ③

17 시멘트의 강도시험(KS L ISO 679)의 공시체 제작을 위해 모르타르를 제작하고자 한다. 사용하는 시멘트가 450g인 경우 필요한 표준사의 양으로 옳은 것은?

① 900g
② 1,103g
③ 1,215g
④ 1,350g

해설 1 : 3이므로 450×3=1,350g
W/C=0.5이므로 물의 양은 225g이다.

18 다음의 시험방법 중 시멘트 시험과 관계없는 것은?

① 밀도
② 안정도
③ 블리딩
④ 압축강도

해설 블리딩은 굳지 않은 콘크리트 시험과 관계된다.

19 고로 슬래그 미분말을 사용한 콘크리트에 대한 설명이다. 옳지 않은 것은?

① 고로 슬래그 미분말을 사용한 콘크리트는 중성화 속도를 저하시키는 효과가 있다.
② 고로 슬래그 미분말을 사용한 콘크리트는 철근 보호성능이 향상된다.
③ 고로 슬래그 미분말을 사용한 콘크리트는 수밀성이 크게 향상된다.
④ 고로 슬래그 미분말을 사용한 콘크리트의 초기강도는 포틀랜드 시멘트 콘크리트보다 작다.

해설 고로 슬래그 미분말을 사용한 콘크리트는 알칼리 골재 반응 억제에 대한 효과가 있다.

20 콘크리트 압축강도의 시험횟수가 22회일 경우 배합강도를 결정하기 위해 적용하는 표준편차의 보정계수로 옳은 것은?

① 1.04
② 1.06
③ 1.08
④ 1.10

해설 시험횟수가 20회 경우 1.08, 25회 경우 1.030이므로 $\dfrac{1.08-1.03}{5}=0.01$씩 직선 보간한다. 즉, 20회 1.08, 21회 1.07, 22회 1.06, 23회 1.05, 24회 1.04, 25회 1.030이 된다.

정답 17. ④ 18. ③ 19. ① 20. ②

2과목 콘크리트 제조, 시험 및 품질관리

21 콘크리트 구조물의 검사 중 표면상태의 검사항목에 해당되지 않는 것은?

① 시공이음 ② 균열
③ 양생방법 ④ 노출면의 상태

해설 양생방법은 콘크리트가 경화하기까지 보호하는 방법이다.

22 시방배합을 현장배합으로 수정할 때 필요한 항목이 아닌 것은?

① 잔골재율
② 골재의 표면수율
③ 5mm체에 남는 잔골재량
④ 5mm체를 통과하는 굵은골재량

해설 골재의 입도, 표면수를 고려하여 시방배합을 현장배합으로 수정한다.

23 콘크리트 압축강도 시험에 관한 설명으로 올바르지 않은 것은?

① 공시체의 지름은 0.1mm, 높이는 1mm까지 측정한다.
② 공시체의 제작에서 몰드를 떼는 시기는 채우기가 끝나고 나서 16시간 이상 3일 이내로 한다.
③ 일반적으로 사용하는 공시체는 원통형 공시체로 직경에 대한 길이의 비가 1:3인 것을 많이 사용한다.
④ 콘크리트의 압축강도의 표준은 특별한 경우를 제외하고는 일반적으로 재령 28일을 설계의 표준으로 한다.

해설 일반적으로 사용하는 공시체는 원통형 공시체로 직경에 대한 길이의 비가 1:2인 것을 많이 사용한다.

24 콘크리트의 탄성계수가 2.5×10^4MPa이고 푸아송비가 0.2일 때 전단탄성계수는?

① 5.5×10^4MPa ② 7.5×10^4MPa
③ 1.04×10^4MPa ④ 12.4×10^4MPa

해설 $G = \dfrac{E_c}{2(1+v)} = \dfrac{2.5 \times 10^4}{2(1+0.2)} = 1.04 \times 10^4 \text{MPa}$

정답 21. ③ 22. ①
     23. ③ 24. ③

25 콘크리트의 비비기에 대한 설명으로 옳은 것은?

① 강제식 믹서의 최소 비비기 시간은 30초 이상으로 하여야 한다.
② 비비기는 미리 정해 둔 비비기 시간의 3배 이상 계속하여야 한다.
③ 비비기를 시작하기 전에 미리 믹서 내부를 모르타르로 부착하여야 한다.
④ 가경식 믹서의 최초 비비기 시간은 1분 이상으로 하여야 한다.

해설
- 강제식 믹서의 최소 비비기 시간은 1분 이상으로 하여야 한다.
- 가경식 믹서의 최소 비비기 시간은 1분 30초 이상으로 하여야 한다.
- 비비기는 미리 정해둔 비비기 시간의 3배 이상 계속해서는 안 된다.
- 비비기 시간은 시험에 의해 정하는 것을 원칙으로 한다.

26 콘크리트의 수밀성을 향상시키기 위한 방법으로 적합하지 않는 것은?

① 배합시 콘크리트의 물-결합재비를 저감시킴
② 혼화재로 플라이 애시를 사용
③ 습윤양생기간을 충분히 함
④ 경량골재를 사용

해설 경량골재는 고강도를 요구하는 구조물이나 수밀성을 요구하는 구조물에는 부적당하다.

27 150mm×150mm×530mm인 공시체로 휨강도 시험을 한 결과 최대 하중이 24500N일 때 공시체가 인장쪽 표면 지간방향 중심선의 4점 사이에서 파괴가 되었다. 이 공시체의 휨강도는? (지간 길이는 450mm이다.)

① 2.9MPa ② 3.3MPa
③ 4.9MPa ④ 5.3MPa

해설 휨강도 $= \dfrac{Pl}{bd^2} = \dfrac{24500 \times 450}{150 \times 150^2} = 3.3\text{MPa}$

28 품질관리의 순서로 적당한 것은?

① 계획 - 조치 - 검토 - 실시
② 계획 - 검토 - 조치 - 실시

정답 25.③ 26.④ 27.② 28.③

③ 계획 – 실시 – 검토 – 조치
④ 계획 – 검토 – 실시 – 조치

해설 PDCA의 관리 사이클 : 계획(Plan) → 실시(Do) → 검토(Check) → 조치(Action)

29 기존 콘크리트 구조물의 중성화 깊이 측정 시험에 필요한 시약은?
① 완전 탈수한 등유
② 벤젠
③ 수산화칼슘
④ 페놀프탈레인

해설 콘크리트 파단면에 1% 페놀프탈레인 용액을 분무하여 변색 여부를 관찰하여 무색으로 변화한 부분은 중성화된 것이다.

30 레디믹스트 콘크리트의 굵은골재 계량값이 아래 표와 같을 때 계량오차와 허용치 만족 여부를 순서대로 옳게 나열한 것은?

- 굵은골재 목표 1회 분량 = 2,000kg
- 굵은골재 저울에 의한 계측치 = 2,040kg

① 계량오차 : 1%, 허용치 만족 여부 : 합격
② 계량오차 : 2%, 허용치 만족 여부 : 합격
③ 계량오차 : 1%, 허용치 만족 여부 : 불합격
④ 계량오차 : 2%, 허용치 만족 여부 : 불합격

해설
- 계량오차 $= \dfrac{2040-2000}{2000} \times 100 = 2\%$
- 골재의 계량오차는 ±3% 허용오차 이내이므로 만족하여 합격이다.

31 압축강도에 의한 일반 콘크리트의 품질검사에 관한 설명 중 옳지 않은 것은? (단, 콘크리트 표준시방서의 규정에 의한다.)
① 품질기준강도로부터 배합을 정한 경우 각각의 압축강도 시험값이 품질기준강도보다 5.0MPa에 미달하는 확률이 1% 이하이어야 한다.
② 연속 3회 시험값의 평균이 호칭강도 또는 품질기준강도 이상이어야 한다.
③ 품질기준강도 및 호칭강도는 기온보정강도값을 더하여 구한다.
④ 압축강도에 의한 콘크리트 품질관리는 일반적인 경우 조기 재령에 있어서의 압축강도에 의해 실시한다.

해설 각각의 압축강도 시험값이 품질기준강도보다 3.5MPa 이하로 내려갈 확률 1/100로 하여 정한 것이다.

[정답] 29. ④ 30. ② 31. ①

32 콘크리트의 워커빌리티 및 반죽질기에 대한 설명으로 틀린 것은?

① 단위시멘트량이 많아질수록 성형성이 좋아지고 워커블해진다.
② 단위수량이 많을수록 반죽질기가 질게 되어 유동성이 증가하지만 재료분리가 발생하기 쉬워진다.
③ 잔골재율을 증가시키면 동일 워커빌리티를 얻기 위한 단위수량을 줄여야 한다.
④ 일반적으로 콘크리트의 비빔온도가 높을수록 반죽질기는 저하하는 경향이 있다.

해설 잔골재율을 증가시키면 동일 워커빌리티를 얻기 위한 단위수량을 증가시켜야 한다.

33 $\phi 100 \times 200$mm 원주형 공시체로 압축강도 시험을 수행하여 재하하중 230 kN에서 파괴되었다면 압축강도는?

① 2.9MPa ② 7.3MPa
③ 29.3MPa ④ 73.2MPa

해설 $f_{cu} = \dfrac{P}{A} = \dfrac{P}{\dfrac{\pi d^2}{4}} = \dfrac{230,000}{\dfrac{3.14 \times 100^2}{4}} = 29.3\text{MPa}$

34 콘크리트의 슬럼프 시험에서 몰드에 콘크리트를 3층으로 채우고 각각 다진 후 슬럼프 콘을 들어 올리는데, 이때 들어 올리는 시간의 표준은?

① 2~3초 ② 4~5초
③ 6~7초 ④ 8~9초

해설 슬럼프 콘을 들어 올리는 시간은 높이 30cm에서 2~3초로 하며 전 작업시간 3분에 포함된다.

35 레디믹스트 콘크리트의 공기량은 보통 콘크리트의 경우 (㉠)%이며, 그 허용오차는 ±(㉡)%로 한다. 여기서 빈 칸에 알맞은 것은?

	㉠	㉡		㉠	㉡
①	2.5	1.0	②	3.0	1.5
③	4.0	1.0	④	4.5	1.5

해설
- 포장 콘크리트 : 4.5±1.5%
- 경량골재 콘크리트 : 5.5±1.5%
- 고강도 콘크리트 : 3.5±1.5%

36 콘크리트 재료의 계량에 대한 설명으로 틀린 것은?
① 재료는 현장배합에 의해 계량한다.
② 각 재료는 1배치씩 질량으로 계량한다.
③ 골재의 유효흡수율은 보통 15~30분간의 흡수율로 본다.
④ 혼화제를 녹이는 데 사용하는 물이나 묽게 하는 데 사용하는 물은 단위수량에서 제외한다.

해설 혼화제를 녹이는 데 사용하는 물이나 묽게 하는 데 사용하는 물은 단위수량의 일부로 본다.

37 콘크리트의 건조수축에 대한 다음 설명 중 적합하지 않는 것은?
① 단위시멘트량이 증가할수록 건조수축은 커진다.
② 시멘트의 비표면적이 클수록 건조수축은 커진다.
③ 단위골재량이 많을수록 건조수축은 커진다.
④ 단위수량이 많을수록 건조수축은 커진다.

해설
- 단위골재량이 많을수록 건조수축은 작다.
- 철근을 많이 사용한 콘크리트는 건조수축이 작아진다.
- 건조수축 균열은 시간이 흐를수록 깊이가 깊어진다.
- 팽창시멘트를 사용하면 건조수축 균열을 최소화시키거나 제거할 수 있다.
- 플라이 애시를 혼입한 경우는 일반적으로 건조수축이 감소한다.
- 염화칼슘을 혼입한 경우는 일반적으로 건조수축이 증가한다.

38 콘크리트의 공기량에 관한 다음 사항 중 옳지 않은 것은?
① 콘크리트 온도가 낮을수록 공기량이 커진다.
② AE제 혼입량이 증가하면 공기량도 증가한다.
③ 부배합의 경우 공기량이 증가한다.
④ 포졸란을 많이 사용하면 공기량이 감소한다.

해설
- 부배합의 경우 공기량이 감소한다.
- 슬럼프가 클수록 공기량이 커진다.

정답 36.④ 37.③ 38.③

39 다음 중 소성수축균열이 발생할 수 있는 경우는?

① 철근 및 기타 매설물에 의하여 침하가 국부적으로 방해를 받는 경우
② 바람이나 높은 기온으로 인하여 블리딩 발생량보다 표면수의 증발이 빠른 경우
③ 굳지 않은 콘크리트 상태에서 하중을 가한 경우
④ 외부의 구속조건이 큰 경우

해설
- 콘크리트 친 후 건조한 외기에 노출시 표면건조로 수축현상이 생기며 이 수축현상이 건조되지 않는 내부 콘크리트에 의한 변형구속 때문에 인장응력이 생기는데 이 인장응력이 콘크리트의 초기 인장강도를 초과하여 여러 방향의 미세한 균열인 소성수축균열이 발생한다.
- 소성수축균열은 마무리면에 가늘고 얇은 균열 형태로 나타난다.
- 균열을 방지하기 위해 표면에 급격한 온도변화가 일어나지 않게 하고 수분의 증발을 방지하고 마무리를 지나치게 하지 않아야 한다.

40 다음 관리도의 종류에서 정규분포이론이 적용되지 않는 것은?

① P 관리도(불량률 관리도)
② x 관리도(측정값 자체의 관리도)
③ $\overline{x} - R$ 관리도(평균값과 범위의 관리도)
④ $\overline{x} - \sigma$ 관리도(평균값과 표준편차의 관리도)

해설 계수값 관리도 : P 관리도, P_n 관리도, C 관리도, U 관리도

3과목 콘크리트의 시공

41 미리 거푸집 속에 특정한 입도를 가지는 굵은골재를 먼저 투입한 후 골재와 골재사이 빈틈에 시멘트모르타르를 주입하여 제작하는 방식의 콘크리트는?

① 진공콘크리트
② 프리플레이스트 콘크리트
③ P.S 콘크리트
④ 수밀콘크리트

해설 프리플레이스트 콘크리트는 건조수축과 수중에서의 팽창이 작다.

정답 39. ② 40. ① 41. ②

42 트레미에 의해 시공을 할 경우, 일반 수중콘크리트의 슬럼프 표준값은?

① 80~130mm
② 130~180mm
③ 180~230mm
④ 230~250mm

해설
- 트레미, 콘크리트 펌프 : 130~180mm
- 밑열림 상자, 밑열림 포대 : 100~150mm

43 수중 불분리성 콘크리트를 타설할 때 적정한 수중 낙하 높이는?

① 0.5m 이하
② 0.8m 이하
③ 1.0m 이하
④ 1.5m 이하

해설 수중 불분리성 콘크리트 타설시 수중 유동거리는 5m 이하로 한다.

44 포장 콘크리트의 호칭강도(f_{28})에 대한 설명으로 옳은 것은?

① 압축강도 28MPa 이상
② 압축강도 30MPa 이상
③ 휨강도 3.5MPa 이상
④ 휨강도 4.5MPa 이상

해설 포장 콘크리트의 배합 기준

항 목	기 준
휨 호칭강도(f_{28})	4.5MPa 이상
단위수량	150kg/m³ 이하
굵은골재의 최대치수	40mm 이하
슬럼프	40mm 이하
공기연행 콘크리트의 공기량 범위	4~6%

45 섬유보강 콘크리트의 품질검사 항목 및 판정기준을 설명한 것으로 틀린 것은?

① 휨인성 계수 : 설계시 고려된 휨인성 계수값에 미달할 확률이 5% 이하일 것
② 압축인성 : 설계시 고려된 압축인성 값에 미달할 확률이 5% 이하일 것
③ 굳지 않은 강섬유보강 콘크리트의 강섬유혼입률 : 허용차±1.0%
④ 휨강도 : 설계시 고려된 휨강도 계수값에 미달할 확률이 5% 이하일 것

해설 굳지 않은 콘크리트의 품질검사
① 강섬유 혼입률 : 허용차 ± 0.5%
② 강섬유 혼입률(숏크리트) : 허용차 ± 0.5%

정답 42. ② 43. ① 44. ④ 45. ③

46 프리캐스트 콘크리트에 대한 설명으로 틀린 것은?
① 충분한 품질관리로 신뢰성 높은 제품의 제조가 가능하다.
② 공사기간의 단축이 가능하다.
③ 공장제품의 특성상 대량생산이 어려우며, 범용성이 떨어진다.
④ 기후에 좌우되지 않고 제조가 가능하다.

해설 공장제품의 특성상 대량생산이 가능하며 범용성이 가능하다.

47 고강도 콘크리트의 시공에 대한 설명으로 옳지 않은 것은?
① 운반차량에는 고성능 감수제 투여장치와 같은 보조장치를 준비하여야 한다.
② 낮은 물-결합재비를 가지므로 기건양생을 실시해야 한다.
③ 다짐에 사용되는 다짐기의 기종은 높은 점성 등을 고려하여 선정하여야 한다.
④ 콘크리트 타설의 낙하고는 1m 이하로 하는 것이 좋다.

해설
- 낮은 물-결합재비로 제조한 고강도 콘크리트는 수분이 적기 때문에 반드시 습윤양생을 하며 부득이한 경우 현장 봉함양생 등을 실시할 수 있다.
- 기둥 부재에 타설하는 콘크리트 강도와 슬래브나 보에 타설하는 콘크리트의 강도가 1.4배 이상 차이가 생길 경우에는 기둥에 사용한 콘크리트가 수평부재의 접합면에서 0.6m 정도 충분히 수평부재 쪽으로 안전한 내민길이를 확보하면서 콘크리트를 타설한다.

48 다음 중 촉진 양생의 종류가 아닌 것은?
① 오토클레이브 양생   ② 습윤양생
③ 전기양생   ④ 증기양생

해설 촉진양생의 종류
- 증기양생
- 오토클레이브 양생(고온고압양생)
- 전기양생

49 한중 콘크리트 시공 시 사용 시멘트로서 가장 적합한 것은?
① 플라이 애시 시멘트   ② 포틀랜드 시멘트
③ 실리카 시멘트   ④ 고로 시멘트

정답 46. ③ 47. ②
     48. ② 49. ②

해설 한중 콘크리트 시공 시 포틀랜드 시멘트를 사용하는 것을 표준으로 하고 있는 것은 저온 양생하였을 때 초기재령의 강도 발현에 대한 지연 정도가 적고 콘크리트의 동해에 대한 우려를 적게 할 수 있기 때문이다.

50 아래 표와 같은 조건에서 한중 콘크리트의 타설이 종료되었을 때 온도를 구하면?

- 비빈 직후 온도 : 20℃
- 주위의 기온 : 5℃
- 비빈 후부터 타설 종료시까지의 시간 : 2시간
- 운반 및 타설시간 1시간에 대하여 콘크리트 온도와 주위의 기온과의 차이 : 15%

① 10.5℃   ② 12.5℃
③ 15.5℃   ④ 17.75℃

해설 $T_2 = T_1 - 0.15(T_1 - T_0) \cdot t = 20 - 0.15(20-5) \times 2 = 15.5℃$

51 전단력이 큰 위치에 시공이음을 설치할 경우 전단력에 대한 보강방법으로 적절하지 않은 것은?

① 장부(요철)를 만드는 방법
② 홈을 만드는 방법
③ 철근으로 보강하는 방법
④ 레이턴스를 많이 발생시키는 방법

해설 철근으로 보강하는 경우에는 철근 정착길이는 콘크리트와 철근의 부착강도가 충분히 확보되도록 철근지름의 20배 이상으로 하고 원형철근의 경우에는 갈고리를 붙여야 한다.

52 콘크리트 다지기에서 내부진동기의 사용방법에 대한 설명으로 틀린 것은?

① 2층 이상의 층에 대한 시공 시에 내부진동기는 하층의 콘크리트 속으로 찔러 넣으면 안 된다.
② 내부진동기는 연직으로 찔러 넣으며, 삽입간격은 일반적으로 0.5m 이하로 하는 것이 좋다.
③ 1개소당 진동시간은 다짐할 때 시멘트 페이스트가 표면 상부로 약간 부상하기까지 한다.
④ 내부진동기는 콘크리트를 횡방향으로 이동시킬 목적으로 사용하지 않아야 한다.

해설 내부진동기를 하층의 콘크리트 속으로 0.1m 정도 찔러 넣는다.

정답 50. ③ 51. ④ 52. ①

53. 숏크리트에 대한 설명으로 틀린 것은?

① 건식 숏크리트는 배치 후 45분 이내에 뿜어붙이기를 실시하여야 한다.
② 일반 숏크리트의 장기 설계기준압축강도는 재령 28일로 설정하며 그 값은 24MPa 이상으로 한다.
③ 숏크리트의 휨강도 및 휨인성의 성능 목표는 재령 28일 값을 기준으로 설정하여야 한다.
④ 습식 숏크리트는 배치 후 60분 이내에 뿜어붙이기를 실시하여야 한다.

해설 일반 숏크리트의 장기 설계기준압축강도는 재령 28일로 설정하며 그 값은 21MPa 이상으로 한다. 단, 영구 지보재 개념으로 숏크리트를 타설할 경우에는 설계기준압축강도를 35MPa 이상으로 한다.

54. 콘크리트 시공이음에 대한 설명으로 틀린 것은?

① 시공이음은 될 수 있는 대로 전단력이 적은 위치에 설치하는 것이 원칙이다.
② 부재의 압축력이 작용하는 방향과 평행하도록 설치하여야 한다.
③ 외부의 염분에 의한 피해를 받을 우려가 있는 해양 및 항만 콘크리트 구조물 등에 있어서는 시공이음부를 되도록 두지 않는 것이 좋다.
④ 수밀을 요하는 콘크리트에 있어서는 시공이음부를 되도록 두지 않는 것이 좋다.

해설 부재의 압축력이 작용하는 방향과 직각이 되게 설치하여야 한다.

55. 유동화 콘크리트의 슬럼프 증가량에 대한 설명으로 옳은 것은?

① 80mm 이하를 원칙으로 하며, 30~50mm를 표준으로 한다.
② 80mm 이하를 원칙으로 하며, 50~80mm를 표준으로 한다.
③ 100mm 이하를 원칙으로 하며, 50~80mm를 표준으로 한다.
④ 100mm 이하를 원칙으로 하며, 80~100mm를 표준으로 한다.

해설 유동화 콘크리트의 슬럼프는 210mm 이하를 원칙으로 한다.

정답 53. ② 54. ②
55. ③

56 다음은 고강도 콘크리트의 재료 및 제조에 대한 설명이다. 옳지 않은 것은?

① 강제식 믹서보다는 가경식 믹서의 사용이 효과적이다.
② 단위수량은 최대 $180 kg/m^3$ 이하로 한다.
③ 잔골재율은 소요의 워커빌리티를 얻도록 시험에 의하여 결정하여야 하며, 가능한 적게 하여야 한다.
④ 굵은골재 최대치수는 25mm 이하를 사용하도록 한다.

해설
- 가경식 믹서보다는 강제식 믹서가 적당하다.
- 설계기준 압축강도는 40MPa 이상으로 한다.
- 물-결합재비는 소요의 강도와 내구성을 고려하여 정한다.
- 고강도 콘크리트는 설계기준 압축강도와 내구성이 커 해양 콘크리트 구조물에는 적절하다.

57 방사선 차폐용 콘크리트에 대한 설명으로 잘못된 것은?

① 주로 생물체의 방호를 위하여 X선, γ선 및 중성자선을 차폐할 목적으로 사용되는 콘크리트를 방사선 차폐용 콘크리트라고 한다.
② 물-결합재비는 50% 이하를 원칙으로 하고, 혼화제를 사용하여서는 안 된다.
③ 콘크리트의 슬럼프는 150mm 이하로 한다.
④ 소요의 밀도를 확보하기 위해 일반구조용 콘크리트보다 슬럼프를 작게 하는 것이 바람직하다.

해설
- 물-결합재비는 50% 이하를 원칙으로 하고, 작업성 개선을 위하여 품질이 입증된 혼화제를 사용하여도 된다.
- 1회 타설 높이는 30cm 이하로 한다.
- 차폐용 콘크리트로서 요구되는 밀도, 압축강도, 결합수량, 설계허용온도, 붕소량 등이 확보되어야 한다.

58 콘크리트의 운반 및 타설에 대한 설명으로 적합하지 않은 것은?

① 콘크리트의 재료분리가 될 수 있는 대로 적게 일어나도록 해야 한다.
② 넓은 장소에서는 일반적으로 콘크리트의 공급원으로부터 먼 쪽에서 타설하여 가까운 쪽으로 끝내도록 하는 것이 좋다.
③ 사전에 충분한 운반계획을 세우고, 신속하게 운반하여 즉시 타설한다.
④ 비비기에서 타설이 끝날 때까지의 시간은 외기온도 25℃ 이상일 때는 2시간 이내로 하여야 한다.

해설 비비기에서 타설이 끝날 때까지의 시간
- 외기온도 25℃ 이상일 때는 1.5시간 이내
- 외기온도 25℃ 미만일 때는 2시간 이내

정답 56. ① 57. ② 58. ④

59. 서중 콘크리트에 대한 설명 중 틀린 것은?

① 일반적으로는 기온 10℃의 상승에 대하여 단위수량은 2~5% 증가하므로 소요의 압축강도를 확보하기 위해서는 단위수량에 비례하여 단위 시멘트량의 증가를 검토하여야 한다.
② 소요의 강도 및 워커빌리티를 얻을 수 있는 범위 내에서 단위수량 및 단위 시멘트량을 최대로 확보하여야 한다.
③ 콘크리트를 타설할 때의 콘크리트 온도는 35° 이하이어야 한다.
④ 콘크리트는 비빈 후 즉시 타설하여야 하며, 지연형 감수제를 사용하는 등의 일반적인 대책을 강구한 경우라도 1.5시간 이내에 타설하여야 한다.

해설
- 소요의 강도 및 워커빌리티를 얻을 수 있는 범위 내에서 단위수량 및 단위 시멘트량을 적게 한다.
- 타설 후 적어도 24시간은 노출면이 건조하는 일이 없도록 습윤상태로 유지한다. 또 양생은 적어도 5일 이상 실시한다.

60. 고유동 콘크리트의 자기 충전성에 대한 설명 중 틀린 것은?

① 1등급은 최소 철근 순간격 35~60mm 정도의 복잡한 단면형상, 단면치수가 적은 부재 또는 부위에서 자기 충전성을 가지는 성능이다.
② 2등급은 최소 철근 순간격 60~200mm 정도의 철근 콘크리트 또는 부재에서 자기 충전성을 가지는 성능이다.
③ 일반적인 철근 콘크리트 구조물 또는 부재는 자기 충전성 등급을 4등급으로 정하는 것을 표준으로 한다.
④ 3등급은 최소 철근 순간격 200mm 정도 이상으로 단면치수가 크고 철근량이 적은 부재 또는 부위, 무근 콘크리트 구조물에서 자기 충전성을 가지는 성능이다.

해설
- 일반적인 철근 콘크리트 구조물 또는 부재는 자기 충전성 등급을 2등급으로 정하는 것을 표준으로 한다.
- 자기 충전성이란 콘크리트를 타설할 때 다짐작업 없이 자중만으로 철근 등을 통과하여 거푸집의 구석구석까지 균질하게 채워지는 정도를 나타내는 굳지 않은 콘크리트의 성질이다.

정답 59. ② 60. ③

4과목 콘크리트 구조 및 유지관리

61 콘크리트의 중성화로 인한 철근부식을 방지하여 균열발생을 억제하려면 다음 조치들을 취해야 하는데 이러한 조치로 적절하지 않은 것은?

① 충분한 피복두께 확보
② 탄산가스 농도의 저감
③ 수밀성의 확보
④ 재료 중의 염분량 축소

해설 재료 중의 염분량 축소도 철근의 부식을 방지하는 방법이지만 중성화로 인한 철근의 부식을 방지하는 방법으로는 옳지 않다.

62 콘크리트 구조 내부의 공동이나 균열과 같은 결함을 조사하는 방법으로 적당하지 않은 것은?

① 초음파법
② 어쿠스틱 에미션(AE)법
③ 충격탄성파법
④ 반발경도법

해설 슈미트 해머로 콘크리트 구조물의 반발경도를 추정하여 콘크리트에 강도를 시험하는 방법이 반발경도법이다.

63 다음 중 부재에 따른 강도감소계수가 틀린 것은?

① 인장지배 단면 : 0.85
② 압축지배 단면 중 띠철근으로 보강된 철근콘크리트 부재 : 0.70
③ 포스트텐션 정착구역 : 0.85
④ 무근 콘크리트의 휨모멘트 : 0.55

해설 압축지배단면 중 띠철근 기둥은 0.65, 나선철근 기둥은 0.70이다.

64 휨부재에서 f_{ck}=24MPa, f_y=300MPa, λ=1.0일 때 D25(공칭직경 25.4mm)인 인장철근의 기본 정착길이는?

① 822mm
② 934mm
③ 1024mm
④ 1143mm

해설 • 기본 정착길이
$$l_{db} = \frac{0.6 d_b f_y}{\lambda \sqrt{f_{ck}}} = \frac{0.6 \times 25.4 \times 300}{1.0 \times \sqrt{24}} = 934\text{mm}$$

보충 • 이형철근의 정착길이
$l_d = l_{db} \times$ 보정계수, 정착길이(l_d)는 300mm 이상이어야 한다.

정답 61. ④ 62. ④ 63. ② 64. ②

65. 1방향 슬래브에 대한 설명으로 틀린 것은?

① 4변에 의해 지지되는 2방향 슬래브 중에서 단변에 대한 장변의 비가 2배를 넘으면 1방향 슬래브로 해석한다.
② 슬래브의 정모멘트 철근 및 부모멘트 철근의 중심간격은 위험단면에서는 슬래브 두께의 3배 이하이어야 하고, 또한 450mm 이하로 하여야 한다.
③ 1방향 슬래브의 두께는 최소 100mm 이상으로 하여야 한다.
④ 1방향 슬래브에서는 정모멘트 철근 및 부모멘트 철근에 직각방향으로 수축·온도철근을 배치하여야 한다.

해설 슬래브의 정철근 및 부철근의 중심간격은 최대 휨모멘트가 일어나는 단면에서는 슬래브 두께의 2배 이하, 또는 300mm 이하로 한다. 기타 단면은 슬래브 두께의 3배 이하, 또한 450mm 이하로 한다.

66. 다음 중 철근콘크리트 구조물의 장기처짐에 가장 큰 영향을 미치는 요소는?

① 최대철근비
② 균형철근비
③ 인장철근비
④ 압축철근비

해설
- 장기추가처짐계수 : $\lambda_\Delta = \dfrac{\xi}{1+50\rho'}$
  여기서, 압축철근비 $\rho' = \dfrac{A_s'}{bd}$
- 장기처짐 : 순간처짐(탄성처짐)×장기추가처짐계수

67. 수동식 주입법은 주입 건(gun)이나 소형 펌프를 사용하여 주입제를 비교적 다량으로 주입할 경우 사용되는 방법이다. 이 공법의 장점으로 거리가 먼 것은?

① 다량의 수지를 단시간에 주입할 수 있다.
② 균열 폭이 0.2mm 이하의 미세한 균열부위에 주입하기가 용이하다.
③ 주입압이나 속도를 조절할 수 있다.
④ 벽, 바닥, 천장 등의 부위에 따른 제약이 없다.

해설 균열 폭이 0.2mm 이하인 미세한 균열부위에 주입하기가 매우 곤란한 단점이 있다.

정답 65. ② 66. ④ 67. ②

68 1방향 슬래브에서 처짐을 계산하지 않는 경우 부재의 길이가 2.5m일 때 캔틸레버 부재의 슬래브 최소 두께는 얼마인가? [단, 보통 콘크리트(m_c = 2300kg/m³)와 설계기준 항복강도 400MPa 철근을 사용한 부재이다.]

① 89mm
② 104mm
③ 125mm
④ 250mm

해설 처짐의 제한
- 처짐을 계산하지 않는 경우의 보 또는 1방향 슬래브의 최소 두께

부재	최소 두께 또는 높이			
	단순지지	일단연속	양단연속	캔틸레버
1방향 슬래브	$\frac{l}{20}$	$\frac{l}{24}$	$\frac{l}{28}$	$\frac{l}{10}$
보	$\frac{l}{16}$	$\frac{l}{18.5}$	$\frac{l}{21}$	$\frac{l}{8}$

l : 경간의 길이
위의 표는 f_y가 400MPa인 경우를 기준으로 한 것이며, 그 외의 경우는 표에 의해 계산된 값에 $\left(0.43 + \frac{f_y}{700}\right)$를 곱하여 구한다.
- 1방향 슬래브, 캔틸레버 부재이므로
$$\frac{l}{10} = \frac{2.5}{10} = 0.25\text{m} = 250\text{mm}$$

69 아래 그림과 같은 단철근 직사각형 보에 균형철근량이 배근되었을 때 중립축의 위치(c)는? (단, f_{ck}=24MPa, f_y=400MPa이다.)

① 164mm
② 190mm
③ 237mm
④ 270mm

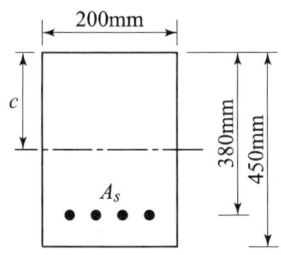

해설
$c = \frac{660}{660 + f_y} \cdot d$
$= \frac{660}{660 + 400} \times 380 = 237\text{mm}$

70 구조물의 보수공법 중 주입공법의 특징으로 틀린 것은?

① 내력 복원의 안전성을 기대할 수 있다.
② 내구성 저하 방지 및 누수 방지를 기대할 수 있다.
③ 미관의 유지가 용이하다.
④ 소요의 접착강도가 발현되기 위해 장기간이 소요된다.

해설 다량의 수지를 단시간에 주입할 수 있다.

71 콘크리트 구조물의 외관조사 중 육안조사에 의한 조사항목에 속하지 않는 것은?

① 균열
② 부재의 응력
③ 철근 노출
④ 침하

해설 부재의 응력은 육안조사로 측정하기 곤란하다.

72 그림과 같은 단철근 직사각형 단면의 공칭 휨강도(M_n)는? (단, $A_s = 2,540\text{mm}^2$, $f_{ck} = 24\text{MPa}$, $f_y = 300\text{MPa}$이다.)

① 295.5kN·m
② 272.9kN·m
③ 251.1kN·m
④ 228.5kN·m

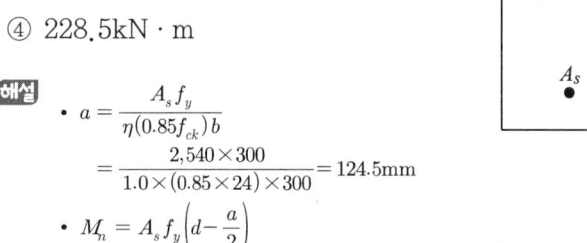

해설
- $a = \dfrac{A_s f_y}{\eta(0.85 f_{ck})b}$
  $= \dfrac{2,540 \times 300}{1.0 \times (0.85 \times 24) \times 300} = 124.5\text{mm}$
- $M_n = A_s f_y \left(d - \dfrac{a}{2}\right)$
  $= 2,540 \times 300 \times \left(450 - \dfrac{124.5}{2}\right)$
  $= 295,465,500\text{N·m} = 295.5\text{kN·m}$

73 비파괴시험 방법 중 철근 부식 평가를 위한 시험이 아닌 것은?

① 자연전위법
② 전기저항법
③ 전자파 레이더법
④ 분극저항법

해설 전자파 레이더법, 전자기장 유도법으로 철근배근 상태를 조사한다.

74 강도설계법에 의한 전단설계에서, 전단보강철근을 사용하지 않고 계수하중에 의한 전단력 $V_u = 100\text{kN}$을 지지하려고 한다. 보의 폭이 1,000mm일 경우 보의 유효깊이의 최솟값은? (단, $f_{ck} = 25\text{MPa}$이다.)

① 120mm
② 160mm
③ 240mm
④ 320mm

정답 71. ② 72. ① 73. ③ 74. ④

해설

$$V_u \leq \frac{1}{2}\phi V_c$$

$$V_u \leq \frac{1}{2}\phi \frac{1}{6}\lambda \sqrt{f_{ck}}\, b_w\, d$$

$$100{,}000 = \frac{1}{2} \times 0.75 \times \frac{1}{6} \times 1.0 \times \sqrt{25} \times 1{,}000 \times d$$

$$\therefore\ d = 320\text{mm}$$

75 다음 중 콘크리트 구조물 보강공법이 아닌 것은?

① 두께 증설공법 ② 외부 케이블 공법
③ 강판 접착공법 ④ 균열 주입공법

해설 균열 주입공법, 표면도포공법, 침투재 도포공법 등은 콘크리트 구조물의 보수공법이다.

76 콘크리트의 크리프에 대한 설명 중 옳지 않은 것은?

① 콘크리트 주위의 온도가 높을수록 크리프의 변형은 커진다.
② 조직이 치밀한 콘크리트는 크리프가 작다.
③ 조강 포틀랜드 시멘트는 보통 포틀랜드 시멘트보다 크리프가 작다.
④ 재하시 재령이 작을수록 크리프는 작다.

해설 재하시 재령이 작을수록 크리프는 크다.

77 다음 중 콘크리트 타설 후 가장 빨리 발생하는 균열은?

① 소성수축균열
② 건조수축균열
③ 알칼리골재반응에 의한 균열
④ 온도균열

해설 소성수축균열(플라스틱 수축균열)은 콘크리트 치기 작업에서 표면마감 전이나 마감 후에 급속히 건조가 이루어져 표면에 균열이 생기는 것이다.

78 콘크리트의 건조수축으로 인한 균열을 제어하기 위한 설명 중 틀린 것은?

① 가능한 한 배합수량을 적게 한다.
② 실리카 품을 사용하여 강도를 높인다.
③ 단면 크기에 따라 골재의 크기를 적절히 조절한다.
④ 가급적 흡수율이 작고 입도가 양호한 골재를 사용한다.

해설
- 실리카 품을 사용하면 단위수량의 증가, 건조수축의 증대 등의 결점이 있다.
- 단위 골재량을 증가시킨다.

정답 75. ④ 76. ④ 77. ① 78. ②

79 콘크리트 구조물의 보수에 대한 설명으로 틀린 것은?

① 보수공사는 더 이상 열화를 방지하기 위한 수단이다.
② 보수의 수준은 위험도, 경제성, 시공성 등을 고려한다.
③ 보수는 시설물의 내구성 등 주로 내력 이외의 기능을 회복시키기 위함이다.
④ 보수에 있어 요구조건은 구조물의 준공상태 이상으로 한다.

해설 보수는 구조물의 준공 당시의 상태 이상을 요구하지 않는다.

80 다음 중 최소 전단철근을 배치하여야 할 구조물은?

① T형보에서 깊이가 플랜지 두께의 3배인 경우
② 계수전단력 V_u가 콘크리트에 의한 설계전단강도 ϕV_c의 1/2 이하인 철근 콘크리트보
③ 슬래브와 기초판
④ 전체 깊이가 250mm 이하인 철근 콘크리트보

해설
- 계수전단력 V_u가 콘크리트에 의한 설계전단강도 ϕV_c의 1/2을 초과하는 모든 철근 콘크리트보는 최소 전단철근을 배치하여야 한다.
- 슬래브와 기초판, 전체 깊이가 250mm 이하이거나 I형보, T형보에서 그 깊이가 플랜지 두께의 2.5배 또는 복부폭의 1/2 중 큰 값 이하인 보는 최소 전단철근을 배치하지 않는다.

정답 **79.** ④ **80.** ①

week 3

CBT 모의고사

콘크리트산업기사

I 콘크리트 재료 및 배합
II 콘크리트 제조, 시험 및 품질관리
III 콘크리트의 시공
IV 콘크리트 구조 및 유지관리

알려드립니다
한국산업인력공단의 저작권법 저촉에 대한 언급(2013년 2회 시험)이 있어 과거에 출제된 동일한 문제나 그 유형의 문제로 재구성하였습니다.

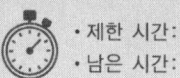

1과목 콘크리트 재료 및 배합

01 콘크리트용 혼화재로 플라이 애시를 사용하려고 할 때 주의사항으로 틀린 것은?

① 플라이 애시는 미연소 탄소분이 포함되어 있어서 소요 공기량을 얻기 위한 공기연행제의 사용량이 증가된다.
② 플라이 애시를 사용한 콘크리트는 운반 중에 공기연행제의 흡착에 의하여 공기량이 크게 증가되는 문제점이 있다.
③ 플라이 애시는 품질 변동이 크게 되기 쉬우므로 사용시 품질을 확인할 필요가 있다.
④ 플라이 애시는 보존 중에 입자가 응집하여 고결하는 경우가 생기므로 저장에 유의해야 한다.

해설 플라이 애시는 함유 탄소분의 일부가 공기연행제를 흡착하는 성질을 가지고 있어 소요의 공기량을 얻기 위해서는 공기연행제 양이 상당히 많이 요구되는 경우가 있다.

02 시멘트 성분 중에 Na_2O가 0.4%, K_2O가 0.35%였다면 이 콘크리트 중에 도입되는 전 알칼리의 양은?

① 0.51%   ② 0.63%
③ 0.78%   ④ 0.92%

해설 전 알칼리 양 = $Na_2O + 0.658 K_2O = 0.4 + 0.658 \times 0.35 = 0.63\%$

03 콘크리트 배합의 보정방법으로 잘못된 것은?

① 모래의 조립률이 클수록 잔골재율도 크게 한다.
② 공기량이 클수록 잔골재율도 크게 한다.
③ 물-결합재비가 클수록 잔골재율도 크게 한다.
④ 부순모래를 사용할 경우 잔골재율은 크게 한다.

해설 공기량이 1%만큼 클(작을) 때마다 잔골재율을 0.5~1%만큼 작게(크게) 한다.

정답 01. ② 02. ②
      03. ②

04 잔골재의 체가름 시험에 대한 설명으로 틀린 것은?

① 조립률을 구하기 위해 75mm~0.08mm까지 전체 8개의 체가 필요하다.
② 잔골재의 체가름 시험결과를 가지고 입도분포 곡선을 그릴 수 있다.
③ 분취한 시료를 (105±5)℃에서 24시간, 일정 질량이 될 때까지 건조시키고, 건조 후 시료는 실온까지 냉각시킨다.
④ 1.2mm체를 5%(질량비) 이상 남는 잔골재 시료의 최소 건조질량은 500g이다.

해설 조립률을 구하기 위해 75mm~0.15mm까지 전체 10개의 체가 필요하다.

05 한국산업규격 KS L 5110 시멘트 밀도 시험방법에 대한 설명으로 틀린 것은?

① 포틀랜드 시멘트는 약 64g을 사용한다.
② 시멘트 병은 르샤틀리에 플라스크를 사용한다.
③ 시멘트 병에 시멘트를 넣기 전에 물을 투입하여야 한다.
④ 시멘트 밀도시험 시 시멘트를 넣은 병을 조금 기울여 굴리든가 또는 천천히 수평하게 돌려서 기포를 제거해야 한다.

해설 르샤틀리에 병에 시멘트를 넣기 전에 광유를 투입하여야 한다.

06 시방배합 설계 결과 단위잔골재량이 600kg/m³, 단위굵은골재량이 1,200kg/m³이었다. 골재의 체가름시험 결과, 현장의 잔골재는 5mm체에 남는 것을 2% 포함하며, 굵은골재는 5mm체를 통과하는 것을 4% 포함하고 있다. 이 경우 시방배합을 현장배합으로 수정하여 단위잔골재량 x와 단위굵은골재량 y를 구하면?

① $x = 562 \text{kg/m}^3$, $y = 1,238 \text{kg/m}^3$
② $x = 574 \text{kg/m}^3$, $y = 1,226 \text{kg/m}^3$
③ $x = 600 \text{kg/m}^3$, $y = 1,200 \text{kg/m}^3$
④ $x = 636 \text{kg/m}^3$, $y = 1,164 \text{kg/m}^3$

해설
- $x = \dfrac{100S - b(S+G)}{100 - (a+b)} = \dfrac{100 \times 600 - 4(600 + 1,200)}{100 - (2+4)} = 562 \text{kg/m}^3$
- $y = \dfrac{100G - a(S+G)}{100 - (a+b)} = \dfrac{100 \times 1,200 - 2(600 + 1,200)}{100 - (2+4)} = 1,238 \text{kg/m}^3$

정답 04. ① 05. ③ 06. ①

07 섬유보강 콘크리트에 사용되는 섬유 중 무기계 섬유에 포함되지 않는 것은?

① 강섬유
② 비닐론 섬유
③ 유리섬유
④ 탄소섬유

해설
- 무기계 섬유 : 강섬유, 유리섬유, 탄소섬유
- 유기계 섬유 : 알라미드 섬유, 폴리프로필렌 섬유, 비닐론 섬유, 나일론 등

08 콘크리트의 배합설계에 관하여 옳지 않은 것은?

① 작업에 적합한 워커빌리티를 갖는 범위 내에서 단위수량은 가능한 한 작게 하여야 한다.
② 물-결합재비는 소요의 강도, 내구성, 수밀성 및 균열저항성 등을 고려하여 정한다.
③ 콘크리트의 슬럼프는 운반, 타설, 다지기 등의 작업에 알맞은 범위 내에서 가능한 한 작게 하여야 한다.
④ 잔골재율은 소요의 작업성을 얻을 수 있는 범위 내에서 단위수량이 최대가 되도록 시험에 의하여 정한다.

해설
- 잔골재율은 소요의 작업성을 얻을 수 있는 범위 내에서 단위수량이 최소가 되도록 시험에 의하여 정한다.
- 잔골재율은 되도록 작게 한다.
- 공기량은 4.5±1.5% 범위가 적절하다.

09 콘크리트의 단위 잔골재량과 단위 굵은골재량이 각각 750kg과 1,060kg이며, 잔골재의 표건밀도는 2.50g/cm³, 굵은골재의 표건밀도는 2.65g/cm³일 때 잔골재율(S/a)은 약 얼마인가?

① 39%
② 41%
③ 43%
④ 45%

해설
- 잔골재량의 체적
$2.5g/cm^3 = 2.5t/m^3 = 2,500\ kg/m^3$
$2500 = \dfrac{W}{V}$
$\therefore V = \dfrac{750}{2500} = 0.3m^3 \times 1000 = 300l$

[정답] 07. ② 08. ④ 09. ③

- 굵은골재량의 체적
  $2.65 \text{g/cm}^3 = 2.65 \text{t/m}^3 = 2,650 \text{ kg/m}^3$
  $2650 = \dfrac{W}{V}$
  $\therefore V = \dfrac{1065}{2650} = 0.4 \text{m}^3 \times 1000 = 400l$
- 잔골재율
  $S/a = \dfrac{300}{300+400} \times 100 = 43\%$

10 콘크리트 배합계산에 고려해야 하며 시멘트 질량의 5% 이상 사용하는 재료가 아닌 것은?

① 화산재
② 플라이 애시
③ 규산질 미분말
④ 방수제

해설 방수제는 혼화제로서 콘크리트 배합계산에 고려하지 않는다.

11 굳지 않은 콘크리트의 품질을 개선시키기 위하여 사용되는 감수제에 대한 설명으로 옳은 것은?

① 시멘트 입자를 분산시켜 워커빌리티를 개선하는 계면활성제이다.
② 소요 워커빌리티를 얻는데 콘크리트의 단위수량이 10~15% 증가한다.
③ 단위수량이 증가하므로 콘크리트의 건조수축이 커지게 된다.
④ 동일한 워커빌리티를 얻는데 단위 시멘트량이 감소하므로 압축강도가 감소한다.

해설
- 소요 워커빌리티를 얻는데 콘크리트의 단위수량이 10~15% 감소한다.
- 단위수량이 감소하므로 콘크리트의 건조수축이 작아지게 된다.
- 시멘트의 수화작용이 효율적으로 진행되기 때문에 적당한 공기량을 취한 경우라도 보통 콘크리트와 동등한 강도를 얻기 위한 단위 시멘트량을 5~10% 감소시킬 수 있다.

12 콘크리트 배합수 내의 불순물 영향을 옳게 나타낸 것은?

① 황산칼슘은 응결을 촉진시킨다.
② 염화나트륨은 장기강도를 촉진시킨다.
③ 질산아연은 초기강도를 증가시킨다.
④ 염화암모늄은 응결을 지연시킨다.

해설
- 염화나트륨은 초기강도를 촉진시킨다.
- 염화암모늄은 응결을 촉진시킨다.
- 질산아연은 장기강도를 증가시킨다.

정답 10. ④ 11. ① 12. ①

13 아래 표와 같은 조건을 갖는 잔골재의 표면수율 및 흡수율은?

- 습윤상태 : 110g
- 표면건조 포화상태 질량 : 105g
- 공기중 건조상태 질량 : 103g
- 절대건조상태 질량 : 101g

① 표면수율 : 4.95%, 흡수율 : 8.91%
② 표면수율 : 4.76%, 흡수율 : 1.98%
③ 표면수율 : 4.95%, 흡수율 : 6.93%
④ 표면수율 : 4.76%, 흡수율 : 3.96%

해설

- 표면수율 $= \dfrac{110-105}{105} \times 100 = 4.76\%$
- 흡수율 $= \dfrac{105-101}{101} \times 100 = 3.96\%$
- 함수율 $= \dfrac{110-101}{101} \times 100 = 8.91\%$
- 유효함수율 $= \dfrac{105-103}{103} \times 100 = 1.94\%$

14 콘크리트 구조물의 부위별 품질기준강도(f_{cq})가 A부위의 경우 35 MPa, B부위의 경우 40MPa이다. 각각의 콘크리트 배합강도는? (단, A부위 및 B부위에 사용할 콘크리트에 대하여 30회 이상의 압축강도 시험을 실시한 결과 표준편차는 4MPa이다.)

① A부위 : 40.36MPa, B부위 : 45.36MPa
② A부위 : 40.82MPa, B부위 : 45.36MPa
③ A부위 : 43.5MPa, B부위 : 45.36MPa
④ A부위 : 45.36MPa, B부위 : 40.36MPa

해설

- $f_{cq} \leq 35\text{MPa}$의 경우

    $f_{cr} = f_{cq} + 1.34s = 35 + 1.34 \times 4 = 40.36\text{MPa}$

    $f_{cr} = (f_{cq} - 3.5) + 2.33s = (35 - 3.5) + 2.33 \times 4 = 40.82\text{MPa}$

    ∴ 두 식에 의해 구한 값 중 큰 값인 40.82MPa이다.

- $f_{cq} > 35\text{MPa}$의 경우

    $f_{cr} = f_{cq} + 1.34s = 40 + 1.34 \times 4 = 45.36\text{MPa}$

    $f_{cr} = 0.9f_{cq} + 2.33s = 0.9 \times 40 + 2.33 \times 4 = 45.32\text{MPa}$

    ∴ 두 식에 의해 구한 값 중 큰 값인 45.36MPa이다.

정답 13. ④ 14. ②

15 함수율이 11.5%인 잔골재가 절대건조상태에서 질량이 520g일 때 이 골재의 습윤상태 질량은?

① 550.7g
② 564.7g
③ 579.8g
④ 589.8g

해설
함수율 = $\dfrac{\text{습윤상태 질량} - \text{절대건조상태 질량}}{\text{절대건조상태 질량}} \times 100$

$11.5 = \dfrac{x - 520}{520} \times 100$

∴ $x = 579.8\text{g}$

16 레디믹스트 콘크리트에 사용하는 혼합수에 대한 설명으로 틀린 것은?

① 품질시험을 하지 않은 상수돗물
② 모르타르의 압축강도비가 재령 7일 및 28일에서 90%인 회수수
③ 시멘트 응결시간의 차가 초결은 30분 이내, 종결은 60분 이내인 하천수
④ 품질시험을 하지 않은 회수수

해설
· 회수수의 품질시험으로 염소 이온(Cl^-)량은 250mg/L 이하이어야 한다.
· 슬러지수를 사용하였을 경우 슬러지 고형물율이 3%를 초과하면 안 된다.

17 콘크리트용 모래에 포함되어 있는 유기 불순물 시험에 사용되는 식별용 표준색 용액 제조에 사용되는 용액이 아닌 것은?

① 페놀프탈레인
② 수산화나트륨
③ 탄닌산
④ 알코올

해설
· 페놀프탈레인 용액은 중성화 시험에 사용된다.
· 유기 불순물 시험시 시험 용액의 색깔이 표준색 용액보다 연한 경우에 사용 가능하다.

18 굵은골재의 용적질량 및 실적률 시험에서 용기의 부피가 10L, 용기 안의 골재의 질량은 15kg이었다. 이 골재의 흡수율이 1.5%이고 표면건조 포화상태의 밀도가 2.65g/cm³일 경우 실적률은?

① 46.60%
② 47.45%
③ 56.60%
④ 57.45%

해설
$G = \dfrac{T}{d} \times (100 + Q) = \dfrac{\frac{15}{10}}{2.65} \times (100 + 1.5) = 57.45\%$

[정답] 15. ③ 16. ④
      17. ① 18. ④

19 콘크리트용 고로 슬래그 미분말(KS F 2563)에 대한 용어와 정의 내용이다. 틀린 것은?

① 고로 수쇄 슬래그는 용광로에서 선철이 생산될 때 부산되는 용융상태의 고로 슬래그를 물로 급랭시킨 것을 말한다.
② 고로 슬래그 미분말은 고로 수쇄 슬래그를 건조 분쇄한 것 또는 여기에 석고를 첨가한 것을 말한다.
③ 기준 모르타르는 고로 슬래그 미분말의 품질시험에서 보통 포틀랜드 시멘트를 사용하여 제작한 기준이 되는 모르타르를 말한다.
④ 활성도 지수는 기준 모르타르의 플로값에 대한 시험 모르타르의 플로값 비를 백분율로 표시한 것을 말한다.

해설
- 플로값 비는 기준 모르타르의 플로값에 대한 시험 모르타르의 플로값 비를 백분율로 표시한 것이다.
- 시험 모르타르는 고로 슬래그 미분말의 품질시험에서 보통 포틀랜드 시멘트와 시험의 대상이 되는 고로 슬래그 미분말을 같은 질량으로 제작한다.
- 활성도 지수는 기준 모르타르의 압축강도에 대한 시험 모르타르의 압축 강도비를 백분율로 표시한 것이다.

20 시멘트의 종류별 특성에 대한 설명 중 틀린 것은?

① 백색 포틀랜드 시멘트는 보통 포틀랜드 시멘트 보다 산화철(Fe_2O_3) 양이 극히 적다.
② 중용열 포틀랜드 시멘트는 일반적으로 조성광물 중 규산이석회(C_2S) 양이 보통 포틀랜드 시멘트 보다 많다.
③ 고로 슬래그 시멘트 중 고로 슬래그는 잠재수경성을 갖고 있다.
④ 조강 포틀랜드 시멘트는 조강성을 얻기 위해 분말도가 보통 포틀랜드 시멘트 보다 작아야 한다.

해설 조강 포틀랜드 시멘트는 조강성을 얻기 위해 분말도가 보통 포틀랜드 시멘트 보다 커야 한다.

[정답] 19. ④ 20. ④

2과목 콘크리트 제조, 시험 및 품질관리

21 콘크리트 강도 시험용 원주공시체(ϕ150mm×300mm)를 할렬에 의한 간접인장강도 시험을 실시한 결과 160kN에서 파괴되었다. 콘크리트 인장강도로 옳은 것은?

① 1.54MPa
② 2.26MPa
③ 2.96MPa
④ 4.57MPa

해설 인장강도 $= \dfrac{2P}{\pi dl} = \dfrac{2 \times 160000}{3.14 \times 150 \times 300} = 2.26 \text{N/mm}^2 = 2.26\text{MPa}$

22 콘크리트용 혼화제의 계량 허용오차는 몇 %인가?

① ±1%
② ±2%
③ ±3%
④ ±4%

해설
- 물 : -2%, +1%
- 시멘트 : -1%, +2%
- 혼화재 : ±2%
- 골재, 혼화제 : ±3%

23 콘크리트 비비기에 대한 설명으로 틀린 것은?

① 비비기 시간에 대한 시험을 실시하지 않은 경우 그 최소 시간은 강제식 믹서일 경우 1분 30초 이상을 표준으로 한다.
② 비비기는 미리 정해둔 비비기 시간의 3배 이상 계속하지 않아야 한다.
③ 비비기를 시작하기 전에 미리 믹서 내부를 모르타르로 부착시켜야 한다.
④ 연속믹서를 사용할 경우, 비비기 시작 후 최초에 배출되는 콘크리트는 사용하지 않아야 한다.

해설
- 강제식 믹서 : 1분 이상
- 가경식 믹서 : 1분 30초 이상

24 자재 품질관리에서 굵은골재의 품질관리 항목에 속하지 않는 것은?

① 절대건조밀도
② 흡수율
③ 물리 화학적 안정성
④ 유기불순물

해설 유기불순물 시험은 잔골재의 품질관리 항목에 속한다.

정답 21.② 22.③ 23.① 24.④

25. 굳지 않은 콘크리트의 성질을 나타내는 용어에 대한 설명이다. 틀린 것은?

① 유동성이란 수량의 다소에 따라 반죽의 되고 진 정도를 나타내는 성질이다.
② 워커빌리티란 작업의 난이도, 재료분리에 저항하는 정도를 나타내는 성질이다.
③ 성형성이란 거푸집에 쉽게 다져넣을 수 있고, 거푸집을 제거하면 천천히 형상이 변하기는 하지만 허물어지거나 재료가 분리되지 않는 성질이다.
④ 피니셔빌리티란 굵은골재 최대치수, 잔골재율, 골재 입도 등에 따르는 마무리하기 쉬운 정도를 나타내는 성질이다.

해설
- 반죽질기란 수량의 다소에 따라 반죽이 되고 진 정도를 나타내는 성질이다.
- 단위수량이 많을수록 반죽질기는 커지고 작업성은 용이해지나 재료분리를 일으키기가 쉽다.

26. 침하균열의 방지 대책으로 옳지 않은 것은?

① 단위수량을 될 수 있는 한 크게 하고, 슬럼프가 작은 콘크리트를 잘 다짐해서 시공한다.
② 침하 종료 이전에 급격하게 굳어져 점착력을 잃지 않는 시멘트, 혼화제를 선정한다.
③ 타설속도를 늦게 하고 1회 타설 높이를 작게 한다.
④ 균열을 조기에 발견하고, 각재 등으로 두드리거나 흙손으로 눌러서 균열을 폐색시킨다.

해설 단위수량을 될 수 있는 한 작게 하고, 슬럼프가 작은 콘크리트를 잘 다짐해서 시공한다.

27. 콘크리트 재료인 천연 잔골재의 품질관리 항목 중 알칼리 실리카 반응성 및 안정성의 시험시기 및 횟수로 옳은 것은?

① 공사시작 전, 공사 중 1회/월 이상 및 산지가 바뀐 경우
② 공사시작 전, 공사 중 1회/년 이상
③ 공사시작 전, 공사 중 1회/6개월 이상 및 산지가 바뀐 경우
④ 공사 중 1회/월 이상

[정답] 25. ① 26. ① 27. ②

해설
- 골재에 포함된 경량편, 내동해성(안정성) 시험
  공사 시작 전, 공사 중 1회/년 이상 및 산지가 바뀐 경우마다 실시한다.
- 절대건조밀도, 흡수율, 입도, 점토덩어리, 0.08mm체 통과량, 염소 이온량, 유기불순물 시험
  공사 시작 전, 공사 중 1회/월 이상 및 산지가 바뀐 경우마다 실시한다.

28 콘크리트 제조를 위한 콘크리트 공시체에 대한 압축강도 시험결과 5개의 시험값이 다음과 같다면, 이 콘크리트 공시체의 표준편차는? (단, 불편분산의 개념에 의함.)

34.1, 35.6, 36.1, 34.4, 35.8 (MPa)

① 1.15MPa
② 1.03MPa
③ 0.96MPa
④ 0.89MPa

해설
- 평균값 $\bar{x} = \dfrac{34.1+35.6+36.1+34.4+35.8}{5} = 35.2\text{MPa}$
- 표준편차의 합
  $S = (34.1-35.2)^2 + (35.6-35.2)^2 + (36.1-35.2)^2 + (34.4-35.2)^2 + (35.8-35.6)^2 = 3.18\text{MPa}$
- 표준편차
  $\sqrt{\dfrac{S}{n-1}} = \sqrt{\dfrac{3.18}{5-1}} = 0.89\text{MPa}$

29 레디믹스트 콘크리트의 공기량은 보통 콘크리트의 경우 (㉠)%이며, 그 허용오차는 ±(㉡)%로 한다. 여기서 빈 칸에 알맞은 것은?

	㉠	㉡		㉠	㉡
①	2.5	1.0	②	3.0	1.5
③	4.0	1.0	④	4.5	1.5

해설
- 포장 콘크리트 : 4.5±1.5%
- 경량골재 콘크리트 : 5.5±1.5%
- 고강도 콘크리트 : 3.5±1.5%

30 굳지 않은 콘크리트의 성질을 알아보는 시험 방법이 아닌 것은?
① 염화물량 측정 시험
② 공기량 시험
③ 슬럼프 시험
④ 투수 시험

해설 투수 시험은 굳은 콘크리트의 누수량, 내용년수 등을 측정하는 데 이용된다.

정답 28. ④ 29. ④ 30. ④

01회 CBT 모의고사

31 압력법에 의한 굳지 않은 콘크리트의 공기량 시험에서 골재수정계수의 측정을 위해 사용하는 굵은골재의 질량(m_c)을 구하는 식은? (단, 사용하는 기호에 대한 정의는 아래의 표와 같다.)

기호	내 용
m_f	용적 V_c의 콘크리트 시료 중 잔골재 질량(kg)
m_c	용적 V_c의 콘크리트 시료 중 굵은골재 질량(kg)
V_B	1배치의 콘크리트의 완성 용적(L)
V_C	콘크리트 시료의 용적(용기의 용적과 같다) (L)
m_f'	1배치에 사용하는 잔골재의 질량(kg)
m_c'	1배치에 사용하는 굵은골재의 질량(kg)

① $m_c = \dfrac{V_C}{V_B} \times m_c'$ ② $m_c = \dfrac{V_B}{V_C} \times m_c'$

③ $m_c = \dfrac{V_C}{V_B} \times m_f'$ ④ $m_c = \dfrac{V_B}{V_C} \times m_f'$

해설 잔골재의 질량
$$m_f = \dfrac{V_C}{V_B} \times m_f'$$

32 KS F2402 콘크리트의 슬럼프 시험방법에 규정된 내용 중 콘크리트를 채우기 시작하여 슬럼프 콘을 들어올려 종료할 때까지 시간은?

① 1분 30초 이내 ② 2분 이내
③ 2분 30초 이내 ④ 3분 이내

해설 슬럼프 콘을 들어올리는 시간 2~3초를 포함하여 3분 이내 끝낸다.

33 보통 골재를 사용한 콘크리트(단위질량=2300kg/m³)의 설계기준강도(f_{ck})가 30MPa일 때 이 콘크리트의 할선탄성계수는?

① 16524MPa ② 20136MPa
③ 27536MPa ④ 32315MPa

해설 $E_c = 8500 \sqrt[3]{f_{cm}} = 8500 \sqrt[3]{34} = 27536\,\text{MPa}$
여기서, $f_{cm} = f_{ck} + \Delta f = 30 + 4 = 34\,\text{MPa}$

정답 31. ① 32. ④ 33. ③

34 콘크리트의 알칼리 골재 반응에 영향을 주는 요인과 거리가 먼 것은?

① 시멘트에 함유한 알칼리성 일정량 이상인 경우
② 골재 중의 알칼리 반응성 광물이 있는 경우
③ 반응을 촉진하는 수분이 존재하는 경우
④ 비교적 온도가 낮고 구조적인 구속이 큰 경우

> **해설** 알칼리 골재 반응의 억제 대책
> • 혼합시멘트를 사용한다.
> • 콘크리트 중의 알칼리 이온 총량을 3kg/m³ 이하로 한다.
> • 시멘트의 등가알칼리량이 0.6% 이하의 저알칼리형 포틀랜드 시멘트를 사용한다.

35 레디믹스트 콘크리트의 염화물 함유량(염소이온(Cl⁻)량)은 구입자의 승인을 얻은 경우에는 최대 몇 kg/m³ 이하로 할 수 있는가?

① $0.1 kg/m^3$
② $0.2 kg/m^3$
③ $0.3 kg/m^3$
④ $0.6 kg/m^3$

> **해설** 레디믹스트 콘크리트의 염화물 함유량(염소이온(Cl⁻)량)은 0.3kg/m³ 이하로 한다. 다만, 구입자의 승인을 얻은 경우에는 0.6kg/m³ 이하로 한다.

36 동일 품질의 콘크리트에 대한 강도시험을 실시할 경우 그 값이 최소인 것은?

① 압축강도
② 휨강도
③ 전단강도
④ 인장강도

> **해설**
> • 콘크리트 인장강도는 압축강도의 약 1/10~1/15이다.
> • 인장강도 < 휨강도 < 전단강도 < 압축강도

37 굳지 않은 콘크리트의 단위용적질량 및 공기량 시험방법(질량방법)(KS F 2409) 중 진동기로 다질 경우에 대한 설명으로 틀린 것은?

① 시료를 용기의 1/3까지 넣고 진동기로 진동 다짐을 한다. 다음에 용기에서 넘칠 때까지 시료를 채우고 앞에서와 같이 진동기로 진동 다짐을 한다.
② 위층의 콘크리트를 다질 때 진동기의 앞끝이 거의 아래층의 콘크리트에 이르는 정도로 한다.
③ 진동시간은 콘크리트 표면에 큰 기포가 없어지는데 필요한 최소 시간으로 한다.
④ 다진 후에는 콘크리트 중에 빈 틈새가 남지 않도록 진동기를 천천히 빼낸다.

> **해설** 시료를 용기의 1/2까지 넣고 진동기로 진동 다짐을 한다. 다음에 용기에서 넘칠 때까지 시료를 채우고 앞에서와 같이 진동기로 진동 다짐을 한다.

[정답] 34. ④ 35. ④ 36. ④ 37. ①

38 다음 중 계량값의 관리도에 해당되는 것은?

① U 관리도
② P_n 관리도
③ $\bar{x} - R$ 관리도
④ P 관리도

해설 $\bar{x} - R$ 관리도는 평균값과 범위의 관리도이다.

39 콘크리트의 건조수축은 콘크리트의 부재에 균열발생의 원인이 되고 내구성에 나쁜 영향을 주게 된다. 이러한 건조수축의 정도를 평가하는 시험은?

① 마샬 안정도 시험
② 골재의 마모 시험
③ 콘크리트의 길이변화 시험
④ 콘크리트의 블리딩 시험

해설 모르타르 및 콘크리트의 길이변화 시험에는 현미경을 부착한 콤퍼레이터를 이용하는 방법, 콘택트 스트레인 게이지를 이용하는 방법, 다이얼 게이지를 부착한 측정기를 이용하는 방법이 있다.

40 다음 중 레디믹스트 콘크리트(KS F 4009) 종류에 해당되지 않는 것은?

① 보통 콘크리트로써 호칭강도 30MPa인 콘크리트
② 경량 콘크리트로써 호칭강도 40MPa인 콘크리트
③ 고강도 콘크리트로써 호칭강도 60MPa인 콘크리트
④ 포장 콘크리트로써 호칭강도 21MPa인 콘크리트

해설
- 포장 콘크리트에는 휨 호칭강도 4.0, 4.5MPa가 있다.
- 보통 콘크리트에는 호칭강도 18, 21, 24, 27, 30, 35MPa가 있다.
- 경량 콘크리트에는 호칭강도 18, 21, 24, 27, 30, 35, 40MPa가 있다.
- 고강도 콘크리트에는 호칭강도 40, 45, 50, 55, 60MPa가 있다.

정답 38. ③ 39. ③
40. ④

3과목 콘크리트의 시공

41 특별한 조치를 취하지 않는 경우, 콘크리트의 비비기로부터 치기가 끝날 때까지의 제한시간으로 맞게 기술된 것은?

① 외기온도가 25℃ 이상일 때는 1.5시간, 25℃ 미만일 때에는 2시간을 넘어서는 안 된다.
② 외기온도 25℃ 이상일 때는 2시간, 25℃ 미만일 때에는 3시간을 넘어서는 안 된다.
③ 외기온도가 25℃ 이상일 때는 2시간, 25℃ 미만일 때에는 1.5시간을 넘어서는 안 된다.
④ 외기온도가 25℃ 이상일 때는 3시간, 25℃ 미만일 때에는 2시간을 넘어서는 안 된다.

해설
- **25℃ 이상** : 1.5시간 이내
- **25℃ 미만** : 2시간 이내

42 수중 콘크리트 비비기에 대한 설명으로 틀린 것은?

① 수중 불분리성 콘크리트의 비비기는 제조설비가 갖춰진 플랜트에서 물을 투입하기 전 건식으로 20~30초를 비빈 후 전 재료를 투입하여 비비기를 하여야 한다.
② 가경식 믹서를 이용하는 경우 드럼 내부에 콘크리트가 부착되어 충분히 비벼지지 못할 경우가 있기 때문에 강제식 배치믹서를 이용하여야 한다.
③ 수중 불분리성 콘크리트의 경우 소요 품질의 콘크리트를 얻기 위하여 1회 비비기 양은 믹서의 공칭용량의 80% 이하로 하여야 한다.
④ 비비기는 미리 정해 둔 비비기 시간의 5배 이상 계속하지 않아야 한다.

해설
- 일반적으로 비비기는 미리 정해 둔 비비기 시간의 3배 이상 계속하지 않아야 한다.
- 비비기 시간은 시험에 의해 콘크리트 소요의 품질을 확인하여 정하여야 하며 강제식 믹서의 경우 비비기 시간은 90~180초를 표준한다.

정답 41. ① 42. ④

43 포장 콘크리트의 호칭강도(f_{28})에 대한 설명으로 옳은 것은?

① 압축강도 28MPa 이상
② 압축강도 30MPa 이상
③ 휨강도 3.5MPa 이상
④ 휨강도 4.5MPa 이상

해설 포장 콘크리트의 배합 기준

항 목	기 준
휨 호칭강도(f_{28})	4.5MPa 이상
단위수량	150kg/m³ 이하
굵은골재의 최대치수	40mm 이하
슬럼프	40mm 이하
공기연행 콘크리트의 공기량 범위	4~6%

44 서중 콘크리트에 대한 설명으로 틀린 것은?

① 하루 평균기온이 25℃를 초과하는 것이 예상되는 경우 서중 콘크리트로 시공한다.
② 일반적으로 기온 10℃의 상승에 대하여 단위수량은 약 2~5% 정도 증가한다.
③ 콘크리트 재료는 온도가 되도록 낮아지도록 하여 사용하여야 한다.
④ 콘크리트를 타설할 때의 콘크리트 온도는 45℃ 이하이어야 한다.

해설 콘크리트를 타설할 때의 콘크리트 온도는 35℃ 이하이어야 한다.

45 일반적인 프리캐스트 콘크리트의 강도는 재령 며칠에서의 압축강도 시험값으로 나타내는 것을 원칙으로 하는가?

① 7일
② 14일
③ 28일
④ 91일

해설
• 일반적인 프리캐스트 콘크리트는 재령 14일에서의 압축강도 시험값
• 오토클레이브 양생 등의 특수한 촉진양생을 하는 프리캐스트 콘크리트는 14일 이전의 적절한 재령에서 압축강도 시험값
• 촉진 양생을 하지 않은 공장제품이나 비교적 부재 두께가 큰 프리캐스트 콘크리트는 재령 28일에서 압축강도 시험값

정답 43. ④ 44. ④ 45. ②

46 한중 콘크리트에 대한 설명으로 틀린 것은?

① 한중 콘크리트는 공기연행 콘크리트로 시공하는 것을 원칙으로 한다.
② 가능한 한 단위수량을 적게 한다.
③ 물-결합재비는 원칙적으로 60% 이하로 한다.
④ 초기 양생 시 심한 기상작용을 받는 콘크리트는 소정의 압축강도가 얻어질 때까지 콘크리트의 온도를 0℃ 이상으로 유지하여야 한다.

해설 소요 압축강도가 얻어질 때까지 콘크리트의 온도를 5℃ 이상으로 유지하여야 하며 또한 소요 압축강도에 도달한 후 2일간은 구조물의 어느 부분이라도 0℃ 이상이 되도록 유지하여야 한다.

47 숏크리트용 급결제에 대한 설명 중 틀린 것은?

① 실리케이트계 급결제는 장기강도 확보에 불리하다.
② 알루미네이트계는 인체에 유해하므로 취급에 유의한다.
③ 일반적으로 액상형 급결제는 분말형 급결제에 비하여 반응성, 혼합성이 우수하고 분진발생량이 적은 장점이 있다.
④ 우리나라에서 가장 많이 사용되는 급결제는 시멘트분말계이다.

해설 우리나라에서 가장 많이 사용되는 급결제는 액상형 급결제이다.

48 숏크리트에 대한 설명으로 틀린 것은?

① 건식 숏크리트는 배치 후 45분 이내에 뿜어붙이기를 실시하여야 한다.
② 일반 숏크리트의 장기 설계기준압축강도는 재령 28일로 설정하며 그 값은 24MPa 이상으로 한다.
③ 숏크리트의 휨강도 및 휨인성의 성능 목표는 재령 28일 값을 기준으로 설정하여야 한다.
④ 습식 숏크리트는 배치 후 60분 이내에 뿜어붙이기를 실시하여야 한다.

해설 일반 숏크리트의 장기 설계기준압축강도는 재령 28일로 설정하며 그 값은 21MPa 이상으로 한다. 단, 영구 지보재 개념으로 숏크리트를 타설할 경우에는 설계기준압축강도를 35MPa 이상으로 한다.

정답 46. ④ 47. ④ 48. ②

49 콘크리트 다지기에 대한 설명으로 틀린 것은?

① 콘크리트 다지기에는 내부진동기의 사용을 원칙으로 한다.
② 재진동을 실시할 경우에는 초결이 일어난 후에 하여야 한다.
③ 내부진동기는 천천히 빼내어 구멍이 나지 않도록 사용해야 한다.
④ 내부진동기는 연직으로 찔러 넣으며 삽입간격은 일반적으로 0.5m 이하로 하는 것이 좋다.

해설
- 재진동을 실시할 경우에는 초결이 일어나기 전에 하여야 한다.
- 얇은 벽과 같이 내부진동기의 사용이 곤란한 장소에서는 거푸집 진동기를 사용한다.

50 해양 콘크리트로서 항상 해수에 침지되는 콘크리트의 최대 물-결합재비로서 옳은 것은?

① 40%   ② 45%
③ 50%   ④ 55%

해설
- 해상 대기 중에 시공되는 경우 : 45%
- 물보라 지역, 간만대 지역에 시공되는 경우 : 40%

51 프리캐스트 콘크리트에 관한 설명 중 틀린 것은?

① 슬럼프가 10mm 이상인 콘크리트에 대해서는 슬럼프 시험을 원칙으로 한다.
② 프리스트레스트 콘크리트 제품의 경우 재생골재를 사용해서는 안 된다.
③ PS 강재에는 스트럽 또는 가외철근 등을 용접하지 않는 것을 원칙으로 한다.
④ 공장제품의 품질관리 및 검사는 실물을 직접 시험함으로써 실시하는 것을 원칙으로 한다.

해설
- 슬럼프가 20mm 이상인 콘크리트에 대해서는 슬럼프 시험을 원칙으로 한다.
- 증기양생은 보통 비빈 후 2~3시간 이상 경과 후 실시한다.
- 콘크리트 다짐에는 진동다지기, 가압다지기, 진공다지기, 원심력다지기 등이 있다.

정답 49. ② 50. ① 51. ①

52 고강도 콘크리트의 배합 특성으로 틀린 것은?

① 사용되는 굵은골재의 최대 치수는 25mm 이하로 한다.
② 수밀성 향상을 위해 공기연행제를 사용하는 것을 원칙으로 한다.
③ 비비기에는 가경식 믹서보다 강제식 팬 믹서가 좋다.
④ 고강도 콘크리트의 설계기준 압축강도는 일반적으로 40MPa 이상으로 하며 고강도 경량골재 콘크리트는 27MPa 이상으로 한다.

해설 기상의 변화가 심하거나 동결융해에 대한 대책이 필요한 경우를 제외하고는 공기연행제를 사용하지 않는 것을 원칙으로 한다.

53 일평균 기온이 25°C인 경우 콘크리트 구조물의 습윤양생 기간의 표준은? (단, 고로 슬래그 시멘트를 사용한다.)

① 3일
② 5일
③ 7일
④ 9일

해설 습윤양생 기간의 표준

일평균 기온	보통 포틀랜드 시멘트	고로 슬래그 시멘트 2종 플라이 애시 시멘트 2종	조강 포틀랜드 시멘트
15°C 이상	5일	7일	3일
10°C 이상	7일	9일	4일
5°C 이상	9일	12일	5일

54 경량골재 콘크리트에 대한 설명으로 틀린 것은?

① 슬럼프는 일반적인 경우 대체로 80~210mm를 표준으로 한다.
② 콘크리트의 수밀성을 기준으로 물-결합재비를 정할 경우에는 50% 이하를 표준으로 한다.
③ 공기량은 일반 골재를 사용한 콘크리트보다 1% 작게 하여야 한다.
④ 경량골재 콘크리트는 보통 콘크리트에 비해 진동기를 찔러 넣는 간격을 작게 하거나 진동시간을 약간 길게 해 충분히 다져야 한다.

해설
• 경량골재 콘크리트의 공기량은 일반 골재를 사용한 콘크리트보다 1% 크게 5.5%로 하여야 한다.
• 운반할 경우 경량골재 콘크리트는 고유동 콘크리트에 대해 콘크리트 펌프를 사용할 수 있다.

정답 52. ② 53. ③ 54. ③

55 매스 콘크리트의 타설 시 한 층의 높이는 얼마를 표준으로 하는가?

① 0.1~0.3m
② 0.4~0.5m
③ 0.7~1.0m
④ 1.0~1.2m

해설
- 매스 콘크리트의 타설 시 한 층의 높이는 0.4~0.5m를 표준으로 하며 각 층마다 충분히 다짐을 실시하여야 한다.
- 매스 콘크리트에서는 콘크리트를 타설한 후에 침하가 커서 침하균열이 발생하는 경우도 있으므로 침하의 발생이 우려되는 경우에는 재진동 다짐 등을 실시하여야 한다.

56 유동화 콘크리트에 대한 일반적인 설명 중 틀린 것은?

① 유동화 콘크리트의 슬럼프는 원칙적으로 100mm 이하로 한다.
② 보통 콘크리트의 경우 베이스 콘크리트 최대 슬럼프는 150mm 이하로 한다.
③ 보통 콘크리트 및 경량골재 콘크리트의 경우 유동화 콘크리트 최대 슬럼프는 210mm 이하로 한다.
④ 베이스 콘크리트의 슬럼프는 콘크리트의 유동화에 지장이 없는 범위의 것이어야 한다.

해설
- 유동화 콘크리트의 슬럼프 증가량은 100mm 이하를 원칙으로 하며 50~80mm를 표준으로 한다.
- 베이스 콘크리트 및 유동화 콘크리트의 슬럼프 및 공기량 시험은 50m³마다 1회씩 실시하는 것을 표준으로 한다.

57 일반 콘크리트의 시공이음부를 철근으로 보강하는 경우에 철근 정착길이는 콘크리트와 철근의 부착강도가 충분히 확보되도록 철근 지름의 몇배 이상으로 하는가?

① 3배 이상
② 5배 이상
③ 10배 이상
④ 20배 이상

해설
- 일반 콘크리트의 시공이음부를 철근으로 보강하는 경우에 철근 정착길이는 콘크리트와 철근의 부착강도가 충분히 확보되도록 철근 지름의 20배 이상으로 하고 원형 철근의 경우에는 갈고리를 붙여야 한다.
- 전단력이 큰 위치에 부득이 시공이음을 설치할 경우 전단력에 대하여 장부(요철) 또는 홈을 만드는 방법, 철근으로 보강하는 방법 등이 있다.

정답 55. ② 56. ① 57. ④

58 콘크리트의 습윤양생이 충분하지 못할 경우 발생하는 현상으로 틀린 것은?

① 침하수축의 감소
② 강도의 감소
③ 건조수축의 증가
④ 수밀성의 저하

해설 콘크리트를 유해한 응력으로부터 소정의 강도가 발현되기까지 보호하는 것을 양생이라 하며 습윤양생을 할 경우 충분하게 수분이 공급되도록 하여야 한다.

59 프리플레이스트 콘크리트의 압송시 수송관의 연장이 몇 m를 넘을 때 중계용 애지테이터와 펌프를 사용하는가?

① 50m
② 100m
③ 150m
④ 200m

해설 펌프의 압송 시 압력 손실이 적도록 하기 위해 수송관의 연장을 짧게 하며 수송관의 급격한 곡률과 단면의 급변을 피하고 이음 부분에서 모르타르가 탈수되어 막히지 않도록 이음은 수밀하며 깨끗하고 점검이 쉬운 구조이어야 한다.

60 고강도 콘크리트용 골재의 품질기준으로 틀린 것은?

① 굵은골재 실적률 : 59% 이상
② 굵은골재 밀도 : 2.5g/cm³ 이상
③ 잔골재 흡수율 : 2.0% 이하
④ 잔골재의 점토 덩어리 함유량 한도 : 1.0% 이하

해설 골재의 품질 기준

종류 및 항목	굵은골재	잔골재
절건밀도(g/cm³)	2.5 이상	2.5 이상
흡수율(%)	2.0 이하	3.0 이하
실적률(%)	59 이상	–
점토량(%)	0.25 이하	1.0 이하
씻기 시험에 의한 손실량(%)	1.0 이하	2.0 이하
유기 불순물	–	표준색 이하
염화물 이온량(%)	–	0.02 이하
안정성(%)	12 이하	10 이하

정답 58. ① 59. ② 60. ③

4과목 콘크리트 구조 및 유지관리

61 콘크리트의 내구성에 관한 기술 중 옳지 않은 것은?

① 알칼리 골재반응을 억제하기 위해서는 반응성 골재의 사용을 억제하고 시멘트중의 알칼리 함유량을 높이는 것이 유효하다.
② 알칼리 골재반응을 일으키는 주요인은 반응성 골재, 알칼리성분 및 수분이다.
③ 콘크리트중의 연행기포가 많을수록 동결융해저항성은 높아지나 강도가 떨어질 수 있다.
④ 중성화현상은 경화콘크리트중의 알칼리 성분이 탄산가스 등의 침입으로 중화되는 현상이다.

해설 알칼리 골재반응의 억제 대책
① 반응성 골재 사용을 금한다.
② 저알칼리형의 포틀랜드 시멘트(알칼리량을 0.6% 이하)를 사용한다.
③ 콘크리트 $1m^3$당의 알칼리 총량을 3.0 kg 이하로 한다.
④ 고로 시멘트 또는 플라이 애시 시멘트로서 알칼리 골재반응의 억제효과가 확인된 것을 사용한다.

62 콘크리트 크리프에 대한 설명으로 틀린 것은?

① 콘크리트에 일정한 하중을 지속적으로 재하하면 응력은 늘지 않았는데 변형이 계속 진행되는 현상을 말한다.
② 재하응력이 클수록 크리프가 크다.
③ 조직이 치밀한 콘크리트 일수록 크리프가 크다.
④ 조강시멘트는 보통시멘트보다 크리프가 작다.

해설 조직이 치밀한 콘크리트일수록 크리프가 작다.

63 콘크리트의 동해로 인한 열화 발생시의 보수공법과 거리가 먼 것은?

① 표면보호공법 ② 균열주입공법
③ 단면복구공법 ④ 전기방식법

해설 콘크리트의 동해로 인한 열화 발생시 단면복구, 균열주입, 표면보호 등을 실시하여 보수한다.

정답 61. ① 62. ③ 63. ④

64 그림과 같은 T형 단면에 3-D35(A_s =2870mm²)의 철근이 배근되었다면 공칭휨강도 M_n의 크기는? (단, f_{ck} =18MPa, f_y = 350MPa이다.)

① 455.1kN·m
② 386.9kN·m
③ 349.0kN·m
④ 333.5kN·m

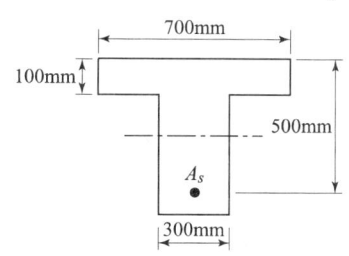

해설
- $a = \dfrac{A_s f_y}{\eta(0.85 f_{ck})b} = \dfrac{2870 \times 350}{1.0 \times (0.85 \times 18) \times 700} = 93.8\,\text{mm}$

  $a < t$, 93.8 < 100이므로 직사각형 단면으로 계산한다.

- $M_n = A_s f_y \left(d - \dfrac{a}{2}\right) = 2870 \times 350\left(500 - \dfrac{93.8}{2}\right)$
  $= 455{,}138{,}950\,\text{N·mm} = 455.1\,\text{kN·m}$

65 다음 중 콘크리트 구조물의 보강 방법으로 거리가 먼 것은?
① 수지주입공법
② 강판접착공법
③ 세로보 증설공법
④ 탄소섬유 접착공법

해설 수지주입공법은 콘크리트 구조물의 보수공법이다.

66 콘크리트 구조물의 외관조사시 외관조사망도에 기입하지 않는 것은?
① 균열 형태
② 균열 깊이
③ 균열 길이
④ 균열 폭

해설 콘크리트 구조물의 외관조사에서 콘크리트 균열 조사는 균열의 폭, 균열 길이, 균열의 관통 유무, 균열부분의 상황을 관찰한다.

67 굳지 않은 콘크리트에 발생하는 초기 균열의 일종인 침하균열을 방지하기 위한 대책으로서 틀린 것은?
① 콘크리트의 단위수량을 될 수 있는 한 적게 한다.
② 침하 종료 이전에 급격하게 굳어져 점착력을 잃지 않는 시멘트나 혼화제를 선정한다.
③ 타설속도를 빠르게 하고, 1회의 타설높이를 크게 한다.
④ 균열을 조기에 발견하고, 각재 등으로 두드리는 재타법이나 흙손으로 눌러서 균열을 폐색시킨다.

해설 타설속도를 느리게 하고 1회의 타설높이를 작게 한다.

68 콘크리트 구조물의 외관조사 중 육안조사에 의한 조사항목에 속하지 않는 것은?

① 균열
② 부재의 응력
③ 철근 노출
④ 침하

해설 부재의 응력은 육안조사로 측정하기 곤란하다.

69 콘크리트의 설계기준 압축강도 f_{ck}는 35MPa, 철근의 항복강도 f_y는 400MPa인 단철근 직사각형 보를 강도설계법에 의해 설계할 때 균형 철근비는?

① 0.0327
② 0.0370
③ 0.0389
④ 0.0399

해설
- $\beta_1 = 0.8$
- $\rho_b = 0.85\,\beta_1\,\dfrac{f_{ck}}{f_y}\,\dfrac{660}{660+f_y} = 0.85 \times 0.8 \times \dfrac{35}{400} \times \dfrac{660}{660+400} = 0.0370$

70 콘크리트 구조물의 철근 부식 상황을 파악하는 데 적절하지 않은 방법은?

① 자연 전위법
② 분극 저항법
③ 자분 탐상법
④ 전기 저항법

해설 자분 탐상법은 용접부의 표면이나 표면주위 결함, 표면직하의 결함 등을 검출하는 것이다.

71 강도설계법으로 설계시 기본 가정에 어긋나는 것은?

① 철근과 콘크리트의 변형률은 중립축에서의 거리에 비례한다.
② 콘크리트 압축측 상단의 극한 변형률은 0.0033으로 가정한다.
③ 철근 변형률이 항복 변형률(ε_y) 이상일 때 철근의 응력은 변형률에 관계없이 f_y와 같다고 가정한다.
④ 휨응력 계산에서 콘크리트의 인장강도는 압축강도의 1/10로 계산한다.

해설 휨응력 계산에서 콘크리트의 인장강도는 무시한다.

정답 68. ② 69. ② 70. ③ 71. ④

72 균열보수공법 중에서 주입공법에 사용되는 에폭시 수지의 특징에 대한 설명 중 옳지 않은 것은?

① 접착강도가 크며, 경화시 수축이 거의 없다.
② 미세한 균열에도 주입이 가능하다.
③ 경화 후의 에폭시 수지는 안정된 화학적 성질을 얻을 수 있다.
④ 산소 및 수분의 차단이 어렵고, 특히 콘크리트의 중성화에 취약하다.

해설 내수성이 우수하고 특히 콘크리트 중성화 방지를 위해 표면 마감재로 이용된다.

73 페놀프탈레인 시약을 사용하여 조사할 수 있는 열화현상은?

① 중성화
② 염해
③ 알칼리-실리카 반응
④ 동해

해설 공시체의 파단면에 1% 페놀프탈레인 용액을 분무하여 무색이면 중성화가 된 것으로 판단한다.

74 다음의 프리스트레스 손실 원인 중 프리스트레스 도입 즉시 발생하는 것이 아닌 것은?

① 콘크리트의 크리프
② 정착장치의 활동
③ 콘크리트의 탄성수축
④ 포스트텐션 긴장재와 덕트 사이의 마찰

해설 프리스트레스 도입 후 손실에는 콘크리트의 크리프, 콘크리트의 건조수축, 강재의 릴랙세이션이 있다.

75 폭 $b=300$mm, 유효깊이 $d=400$mm, 압축철근량 $A_s'=1,200$mm², 인장철근량 $A_s=2,400$mm²이 배근된 복철근보의 탄성처짐이 15mm라 할 때, 5년 후 지속하중에 의해 유발되는 장기처짐은 얼마인가?

① 15mm
② 20mm
③ 25mm
④ 30mm

해설
- $\lambda_\Delta = \dfrac{\xi}{1+50\rho'} = \dfrac{2}{1+50\times 0.01} = 1.33$

  여기서, $\rho' = \dfrac{A_s'}{bd} = \dfrac{1200}{300\times 400} = 0.01$

- 장기처짐 = 탄성처짐 × λ_Δ = 15 × 1.33 = 20mm
- 총 처짐 = 탄성처짐 + 장기처짐 = 15 + 20 = 35mm

정답 72. ④ 73. ① 74. ① 75. ②

76. 다음 중 철근 부식에 따른 2차적 손상이 아닌 것은?

① 박리
② 박락
③ 재료분리
④ 균열

해설 철근이 부식하면 녹은 그 체적이 2.5배로 팽창하여 그 팽창압에 의해 콘크리트에 균열이 발생하여 박리, 박락이 발생한다.

77. 부재 단면에 작용하는 강도감소계수(ϕ)의 값으로 틀린 것은?

① 띠철근으로 보강된 철근 콘크리트 부재의 압축지배 단면 : 0.70
② 인장지배 단면 : 0.85
③ 포스트텐션 정착구역 : 0.85
④ 전단력과 비틀림 모멘트 : 0.75

해설
- 압축지배단면 중 띠철근 기둥은 0.65, 나선철근 기둥은 0.70이다.
- 무근 콘크리트의 휨모멘트 : 0.55

78. D25(공칭직경 : 25.4mm)를 사용하는 압축 이형철근의 기본 정착길이는? (단, $f_{ck}=27$MPa, $f_y=400$MPa이다.)

① 357mm
② 489mm
③ 745mm
④ 1174mm

해설
- 기본 정착길이(l_{db})

$$l_{db}=\frac{0.25\,d_b f_y}{\sqrt{f_{ck}}}$$

또한 $l_{db}=0.043\,d_b f_y$ 중 큰 값

- $l_{db}=\dfrac{0.25\times25.4\times400}{\sqrt{27}}=489$mm

$l_{db}=0.043\times25.4\times400=437$mm

∴ 큰 값인 489mm이다.

- 압축 이형철근의 정착길이

$l_d=l_{db}\times$보정계수

여기서, l_d는 200mm 이상이어야 한다.

정답 76. ③ 77. ① 78. ②

79 단철근 직사각형보에서 균형파괴의 단면이 되기 위한 중립축 위치 c와 유효높이 d의 비는 얼마인가? (단, $f_{ck}=21\text{MPa}$, $f_y=350\text{MPa}$, $b=360\text{mm}$, $d=700\text{mm}$)

① $c/d = 0.51$
② $c/d = 0.65$
③ $c/d = 0.43$
④ $c/d = 0.72$

해설
$$c = \frac{660}{660+f_y} \cdot d = \frac{660}{660+350} \times 700 = 457.4\text{mm}$$
$$\therefore c/d = \frac{457.4}{700} = 0.65$$

80 직사각형 보에서 계수 전단력 $V_u=70\text{kN}$을 전단철근 없이 지지하고자 할 경우 필요한 최소 유효깊이 d는 약 얼마인가? (단, $b_w=400\text{mm}$, $f_{ck}=21\text{MPa}$, $f_y=350\text{MPa}$, $\lambda=1.0$)

① $d=426\text{mm}$
② $d=556\text{mm}$
③ $d=611\text{mm}$
④ $d=751\text{mm}$

해설
$V_u \leq \frac{1}{2}\phi V_c$인 경우 최소 전단철근을 배치하지 않아도 된다.
$$V_u = \frac{1}{2}\phi V_c = \frac{1}{2}\phi \frac{1}{6}\lambda\sqrt{f_{ck}}\,b_w d$$
$$70000 = \frac{1}{2}\times 0.75 \times \frac{1}{6} \times 1.0 \times \sqrt{21} \times 400 \times d$$
$$\therefore d = 611\text{mm}$$

정답 **79.** ② **80.** ③

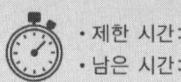

1과목   콘크리트 재료 및 배합

01 다음의 시멘트 클링커의 주요화합물 중에서 일반적으로 수화열이 가장 낮은 것은?

① $3CaO \cdot Al_2O_3$
② $2CaO \cdot SiO_2$
③ $3CaO \cdot SiO_2$
④ $4CaO \cdot Al_2O_3 \cdot Fe_2O_3$

해설 시멘트 클링커 주요화합물 중 일반적으로 수화열이 가장 낮은 것은 규산2석회로서 화학식으로 $2CaO \cdot SiO_2$ 로 약호로는 C_2S 로 쓰인다.

02 콘크리트의 품질을 개선하기 위해 사용되는 혼화재료는 일반적으로 혼화제와 혼화재로 분류하는데, 분류하는 기준으로 옳은 것은?

① 사용방법
② 사용량
③ 혼화재료의 밀도
④ 사용목적

해설
- **혼화제**: 시멘트 질량의 1% 정도 이하 사용
- **혼화재**: 시멘트 질량의 5% 정도 이상 사용

03 골재 특성의 정의에 관한 다음 설명 중 틀린 것은?

① 굵은골재의 최대치수는 질량비로 95% 이상을 통과시키는 체 중에서 최소치수의 체눈의 호칭치수로 나타낸 굵은골재의 치수를 말한다.
② 골재의 절대건조밀도는 골재 내부의 빈틈에 포함되어 있는 물이 전부 제거된 상태의 골재알의 밀도로서 골재의 절대건조상태의 질량을 골재의 절대용량으로 나눈 값을 말한다.
③ 골재의 흡수율은 표면건조포화상태의 골재에 함유되어 있는 전체수량의, 절대건조상태의 골재 질량에 대한 백분율을 말한다.
④ 골재의 실적률은 용기에 채운 골재의 절대용적의 그 용기 용적에 대한 백분율로, 단위용적질량을 밀도로 나눈 값의 백분율을 말한다.

해설 굵은골재의 최대치수는 질량비로 90% 이상을 통과시키는 체 중에서 최소치수의 체눈의 호칭치수로 나타낸 굵은골재의 치수를 말한다.

정답 01. ② 02. ② 03. ①

04 다음의 포틀랜드 시멘트 중 수화작용에 따르는 발열이 적기 때문에 매스콘크리트에 적당한 시멘트는?

① 보통 포틀랜드 시멘트
② 중용열 포틀랜드 시멘트
③ 조강 포틀랜드 시멘트
④ 백색 포틀랜드 시멘트

해설 중용열 포틀랜드 시멘트는 조기강도는 작으나 장기강도가 크다.

05 플라이 애시에 대한 설명으로 틀린 것은?

① 볼베어링 작용에 의해 콘크리트의 워커빌리티를 개선한다.
② 콘크리트의 발열을 저감시키기 때문에 매스 콘크리트에 유리하다.
③ 플라이 애시는 함유탄소분의 일부가 공기연행제를 흡착하는 성질을 가지고 있어 소요의 공기량을 얻기 위하여는 공기연행제의 양이 많아 요구되는 경우가 있다.
④ 장기에 걸친 포졸란 반응에 의해 콘크리트의 수밀성은 향상되지만, 건조수축은 증가하는 경향이 있다.

해설 장기에 걸친 포졸란 반응에 의해 콘크리트의 수밀성이 향상되며 건조, 습윤에 따른 체적 변화와 동결융해에 대한 저항성이 향상된다.

06 잔골재 표건밀도 $2.60g/cm^3$, 굵은골재 표건밀도 $2.65g/cm^3$인 재료를 이용하여 잔골재율 40%인 콘크리트의 배합설계를 할 때 잔골재량이 $624kg/m^3$인 경우의 굵은골재량을 구하면?

① $954kg/m^3$
② $1017kg/m^3$
③ $1087kg/m^3$
④ $1128kg/m^3$

해설
• 단위 골재량
  잔골재 밀도×골재의 절대체적×잔골재율×1000
  $624 = 2.6 \times V_{S+G} \times 0.4 \times 1000$
  $\therefore V_{S+G} = 0.6m^3$
• 단위 굵은골재량
  $G = 2.65 \times 0.6 \times 0.6 \times 1000 = 954kg$

07 시멘트의 강도시험(KS L ISO 679)의 공시체 제작을 위해 모르타르를 제작하고자 한다. 사용하는 시멘트가 450g인 경우 필요한 표준사의 양으로 옳은 것은?

① 900g
② 1,103g
③ 1,215g
④ 1,350g

해설 1 : 3이므로 $450 \times 3 = 1,350g$

정답 04. ② 05. ④ 06. ① 07. ④

08 콘크리트 시방배합 결과가 다음과 같고 5mm체에 남는 잔골재량이 6%, 5mm체를 통과하는 굵은골재량이 4%일 때 입도를 보정하여 잔골재량을 현장배합으로 수정한 값으로 옳은 것은?

단위량(kg/m³)			
물	시멘트	잔골재	굵은골재
175	365	650	1,280

① 626.8kg/m³   ② 636.4kg/m³
③ 643.8kg/m³   ④ 652.6kg/m³

해설 • 잔골재량

$$\frac{100S-b(S+G)}{100-(a+b)} = \frac{100\times650-4(650+1280)}{100-(6+4)} = 636.4\text{kg/m}^3$$

• 굵은골재량

$$\frac{100G-a(S+G)}{100-(a+b)} = \frac{100\times1280-6(650+1280)}{100-(6+4)} = 1293.6\text{kg/m}^3$$

09 잔골재의 밀도 및 흡수율 시험방법에 대한 설명으로 잘못된 것은?

① 표면건조 포화상태의 잔골재를 500g 이상 채취하고, 그 질량을 0.1g까지 측정하여, 이것을 1회 시험량으로 한다.
② 시험용 플라스크의 검정된 용량을 나타내는 눈금까지의 용적은 시료를 넣는 데 필요한 용적의 1.5배 이상 3배 미만으로 한다.
③ 표면건조 포화상태의 시료를 확인할 때는 시료를 원뿔형 몰드에 2층으로 나누어 넣고 다짐봉으로 각 층을 25회씩 다진 뒤 몰드를 수직으로 빼 올린다.
④ 시험값은 평균과의 차이가 밀도의 경우 0.01g/cm³ 이하이어야 한다.

해설 표면건조 포화상태의 시료를 확인할 때는 시료를 원뿔형 몰드에 넣고 표면을 다짐대로 가볍게 25회 다지고 몰드를 수직으로 빼 올린다.

10 시멘트의 제조원료 및 제조방법에 대한 설명으로 틀린 것은?

① 시멘트의 제조원료 중 석회질 원료와 점토질 원료의 혼합비율은 약 1 : 4이다.
② 시멘트 원료를 분쇄, 조합한 후 소성로에서 소성하여 얻어진 것을 클링커라고 한다.

답안 표기란
08 ① ② ③ ④
09 ① ② ③ ④
10 ① ② ③ ④

정답 08. ② 09. ③ 10. ①

③ 시멘트의 원료 중 석고는 시멘트의 응결 조절용으로 첨가된다.
④ 시멘트 제조공정은 크게 원료처리 공정, 소성 공정, 시멘트 제품 공정으로 나눌 수 있다.

해설 석회질 원료와 점토질 원료를 4 : 1의 비율로 섞는다.

11 콘크리트용 플라이 애시의 품질을 평가하기 위한 시험항목으로 적합하지 않은 것은?
① 밀도
② 비표면적(브레인 방법)
③ 활성도 지수
④ 염기도

해설 이산화규소, 수분, 강열감량, 밀도, 분말도, 플로값비, 활성도 지수 항목을 규정하고 있다.

12 콘크리트 1m³를 만드는 배합설계에서 필요한 골재의 절대용적이 720L이었다. 잔골재율이 34%, 잔골재 밀도가 2.7g/cm³, 굵은골재 밀도가 2.6g/cm³일 때, 단위잔골재량 S와 단위굵은골재량 G를 구하면?
① $S=636$kg, $G=1,283$kg
② $S=661$kg, $G=1,236$kg
③ $S=1,236$kg, $G=661$kg
④ $S=1,283$kg, $G=636$kg

해설
- $S=0.72\times0.34\times2.7\times1,000=661$kg
- $G=0.72\times0.66\times2.6\times1,000=1,236$kg

13 혼화제(混和劑)에 대한 설명으로 틀린 것은?
① 공기연행(AE)제를 사용한 콘크리트는 작업성이 증가하므로 단위수량을 감소시킬 수 있다.
② 공기량은 콘크리트의 조건을 일정하게 하면 공기량 10% 정도 내에서는 공기연행(AE)제의 첨가량에 거의 비례한다.
③ 물-시멘트비가 동일한 경우 공기량이 증가하면 압축강도는 감소한다.
④ 공기연행(AE)제에 의한 공기연행(AE) 콘크리트의 최적공기량은 3~5%이며 미세기포가 많을수록 동결융해 저항성이 크며 압축강도도 크다.

해설 공기량 1% 증가함에 따라 압축강도는 4~6% 감소한다.

답안 표기란				
11	①	②	③	④
12	①	②	③	④
13	①	②	③	④

[정답] 11. ④ 12. ② 13. ④

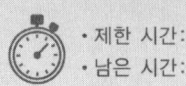

14 콘크리트 배합에 대한 일반적인 설명으로 틀린 것은?

① 배합강도를 결정하기 위한 콘크리트 압축강도의 표준편차는 실제 사용한 콘크리트의 30회 이상의 시험실적으로부터 결정하는 것을 원칙으로 한다.
② 잔골재율은 단위 시멘트량이 최소가 되도록 시험에 의해 정하여야 한다.
③ 물-결합재비는 소요의 강도, 내구성, 수밀성 및 균열저항성 등을 고려하여 정하여야 한다.
④ 단위 시멘트량은 원칙적으로 단위수량과 물-결합재비로부터 정하여야 한다.

해설
- 잔골재율은 소요의 워커빌리티를 얻을 수 있는 범위 내에서 단위수량이 최소가 되도록 시험에 의해 정한다.
- 단위수량은 작업이 가능한 범위 내에서 될 수 있는 대로 적게 되도록 시험을 통해 정한다.
- 현장 콘크리트의 품질변동을 고려하여 콘크리트 배합강도는 품질기준강도보다 크게 정한다.
- 배합에 사용할 물-결합재비는 기준 재령의 결합재-물비와 압축강도와의 관계식에서 배합강도에 해당하는 결합재-물비 값의 역수로 한다.

15 콘크리트 제조를 위한 콘크리트 공시체에 대한 압축강도 시험결과 5개의 시험값이 다음과 같다면, 이 콘크리트 공시체의 표준편차는? (단, 불편분산의 개념에 의함.)

| 34.1, 35.6, 36.1, 34.4, 35.8 (MPa) |

① 1.15MPa ② 1.03MPa
③ 0.96MPa ④ 0.89MPa

해설
- 평균값 $\overline{x} = \dfrac{34.1+35.6+36.1+34.4+35.8}{5} = 35.2$ MPa
- 표준편차의 합
$S = (34.1-35.2)^2 + (35.6-35.2)^2 + (36.1-35.2)^2 + (34.4-35.2)^2 + (35.8-35.6)^2 = 3.18$ MPa
- 표준편차
$\sqrt{\dfrac{S}{n-1}} = \sqrt{\dfrac{3.18}{5-1}} = 0.89$ MPa

답안 표기란
14. ① ② ③ ④
15. ① ② ③ ④

정답 14. ② 15. ④

16 표준체에 의한 시멘트 분말도 시험결과가 아래와 같이 나타났다. 이때 분말도는 얼마인가?

> • 표준체의 보정계수 : −14%
> • 시험한 시료의 잔사량 : 0.095g

① 91.83% ② 85.83%
③ 78.95% ④ 98.95%

해설 • 보정된 체 안에 남은 양(%)
$R_c = R_s(100+c) = 0.095(100-14) = 8.17\%$

• 분말도
$F = 100 - R_c = 100 - 8.17 = 91.83\%$

17 콘크리트용 혼화재료 중 실리카 퓸의 비표면적을 측정하기 위한 시험으로 가장 적당한 것은?

① BET법
② Break-off법
③ 표준체에 의한 방법
④ 블레인 공기 투과 장치에 의한 방법

해설 • 기체 흡착에 의한 분체(고체)의 비표면적 측정방법으로 BET법을 사용한다.
• 실리카 퓸의 비표면적(BET)은 15m²/g 이상이어야 한다.

18 골재시험과 관계 없는 것은?

① 유기불순물시험
② 0.08mm체 통과량시험
③ 로스앤젤레스 마모시험
④ 휨강도 시험

해설 • 휨강도 시험은 콘크리트의 강도시험에 해당된다.
• 골재시험에는 체가름시험, 안정성시험 등이 있다.

19 현재 한국산업표준(KS)으로 규정되어 있지 않은 시멘트 종류는?

① 플라이애시 시멘트
② 저발열형 시멘트
③ 내황산염 포틀랜드 시멘트
④ 포틀랜드 포졸란 시멘트

해설 초분말 시멘트, 초속경 시멘트, 유정 시멘트, 컬러 시멘트 등이 KS에 규정되어 있지 않다.

답안 표기란
16 ① ② ③ ④
17 ① ② ③ ④
18 ① ② ③ ④
19 ① ② ③ ④

정답 16. ① 17. ①
       18. ④ 19. ②

20 시방배합의 표시방법에 대한 설명으로 틀린 것은?

① 굵은골재는 5mm체에 전부 남는 것을 말하며, 표면건조포화상태로서 나타낸다.
② 배합은 질량으로 표시하는 것을 원칙으로 한다.
③ 시방배합에서는 콘크리트 1배치당 재료의 단위량을 표시하는 것으로 한다.
④ 혼화제의 사용량은 ml/m^3 또는 g/m^3로 표시하며, 희석시키거나 녹이거나 하지 않은 것으로 나타낸다.

해설
- 시방배합에서는 콘크리트 $1m^3$당 재료량을 표시하는 것으로 한다.
- 일반적인 콘크리트 시방배합표에는 슬럼프의 범위, 물-결합재비, 잔골재율 등을 표시한다.

2과목 콘크리트 제조, 시험 및 품질관리

21 블리딩에 대한 설명 중 틀린 것은?

① 블리딩이 많은 콘크리트는 침하량도 많다.
② 블리딩은 굵은골재와 모르타르, 철근과 콘크리트의 부착력을 저하시킨다.
③ 블리딩은 일종의 재료분리이므로 블리딩이 크면 상부의 콘크리트가 다공질이 된다.
④ 블리딩이 많으면, 모르타르 부분의 물-결합재비가 작게 되어 강도가 크게 된다.

해설 블리딩이 많으면 모르타르 부분의 물-결합재비가 크게 되어 강도가 작게 된다.

22 콘크리트의 탄성계수가 $2.5 \times 10^4 MPa$이고 푸아송비가 0.2일 때 전단탄성계수는?

① $5.5 \times 10^4 MPa$
② $7.5 \times 10^4 MPa$
③ $1.04 \times 10^4 MPa$
④ $12.4 \times 10^4 MPa$

해설 $G = \dfrac{E_c}{2(1+v)} = \dfrac{2.5 \times 10^4}{2(1+0.2)} = 1.04 \times 10^4 MPa$

[정답] 20. ③ 21. ④ 22. ③

23 KS F 2423의 쪼갬인장강도시험을 높이 300mm, 지름 150mm의 원주형 공시체를 사용하여 실시한 결과 파괴하중이 800kN이 측정되었다. 인장강도를 구하면?

① 12.3MPa ② 11.3MPa
③ 10.3MPa ④ 9.3MPa

해설 인장강도 $= \dfrac{2P}{\pi Dl} = \dfrac{2 \times 800000}{3.14 \times 150 \times 300} = 11.3\text{MPa}$

24 레디믹스트 콘크리트의 품질에 대한 설명 중 옳지 않은 것은? (단, KS F 4009에 따른다.)

① 1회의 강도시험 결과는 구입자가 지정한 호칭강도의 85% 이상이어야 한다.
② 보통 콘크리트의 공기량은 4.5%이며, 경량골재 콘크리트의 공기량은 5.5%로 하되, 그 허용오차는 ±1.5%로 한다.
③ 콘크리트의 슬럼프가 80mm 이상인 경우 슬럼프 허용오차는 ±25mm이다.
④ 염화물 함유량의 한도는 배출지점에서 염화물 이온량으로 3kg/m^3 이하로 하여야 한다.

해설 염화물 함유량의 한도는 배출지점에서 염화물 이온량으로 0.3kg/m^3 이하로 하여야 한다.

25 어떤 콘크리트 시료의 압축강도 시험결과 평균값이 24 MPa이고, 표준편차가 4.8 MPa이었다면 변동계수는?

① 14% ② 17%
③ 20% ④ 24%

해설 변동계수 $= \dfrac{\text{표준편차}}{\text{평균값}} \times 100 = \dfrac{4.8}{24} \times 100 = 20\%$

26 압력법에 의한 굳지 않은 콘크리트의 공기량 시험법에서 허용되는 최대 골재의 크기는?

① 75mm ② 40mm
③ 35mm ④ 30mm

해설 골재의 최대치수가 40mm 이하의 보통 골재를 사용한 콘크리트에 대해서는 적당하지만 골재 수정계수가 정확히 구해지지 않는 인공경량골재와 같은 다공질 골재를 사용한 콘크리트에 대해서는 적당하지 않다.

정답 23. ② 24. ④ 25. ③ 26. ②

27 φ100×200mm 원주형 공시체로 압축강도 시험을 수행하여 재하 하중 230 kN에서 파괴되었다면 압축강도는?

① 2.9MPa
② 7.3MPa
③ 29.3MPa
④ 73.2MPa

해설 $f_{cu} = \dfrac{P}{A} = \dfrac{P}{\dfrac{\pi d^2}{4}} = \dfrac{230,000}{\dfrac{3.14 \times 100^2}{4}} = 29.3\text{MPa}$

28 콘크리트 타설현장에서 받아들이기 품질검사 항목 및 확인사항을 설명한 것으로 틀린 것은?

① 워커빌리티의 검사는 굵은골재 최대치수 및 슬럼프가 설정치를 만족하는지 여부를 확인함과 동시에 재료 분리 저항성을 외관 관찰에 의해 확인하여야 한다.
② 강도검사는 콘크리트의 배합검사를 실시하는 것을 표준으로 한다.
③ 내구성 검사는 중성화 속도계수, 염화물 이온량, 화학 저항성을 평가하여야 한다.
④ 내구성으로부터 정한 물-결합재비는 배합 검사를 실시하거나 강도 시험에 의해 확인할 수 있다.

해설 내구성 검사는 공기량, 염소이온량을 측정하는 것으로 한다. 내구성으로부터 정한 물-결합재비는 배합 검사를 실시하거나 강도 시험에 의해 확인할 수 있다.

29 콘크리트 슬럼프 시험(KS F 2402)에 대한 설명으로 틀린 것은?

① 굵은골재의 최대치수가 40mm를 넘는 굵은골재를 제거한다.
② 슬럼프 콘에 콘크리트를 채울 때는 슬럼프 콘 높이의 1/3씩 3층으로 나누어 채운다.
③ 각 층에 채운 시료를 25회 비율로 다져서 재료의 분리를 일으킬 염려가 있을 때는 분리를 일으키지 않을 정도로 다짐수를 줄인다.
④ 각 층을 다질 때 다짐봉의 다짐 깊이는 그 앞 층에 거의 도달할 정도로 한다.

해설 슬럼프 콘에 콘크리트를 채울 때는 슬럼프 콘 부피의 1/3씩 3층으로 나누어 채운다.

[정답] 27. ③ 28. ③ 29. ②

30 플랜트에 고정믹서가 설치되어 있어 각 재료를 계량하고 혼합하여 완전히 비벼진 콘크리트를 트럭 믹서 또는 트럭애지테이터에 투입하여 운반중에 교반하면서 지정된 공사현장까지 배달, 공급하는 레디믹스트 콘크리트는?

① 쉬링크 믹스트 콘크리트
② 트랜싯 믹스트 콘크리트
③ 센트럴 믹스트 콘크리트
④ 프리 믹스트 콘크리트

해설
- **쉬링크 믹스트 콘크리트**
  콘크리트를 어느 정도 비빈 후 트럭믹서 또는 교반 트럭에 투입하여 공사현장에 도달할 때까지 운반시간 동안 혼합하여 도착시 완전히 혼합된 콘크리트로 공급하는 방법이다.
- **트랜싯 믹스트 콘크리트**
  계량된 각 재료를 직접 트럭믹서 속에 투입하고 운반도중에 소정의 물을 첨가하여 혼합하면서 공사현장에 도착하면 완전한 콘크리트로 공급하는 방법이다.

31 레디믹스트 콘크리트의 품질 중 슬럼프 플로의 허용오차로서 옳게 설명한 것은?

① 슬럼프 플로 500mm인 경우 허용오차는 ±50mm이다.
② 슬럼프 플로 600mm인 경우 허용오차는 ±100mm이다.
③ 슬럼프 플로 700mm인 경우 허용오차는 ±125mm이다.
④ 슬럼프 플로 800mm인 경우 허용오차는 ±150mm이다.

해설
- 슬럼프 플로 500mm인 경우 허용오차는 ±75mm이다.
- 슬럼프 플로 700mm인 경우 허용오차는 ±100mm이다.

32 콘크리트의 탄성계수에 대한 설명으로 틀린 것은?

① 콘크리트의 탄성계수는 콘크리트 강도의 영향을 가장 크게 받는다.
② 응력-변형률 곡선에서 초기 변형상태의 기울기를 할선탄성계수라고 하며, 이것을 콘크리트의 탄성계수(E_c)라 한다.
③ 콘크리트의 강도가 증가할수록 탄성계수는 일정 비율로 증가하는 경향이 있다.
④ 일반 콘크리트용 골재의 탄성계수는 시멘트 풀 탄성계수의 1.5~5배 정도이며, 경량골재의 탄성계수는 시멘트 풀과 거의 비슷한 값을 갖는다.

해설 응력-변형률 곡선에서 초기 변형상태의 기울기를 초기접선 탄성계수라고 한다.

정답 30. ③ 31. ② 32. ②

33 S-N 곡선은 콘크리트의 어떤 성질을 나타내는 것인가?
① 연성
② 피로
③ 탄성계수
④ 건조수축

해설
- 하중이 반복작용할 때 재료가 정적강도보다도 낮은 강도에서 파괴되는 현상을 피로파괴라 한다.
- 비철금속이나 콘크리트 등의 재료는 S-N 곡선에 수평부가 생기지 않는다.

34 일반 콘크리트 비비기에 대한 설명 중 틀린 것은?
① 비비기 시간은 시험에 의해 정하는 것을 원칙으로 하며 가경식 믹서의 경우 1분 30초 이상이 표준이다.
② 믹서 안의 콘크리트를 전부 꺼낸 후가 아니면 믹서 안에 다음 재료를 넣어서는 안 되며 비비기는 미리 정해 둔 비비기 시간의 3배 이상 계속해서는 안 된다.
③ 연속믹서를 사용할 경우, 비비기 시작 후 최초에 배출되는 콘크리트는 사용 가능하다.
④ 비비기를 시작하기 전에 미리 믹서 내부를 모르타르로 부착시켜야 하며 콘크리트가 균등하게 될 때까지 충분히 비벼야 한다.

해설 연속믹서를 사용할 경우, 비비기 시작 후 최초에 배출되는 콘크리트는 사용해서는 안 된다.

35 관입저항침에 의한 콘크리트의 응결시험한 결과 관입하중이 563N이었다. 이때 관입저항 및 응결상태는? (단, 관입침의 직경은 1.43cm이다.)
① 관입저항 3.5MPa, 초결
② 관입저항 3.5MPa, 종결
③ 관입저항 28MPa, 초결
④ 관입저항 28MPa, 종결

해설
- 관입저항
$$\frac{P}{A} = \frac{P}{\frac{\pi d^2}{4}} = \frac{563}{\frac{3.14 \times 14.3^2}{4}} = 3.5\text{MPa}$$
- 관입저항이 3.5MPa가 되기까지의 경과시간을 초결시간이라 한다.

36 콘크리트의 블리딩 시험에 대한 설명으로 틀린 것은?
① 시험 중에는 실온 20±3℃로 한다.

정답 33. ② 34. ③ 35. ① 36. ②

② 콘크리트를 채워 넣을 때 콘크리트의 표면이 용기의 가장자리에서 20mm 정도 높아지도록 고른다.
③ 기록한 처음 시각에서 60분 동안은 10분마다 콘크리트 표면에 스며나온 물을 빨아낸다.
④ 물을 빨아내는 것을 쉽게 하기 위하여 2분 전에 두께 약 50mm의 블록을 용기의 한쪽 밑에 주의 깊게 괴어 용기를 기울이고, 물을 빨아낸 후 수평위치로 되돌린다.

해설
- 콘크리트를 채워 넣을 때 콘크리트의 표면이 용기의 가장자리에서 30±3mm 낮아지도록 고른다.
- 빨아낸 물은 메스실린더에 옮긴 후 그 때까지 고인 물의 누계를 1mL까지 기록한다.

37 콘크리트의 건조수축에 대한 다음 설명 중 적합하지 않는 것은?
① 단위시멘트량이 증가할수록 건조수축은 커진다.
② 시멘트의 비표면적이 클수록 건조수축은 커진다.
③ 단위골재량이 많을수록 건조수축은 커진다.
④ 단위수량이 많을수록 건조수축은 커진다.

해설
- 단위골재량이 많을수록 건조수축은 작다.
- 철근을 많이 사용한 콘크리트는 건조수축이 작아진다.
- 건조수축 균열은 시간이 흐를수록 깊이가 깊어진다.
- 팽창시멘트를 사용하면 건조수축 균열을 최소화시키거나 제거할 수 있다.
- 플라이 애시를 혼입한 경우는 일반적으로 건조수축이 감소한다.
- 염화칼슘을 혼입한 경우는 일반적으로 건조수축이 증가한다.

38 콘크리트용 혼화제의 계량 허용오차는 몇 %인가?
① ±1%
② ±2%
③ ±3%
④ ±4%

해설
- 물 : -2%, +1%
- 시멘트 : -1%, +2%
- 혼화재 : ±2%
- 골재, 혼화제 : ±3%

39 페놀프탈레인 용액을 사용한 콘크리트의 탄산화 판정시험에서 탄산화된 부분에서 나타나는 색은?
① 붉은색
② 노란색
③ 청색
④ 착색되지 않음

해설
- 탄산화(중성화) 판정은 페놀프탈레인 1%의 알코올 용액을 콘크리트의 단면에 뿌려 조사하는 방법으로 탄산화된 부분은 무색을 띈다.
- 중성화가 진행되면 철근에 녹이 발생하고 이 녹에 의해 철근이 팽창하고 콘크리트의 내부에 균열을 발생시킨다.

정답 37. ③ 38. ③ 39. ④

40 압축강도에 의한 콘크리트 품질검사에 관한 설명으로 틀린 것은? (단, 설계기준 압축강도로부터 배합을 정한 경우로서 콘크리트 표준시방서의 규정을 따른다.)

① 일반적인 경우 재령 28일의 압축강도에 대해 실시한다.
② 1회/일, 또는 구조물의 중요도와 공사의 규모에 따라 120m³마다 1회, 배합이 변경될 때마다 실시한다.
③ $f_{cn} \leq 35\text{MPa}$인 경우 판정기준은 ⊙ 연속 3회 시험값의 평균이 호칭강도 이상, ⓒ 1회 시험값이 호칭강도의 80% 이상이다.
④ $f_{cn} > 35\text{MPa}$인 경우 판정기준은 ⊙ 연속 3회 시험값의 평균이 호칭강도 이상, ⓒ 1회 시험값이 호칭강도의 90% 이상이다.

해설 $f_{cn} \leq 35\text{MPa}$인 경우 판정기준은 ⊙ 연속 3회 시험값의 평균이 호칭강도 이상, ⓒ 1회 시험값이 호칭강도 − 3.5MPa 이상이다.

3과목 콘크리트의 시공

41 콘크리트 포장의 줄눈설치 목적과 관계가 먼 것은?
① 콘크리트 포장의 표층 슬래브 신축결함 보완
② 콘크리트 포장의 국부적 응력균열 발생제어
③ 콘크리트 포장의 건조수축 균열제어
④ 콘크리트 포장의 플라스틱 수축균열방지

해설 플라스틱 수축균열은 콘크리트 표면의 수분이 급격히 증발하는데 이 때 블리딩 수가 콘크리트의 내부에 흡수되어 수축현상으로 가늘고 얇은 균열이 발생하는 것으로 줄눈설치로 방지할 수 없다.

42 매스콘크리트의 수화열 저감을 위하여 사용되는 시멘트가 아닌 것은?
① 중용열 포틀랜드 시멘트
② 고로 슬래그 시멘트
③ 플라이 애시 시멘트
④ 알루미나 시멘트

해설 단위시멘트량을 적게 하여 발열량을 감소시킨다.

정답 40. ③ 41. ④ 42. ④

43 철근이 배치된 일반적인 매스 콘크리트 구조물에서 균열 발생을 방지하여야 할 경우 표준적인 온도균열지수의 범위는?

① 1.5 이상
② 1.2~1.5
③ 0.7~1.2
④ 0.7 이하

해설 구조물에서의 표준적인 온도균열지수
- 균열 발생을 방지하여야 할 경우 : 1.5 이상
- 균열 발생을 제한할 경우 : 1.2~1.5
- 유해한 균열 발생을 제한할 경우 : 0.7~1.2

44 숏크리트에 대한 설명으로 틀린 것은?

① 숏크리트는 비교적 소규모의 타설장비로 시공할 수 있고 임의 방향에 대한 시공이 가능하다.
② 습식 숏크리트는 대단면으로서 장대화되는 산악터널의 주지보재로써 시공에 적합하다.
③ 리바운드 등의 재료 손실이 많고 평활한 마무리 면을 얻기 어려우며 수밀성이 다소 결여되는 단점이 있다.
④ 숏크리트는 조기에 강도를 발현시킬 수 있고 급속시공이 가능하지만 거푸집 시공이 복잡한 단점이 있다.

해설 숏크리트는 거푸집 시공과 관련이 없다.

45 해양 콘크리트에 대한 설명 중 적절하지 못한 것은?

① 철근 피복두께는 일반 콘크리트보다 크게 한다.
② 내구성을 고려하여 정한 최대 물-결합재비는 일반 콘크리트보다 작게 하는 것이 바람직하다.
③ 보통 포틀랜드 시멘트를 사용한 콘크리트는 적어도 재령 5일이 될 때까지 해수에 직접 접촉되지 않도록 한다.
④ 해수의 작용에 대하여 내구성이 높은 고로 슬래그 시멘트를 사용하면 초기 양생기간을 단축시킬 수 있다.

해설 해수의 작용에 대하여 내구성이 높은 고로 슬래그 시멘트, 플라이 애시 시멘트, 중용열 포틀랜드 시멘트를 사용하며 장기재령의 강도가 크고 수화열이 적다.

46 롤러다짐 콘크리트의 시공에서 타설 이음면을 고압살수청소, 진공흡입청소 등을 실시하는 것을 무엇이라 하는가?

① 그린 컷
② 콜드 조인트
③ 수축이음
④ 리프트

해설 그린 컷(green cut) : 롤러다짐 콘크리트의 시공할 때 타설이음면을 고압살수청소, 진공흡입청소 등을 실시하는 것이다.

정답 43. ① 44. ④ 45. ④ 46. ①

47 일반적인 프리캐스트 콘크리트의 강도는 재령 며칠에서의 압축강도 시험값으로 나타내는 것을 원칙으로 하는가?

① 7일 ② 14일
③ 28일 ④ 91일

해설
- 일반적인 프리캐스트 콘크리트는 재령 14일에서의 압축강도 시험값
- 오토클레이브 양생 등의 특수한 촉진양생을 하는 프리캐스트 콘크리트는 14일 이전의 적절한 재령에서 압축강도 시험값
- 촉진 양생을 하지 않은 프리캐스트 콘크리트이나 비교적 부재 두께가 큰 프리캐스트 콘크리트는 재령 28일에서 압축강도 시험값

48 다음 중 수밀 콘크리트의 일반적인 사항으로 옳지 않은 것은?

① 수밀성이 큰 콘크리트 또는 투수성이 큰 콘크리트를 말한다.
② 물-결합재비는 50% 이하를 표준으로 한다.
③ 연속 타설 시간 간격은 외기온이 25℃를 넘었을 경우에는 1.5시간을 넘어서는 안 된다.
④ 소요의 품질을 갖는 수밀 콘크리트를 얻을 수 있도록 적당한 간격으로 시공이음을 둔다.

해설 수밀성이 큰 콘크리트는 투수성이 작은 콘크리트를 말한다.

49 한중 콘크리트에 대한 설명으로 틀린 것은?

① 하루의 평균기온이 4℃ 이하가 예상되는 조건일 때는 한중 콘크리트로서 시공하여야 한다.
② 시멘트는 어떠한 경우라도 직접 가열하지 않는다.
③ 물-결합재비는 원칙적으로 65% 이하로 한다.
④ 타설할 때의 콘크리트 온도는 5~20℃의 범위에서 정하여야 한다.

해설
- 물-결합재비는 원칙적으로 60% 이하로 한다.
- 한중 콘크리트에서는 공기연행 콘크리트를 사용하는 것을 원칙으로 한다.

50 신축이음에 대한 설명 중 틀린 것은?

① 신축이음에는 필요에 따라 이음재, 지수판 등을 배치하여야 한다.
② 신축이음의 단차를 피할 필요가 있는 경우에는 장부나 홈을 두는 것이 좋다.

[정답] 47. ② 48. ① 49. ③ 50. ③

③ 신축이음은 양쪽의 구조물 혹은 부재가 구속된 구조이어야 한다.
④ 신축이음의 단차를 피할 필요가 있는 경우에는 전단연결재를 사용하는 것이 좋다.

해설 신축이음은 양쪽의 구조물 혹은 부재가 구속되지 않는 구조라야 한다.

51 일평균 기온이 10℃ 이상~15℃ 미만인 경우 보통 포틀랜드 시멘트를 사용한 일반 콘크리트의 습윤양생기간의 표준으로 옳은 것은?

① 3일
② 5일
③ 7일
④ 9일

해설 일평균 기온이 15℃ 이상의 경우 보통 포틀랜드 시멘트를 사용한 일반 콘크리트의 습윤양생기간은 5일을 표준한다.

52 내부진동기 사용방법의 표준을 설명한 것으로 틀린 것은?

① 진동다지기를 할 때에는 내부진동기를 하층의 콘크리트 속으로 0.1m 정도 찔러 넣는다.
② 내부진동기는 연직으로 찔러 넣으며, 삽입간격은 일반적으로 1.0m 이하로 하는 것이 좋다.
③ 1개소당 진동시간은 다짐할 때 시멘트 페이스트가 표면 상부로 약간 부상하기까지 한다.
④ 내부진동기는 콘크리트를 횡방향으로 이동시킬 목적으로 사용해서는 안 된다.

해설 내부진동기는 연직으로 찔러 넣으며, 삽입간격은 일반적으로 0.5m 이하로 하는 것이 좋다.

53 프리캐스트 콘크리트의 양생에서 증기양생에 대한 일반적인 설명으로 틀린 것은?

① 비빈 후 2~3시간 이상 경과된 후에 증기양생을 실시한다.
② 거푸집과 함께 증기양생실에 넣어 양생실의 온도를 균등하게 올린다.
③ 양생시 온도상승속도는 1시간당 30℃ 이하로 하고 최고온도는 90℃로 한다.
④ 양생실의 온도는 서서히 내려서 외기의 온도와 큰 차가 없을 정도로 된 후에 제품을 꺼낸다.

해설
• 양생시 온도상승속도는 1시간당 20℃ 이하로 하고 최고온도는 65℃로 한다.
• 프리캐스트 콘크리트의 성형에서 일반적으로 사용되고 있는 다지기 방법에는 진동다지기, 원심력다지기, 가압다지기, 진공다지기 및 이들을 병용하는 방법이 있다.
• 프리스트레스트 콘크리트 제품에는 재생골재를 사용해서는 안 된다.

정답 51. ③ 52. ② 53. ③

54. 팽창 콘크리트의 시공관리에 대한 설명으로 잘못된 것은?

① 콘크리트를 비비고 나서 타설을 끝낼 때까지의 시간은 기온·습도 등의 기상조건과 시공에 관한 등급에 따라 1~2시간 이내로 하여야 한다.
② 한중콘크리트의 경우 타설할 때 콘크리트 온도는 10℃ 이상 20℃ 미만으로 한다.
③ 서중콘크리트의 경우 비비기 직후 온도는 30℃ 이하, 타설할 때 온도는 35℃ 이하로 될 수 있는 한 낮은 온도로 하여야 한다.
④ 콘크리트를 타설한 후에는 적당한 양생을 실시하며 콘크리트 온도는 20℃ 이상을 10일간 이상 유지시켜야 한다.

해설
- 콘크리트를 타설한 후에는 적당한 양생을 실시하며 콘크리트 온도는 2℃ 이상을 5일간 이상 유지시켜야 한다.
- 콘크리트 거푸집널의 존치기간은 평균기온 20℃ 이상인 경우에는 3일 이상을 원칙으로 한다.
- 화학적 프리스트레스용 콘크리트의 단위시멘트량은 단위 팽창재량을 제외한 값으로서 보통 콘크리트의 경우 260kg/m³ 이상, 경량골재 콘크리트 300kg/m³ 이상으로 한다.

55. 유동화 콘크리트 제조에서 유동화를 첨가하기 전의 기본배합의 콘크리트를 무엇이라 하는가?

① 고유동 콘크리트
② 베이스 콘크리트
③ 유동화 콘크리트
④ 고성능 콘크리트

해설 베이스 콘크리트의 슬럼프는 콘크리트의 유동화에 지장이 없는 범위의 것으로 하며 최대값은 보통 콘크리트일 경우 150mm 이하로 한다.

56. 콘크리트 이음에 대한 설명으로 틀린 것은?

① 바닥틀의 시공이음은 슬래브 또는 보의 경간 중앙부 부근은 피해서 배치하여야 한다.
② 바닥틀과 일체로 된 기둥 또는 벽의 시공이음은 바닥틀과의 경계 부근에 설치하는 것이 좋다.
③ 아치의 시공이음은 아치축에 직각방향이 되도록 설치하여야 한다.
④ 신축이음은 양쪽의 구조물 혹은 부재가 구속되지 않는 구조이어야 한다.

정답 54. ④ 55. ② 56. ①

해설
- 바닥틀의 시공이음은 슬래브 또는 보의 경간 중앙부 부근에 두어야 한다.
- 헌치는 바닥틀과 연속해서 콘크리트를 타설하여야 한다.
- 시공 이음은 부재의 압축력이 작용하는 방향과 직각이 되도록 설치하는 것이 원칙이다.
- 해양 및 항만 콘크리트 구조물은 시공 이음부를 되도록 두지 않는 것이 좋다.
- 시공이음은 될 수 있는 대로 전단력이 작은 위치에 설치하여야 한다.

57 고강도 콘크리트의 배합 특성으로 틀린 것은?

① 사용되는 굵은골재의 최대 치수는 25mm 이하로 한다.
② 수밀성 향상을 위해 공기연행제를 사용하는 것을 원칙으로 한다.
③ 비비기에는 가경식 믹서보다 강제식 팬 믹서가 좋다.
④ 고강도 콘크리트의 설계기준 압축강도는 일반적으로 40MPa 이상으로 하며 고강도 경량골재 콘크리트는 27MPa 이상으로 한다.

해설 기상의 변화가 심하거나 동결융해에 대한 대책이 필요한 경우를 제외하고는 공기연행제를 사용하지 않는 것을 원칙으로 한다.

58 숏크리트의 강도에 대한 설명으로 틀린 것은?

① 일반적인 경우 재령 3시간에서 숏크리트의 초기강도는 1.0~3.0MPa를 표준으로 한다.
② 일반적인 경우 재령 24시간에서 숏크리트의 초기강도는 5.0~10.0MPa를 표준으로 한다.
③ 일반 숏크리트의 장기 설계기준압축강도는 28일로 설정하며 그 값은 21MPa 이상으로 한다.
④ 영구 지보재로 숏크리트를 적용할 경우 재령 28일의 부착강도는 4.0MPa 이상이 되도록 관리하여야 한다.

해설 영구 지보재로 숏크리트를 적용할 경우 재령 28일의 부착강도는 1.0MPa 이상이 되도록 관리하여야 한다.

59 다음은 서중 콘크리트의 시공에 대한 설명이다. 옳지 않은 것은?

① 콘크리트를 타설할 때의 콘크리트 온도는 35℃ 이하이어야 한다.
② 콘크리트 타설은 콜드 조인트가 생기지 않도록 하여야 한다.
③ 콘크리트는 비빈 후 1.5시간 이내에 타설하여야 한다.
④ 콘크리트 타설 후 양생은 3일 정도 실시하는 것이 바람직하다.

해설
- 타설 후 적어도 24시간은 노출면이 건조하는 일 없이 습윤상태를 유지하며, 또 양생은 적어도 5일 이상 실시한다.
- 거푸집을 떼어낸 후에도 양생기간 동안은 노출면을 습윤상태로 유지한다.
- 단위 시멘트량을 적게 하여야 한다.
- 타설 전에 지반, 거푸집 등을 습윤상태로 유지한다.
- 배합온도는 낮게 유지해야 한다.

정답 57. ② 58. ④ 59. ④

60 일반 콘크리트의 비비기에서 강제식 믹서일 경우 믹서 안에 재료를 투입한 후 비비는 시간의 표준은?

① 30초 이상   ② 1분 이상
③ 1분 30초 이상   ④ 2분 이상

해설
- 가경식 믹서 : 1분 30초 이상
- 강제식 믹서 : 1분 이상

4과목 콘크리트 구조 및 유지관리

61 폭 300mm, 유효깊이 500mm인 직사각형 보에서 콘크리트가 부담하는 전단강도(V_c)의 값으로 옳은 것은? (단, f_{ck} = 24MPa, f_y = 350MPa, λ = 1.0이다.)

① 95.3kN   ② 104.7kN
③ 110.2kN   ④ 122.5kN

해설
$V_c = \frac{1}{6} \lambda \sqrt{f_{ck}} \, b_w \, d = \frac{1}{6} \times 1.0 \times \sqrt{24} \times 300 \times 500 = 122.5\text{kN}$

62 균열보수 공법 중 수동식 주입법의 특징으로 잘못된 것은?

① 다량의 수지를 단시간에 주입할 수 있다.
② 주입용 수지의 점도에 제약을 받지 않는다.
③ 주입시 압력펌프를 필요로 한다.
④ 주입기 조작이 간단하여 숙련공이 필요없으며, 시공관리가 용이하다.

해설 주입기 조작이 간단하지 않으며 시공 관리가 곤란하다.

63 옹벽 설계시 내적 안정과 외적 안정을 실시하여야 한다. 다음에서 외적 안정에 해당되지 않는 것은?

① 활동   ② 전도
③ 지반지지력   ④ 전단

해설 옹벽 설계시 전도, 활동, 지반침하(지지력)에 대해서 안정해야 한다.

정답 60. ② 61. ④ 62. ④ 63. ④

64 하중 재하기간이 60개월 이상 된 철근콘크리트 부재가 있다. 하중 재하시 탄성처짐량이 20mm 발생했다고 하면 부재의 총처짐량은 얼마인가? (단, 압축철근비는 0.02이다.)

① 20mm
② 30mm
③ 40mm
④ 50mm

해설
- 탄성 처짐량 : 20mm
- $\lambda_\Delta = \dfrac{\xi}{1+50\rho'} = \dfrac{2}{1+50\times 0.02} = 1$
- 장기 처짐량 = 탄성 처짐량 × λ_Δ = 20×1 = 20mm
- 총 처짐량 = 탄성 처짐량 + 장기 처짐량 = 20+20 = 40mm

65 초음파법에 의해 콘크리트 구조를 평가하고자 할 때의 설명으로 틀린 것은?

① 초음파 투과속도로 어느 정도의 콘크리트 강도 추정은 가능하다.
② 일반적으로 철근 콘크리트가 무근 콘크리트보다 펄스속도가 느리다.
③ 금속은 균질한 재료로 신뢰성이 매우 높지만 콘크리트의 경우는 재료의 비균질성으로 인해 신뢰성이 상대적으로 낮다.
④ 초음파 투과속도로 균열의 깊이를 추정할 수 있다.

해설 일반적으로 철근 콘크리트가 무근 콘크리트보다 펄스속도가 빠르다.

66 활하중 70kN/m, 고정하중 30kN/m의 등분포 하중을 받는 지간 7m의 직사각형 단순보에서 소요강도 U는?

① 113kN/m
② 132kN/m
③ 148kN/m
④ 165kN/m

해설 $U = 1.2D + 1.6L = 1.2\times 30 + 1.6\times 70 = 148\text{kN/m}$

67 철근 부식이 의심스러운 경우 실시하는 비파괴검사 방법은?

① 초음파법
② 반발경도법
③ 전자파 레이더법
④ 자연전위법

해설 철근 부식 상태의 조사방법에는 자연전위법, 표면 전위차 측정법, 분극저항법, 전기저항법 등이 있다.

정답 64. ③ 65. ② 66. ③ 67. ④

68 알칼리 골재반응의 원인으로 추정되는 부재의 향후 팽창량을 예측하기 위하여 필요한 시험은?

① SEM 시험
② 코어의 잔존 팽창량 시험
③ 압축강도 시험
④ 배합비 추정시험

해설 잔존 팽창량 시험은 구조물로부터 뽑아낸 샘플에 대해서 팽창 반응을 가열·습윤에 의해 촉진해 장래 일어날 수 있는 팽창을 단기간으로 일으켜 향후의 팽창의 가능성을 조사하는 것이다.

69 콘크리트 보수공법 중 균열 폭이 0.5mm 이상의 비교적 큰 폭의 보수 균열에 적용하는 공법으로 균열선을 따라 콘크리트를 U형 또는 V형으로 잘라내고 보수하는 공법으로서 철근의 부식 여부에 따라 보수 방법을 달리해야 하는 보수공법은?

① 표면처리공법
② 치환공법
③ 주입공법
④ 충전공법

해설
- 0.2mm 이하인 미세한 결함에 대해 방수성, 내화성을 확보할 목적으로 표면처리공법이 사용된다.
- 주입공법은 균열 폭이 0.2mm 이상의 경우에 결함부분에 수지계 또는 시멘트계 등으로 주입한다.
- 결함면은 습윤상태가 많아 에폭시 수지계 보수재료를 사용하는 것이 좋다.

70 그림과 같은 보에 최소 전단철근을 배근하려고 한다. 전단철근의 간격을 200mm로 할 때 최소 전단철근량은? (단, f_{ck} = 24 MPa, f_y = 350 MPa이다.)

① 52.5mm^2
② 56.8mm^2
③ 60.0mm^2
④ 64.7mm^2

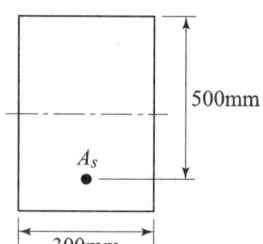

해설
$$A_{v,\min} = 0.35 \frac{b_\omega s}{f_{yt}}$$
$$= 0.35 \times \frac{300 \times 200}{350}$$
$$= 60.0 \text{mm}^2$$

정답 68. ② 69. ④ 70. ③

71 설계기준항복강도가 400MPa 이하인 이형철근을 사용한 슬래브의 최소 수축·온도 철근비는 다음 중 어느 것인가?

① 0.0020
② 0.0030
③ 0.0035
④ 0.0040

해설
- 어떤 경우에도 이형철근의 철근비는 0.0014 이상이어야 한다.
- 수축·온도철근의 간격은 슬래브 두께의 5배 이하, 또한 450mm 이하로 하여야 한다.

72 콘크리트의 외관조사 중 육안에 의해 조사가 가능한 것이 아닌 것은?

① 침하 및 균열
② 변색
③ 부재의 응력
④ 박리

해설 부재의 응력은 육안관찰에 의해 측정이 곤란하다.

73 다음 중 콘크리트 자체변형으로 인해 발생하는 수축균열의 원인에 해당하지 않는 것은?

① 수화열 발생
② 건조수축
③ 중성화
④ 온도변화

해설 콘크리트중의 수산화칼슘이 공기중의 탄산가스와 접촉하여 서서히 탄산칼슘으로 변화하여 콘크리트가 알칼리성을 상실하는 것을 중성화라 한다.

74 폭=300mm, 유효깊이=500mm, A_s=1,700mm², f_{ck}=60MPa, f_y=350MPa인 단철근 직사각형 보가 있다. 강도설계법으로 설계할 때 압축연단에서 중립축까지의 거리(c)는?

① 38.9mm
② 40.2mm
③ 51.1mm
④ 61.7mm

해설
- $a = \dfrac{A_s f_y}{\eta(0.85 f_{ck})b} = \dfrac{1700 \times 350}{0.95 \times (0.85 \times 60) \times 300} = 40.9\text{mm}$

  여기서, $\eta = 0.95\,(f_{ck} = 60\text{MPa})$
- $\beta_1 = 0.8$
- $a = \beta_1 \cdot c$

  $\therefore c = \dfrac{a}{\beta_1} = \dfrac{40.9}{0.8} = 51.1\text{mm}$

정답 71. ① 72. ③ 73. ③ 74. ③

75 직접설계법에 의한 슬래브 설계에서 전체 정적 계수 휨모멘트 $M_o = 320 \text{kN} \cdot \text{m}$로 계산되었을 때, 내부 경간의 부계수 휨모멘트는 얼마인가?

① 208kN · m
② 195kN · m
③ 182kN · m
④ 169kN · m

해설
- $(-) \, 0.65 M_o = 0.65 \times 320 = 208 \text{kN} \cdot \text{m}$
- 정계수 휨모멘트 $= 0.35 M_o$

76 다음은 철근콘크리트 구조물의 특징에 대한 설명이다. 틀린 것은?

① 설계하중에서 균열이 생기지 않는다.
② 내구성과 내화성이 크다.
③ 콘크리트와 철근은 부착강도가 커서 합성체를 이룬다.
④ 철근과 콘크리트는 열팽창계수가 거의 같다.

해설
- **설계하중**: 부재를 설계할 때 적용되는 계수하중
- **계수하중**: 강도설계법으로 부재를 설계할 때 사용하중에 하중계수를 곱한 하중
- **사용하중**: 고정하중 및 활하중 등 각종 하중으로서 하중계수를 곱하지 않은 하중
- 일반적으로 철근의 탄성계수가 콘크리트의 탄성계수보다 크다.

77 사하중(D)만 작용하는 구조물의 안전성 평가를 위하여 재하 시험을 실시할 경우 시험하중은 얼마 이상으로 하여야 하는가?

① 1.4D
② 0.95(1.4D)
③ 0.85(1.4D)
④ 0.75(1.4D)

해설 자중만 작용하는 경우 설계하중의 95% 이상으로 소요강도 1.4D을 반영한 값을 기준으로 한다.

78 콘크리트의 압축강도 측정방법 중 반발경도법에 대한 설명으로 틀린 것은?

① 반발경도법에는 직접법, 간접법, 표면법 등이 있다.
② 측정 가능한 콘크리트 강도의 범위는 사용할 측정기기에 따라 다르지만 약 10~60MPa 정도이다.
③ 슈미트 해머에 의한 측정점의 수는 측정치의 신뢰도를 고려하여 20점을 표준으로 한다.

정답 75. ① 76. ① 77. ② 78. ①

④ 공시체를 타격할 경우에는 공시체의 구속정도에 따라 반발도는 달라진다.

해설
- 반발경도법에는 낙하식, 스프링식, 회전식, 슈미트 해머 등 여러 종류들로 구분이 되어 있다.
- 슈미트 해머에 의한 반발경도법에서 타격 위치는 가장자리로부터 100mm 이상 떨어지고 서로 30mm 이내로 근접해서는 안된다.

79 철근부식과 관계된 보수공법과 직접적 관계가 먼 것은?
① 연속섬유시트공법
② 탈염공법
③ 전기방식공법
④ 재알칼리화공법

해설 연속섬유시트공법은 콘크리트 균열의 구속효과, 내하성능의 향상효과가 있으며 내식성이 우수하고 염해지역의 콘크리트 구조물 보강에도 적용할 수 있다.

80 철근 및 용접철망의 정착에 대한 설명으로 틀린 것은?
① 인장 용접원형철망의 정착길이는 300mm 이상이어야 한다.
② 인장 용접이형철망의 정착길이는 200mm 이상이어야 한다.
③ 압축 이형철근의 정착길이는 200mm 이상이어야 한다.
④ 인장 이형철근의 정착길이는 300mm 이상이어야 한다.

해설
- 인장 용접원형철망의 정착길이는 150mm 이상이어야 한다.
- 표준갈고리를 갖는 인장 이형철근의 정착길이 와 확대머리 이형철근 및 기계적 인장 정착길이는 $8d_b$ 이상, 또한 150mm 이상이어야 한다.

정답 79. ① 80. ①

1과목 콘크리트 재료 및 배합

01 서중콘크리트 시공시, 레디믹스트 콘크리트의 운반거리가 멀 때, 수조 및 대형구조물 등 연속타설시 사용되는 콘크리트에 적합한 혼화제는?

① 공기연행 감수제
② 지연제
③ 고성능 감수제
④ 발포제

해설 콘크리트 응결시간을 늦추기 위해 지연제를 사용한다.

02 콘크리트 배합설계에서 단위수량을 선정하는 내용 중 잘못된 것은?

① 공기연행제 및 공기연행 감수제를 사용하면 단위수량이 감소된다.
② 쇄석을 굵은골재로 사용하면 강자갈의 경우보다 단위수량이 증가된다.
③ 고로 슬래그의 굵은골재를 골재로 사용하면 강자갈의 경우보다 단위수량이 감소된다.
④ 소요의 워커빌리티 범위에서 가능한 한 단위수량이 적게 되도록 시험에 의해 정한다.

해설 고로 슬래그의 굵은골재를 골재로 사용하면 강자갈의 경우보다 단위수량이 증가된다.

03 절대건조 상태에서 350g의 잔골재 시료가 표면건조 포화상태에서 364g, 공기중 건조상태에서는 357g이 되었다. 이 시료의 흡수율은?

① 2%
② 3%
③ 4%
④ 5%

해설
- 흡수율 $= \dfrac{364-350}{350} \times 100 = 4\%$
- 유효 흡수율 $= \dfrac{364-357}{357} \times 100 = 1.96\%$

정답 01. ② 02. ③ 03. ③

04 시멘트의 수화에 영향을 주는 인자들에 관한 설명으로 옳은 것은?

① 시멘트의 분말도가 높을수록 수화반응속도가 빨라져서 응결이 빨리 진행된다.
② 단위수량이 클수록 응결이 빠르게 진행된다.
③ 포졸란계 혼화재료가 사용된 경우 CaO 성분이 줄어들므로 수화반응이 촉진된다.
④ 온도가 높을수록 응결이 지연된다.

해설
- 단위수량이 클수록 응결이 늦게 진행된다.
- 온도가 높을수록 응결이 빨라진다.
- 포졸란계 혼화재료가 사용된 경우 CaO(석회)가 줄어들므로 수화반응이 늦어진다.

05 KS L 5110에 의하여 시멘트 밀도시험을 실시한 결과, 르샤틀리에 병에 광유를 주입하고 측정한 눈금이 0.6mL였다. 이 병에 시멘트 64g을 넣고 광유가 올라온 눈금을 측정한 결과 21.25mL를 얻었다. 시멘트의 밀도는 얼마인가?

① 3.05g/cm^3
② 3.10g/cm^3
③ 3.15g/cm^3
④ 3.20g/cm^3

해설
시멘트 밀도 $= \dfrac{64}{21.25 - 0.6} = 3.10\text{g/cm}^3$

06 콘크리트용 혼합수에 대한 다음 설명 중 KS F 4009 레디믹스트 콘크리트 부속서에서 규정하고 있는 내용으로 옳은 것은?

① 하천수는 상수돗물 이외의 물에 대한 품질규정에 적합하지 않으면 사용할 수 없다.
② 상수돗물 이외의 물에 대한 품질기준으로 용해성 증발 잔류물의 양은 10g/L 이하로 규정하고 있다.
③ 상수돗물, 상수돗물 이외의 물 및 회수수를 혼합하여 사용하는 경우는 시험을 하지 않아도 사용할 수 있다.
④ 회수수는 배합보정을 실시하면 슬러지 고형분율에 관계없이 사용할 수 있다.

해설
- 상수돗물 이외의 물에 대한 품질기준으로 용해성 증발 잔류물의 양은 1g/L 이하로 규정하고 있다.
- 상수돗물을 혼합하여 사용하는 경우는 시험을 하지 않아도 사용할 수 있다.
- 회수수를 사용할 경우 단위 슬러지 고형분율이 3.0% 초과하면 안 된다.
- 레디믹스트 콘크리트를 배합할 때 회수수 중에 함유된 슬러지 고형분은 물의 질량에는 포함되지 않는다.

정답 04. ① 05. ② 06. ①

07 콘크리트 배합설계에서 시방배합을 현장배합으로 고칠 때 고려해야 하는 사항이 아닌 것은?

① 현장의 잔골재 중에서 5mm 체에 남는 굵은골재량
② 현장골재의 함수 상태
③ 혼화제를 희석시킨 희석수량
④ 현장의 굵은골재 최대치수

해설 시방배합을 현장배합으로 고칠 때에는 골재의 입도 및 함수를 고려한다.

08 압축강도의 시험 기록이 없고 호칭강도가 21MPa인 경우 배합강도는?

① 28MPa ② 29.5MPa
③ 31MPa ④ 33.5MPa

해설 호칭강도가 21 이상 35MPa 이하이므로
$f_{cr} = f_{cn} + 8.5 = 21 + 8.5 = 29.5\text{MPa}$

09 금속재료의 인장시험에 의한 파단 연신율(%)을 계산하는 식으로 옳은 것은? (단, l은 시험편의 양 파단면의 중심선이 일직선상에 있도록 주의하여 파단면을 접촉시켜 측정한 표점간 거리(mm)이며, l_0는 표점거리(mm)이다.)

① $\dfrac{l-l_0}{l} \times 100(\%)$ ② $\dfrac{l-l_0}{l_0} \times 100(\%)$

③ $\dfrac{l_0}{l-l_0} \times 100(\%)$ ④ $\dfrac{l}{l-l_0} \times 100(\%)$

해설 연신율(%) = $\dfrac{l-l_0}{l_0} \times 100(\%)$

10 시멘트의 응결에 대한 설명으로 틀린 것은?

① 석고의 첨가량이 많을수록 응결이 지연된다.
② 비카트 장치와 길모아 장치로 응결시험을 한다.
③ 초결은 5시간, 종결은 20시간 정도이다.
④ C_3A가 많을수록 응결이 빠르다.

[정답] 07. ④ 08. ② 09. ② 10. ③

해설
- 초결은 1시간, 종결은 10시간 정도이다.
- 분말도가 크면 응결이 빨라진다.
- 온도가 높을수록 응결이 빨라진다.

11 시멘트의 강도시험(KS L ISO 679)의 공시체 제작을 위해 모르타르를 제작하고자 한다. 사용하는 시멘트가 450g인 경우 필요한 표준사의 양으로 옳은 것은?

① 900g
② 1,103g
③ 1,215g
④ 1,350g

해설 1 : 3이므로 450×3=1,350g

12 콘크리트 배합에 있어서 단위수량이 170kg/m³, 단위 시멘트량이 315kg/m³, 공기량 4%일 때 단위 골재량의 절대 부피는? (단, 시멘트의 밀도는 3.14g/cm³이다.)

① 0.69m³
② 0.73m³
③ 0.75m³
④ 0.77m³

해설 $V = 1 - \left(\dfrac{170}{1 \times 1000} + \dfrac{315}{3.14 \times 1000} + \dfrac{4}{100} \right) = 0.69\text{m}^3 = 690 l$

13 제빙화학제에 노출된 콘크리트에 있어서 플라이 애시, 고로 슬래그 미분말 또는 실리카 퓸을 시멘트 재료의 일부로 치환하여 사용하는 경우 이들 혼화재 사용량(시멘트와 혼화재 전체에 대한 혼화재의 질량백분율, %)을 나타낸 것으로 틀린 것은?

① 플라이 애시 : 25%
② 고로슬래그 미분말 : 50%
③ 실리카 퓸 : 10%
④ 플라이 애시와 실리카 퓸의 합 : 50%

해설 플라이 애시와 실리카 퓸의 합 : 35%

14 단위용적질량이 1.8t/m³인 굵은골재의 밀도가 3.0t/m³일 때 이 골재의 공극률은 얼마인가?

① 40%
② 45%
③ 55%
④ 60%

해설
- 실적률 $= \dfrac{\omega}{\rho} \times 100 = \dfrac{1.8}{3.0} \times 100 = 60\%$
- 공극률 $= 100 -$ 실적률 $= 100 - 60 = 40\%$

정답 11. ④ 12. ①
      13. ④ 14. ①

15 콘크리트용 부순 굵은골재의 절대건조밀도는 2.6g/cm³이고, 시료의 단위용적질량은 1560kg/m³이다. 이 골재의 인자 모양 판정 실적률(%)은?

① 45%   ② 50%
③ 55%   ④ 60%

해설
- 실적률 $= \dfrac{w}{\rho} \times 100 = \dfrac{1.56}{2.6} \times 100 = 60\%$

  여기서, $1560 \text{kg/m}^3 = 1.56 \text{t/m}^3 = 1.56 \text{kg}/l$

- 공극률 $= 100 - 실적률 = 100 - 60 = 40\%$

16 보통 포틀랜드 시멘트의 주요 조성광물 중 함유비율이 가장 큰 것은?

① C_2S ② C_3A
③ C_3S ④ C_4AF

해설
- 규산삼석회(C_3S)는 시멘트 클링커 중의 약 50% 정도 차지하는 무색의 각진 대형 결정이다.
- 알루민산철 4석회(C_4AF)는 시멘트 클링커 중에 약 10% 정도 함유되어 있다.

17 콘크리트에는 혼화제를 사용하지 않더라도 콘크리트 속에 자연적으로 포함되는 부정형한 기포가 있는데, 이것의 명칭으로 적합한 것은?

① 연행공기(entrained air)   ② 갇힌공기(entrapped air)
③ 겔공극(gel pore)   ④ 모세관공극(capillary pore)

해설
- 일반적인 콘크리트에는 혼화제를 첨가하지 않아도 1% 전후의 비교적 큰 입경의 갇힌공기가 불규칙하게 존재한다.
- 콘크리트의 내구성을 고려한 AE 콘크리트의 공기량은 굵은골재 최대치수, 기타에 따라 콘크리트 용적의 4~7%를 표준으로 한다.

18 보오크사이트와 석회석을 원료로 분쇄, 조합하여 제조한 시멘트로 초조강성 및 높은 발열 특성으로 긴급공사나 한중공사 시 적합하며 내화물용으로 많이 사용되는 시멘트는?

① 내황산염시멘트   ② 조강시멘트
③ 알루미나시멘트   ④ 중용열시멘트

정답 15. ④ 16. ③ 17. ② 18. ③

해설 **알루미나시멘트**: 알칼리성이 약하므로 철근이 부식되기 쉽고 포틀랜드 시멘트와 혼합하여 사용하면 순결성을 나타내므로 주의를 요하며 산, 염류, 해수 등의 화학적 침식에 대한 강한 저항성을 갖는다.

19 혼화재의 품질시험에서 아래 표의 내용을 무엇이라고 하는가?

> 기준 모르타르의 압축강도에 대한 시험 모르타르의 압축강도의 비를 백분율로 나타낸 것

① 플로값 비
② 활성도 지수
③ 안정도
④ 길이 변화비

해설 활성도 지수 = $\dfrac{\text{재령의 공시체 압축강도}}{\text{각 재령의 기준 시멘트를 이용한 모르타르 압축강도}} \times 100$

20 콘크리트 배합에 대한 설명으로 틀린 것은?

① 시방배합에서 굵은골재는 5mm 체에 전부 남는 것을 말한다.
② 콘크리트의 배합은 질량으로 표시하는 것을 원칙으로 한다.
③ 콘크리트의 배합강도는 현장 콘크리트의 품질변동을 고려하여 결정한다.
④ 플라이애시를 사용하는 배합을 표시할 때 물-시멘트비와 물-플라이애시비를 각각 표시한다.

해설 플라이애시를 사용하는 배합을 표시할 때는 $\dfrac{F}{C+F}(\%)$로 표시한다.

2과목 콘크리트 제조, 시험 및 품질관리

21 계수값 관리도에 의해 품질관리를 할 때 결점수 관리도에 적용되는 이론은?

① 정규 분포이론
② 이항 분포이론
③ 카이자승 분포이론
④ 푸아송 분포이론

해설

항목	관리도	적용이론
계량값 관리도	$\bar{x}-R$관리도 $\bar{x}-\sigma$관리도 x 관리도	정규분포
계수값 관리도	P 관리도 P_n 관리도	이항분포
	C 관리도 U 관리도	푸아송 분포

정답 19. ② 20. ④ 21. ④

22 블리딩(bleeding)을 저감시키는 요인이 아닌 것은?

① 물−결합재비가 클 때
② 응결시간이 빠른 시멘트를 사용할 때
③ 분말도가 미세한 시멘트를 사용할 때
④ 공기연행제, 감수제를 사용할 때

해설
- 물−결합재비가 크면 블리딩이 증가한다.
- 배합 조건에서 단위수량이 크거나 단위 잔골재량이 적어지면 블리딩이 증가한다.

23 공기실 압력법에 의한 콘크리트의 공기량 시험방법에서 시료를 용기에 채우는 횟수 및 각 층 다짐횟수로 적합한 것은?

① 3층 − 25회
② 2층 − 25회
③ 3층 − 30회
④ 2층 − 20회

해설 콘크리트의 공기량 $A = A_1 - G$
여기서, A_1 : 겉보기 공기량(%), G : 골재의 수정계수(%)

24 콘크리트의 균열에 대한 설명으로 틀린 것은?

① 이형철근을 사용하면 균열폭을 줄일 수 있다.
② 인장측에 철근을 잘 배분하면 균열폭을 최소화할 수 있다.
③ 철근의 부식 정도는 균열폭이 문제가 아니라 균열의 수가 문제이다.
④ 콘크리트 표면의 균열폭은 콘크리트 피복두께에 비례한다.

해설
- 철근의 부식 정도는 균열의 수보다 균열 폭이 문제이다.
- 하중으로 인한 균열의 최대 폭은 철근의 응력과 철근 지름에 비례하고 철근비에 반비례한다.

25 콘크리트의 크리프(creep)에 영향을 주는 요소에 대한 설명으로 틀린 것은?

① 재하응력이 클수록 크리프가 크다.
② 재하시의 재령이 작을수록 크리프가 크다.
③ 조강 시멘트를 사용한 콘크리트는 보통 시멘트를 사용한 콘크리트보다 크리프가 크다.
④ 부재의 치수가 작을수록 크리프가 크다.

[정답] 22. ① 23. ① 24. ③ 25. ③

해설
- 조강 시멘트를 사용한 콘크리트는 보통 시멘트를 사용한 콘크리트보다 크리프가 작다.
- 재하기간 중의 대기온도가 높을수록 크리프는 크다.

26 콘크리트 압축강도 시험에 지름 100mm, 높이 200mm인 원주형 공시체를 사용하였을 때 최대압축하중이 437kN이었다면 압축강도는 얼마인가?

① 55.6MPa
② 56.6MPa
③ 57.6MPa
④ 58.6MPa

해설
- $A = \dfrac{\pi D^2}{4} = \dfrac{3.14 \times 100^2}{4} = 7850\,\text{mm}^2$
- $f = \dfrac{P}{A} = \dfrac{437000}{7850} = 55.6\,\text{MPa}$

27 콘크리트 비비기에 대한 설명으로 틀린 것은?

① 비비기 시간에 대한 시험을 실시하지 않은 경우 그 최소 시간은 강제식 믹서일 경우 1분 30초 이상을 표준으로 한다.
② 비비기는 미리 정해둔 비비기 시간의 3배 이상 계속하지 않아야 한다.
③ 비비기를 시작하기 전에 미리 믹서 내부를 모르타르로 부착시켜야 한다.
④ 연속믹서를 사용할 경우, 비비기 시작 후 최초에 배출되는 콘크리트는 사용하지 않아야 한다.

해설
- **강제식 믹서** : 1분 이상
- **가경식 믹서** : 1분 30초 이상

28 굳지 않은 콘크리트의 성질을 나타내는 용어에 대한 설명이다. 틀린 것은?

① 유동성이란 수량의 다소에 따라 반죽의 되고 진 정도를 나타내는 성질이다.
② 워커빌리티란 작업의 난이도, 재료분리에 저항하는 정도를 나타내는 성질이다.
③ 성형성이란 거푸집에 쉽게 다져넣을 수 있고, 거푸집을 제거하면 천천히 형상이 변하기는 하지만 허물어지거나 재료가 분리되지 않는 성질이다.
④ 피니셔빌리티란 굵은골재 최대치수, 잔골재율, 골재 입도 등에 따르는 마무리하기 쉬운 정도를 나타내는 성질이다.

해설 반죽질기란 수량의 다소에 따라 반죽이 되고 진 정도를 나타내는 성질이다.

[정답] 26. ① 27. ① 28. ①

03회 CBT 모의고사

29 콘크리트의 워커빌리티 측정방법으로 적합하지 않은 것은?
① 리몰딩 시험
② 구관입 시험
③ 비비 시험
④ 블리딩 시험

해설 블리딩 시험은 콘크리트의 재료분리 경향을 시험한다.

30 비파괴시험법 중 타격법에 해당되는 것은?
① 반발경도법
② 초음파속도법
③ 전기저항법
④ 자연전위법

해설 반발경도법에 의한 비파괴시험법으로 강도를 추정하며 슈미트 해머에 의한 측정점의 수는 측정치의 신뢰도를 고려하여 20점을 표준으로 한다.

31 콘크리트 제조를 위한 콘크리트 공시체에 대한 압축강도 시험결과 5개의 시험값이 다음과 같다면, 이 콘크리트 공시체의 표준편차는? (단, 불편분산의 개념에 의함.)

| 34.1, 35.6, 36.1, 34.4, 35.8 (MPa) |

① 1.15MPa
② 1.03MPa
③ 0.96MPa
④ 0.89MPa

해설
- 평균값 $\bar{x} = \dfrac{34.1+35.6+36.1+34.4+35.8}{5} = 35.2$MPa
- 표준편차의 합 $S = (34.1-35.2)^2 + (35.6-35.2)^2 + (36.1-35.2)^2 + (34.4-35.2)^2 + (35.8-35.6)^2 = 3.18$MPa
- 표준편차 $\sqrt{\dfrac{S}{n-1}} = \sqrt{\dfrac{3.18}{5-1}} = 0.89$MPa

32 콘크리트 제조시 1회 계량분 비비기 오차에 대하여 옳은 것은?
① 혼화제 : ±2%
② 시멘트 : ±2%
③ 혼화재 : ±2%
④ 물 : ±2%

해설
- 물 : -2%, +1%
- 시멘트 : -1%, +2%
- 혼화재 : ±2%
- 골재, 혼화제 : ±3%

정답 29. ④ 30. ① 31. ④ 32. ③

33 콘크리트의 쪼갬 인장강도 시험에서 직경 150mm, 길이 300mm인 원주형 공시체를 사용한 경우 최대하중이 220 kN이었다면, 인장강도는?

① 3.1MPa ② 3.5MPa
③ 4.2MPa ④ 4.5MPa

해설 인장강도 $= \dfrac{2P}{\pi dl} = \dfrac{2 \times 220,000}{\pi \times 150 \times 300} = 3.1\text{MPa}$

34 레디믹스트 콘크리트의 품질에서 슬럼프에 따른 슬럼프의 허용오차로 틀린 것은?

① 슬럼프 25mm일 때 허용오차는 ±10mm이다.
② 슬럼프 50mm일 때 허용오차는 ±15mm이다.
③ 슬럼프 65mm일 때 허용오차는 ±15mm이다.
④ 슬럼프 80mm일 때 허용오차는 ±20mm이다.

해설 슬럼프 80mm 이상인 경우에는 ±25mm 범위를 넘어서는 안 된다.

35 블리딩 시험용기의 안지름이 25cm이고, 안높이는 28.5cm이다. 이 용기에 30kg의 콘크리트를 채우고 측정한 블리딩에 따른 물의 총 용적은 200cm³이었다면 블리딩량은 얼마인가?

① 0.27cm³/cm² ② 0.32cm³/cm²
③ 0.41cm³/cm² ④ 0.53cm³/cm²

해설 블리딩량 $= \dfrac{V}{A} = \dfrac{200}{\dfrac{3.14 \times 25^2}{4}} = 0.41\text{cm}^3/\text{cm}^2$

36 휨강도 시험을 실시하였을 때 파괴하중이 30.8kN이었고 지간의 가운데 부분에서 파괴되었다면 휨강도는 얼마인가? (단, 공시체의 크기는 150×150×530mm이며, 지간은 450mm이다.)

① 3.5MPa ② 3.8MPa
③ 4.1MPa ④ 4.4MPa

해설 휨강도 $= \dfrac{Pl}{bd^2} = \dfrac{30800 \times 450}{150 \times 150^2} = 4.1\text{MPa}$

정답 33. ① 34. ④
      35. ③ 36. ③

37 콘크리트 타설현장에서 받아들이기 품질검사 항목 및 확인사항을 설명한 것으로 틀린 것은?

① 워커빌리티의 검사는 굵은골재 최대치수 및 슬럼프가 설정치를 만족하는지 여부를 확인함과 동시에 재료 분리 저항성을 외관 관찰에 의해 확인하여야 한다.
② 강도검사는 압축강도시험에 의한 검사를 실시한다.
③ 내구성 검사는 중성화 속도계수, 염화물 이온량, 화학 저항성을 평가하여야 한다.
④ 내구성으로부터 정한 물-결합재비는 배합 검사를 실시하거나 강도 시험에 의해 확인할 수 있다.

📝해설 내구성 검사는 공기량, 염화물 함유량를 측정하는 것으로 한다. 내구성으로부터 정한 물-결합재비는 배합 검사를 실시하거나 강도 시험에 의해 확인할 수 있다.

38 레디믹스트 콘크리트에서 회수수 중 슬러지수를 혼합수로 사용하는 경우에 대한 설명 중 옳지 않은 것은?

① 슬러지수에 포함된 슬러지 고형분은 배합설계시 물의 질량에 포함되지 않는다.
② 슬러지수는 시험을 해야 하며 슬러지 고형분율이 3% 이하이어야 한다.
③ 슬러지 고형분이 많은 경우에는 단위수량을 감소시킨다.
④ 슬러지 고형분이 많은 경우에는 잔골재율을 감소시킨다.

📝해설
• 슬러지 고형분이 많은 경우에는 단위수량을 증가시킨다.
• 슬러지 고형분이 많은 경우에는 공기연행제 사용량을 증가시킨다.

39 콘크리트 공사에 있어 믹서 1대로 1일 60m³의 콘크리트를 비벼 내고자 할 때 준비하여야 할 믹서의 공칭용량은 다음 중 어느 것이 적당한가? (단, 1회 비벼내기 시간 4분, 1일 10시간 실가동 조건으로 한다.)

① $0.32\,m^3$
② $0.40\,m^3$
③ $0.48\,m^3$
④ $0.52\,m^3$

📝해설 $q \times \dfrac{10 \times 60}{4} = 60\,m^3$ ∴ $q = 0.4\,m^3$

[정답] 37. ③ 38. ③ 39. ②

40 아래의 표에서 설명하는 콘크리트 초기균열의 종류는?

> 묽은 비빔 콘크리트에서는 블리딩이 크고 이것에 상당하는 침하가 발생한다. 콘크리트의 침하가 철근 및 기타 매설물에 의해 국부적인 방해를 받아 방해물의 상면에 균열이 발생한다.

① 건조수축균열 ② 침하균열
③ 초기 건조균열 ④ 거푸집 변형에 의한 균열

해설
- 콘크리트를 타설하고 다짐하여 마감작업을 한 이후에도 콘크리트는 계속하여 압밀되는 경향을 보이며 이러한 현상에 의한 균열을 침하균열이라 한다.
- 철근의 직경이 클수록 침하균열은 증가한다.
- 슬럼프가 클수록, 콘크리트 치기속도가 빠를수록 침하균열은 증가한다.
- 충분한 다짐을 하지 못한 경우나 튼튼하지 못한 거푸집을 사용했을 경우 침하균열은 증가한다.
- 콘크리트의 피복두께 감소에 따라 침하균열은 증가한다.

3과목 콘크리트의 시공

41 벽과 같이 높이가 높은 콘크리트를 급속하에 연속 타설하는 경우 나타나는 현상이 아닌 것은?

① 재료분리 발생 ② 시공 이음 발생
③ 상부 콘크리트의 품질 저하 ④ 수평철근의 부착강도 저하

해설
- 재료분리가 일어나기 쉽고 블리딩에 의해 나쁜 영향을 주며 상부의 콘크리트 품질이 저하되며 수평 철근의 부착강도가 현저하게 저하된다.
- 일반적으로 타설 속도는 30분에 1~1.5m 정도가 적당하다.

42 콘크리트의 치기 작업에 대한 다음의 서술 중 콘크리트의 품질 확보를 위하여 바람직하지 않은 것은?

① 콘크리트를 직접 지면에 치는 경우에는 미리 깔기 콘크리트를 깔아두는 것이 좋다.
② 먼저 모르타르를 쳐서 널리 펴고 그 위에 콘크리트를 치면 곰보 방지, 시공이음 일체화의 효과가 있다.
③ 콘크리트를 2층 이상으로 나누어 칠 경우, 원칙적으로 하층의 콘크리트가 굳기 시작한 후 상층의 콘크리트를 쳐야 한다.
④ 친 콘크리트는 거푸집 안에서 횡방향으로 이동시켜서는 안되며, 내부진동기를 써서 유동화시키면서 콘크리트를 이동시켜서도 안 된다.

해설
콘크리트를 2층 이상으로 나누어 타설할 경우 상층의 콘크리트 타설은 원칙적으로 하층의 콘크리트가 굳기 시작하기 전에 타설하여야 하며 상층과 하층이 일체가 되도록 해야 한다.

[정답] 40. ② 41. ② 42. ③

43 한중 콘크리트로 시공하여야 하는 하루의 평균기온 조건은 얼마인가? (단, 기준이 되는 온도)

① 10℃ 이하
② 7℃ 이하
③ 4℃ 이하
④ 0℃ 이하

해설
- 하루 평균기온이 4℃ 이하에서는 콘크리트가 동결할 염려가 있으므로 한중 콘크리트로 시공한다.
- 타설할 때 콘크리트 온도는 5~20℃의 범위에서 한다.

44 아래 문장의 ( ) 안에 들어갈 적절한 수치는?

> 트레미 1개로 타설할 수 있는 일반 수중콘크리트의 타설면적은 ( )m² 정도가 한계이다.

① 40
② 30
③ 20
④ 10

해설 트레미의 하단으로부터 유출된 콘크리트를 수중에서 길게 유동시키면 품질이 저하하므로 1개의 트레미로 타설하는 면적은 30m² 정도가 한계이다.

45 고강도 콘크리트에 대한 다음의 설명 중 틀린 것은?

① 굵은골재는 실적률 50% 이상, 안정성 18% 이하이어야 한다.
② 잔골재는 절건밀도 2.5g/cm³ 이상, 염화물이온량은 0.02% 이하이어야 한다.
③ 콘크리트 타설 낙하고는 1m 이하로 하며, 콘크리트는 재료 분리가 일어나지 않는 방법으로 취급하여야 한다.
④ 고강도 콘크리트 설계기준강도는 일반적으로 40MPa 이상으로 한다.

해설 굵은골재는 실적률 59% 이상, 흡수율 2% 이하, 안정성 12% 이하이어야 한다.

46 수중 콘크리트 타설의 원칙을 설명한 것으로 틀린 것은?

① 시멘트의 유실, 레이턴스의 발생을 방지하기 위하여 정수 중에 타설하는 것이 좋으며, 완전히 물막이를 할 수 없는 경우에도 유속은 1초간 50mm 이하로 하여야 한다.

정답 43. ③ 44. ② 45. ① 46. ③

② 트레미로 타설하는 경우 트레미의 안지름은 수심 5m 이상에서 300~500mm 정도가 좋으며, 굵은골재 최대치수의 8배 정도가 필요하다.
③ 한 구획의 콘크리트를 빠른 시간 내에 타설할 수 있도록 시공계획을 세우고 수중에 낙하시켜 시간을 단축시킨다.
④ 콘크리트 펌프 안지름은 0.1~0.15m 정도가 좋으며, 수송관 1개로 타설할 수 있는 면적은 5m² 정도이다.

해설
- 콘크리트는 수중에 낙하시키지 않는다.
- 콘크리트를 연속해서 타설한다.

47 설계기준 압축강도가 24MPa인 콘크리트의 슬래브 및 보의 밑면, 아치 내면 거푸집을 해체 가능한 압축강도 시험결과 최소값은? (단, 단층 구조의 경우)

① 5MPa
② 14MPa
③ 16MPa
④ 24MPa

해설
- 설계기준 압축강도 $\times \dfrac{2}{3} = 24 \times \dfrac{2}{3} = 16$MPa
- 확대기초, 보 옆, 기둥, 벽 등의 측벽은 콘크리트 압축강도가 5MPa 이상일 때 거푸집 해체가 가능하다.

48 댐 콘크리트 중 롤러 다짐 콘크리트 반죽질기의 표준값으로 옳은 것은? (단, VC시험을 실시한 경우)

① 10±5초
② 20±10초
③ 30±15초
④ 40±20초

해설 콘크리트의 반죽질기를 슬럼프로 측정하는 경우 타설장소에서 측정한 슬럼프는 체가름을 하여 40mm 이상의 굵은골재를 제거하고 측정한 값으로 20~50mm를 표준으로 한다.

49 일반적인 프리캐스트 콘크리트의 강도는 재령 며칠에서의 압축강도 시험값으로 나타내는 것을 원칙으로 하는가?

① 7일
② 14일
③ 28일
④ 91일

해설
- 일반적인 프리캐스트 콘크리트는 재령 14일에서의 압축강도 시험값
- 오토클레이브 양생 등의 특수한 촉진양생을 하는 프리캐스트 콘크리트는 14일 이전의 적절한 재령에서 압축강도 시험값
- 촉진 양생을 하지 않은 프리캐스트 콘크리트나 비교적 부재 두께가 큰 프리캐스트 콘크리트는 재령 28일에서 압축강도 시험값

정답 47. ③ 48. ② 49. ②

50 콘크리트 다지기에서 내부진동기의 사용방법에 대한 설명으로 틀린 것은?

① 2층 이상의 층에 대한 시공 시에 내부진동기는 하층의 콘크리트 속으로 찔러 넣으면 안 된다.
② 내부진동기는 연직으로 찔러 넣으며, 삽입간격은 일반적으로 0.5m 이하로 하는 것이 좋다.
③ 1개소당 진동시간은 다짐할 때 시멘트 페이스트가 표면 상부로 약간 부상하기까지 한다.
④ 내부진동기는 콘크리트를 횡방향으로 이동시킬 목적으로 사용하지 않아야 한다.

해설 내부진동기를 하층의 콘크리트 속으로 0.1m 정도 찔러 넣는다.

51 일반 콘크리트의 운반은 비비기에서 치기까지 신속하게 진행되어야 한다. 외기온도가 25℃ 이상인 경우 비비기에서 타설이 완료될 때까지 몇 시간을 넘어서는 안 되는가?

① 1.0시간
② 1.5시간
③ 2시간
④ 2.5시간

해설 외기온도가 25℃ 미만인 경우는 2시간을 넘어서는 안 된다.

52 방사선 차폐용 콘크리트의 슬럼프는 작업에 알맞은 범위 내에서 가능한 한 적은 값이어야 한다. 일반적인 경우의 슬럼프 값의 기준으로 옳은 것은?

① 100mm 이하
② 120mm 이하
③ 150mm 이하
④ 180mm 이하

해설 물-결합재비는 50% 이하를 원칙으로 하며 실제로 사용되고 있는 차폐용 콘크리트의 물-결합재비는 대개 30~50% 범위이다.

53 롤러다짐 콘크리트의 시공에서 타설 이음면을 고압살수청소, 진공흡입청소 등을 실시하는 것을 무엇이라 하는가?

① 그린 컷
② 콜드 조인트
③ 수축이음
④ 리프트

[정답] 50. ① 51. ② 52. ③ 53. ①

해설 그린 컷(green cut)
롤러다짐 콘크리트의 시공할 때 타설이음면을 고압살수청소, 진공흡입청소 등을 실시하는 것이다.

54 매스 콘크리트로 다루어야 하는 구조물의 부재치수에 대한 일반적인 표준으로 옳은 것은?

① 하단이 구속된 벽조의 경우 두께 0.8m 이상인 경우 매스 콘크리트로 다루어야 한다.
② 넓이가 넓은 평판구조의 경우 두께 1.0m 이상인 경우 매스 콘크리트로 다루어야 한다.
③ 하단이 구속된 벽조의 경우 두께 1.0m 이상인 경우 매스 콘크리트로 다루어야 한다.
④ 넓이가 넓은 평판구조의 경우 두께 0.8m 이상인 경우 매스 콘크리트로 다루어야 한다.

해설 하단이 구속된 벽조의 경우 두께 0.5m 이상인 경우 매스 콘크리트로 다루어야 한다.

55 서중 콘크리트에 대한 설명 중 옳지 않은 것은?

① 하루 평균기온이 25℃를 초과하는 것이 예상되는 경우에 서중 콘크리트로서 시공을 실시하여야 한다.
② 콘크리트의 운반계획을 수립하여 운반시간을 최소화한다.
③ 지연형 감수제를 사용하는 등의 일반적인 대책을 강구한 경우라도 콘크리트를 비빈 후 2시간 이내에 타설해야 한다.
④ 일반적으로 기온 10℃의 상승에 대하여 단위수량은 2~5% 증가하므로 소요의 압축강도를 확보하기 위해서는 단위수량에 비례하여 단위시멘트량의 증가를 검토하여야 한다.

해설
- 지연형 감수제를 사용한 경우라도 1.5시간 이내에 타설한다.
- 단위시멘트량을 적게 한다.
- 현장에서 물을 첨가해서는 안 된다.

56 고온·고압의 증기솥 속에서 상압보다 높은 압력으로 고온의 수증기를 사용하여 실시하는 양생방법은?

① 오토클레이브 양생
② 증기양생
③ 촉진양생
④ 고주파양생

해설 오토클레이브 양생은 7~12기압의 고온·고압의 증기솥에 의해 양생한다.

정답 54. ④ 55. ③ 56. ①

57 경량골재 콘크리트에 대한 설명으로 틀린 것은?

① 경량골재 콘크리트는 보통 콘크리트에 비해 진동시간을 약간 길게 해 충분히 다져야 한다.
② 경량골재 콘크리트는 보통 콘크리트에 비해 진동기를 찔러 넣는 간격을 작게 하는 것이 좋다.
③ 진동 다지기를 하면 굵은골재가 침하하고 모르타르가 위로 떠오르는 재료분리 현상이 발생한다.
④ 고유동 콘크리트의 경우 책임기술자와 협의하여 다짐을 생략할 수 있다.

해설 너무 진동을 많이 주면 굵은골재가 위로 떠오르는 경우가 있으므로 주의하여야 한다.

58 콘크리트의 표면 마무리에 관련된 설명으로 틀린 것은?

① 노출 콘크리트에서 균일한 노출면을 얻기 위해서는 동일 공장 제품의 시멘트, 동일 종류 및 입도를 갖는 골재, 동일하게 배합된 콘크리트, 동일한 타설 방법을 사용하여야 한다.
② 미리 정해진 구획의 콘크리트 타설은 연속해서 일괄작업으로 끝마쳐야 한다.
③ 시공이음이 미리 정해져 있지 않을 경우에는 직선상의 이음이 얻어지도록 시공한다.
④ 마무리 작업 후 콘크리트가 굳기 시작할 때까지의 사이에 균열이 발생하더라도 다짐을 하여서는 안 된다.

해설
• 콘크리트가 굳기 전에 침하균열이 발생한 경우에는 즉시 다짐이나 재진동을 실시하여 균열을 제거하여야 한다.
• 마모를 받는 면의 마무리는 물–결합재비를 작게 하여야 한다.
• 특수한 마무리를 할 경우에는 단면손상, 조직의 느슨함 등 구조물 전체에 나쁜 영향을 주지 않도록 하여야 한다.

59 섬유보강 콘크리트에 사용되는 시멘트계 복합 재료용 섬유에 대한 설명으로 틀린 것은?

① 무기계 섬유로는 강섬유, 유리섬유, 탄소섬유 등이 있다.
② 유기계 섬유로는 아라미드섬유, 폴리프로필렌섬유, 비닐론섬유 등이 있다.

정답 57. ③ 58. ④ 59. ④

③ 섬유는 섬유와 시멘트 결합재 사이의 부착성이 양호하여야 한다.
④ 섬유는 압축강도 및 전단강도가 커야 한다.

해설
- 섬유는 인장강도와 균열에 대한 저항성이 커야 한다.
- 배합을 정할 때에는 일반 콘크리트의 배합을 정할 때의 고려사항과 아울러 콘크리트의 휨강도 및 인성이 소요의 값으로 되도록 고려할 필요가 있다.
- 강섬유보강 콘크리트의 경우 소요 단위수량은 강섬유의 혼입률에 거의 비례하여 증가한다.

60 콘크리트의 고강도화 방법에 대한 설명으로 틀린 것은?

① 시멘트풀의 강도개선
② 양질의 골재 이용
③ 골재와 시멘트풀의 부착성 개선
④ 단위수량의 증가

해설
- 물-결합재비를 감소시킨다.
- 고성능 감수제를 사용한다.
- 잔골재율은 가능한 작게 한다.

4과목 콘크리트 구조 및 유지관리

61 다음 중 철근의 피복두께의 역할이 아닌 것은?

① 철근 부식 방지
② 단면의 내하력 증대
③ 부착강도 증진
④ 내화성 증진

해설
- 철근의 피복두께는 철근 부식의 방지, 부착강도의 증진 및 내화성 증진의 역할을 한다.
- 피복두께는 클수록 부착이 좋으며 적어도 철근 지름 이상이어야 한다.

62 다음 중 옹벽을 설계할 때 고려해야 하는 안정조건이 아닌 것은?

① 전도에 대한 안정
② 활동에 대한 안정
③ 지반 지지력에 대한 안정
④ 벽체 좌굴에 대한 안정

해설 전도, 활동, 침하(지반 지지력)에 대한 안정을 고려해야 한다.

정답 60. ④ 61. ② 62. ④

63 균열폭 0.2mm 이하의 미세한 결함에 대해 탄성실링제를 이용하여 도막을 형성, 방수성 및 내화성을 확보할 목적으로 사용하는 구조물 보수공법은?

① 표면처리 공법
② 주입공법
③ 충전공법
④ 침투성 방수제 도포공법

해설
- 0.2mm 이하인 미세한 결함에 대해 방수성, 내화성을 확보할 목적으로 표면처리 공법이 사용된다.
- 주입공법은 균열 폭이 0.2mm 이상의 경우에 결함부분에 수지계 또는 시멘트계 등으로 주입한다.

64 외부 케이블을 설치하여 프리스트레스를 도입하는 보강공법의 특징으로 적절하지 못한 것은?

① 부재의 강성을 현저히 향상시키는 효과를 가져온다.
② 보강 효과가 역학적으로 명확하다.
③ 보강 후 유지관리가 비교적 쉽다.
④ 콘크리트의 강도가 부족하거나 열화가 발생한 경우에는 부적절한 방법이다.

해설 케이블 수가 적기 때문에 크리프의 관리는 실시하지 않으므로 부재의 강성을 현저히 향상시키는 효과를 얻기는 힘들다.

65 보강공법 중에서 강판접착공법의 장점에 대한 설명 중 옳지 않은 것은?

① 접착제의 내구성 및 내피로성이 확실하다.
② 강판을 사용하고 있으므로 모든 방향의 인장력에 대응할 수 있다.
③ 강판의 분포, 배치를 똑같이 할 수 있으므로 균열특성이 좋다.
④ 시공이 간단하고, 강판의 제작, 조립 등이 쉬워서 현장작업이 복잡하지 않다.

해설 에폭시 접착제의 경우 크리프 특성이 뒤떨어지기 때문에 보수개소가 지속하중을 받는 곳에는 사용을 피해야 한다.

정답 63. ① 64. ① 65. ①

66 강도설계법에 의해 설계된 폭 300mm, 유효깊이 500mm인 직사각형 보에서 콘크리트가 부담하는 전단강도(V_c)는? (단, f_{ck} = 28MPa이다.)

① 132.3kN　　② 168.9kN
③ 204.5kN　　④ 268.2kN

해설　$V_c = \dfrac{1}{6}\sqrt{f_{ck}}\,b_w\,d = \dfrac{1}{6}\sqrt{28} \times 300 \times 500 = 132287\text{N} = 132.3\text{kN}$

67 경간 10m의 T형 보를 설계하려고 한다. 플랜지의 유효폭은? (단, 슬래브 중심간 거리 3m, 플랜지 두께 150mm, 복부의 폭 300mm)

① 2500mm　　② 2700mm
③ 2800mm　　④ 3000mm

해설
- $16t + b_w = 16 \times 150 + 300 = 2700\text{mm}$
- 양쪽 슬래브의 중심간 거리 = 3000mm
- 보 경간의 $\dfrac{1}{4} = \dfrac{10000}{4} = 2500\text{mm}$

∴ 위 값 중 제일 작은 2500mm이다.

68 콘크리트 염해에 대한 설명 중 틀린 것은?

① 콘크리트 내 함수율이 높을수록 염화물이온의 확산계수비는 커진다.
② 부식반응은 애노드 반응과 캐소드 반응이 조합된 반응이다.
③ 염화물이온에 의한 철근 부식은 산소와 수분, 중성화가 동반되어야만 발생한다.
④ 해안에 가까울수록 염해가 발생할 가능성은 커진다.

해설
- 알칼리 성분의 용출과 중성화에 의해서 콘크리트 중의 알칼리성이 저하되고 콘크리트 중의 각종 유해성분이 혼입되면 철근은 활성태로 되어 부식하기 쉽게 되며 그 중에서도 염화물 이온이 그 작용이 가장 강하다.
- 콘크리트 중의 수분은 강한 알칼리성 환경을 가지고 있기 때문에 철근의 표면에 부동태 피막이라고 하는 얇은 산화피막을 형성하고 부동태화되어 있기 때문에 철근은 부식작용으로부터 보호되고 있다.

69 콘크리트의 열화 평가방법 중 강도를 평가하는 방법이 아닌 것은?

① 초음파속도법　　② 반발경도법
③ 인발법(pull-out법)　　④ 방사선법

해설　강도를 평가하는 방법으로 코어 테스트, 부착강도시험 등이 있다.

정답　66. ①　67. ①　68. ③　69. ④

70 아래 그림과 같은 단철근 직사각형 보에 균형철근량이 배근되었을 때 중립축의 위치(c)는? (단, f_{ck} = 24MPa, f_y = 400MPa이다.)

① 164mm
② 190mm
③ 237mm
④ 270mm

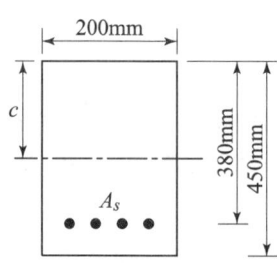

해설
$$c = \frac{660}{660+f_y} \cdot d$$
$$= \frac{660}{660+400} \times 380$$
$$= 237mm$$

71 콘크리트의 내화성에 관한 설명으로 가장 부적당한 것은?
① 콘크리트는 내화성이 우수하여 600℃ 정도의 화열을 받아도 압축강도의 저하는 거의 없다.
② 석회석이나 화강암 골재는 특히 내화성을 필요로 하는 장소의 콘크리트에 사용하지 않도록 한다.
③ 화재 피해를 받은 콘크리트의 중성화속도는 화재 피해를 받지 않은 것과 비교하여 크다.
④ 화재 발생시 급격한 가열, 부재 단면이 얇거나 콘크리트의 함수율이 높은 경우는 피복 콘크리트의 폭렬이 발생하기 쉽다.

해설 콘크리트는 750℃ 전후의 가열온도에서 탄산칼슘($CaCO_3$)의 분해가 되어 탄산화가 되기 쉽다.

72 옹벽 구조 해석 및 설계에 관한 설명 중 틀린 것은?
① 부벽식 옹벽의 추가철근은 3변 지지된 2방향 슬래브로 설계할 수 있다.
② 부벽식 옹벽의 저판은 부벽간의 거리를 경간으로 가정한 고정보 또는 연속보로 설계할 수 있다.
③ 뒷부벽과 앞부벽은 T형보로 설계하여야 한다.
④ 캔틸레버식 옹벽의 저판은 추가철근과의 접합부를 고정단으로 간주한 캔틸레버로 가정하여 단면을 설계할 수 있다.

해설 앞부벽은 직사각형보로 설계하며 뒷부벽은 T형보로 보고 설계한다.

정답 70. ③ 71. ① 72. ③

73 다음 중 콘크리트 자체변형으로 인해 발생하는 수축균열의 원인에 해당하지 않는 것은?

① 수화열 발생 ② 건조수축
③ 중성화 ④ 온도변화

해설 콘크리트중의 수산화칼슘이 공기중의 탄산가스와 접촉하여 서서히 탄산칼슘으로 변화하여 콘크리트가 알칼리성을 상실하는 것을 중성화라 한다.

74 콘크리트의 균열 중 경화 후에 발생하는 균열의 종류에 속하지 않는 것은?

① 건조수축균열 ② 온도균열
③ 소성수축균열 ④ 휨균열

해설 경화 전의 균열 종류
- 침하수축균열
- 소성수축균열(플라스틱 수축균열)

75 고정하중 20kN/m, 활하중 25kN/m의 등분포하중을 받는 경간 8m의 단순보에 작용하는 최대 계수휨모멘트(M_u)를 구하면? (단, 하중계수와 하중조합을 고려하여 구할 것)

① 479kN·m ② 512kN·m
③ 548kN·m ④ 579kN·m

해설
- $\omega = 1.2D + 1.6L = 1.2 \times 20 + 1.6 \times 25 = 64$kN/m
- $M_u = \dfrac{\omega l^2}{8} = \dfrac{64 \times 8^2}{8} = 512$kN·m

76 4면에 의해 지지되는 2방향 슬래브 중에서 1방향 슬래브로 보고 설계할 수 있는 경우는? (단, L : 2방향 슬래브의 장경간, S : 2방향 슬래브의 단경간이다.)

① $\dfrac{L}{S} \geq 2$ ② $\dfrac{L}{S} = 1$
③ $\dfrac{S}{L} \geq 2$ ④ $\dfrac{S}{L} \leq 1$

해설 $\dfrac{L}{S} \geq 2.0$(1방향 슬래브로 설계한다.)

$1 \leq \dfrac{L}{S} < 2$ $0.5 < \dfrac{S}{L} \leq 1$ (2방향 슬래브로 설계한다.)

정답 73. ③ 74. ③ 75. ② 76. ①

77 폭은 300mm, 유효깊이는 500mm, A_s는 2000mm², f_{ck}는 28MPa, f_y는 400MPa인 단철근 직사각형 보에서 철근비(ρ)는?

① 0.0343　　② 0.0295
③ 0.0205　　④ 0.0133

해설 $\rho = \dfrac{A_s}{b\,d} = \dfrac{2000}{300 \times 500} = 0.0133$

78 표준갈고리를 갖는 인장 이형철근 D25(공칭직경 25.4mm)의 기본 정착길이(l_{hb})는 약 얼마인가? (단, 보통(중량) 콘크리트 및 도막되지 않은 철근을 사용하고 $f_{ck}=24$MPa, $f_y=400$MPa이다.)

① 456mm　　② 473mm
③ 498mm　　④ 517mm

해설 $l_{hb} = \dfrac{0.24\,\beta\,d_b\,f_y}{\lambda\,\sqrt{f_{ck}}} = \dfrac{0.24 \times 1.0 \times 25.4 \times 400}{1.0 \times \sqrt{24}} = 498\,\text{mm}$

여기서, 보통(중량) 콘크리트의 경우 $\lambda = 1.0$, 도막되지 않은 철근의 경우 $\beta = 1.0$이다.

79 콘크리트의 탄산화에 대한 설명으로 옳은 것은?

① 탄산화 속도는 콘크리트의 물-시멘트 비가 낮을수록 빨라진다.
② 탄산화는 콘크리트 내부로부터 표면을 향해 진행된다.
③ 탄산화 깊이는 일반적으로 콘크리트 구조물의 사용기간이 길어짐에 따라 깊어진다.
④ 탄산화 속도는 실내보다 실외에서 빨라진다.

해설
• 탄산화 속도는 콘크리트의 물-시멘트 비가 클수록 빨라진다.
• 탄산화는 콘크리트 표면에서 내부로 향해 진행된다.
• 탄산화 속도는 실외보다 실내에서 빨라진다.
• 온도가 높은 쪽이 온도가 낮은 쪽보다 탄산화 속도가 빠르다.

정답 77. ④　78. ③　79. ③

80 콘크리트 구조물의 재하시험에 대한 설명으로 틀린 것은?

① 재하시험을 수행하기 전에 해석적인 평가를 수행하여야 한다.
② 건물에서 부재의 안전성을 재하시험 결과에 근거하여 직접 평가할 경우에는 보, 슬래브 등과 같은 휨부재의 안전성 검토에만 적용할 수 있다.
③ 재하시험의 목적은 구조물 또는 부재의 실제 내하력을 정량화하여 안전성을 평가하기 위함이다.
④ 재하시험은 하중을 받는 구조물 또는 부재의 재령이 14일 정도 지난 다음에 수행하여야 한다.

해설
- 재하시험은 하중을 받는 구조물 또는 부재의 재령이 56일 정도 지난 다음에 수행하여야 한다.
- 시험하중은 4회 이상 균등하게 나누어 증가시켜야 한다.
- 최종 잔류 측정값은 시험하중이 제거된 직후, 그리고 시험하중이 제거된 후 24시간 경과하였을 때 읽어야 한다.

정답 80. ④

week 4

콘크리트산업기사

CBT 모의고사

- I 콘크리트 재료 및 배합
- II 콘크리트 제조, 시험 및 품질관리
- III 콘크리트의 시공
- IV 콘크리트 구조 및 유지관리

알려드립니다

한국산업인력공단의 저작권법 저촉에 대한 언급(2013년 2회 시험)이 있어 과거에 출제된 동일한 문제나 그 유형의 문제로 재구성하였습니다.

1과목 콘크리트 공학

01 콘크리트의 배합에서 잔골재율에 관한 설명으로 틀린 것은?

① 잔골재율이 증가하면 점성이 증가한다.
② 잔골재율이 증가하면 슬럼프가 감소한다.
③ 잔골재율이 증가하면 공기량이 증가한다.
④ 잔골재율을 크게 하면 단위수량 및 단위시멘트량을 절약할 수 있어 경제적으로 유리하다.

해설 잔골재율을 작게 하면 단위수량이 감소되고 아울러 단위시멘트량이 적어져서 경제적이 된다.

02 시방배합의 단위량과 현장골재의 입도가 다음과 같을 때, 현장배합의 단위 굵은골재량 및 단위 잔골재량은?

- 시방배합 : 잔골재 900kg/m³, 굵은골재 1000kg/m³
- 현장골재 조건 : 잔골재 중 5mm체에 남는 양 4%
  굵은골재 중 5mm체를 통과하는 양 2%

① 잔골재량=917kg/m³, 굵은골재량=983kg/m³
② 잔골재량=940kg/m³, 굵은골재량=960kg/m³
③ 잔골재량=883kg/m³, 굵은골재량=1017kg/m³
④ 잔골재량=880kg/m³, 굵은골재량=1020kg/m³

해설
- 잔골재량
$$x = \frac{100S - b(S+G)}{100-(a+b)} = \frac{100 \times 900 - 2(900+1000)}{100-(4+2)} = 917 \text{kg/m}^3$$
- 굵은골재량
$$y = \frac{100G - a(S+G)}{100-(a+b)} = \frac{100 \times 1000 - 4(900+1000)}{100-(4+2)} = 983 \text{kg/m}^3$$

03 포틀랜드 시멘트를 화학 분석한 결과 Na_2O가 0.1% 및 K_2O가 0.9%이다. 이 시멘트의 총알칼리량은?

① 1.00% ② 0.80%
③ 0.78% ④ 0.69%

해설 총 알칼리량 = $Na_2O + 0.658K_2O$ = 0.1 + 0.658×0.9 = 0.69%

[정답] 01. ④ 02. ① 03. ④

04 콘크리트 표준시방서에 제시된 콘크리트 배합강도에 대한 설명으로 틀린 것은?

① 콘크리트의 배합강도는 품질기준강도보다 크게 정해야 한다.
② 콘크리트의 압축강도의 표준편차는 실제 사용한 콘크리트의 30회 이상의 시험 결과로부터 결정하는 것을 원칙으로 한다.
③ 압축강도 시험횟수가 20회일 때, 표준편차의 보정계수는 1.08이다.
④ 압축강도 시험횟수가 10회일 때, 표준편차의 보정계수는 1.16이다.

해설 시험횟수가 29회 이하일 때 표준편차의 보정계수

시험횟수	표준편차의 보정계수
15	1.16
20	1.08
25	1.03
30 이상	1.00

05 골재의 체가름 시험(KS F 2502)에 사용되는 시료에 대한 설명으로 틀린 것은?

① 굵은골재의 경우 사용하는 골재의 최대치수(mm)의 0.2배를 kg으로 표시한 양을 시료의 최소 건조질량으로 한다.
② 1.2mm체를 질량비로 95% 이상 통과하는 잔골재는 시료의 최소 건조질량을 100g으로 한다.
③ 1.2mm체에 질량비로 5% 이상 남는 잔골재는 시료의 최소 건조질량을 500g으로 한다.
④ 구조용 경량 골재 시료의 최소 건조질량은 일반골재 규정 값의 2배로 한다.

해설 구조용 경량 골재에서는 일반골재의 최소 건조질량의 1/2로 한다.

06 다음 중 골재에 관련된 일반적인 시험이 아닌 것은?

① 체가름시험
② 밀도 및 흡수율시험
③ 압축강도시험
④ 안정성시험

해설 압축강도시험은 콘크리트 관련 시험이다.

정답 04. ④ 05. ④ 06. ③

07 화학혼화제 중 공기연행 감수제를 성능에 따라 분류할 때 그 종류에 속하지 않는 것은?

① 표준형　　　　② 지연형
③ 급결형　　　　④ 촉진형

해설 감수제 및 공기연행 감수제를 성능에 따라 표준형, 지연형, 촉진형으로 분류한다.

08 콘크리트에 사용되는 혼화재의 종류와 특성에 관한 조합으로 옳지 않은 것은?

① 고로슬래그 미분말 – 잠재수경성
② 플라이 애시 – 포졸란 반응
③ 실리카 퓸 – 저강도
④ 팽창재 – 균열 저감

해설 실리카 퓸 – 고강도

09 콘크리트용 혼합수에 대한 다음 설명 중 KS F 4009 레디믹스트 콘크리트 부속서에서 규정하고 있는 내용으로 옳은 것은?

① 하천수는 상수돗물 이외의 물에 대한 품질규정에 적합하지 않으면 사용할 수 없다.
② 상수돗물 이외의 물에 대한 품질기준으로 용해성 증발 잔류물의 양은 10g/L 이하로 규정하고 있다.
③ 상수돗물, 상수돗물 이외의 물 및 회수수를 혼합하여 사용하는 경우는 시험을 하지 않아도 사용할 수 있다.
④ 회수수는 배합보정을 실시하면 슬러지 고형분율에 관계없이 사용할 수 있다.

해설
- 상수돗물 이외의 물에 대한 품질기준으로 용해성 증발 잔류물의 양은 1g/L 이하로 규정하고 있다.
- 상수돗물을 혼합하여 사용하는 경우는 시험을 하지 않아도 사용할 수 있다.
- 회수수를 사용할 경우 단위 슬러지 고형분율이 3.0% 초과하면 안 된다.
- 레디믹스트 콘크리트를 배합할 때 회수수 중에 함유된 슬러지 고형분은 물의 질량에는 포함되지 않는다.

정답　07. ③　08. ③
09. ①

10 콘크리트용 잔골재의 특성을 평가하기 위한 시험으로 거리가 먼 것은?

① 절대건조밀도   ② 흡수율
③ 안정성   ④ 마모율

해설 마모율은 굵은골재의 특성을 평가하기 위한 시험에 속한다.

11 굵은골재의 밀도시험 결과가 아래 표와 같을 때 절대건조상태의 밀도를 구하면?

- 대기 중 시료의 절대건조상태의 질량 : 385g
- 대기 중 시료의 표면건조 포화상태의 질량 : 480g
- 물 속에서의 시료의 질량 : 325g
- 시험온도에서 물의 밀도 : 1g/cm³

① 2.25g/cm³   ② 2.48g/cm³
③ 2.61g/cm³   ④ 2.75g/cm³

해설
- 절건밀도 $= \dfrac{A}{B-C} \times \rho_\omega = \dfrac{385}{480-325} \times 1 = 2.48\text{g/cm}^3$
- 표건밀도 $= \dfrac{B}{B-C} \times \rho_\omega$
- 겉보기밀도 $= \dfrac{A}{A-C} \times \rho_\omega$

12 굵은골재의 마모시험 결과가 아래 표와 같을 때 이 굵은골재의 마모율은?

- 시험 전의 시료의 질량 : 1,250g
- 체 1.7mm의 잔류량 : 1,160g

① 3.2%   ② 5.6%
③ 6.2%   ④ 7.2%

해설 마모율 $= \dfrac{1250-1160}{1250} \times 100 = 7.2\%$

13 조립률 2.4인 잔골재와 조립률 7.4인 굵은골재를 1 : 1.5의 비율로 혼합할 때 혼합골재의 조립률은?

① 4.5   ② 5.4
③ 5.7   ④ 6.2

해설 $\text{FM} = \dfrac{(2.4 \times 1) + (7.4 \times 1.5)}{1+1.5} = 5.4$

정답 10. ④   11. ②
      12. ④   13. ②

14 현장에서 12회의 콘크리트 압축강도를 측정한 결과 표준편차는 2.0MPa이었다. 호칭강도가 28MPa일 때 배합강도(f_{cr})는?

① 30MPa
② 35MPa
③ 36.5MPa
④ 38MPa

해설 압축강도의 시험 기록이 없거나 14회 이하의 경우로 호칭강도가 21이상 35MPa 이하이므로 $f_{cr} = f_{cn} + 8.5 = 28 + 8.5 = 36.5$MPa이다.

15 콘크리트용 골재의 유해물 함유량의 허용값에 대한 설명으로 옳은 것은?

① 굵은골재에 포함된 점토 덩어리와 연한 석편의 합은 5%를 초과하지 않아야 한다.
② 콘크리트 표면이 마모를 받는 경우 0.08mm체 통과량은 굵은골재 1%, 잔골재 2% 이하이다
③ 콘크리트 표면이 중요한 부분에서는 석탄 및 갈탄의 함유량은 잔골재 및 굵은골재 모두 각각 0.3% 이하이다.
④ 잔골재에 함유된 염화물량(NaCl 환산량)은 0.02% 이하이다.

해설
- 콘크리트 표면이 마모를 받는 경우 0.08mm체 통과량은 굵은골재 1%, 잔골재 3% 이하이다
- 콘크리트 표면이 중요한 부분에서는 석탄 및 갈탄의 함유량은 잔골재 및 굵은골재 모두 각각 0.5% 이하이다.
- 잔골재에 함유된 염화물량(NaCl 환산량)은 0.04% 이하이다.

16 굵은골재 최대치수의 표준값에 대한 설명으로 옳은 것은?

① 일반적인 구조물인 경우 15mm를 사용한다.
② 단면이 큰 구조물인 경우 40mm를 사용한다.
③ 무근 콘크리트의 경우 25mm를 사용한다.
④ 무근 콘크리트의 경우 부재 최소치수의 1/3을 초과해서는 안 된다.

해설

구조물의 종류		굵은골재 최대치수
무근 콘크리트		40mm 이하, 부재 최소치수의 1/4 이하
철근 콘크리트	일반적인 경우	20mm 또는 25mm 이하
	단면이 큰 경우	40mm 이하

부재 최소치수의 1/5 이하, 피복두께 및 철근의 최소 수평, 수직 순간격의 3/4 이하

정답 14. ③ 15. ① 16. ②

17 골재 품질에 관한 다음 설명 중 일반적인 경향으로서 적당하지 않은 것은?

① 둥근 골재는 평평한 골재보다 실적률이 크다.
② 입도가 미세한 골재는 큰 골재보다 조립률이 크다.
③ 밀도가 작은 골재는 큰 골재보다 흡수율이 크다.
④ 굵은골재의 최대치수가 클수록 단위수량 및 단위시멘트량이 감소한다.

해설
- 입도가 미세한 골재는 큰 골재보다 조립률이 작다.
- 부순 굵은골재를 사용한 콘크리트는 강자갈을 사용하고 동일한 물-시멘트비를 적용한 콘크리트보다 약 10% 정도 강도가 증가된다.

18 배합설계에서 고려해야 할 항목과 거리가 먼 것은?

① 물-결합재비   ② 슬럼프
③ 잔골재율   ④ 타설시간

해설 굵은골재 최대치수, 콘크리트 강도, 단위수량 등을 고려해야 한다.

19 KS 관련규격에 따라 콘크리트용 잔골재에 대한 시험을 하고자 할 때, 시험시간이 가장 오래 소요되는 시험항목은? (단, 시험에 필요한 용액은 미리 준비되어 있는 것으로 한다.)

① 흡수율   ② 안정성
③ 유기불순물   ④ 염화물함유량

해설 골재의 안정성 시험에서 골재의 손실 질량비는 잔골재는 10% 이하, 굵은골재는 12% 이하이다.

20 시멘트 페이스트의 강도발현에 대한 설명으로 옳은 것은?

① C_3A와 C_4AF는 강도 증강에 큰 영향을 미친다.
② 시멘트 분말도가 높을수록 강도 발현이 느려진다.
③ 물-시멘트비가 클수록 치밀한 구조를 얻기 어렵다.
④ 물의 온도가 높으면 C_3S의 수화가 촉진되어 응결 경화가 느려진다.

해설
- 구조물의 화학저항성을 향상시키기 위하여 C_2S와 C_4AF가 많은 시멘트를 사용한다.
- 시멘트 분말도가 높을수록 강도 발현이 빨라진다.
- C_2S의 수화열보다 C_3S의 수화열이 많이 발열된다.

정답 17. ② 18. ④ 19. ② 20. ③

01회 CBT 모의고사

2과목 콘크리트 제조, 시험 및 품질관리

21 관리도가 이루는 분포에 관한 서술로 옳지 않은 것은?

① P관리도는 이항분포에 따른다.
② C관리도는 푸아송분포에 따른다.
③ x 관리도는 이항분포에 따른다.
④ $\bar{x}-R$ 관리도는 정규분포에 따른다.

해설
- x 관리도는 군으로 나누지 않고 개개의 측정치를 사용하여 공정을 관리할 때 사용하는 것으로 정규분포에 따른다.
- Pn 관리도(불량개수), P관리도(불량률)는 이항분포에 따른다.
- C관리도(결점수), U관리도(단위당 결점수)는 푸아송 분포에 따른다.

22 중성화의 깊이가 6.4mm가 되려면 일반적인 경우에 있어서 소요되는 경과년수는 몇 년인가? (단, 중성화 속도 계수는 6이다.)

① 1.06년 ② 1.14년
③ 1.22년 ④ 1.30년

해설 $X=A\sqrt{t}$ $6.4=6\sqrt{t}$
∴ $t=1.14$년

23 물-결합재비를 저하함으로 인하여 개선되지 않는 콘크리트의 내구성은 어느 것인가?

① 탄산화 ② 동해
③ 염해   ④ 알칼리 골재반응

해설 알칼리 골재반응의 방지 대책
① 저알칼리형의 포틀랜드 시멘트(Na_2O당량 0.6% 이하)를 사용한다.
② 콘크리트 1m³당의 알칼리 총량을 3.0kg 이하로 한다.

24 콘크리트 응결 특성에 관계되는 요소로서 거리가 먼 것은?

① 굵은골재의 최대치수 ② 시멘트의 품질
③ 혼화재료의 품질   ④ 타설시의 온도

정답 21. ③ 22. ② 23. ④ 24. ①

해설
- 굵은골재 최대치수가 클수록 소요의 품질을 얻기 위한 콘크리트 단위수량 및 시멘트량이 일반적으로 감소하여 경제적이다.
- 시공면에서 굵은골재 최대치수가 클수록 믹싱 및 취급이 곤란하며 재료분리가 생기기 쉽다.

25 공시체의 형상 및 시험방법이 압축강도에 미치는 영향에 대한 설명으로 틀린 것은?

① 원주형 공시체의 높이와 지름의 비인 H/D의 값이 커질수록 강도가 작게 된다.
② 재하속도가 빠를수록 강도가 크게 나타난다.
③ 캐핑의 두께는 가능한 얇은 것이 좋으며, 6mm를 넘으면 강도의 저하가 커진다.
④ 시험 직전에 공시체를 건조시키면 일시적으로 강도가 감소한다.

해설
- 시험 직전에 공시체를 건조시키면 일시적으로 강도가 증가한다.
- 모양이 다르면 크기가 작은 공시체의 압축강도가 더 크다.
- H/D가 동일하면 원주형 공시체가 각주형 공시체보다 압축강도가 크다.

26 콘크리트 비비기에 대한 설명으로 틀린 것은?

① 비비기 시간에 대한 시험을 실시하지 않은 경우 그 최소 시간은 강제식 믹서일 경우 1분 30초 이상을 표준으로 한다.
② 비비기는 미리 정해둔 비비기 시간의 3배 이상 계속하지 않아야 한다.
③ 비비기를 시작하기 전에 미리 믹서 내부를 모르타르로 부착시켜야 한다.
④ 연속믹서를 사용할 경우, 비비기 시작 후 최초에 배출되는 콘크리트는 사용하지 않아야 한다.

해설
- **강제식 믹서**: 1분 이상
- **가경식 믹서**: 1분 30초 이상

27 굳지 않은 콘크리트에 발생하는 초기 균열의 일종인 침하균열을 방지하기 위한 대책으로서 틀린 것은?

① 콘크리트의 단위수량을 될 수 있는 한 적게 한다.
② 침하 종료 이전에 급격하게 굳어져 점착력을 잃지 않는 시멘트나 혼화제를 선정한다.
③ 타설속도를 빠르게 하고, 1회의 타설높이를 크게 한다.
④ 균열을 조기에 발견하고, 각재 등으로 두드리는 재타법이나 흙손으로 눌러서 균열을 폐색시킨다.

해설 타설속도를 느리게 하고 1회의 타설높이를 작게 한다.

정답 25. ④ 26. ① 27. ③

28 압력법에 의한 굳지 않은 콘크리트의 공기량 시험에 대한 설명으로 틀린 것은?

① 물을 붓고 시험하는 경우(주수법) 공기량 측정기의 용적은 적어도 7L 이상으로 한다.
② 시료를 용기에 채울 때 거의 같은 양으로 3층으로 채우고, 각 층은 다짐봉으로 25회씩 균등하게 다져야 한다.
③ 공기량 측정 종료 후에는 덮개를 떼기 전에 주수구와 배수구를 양쪽으로 열고 압력을 푼다.
④ 콘크리트의 공기량은 측정한 콘크리트의 겉보기 공기량에서 골재 수정계수를 뺀 값으로 구한다.

해설 용적은 물을 붓고 시험하는 경우(주수법) 적어도 5L로 하고, 물을 붓지 않고 시험하는 경우(무주수법)는 7L 정도 이상으로 한다.

29 어떤 콘크리트 시료의 압축강도 시험결과 평균값이 24MPa이고, 표준편차가 4.8MPa이었다면 변동계수는?

① 14%   ② 17%
③ 20%   ④ 24%

해설 변동계수 = $\dfrac{표준편차}{평균값} \times 100 = \dfrac{4.8}{24} \times 100 = 20\%$

30 믹서의 효율을 시험하기 위하여 콘크리트 중의 모르타르의 단위용적질량의 차 및 단위 굵은골재량의 차의 시험을 수행하여야 한다. 굵은골재의 최대치수가 25mm인 경우 각 부분에서 채취하는 시료의 양은 얼마인가?

① 10L   ② 20L
③ 25L   ④ 50L

해설 굵은골재의 최대치수가 20mm 이하일 경우에는 각 부분에서 채취하는 시료의 양은 20L로 한다.

31 콘크리트 구조물의 철근 부식 상황을 파악하는 데 적절하지 않은 방법은?

① 자연 전위법   ② 분극 저항법
③ 자분 탐상법   ④ 전기 저항법

정답 28. ① 29. ③ 30. ③ 31. ③

해설 자분 탐상법은 용접부의 표면이나 표면주위 결함, 표면직하의 결함 등을 검출하는 것이다.

32 지름 150mm, 높이 300mm인 원주형 공시체의 인장강도를 측정하기 위해 쪼갬 인장강도시험으로 콘크리트에 하중을 가하여 공시체가 100kN에 파괴되었다면 이때 콘크리트의 인장강도는?

① 1.2MPa ② 1.3MPa
③ 1.4MPa ④ 1.6MPa

해설 인장강도 $= \dfrac{2P}{\pi dl} = \dfrac{2 \times 100000}{3.14 \times 150 \times 300} = 1.4$MPa

33 콘크리트 재료의 계량에 대한 설명으로 틀린 것은?
① 재료는 현장배합에 의해 계량한다.
② 각 재료는 1배치씩 질량으로 계량한다.
③ 골재의 유효흡수율은 보통 15~30분간의 흡수율로 본다.
④ 혼화제를 녹이는 데 사용하는 물이나 묽게 하는 데 사용하는 물은 단위수량에서 제외한다.

해설 혼화제를 녹이는 데 사용하는 물이나 묽게 하는 데 사용하는 물은 단위수량의 일부로 본다.

34 관입저항침에 의한 콘크리트의 응결시험에 대한 아래 표의 ( )에 들어갈 수치로 옳은 것은?

> 관입저항이 (㉠)MPa가 되기까지의 경과시간을 초결시간, (㉡)MPa가 되기까지의 시간을 종결시간으로 한다.

① ㉠ 3.0, ㉡ 28.0 ② ㉠ 3.5, ㉡ 28.0
③ ㉠ 3.0, ㉡ 28.5 ④ ㉠ 3.5, ㉡ 28.5

해설 관입저항값은 침의 관입길이가 25mm가 될 때까지 소요된 힘을 침의 지지면으로 나누어 계산한다.

35 레디믹스트 콘크리트의 염화물 함유량(염소이온(Cl^-)량)은 구입자의 승인을 얻은 경우에는 최대 몇 kg/m³ 이하로 할 수 있는가?

① 0.1kg/m³ ② 0.2kg/m³
③ 0.3kg/m³ ④ 0.6kg/m³

해설 레디믹스트 콘크리트의 염화물 함유량(염소이온(Cl^-)량)은 0.3kg/m³ 이하로 한다. 다만, 구입자의 승인을 얻은 경우에는 0.6kg/m³ 이하로 한다.

정답 32. ③ 33. ④ 34. ② 35. ④

36. 레디믹스트 콘크리트의 지정 슬럼프 값이 25mm일 때 슬럼프의 허용오차로 옳은 것은?

① ±5mm
② ±10mm
③ ±15mm
④ ±20mm

해설 슬럼프의 허용오차(단위 : mm)

슬럼프	허용오차
25	±10
50 및 65	±15
80 이상	±25

37. 콘크리트의 받아들이기 품질검사에 대한 설명으로 틀린 것은?

① 콘크리트의 받아들이기 품질관리는 콘크리트를 타설 중에 실시하여야 한다.
② 강도검사는 콘크리트의 압축강도 시험에 의해 실시하는 것을 표준으로 한다.
③ 내구성 검사는 공기량, 염화물 함유량을 측정하는 것으로 한다.
④ 검사결과 불합격으로 판정된 콘크리트는 사용할 수 없다.

해설
- 콘크리트의 받아들이기 품질관리는 콘크리트를 타설하기 전에 실시하여야 한다.
- 워커빌리티의 검사는 굵은골재 최대치수 및 슬럼프가 설정치를 만족하는지 여부를 확인함과 동시에 재료 분리 저항성을 외관 관찰에 의해 확인하여야 한다.
- 내구성으로 정한 물-결합재비는 배합 검사를 실시하거나 강도 시험에 의해 확인할 수 있다.

38. 콘크리트의 탄산화에 대한 설명으로 틀린 것은?

① 콘크리트의 탄산화는 대기중의 이산화탄소에 의해 촉진된다.
② 탄산화 깊이를 조사하기 위한 페놀프탈레인 용액의 농도는 10% 이상으로 하여야 정확한 색상변화가 나타난다.
③ 탄산화에 대한 대책으로는 양질의 골재를 사용하고 물-시멘트비를 작게하는 방법 등이 있다.
④ 탄산화의 진행은 콘크리트 중의 철근 부식현상을 가속화시키는 원인이 된다.

해설
- 콘크리트의 중성화시험 측정 시 사용되는 페놀프탈레인 용액의 농도는 1%이다.
- 중성화 시험은 페놀프탈레인 용액을 분무하여 실시하는 것이 가장 일반적이다.

정답 36. ② 37. ① 38. ②

39 콘크리트의 워커빌리티(반죽질기)에 영향을 주는 인자에 대한 설명으로 틀린 것은?

① AE제에 의해 콘크리트 중에 연행된 미세한 기포는 콘크리트의 워커빌리티를 개선한다.
② AE제에 의한 연행공기량이 1% 증가할 때 콘크리트의 슬럼프는 약 2cm 정도 크게 된다.
③ 공기량에 의한 워커빌리티 개선효과는 빈배합의 경우 현저하다.
④ 콘크리트의 비빔온도가 높을수록 워커빌리티는 향상된다.

해설
- 일반적으로 콘크리트의 비빔온도가 높을수록 반죽질기는 저하하는 경향이 있다.
- 단위시멘트량이 많아질수록 성형성이 좋아지고 워커블해진다.

40 1배치에 사용되는 굵은골재량이 1000kg인 경우 허용 계량오차를 고려한 굵은골재의 허용범위를 구한 것으로 옳은 것은?

① 990kg~1020kg
② 980kg~1010kg
③ 980kg~1020kg
④ 970kg~1030kg

해설 골재의 계량 오차 한도가 ±3%이므로 970kg~1030kg이다.

3과목 콘크리트의 시공

41 콘크리트 펌프를 이용하여 수중 콘크리트를 타설할 때 배관선단 부분을 이미 타설된 콘크리트 속으로 묻어 넣어 콘크리트의 품질저하를 방지하여야 한다. 이 때 묻어 넣는 깊이로 가장 적절한 것은?

① 0.1~0.2m
② 0.3~0.5m
③ 0.6~0.8m
④ 0.9~1.1m

해설 타설 중에는 배관 속을 콘크리트로 채우면서 배관 선단 부분을 이미 타설된 콘크리트 속으로 0.3~0.5m 묻어서 타설한다.

42 굵은골재 최대치수가 25mm인 골재를 사용한 해양콘크리트의 환경조건이 물보라지역 및 해상 대기중에 위치할 때 콘크리트의 내구성 확보를 위하여 정해지는 최소 단위시멘트량은?

① 280kg/m³
② 300kg/m³
③ 330kg/m³
④ 350kg/m³

해설 굵은골재 최대치수가 25mm인 골재를 사용한 해양콘크리트의 환경조건이 해중에 위치할 때는 콘크리트의 내구성 확보를 위하여 최소 단위시멘트량은 300kg/m³이다.

정답 39. ④ 40. ④ 41. ② 42. ③

43 경량골재 콘크리트에 대한 다음의 설명 중 틀린 것은?

① 슬럼프값은 80~210mm, 단위시멘트량의 최소값은 300kg, 물-결합재비의 최대값은 60%로 한다.
② 강제식 믹서를 사용할 때의 경량골재 콘크리트 비비기 시간의 표준은 1분 이상으로 한다.
③ 골재의 전부 또는 일부를 인공경량골재를 써서 만든 콘크리트로서 기건 단위질량이 2.0~2.5t/m³인 콘크리트를 경량골재 콘크리트라고 한다.
④ 경량 굵은골재 중의 부립률 한도는 질량백분율로 10%이다.

해설 골재의 전부 또는 일부를 인공경량골재를 써서 만든 콘크리트로서 기건 단위질량이 1400~2100kg/m³인 콘크리트를 경량골재 콘크리트라 한다.

44 콘크리트 타설시 슈트, 펌프 배관, 버킷, 호퍼 등의 배출구와 타설면까지의 낙하높이로 가장 적합한 것은?

① 1.5m 이하
② 2.0m 이하
③ 2.5m 이하
④ 3.0m 이하

해설 거푸집의 높이가 높을 경우 거푸집에 투입구를 설치하거나 연속 슈트 또는 펌프 수송관의 배출구를 치기면 가까운 곳까지 내려서 콘크리트를 타설해야 한다.

45 프리캐스트 콘크리트의 양생 시에 주로 이용하는 촉진양생방법에 해당되지 않는 것은?

① 증기양생
② 습윤양생
③ 전기양생
④ 오토클레이브(autoclave) 양생

해설 프리캐스트 콘크리트의 양생은 촉진양생으로 증기양생, 고온고압양생(오토클레이브 양생), 전기양생 등이 있다.

46 프리플레이스트 콘크리트에 대한 설명으로 옳은 것은?

① 프리플레이스트 콘크리트의 강도는 원칙적으로 재령 14일의 압축강도를 기준으로 한다.

정답 43. ③ 44. ①
45. ② 46. ③

② 거푸집 속에 잔골재와 굵은골재를 채워 넣고 시멘트 풀을 주입하여 완성한다.
③ 굵은골재의 최소치수는 15mm 이상으로 하여야 한다.
④ 수중 콘크리트 시공에는 적합하지 않다.

해설
- 프리플레이스트 콘크리트의 강도는 원칙적으로 재령 28일 또는 재령 91일의 압축강도를 기준으로 한다.
- 미리 거푸집 속에 특정한 입도를 가지는 굵은골재를 채워 놓고 그 간극에 모르타르를 주입한다.
- 수중 콘크리트에 프리플레이스트 콘크리트 공법을 적용할 수 있다.

47 숏크리트 작업에 대한 일반적인 사항을 설명한 것으로 틀린 것은?
① 천단부 시공시에 노즐은 뿜어붙일 면과 45°의 각도를 유지하여 뿜어붙이는 면적을 증가시켜야 한다.
② 숏크리트는 빠르게 운반하고, 급결제를 첨가한 후는 바로 뿜어붙이기 작업을 실시하여야 한다.
③ 뿜어붙일 면에 용수가 있을 경우에는 배수 파이프나 배수 필터를 설치하는 등 적절한 배수처리를 하여야 한다.
④ 숏크리트는 뿜어붙인 콘크리트가 흘러내리지 않는 범위의 적당한 두께로 뿜어붙인다.

해설 노즐은 뿜어붙일 면과 90°의 각도를 유지하여 작업을 한다.

48 섬유보강 콘크리트에 대한 설명으로 틀린 것은?
① 섬유 혼입률은 섬유보강 콘크리트 $1m^3$ 중에 점유하는 섬유의 용적백분율(%)로 나타낸다.
② 믹서는 가경식 믹서를 사용하는 것을 원칙으로 한다.
③ 섬유의 형상, 치수 및 혼입률은 섬유보강 콘크리트의 소요 압축강도, 휨강도 및 인성을 고려하여 결정하는 것을 원칙으로 한다.
④ 섬유를 믹서에 투입할 때에는 섬유를 콘크리트 속에 균일하게 분산시킬 수 있는 방법으로 하여야 한다.

해설
- 믹서는 강제식 믹서를 사용하는 것을 원칙으로 한다.
- 비비기 시간은 시험에 의하여 정하는 것을 원칙으로 한다.
- 섬유보강 콘크리트는 소요의 품질이 얻어지도록 충분히 비벼야 한다.

정답 47. ① 48. ②

49 팽창 콘크리트의 시공관리에 대한 설명으로 잘못된 것은?

① 콘크리트를 비비고 나서 타설을 끝낼 때까지의 시간은 기온·습도 등의 기상조건과 시공에 관한 등급에 따라 1~2시간 이내로 하여야 한다.
② 한중 콘크리트의 경우 타설할 때 콘크리트 온도는 10℃ 이상 20℃ 미만으로 한다.
③ 서중 콘크리트인 경우 비비기 직후의 콘크리트 온도는 30℃ 이하, 타설할 때는 35℃ 이하로 하여야 한다.
④ 콘크리트를 타설한 후에는 적당한 양생을 실시하며 콘크리트 온도는 20℃ 이상을 10일간 이상 유지시켜야 한다.

해설 콘크리트 타설한 후에는 적당한 양생을 실시하며 콘크리트 온도는 2℃ 이상을 5일간 이상 유지시켜야 한다.

50 매스 콘크리트로 다루어야 하는 구조물의 부재치수에 대한 일반적인 표준으로 옳은 것은?

① 하단이 구속된 벽조의 경우 두께 0.8m 이상인 경우 매스 콘크리트로 다루어야 한다.
② 넓이가 넓은 평판구조의 경우 두께 1.0m 이상인 경우 매스 콘크리트로 다루어야 한다.
③ 하단이 구속된 벽조의 경우 두께 1.0m 이상인 경우 매스 콘크리트로 다루어야 한다.
④ 넓이가 넓은 평판구조의 경우 두께 0.8m 이상인 경우 매스 콘크리트로 다루어야 한다.

해설 하단이 구속된 벽조의 경우 두께 0.5m 이상인 경우 매스 콘크리트로 다루어야 한다.

51 콘크리트의 비비기로부터 타설이 끝날 때까지의 제한시간으로 옳은 것은?

	외기온도가 25℃ 이상	외기온도가 25℃ 미만
①	1.5시간	2시간
②	2시간	1.5시간
③	1시간	1.5시간
④	2시간	2.5시간

정답 49. ④ 50. ④ 51. ①

해설 일반 콘크리트 허용 이어치기 시간 간격의 한도
- 외기온도가 25°C 이상 : 2시간
- 외기온도가 25°C 미만 : 2.5시간

52 한중콘크리트 배합시 이용하는 일반적인 적산 온도식으로 알맞은 것은? [단, M : 적산온도(°D·D(일), °C·D), θ : Δt 시간 중의 콘크리트의 일평균 양생온도(°C), Δt : 시간(일)]

① $M = \sum_{0}^{t}(\Delta t + \theta) \times 30°C$ ② $M = \sum_{0}^{t}(\theta + 10°C)\Delta t$

③ $M = \sum_{0}^{t}(\Delta t + 30°C) \times \theta$ ④ $M = \sum_{0}^{t}(\Delta t + 10°C) \times \theta$

해설 $M = \sum_{0}^{t}(\theta + A)\Delta t$

여기서, A : 정수로서 일반적으로 10°C가 사용된다.

53 숏크리트의 건식법 배합을 정할 때 선정할 항목이 아닌 것은?
① 슬럼프
② 단위 시멘트량
③ 굵은골재 최대치수
④ 혼화재료의 단위량

해설 건식법은 시멘트와 골재를 건비빔시켜서 노즐까지 보내어 여기서 물과 합류시키는 공법이다.

54 콘크리트의 압축강도 시험을 통하여 거푸집을 해체하고자 한다. 설계기준 압축강도가 24MPa이고, 보의 밑면인 경우 거푸집을 해체할 때 콘크리트 압축강도는 얼마 이상이어야 하는가?
① 5MPa 이상
② 8MPa 이상
③ 12MPa 이상
④ 16MPa 이상

해설 슬래브 및 보의 밑면, 아치 내면은 설계기준 압축강도의 2/3배 이상 또한 최소 14MPa 이상이므로 $24 \times \dfrac{2}{3} = 16$MPa 이상이다.

55 방사선 차폐용 콘크리트에 일반적으로 사용되는 골재가 아닌 것은?
① 팽창성 혈암
② 바라이트
③ 자철광
④ 적철광

해설 방사선 차폐용 콘크리트는 주로 생물체의 방호를 위하여 X선, γ선 및 중성자선을 차폐할 목적으로 사용되는 콘크리트이다.

정답 52. ② 53. ① 54. ④ 55. ①

56. 다음 중 서중 콘크리트에서 발생하는 균열에 대한 대책으로 옳은 것은?

① 단위 시멘트량을 가능한 한 많게한다.
② 지연형 감수제의 사용을 고려한다.
③ 현장에서 물을 첨가한다.
④ 양생중 보온대책을 수립한다.

해설
- 콘크리트 배합은 단위 수량을 적게하고 단위 시멘트량이 많아지지 않도록 한다.
- 현장에서 물을 첨가하지 않는다.
- 타설이 끝낸 콘크리트는 노출면이 건조하지 않도록 즉시 양생하며 기온이 높고 습기가 낮은 경우에는 갑자기 건조하여 균열이 발생하기 쉬우므로 살수 또는 덮개 등의 적절한 조치를 한다.

57. 한중 콘크리트에 대한 설명으로 틀린 것은?

① 일 최저 기온이 4℃ 이하가 될 경우 한중 콘크리트 시공관리를 한다.
② 시멘트는 포틀랜드 시멘트를 사용하는 것을 표준으로 한다.
③ 기상조건이 가혹한 경우나 부재두께가 얇을 경우에는 칠 때의 콘크리트 최저온도는 10℃ 정도를 확보해야 한다.
④ 물-결합재비는 원칙적으로 60% 이하로 하여야 한다.

해설
- 일 평균 기온이 4℃ 이하가 될 경우 한중 콘크리트 시공관리를 한다.
- 한중 콘크리트에는 AE(공기연행) 콘크리트를 사용하는 것을 원칙으로 한다.
- 가열한 재료를 믹서에 투입하는 순서는 시멘트가 급결하지 않도록 정하여야 한다.
- 타설할 때의 콘크리트 온도는 5~20℃의 범위에서 정하여야 한다.
- 소요 압축강도가 얻어질 때까지 콘크리트의 온도를 5℃ 이상으로 유지하여야 하며 또한 소요 압축강도에 도달한 후 2일간은 구조물의 어느 부분이라도 0℃ 이상이 되도록 유지하여야 한다.

58. 프리캐스트 콘크리트의 성형에서 일반적으로 사용하고 있는 다지기 방법이 아닌 것은?

① 진동다지기
② 침하다지기
③ 원심력다지기
④ 가압다지기

해설 프리캐스트 콘크리트의 성형에서 일반적으로 사용되고 있는 다지기 방법에는 진동다지기, 원심력다지기, 가압다지기, 진공다지지 및 이들을 병용하는 방법이 있다.

정답 56. ② 57. ① 58. ②

59 다음 중 콘크리트의 이음에 대한 설명으로 틀린 것은?

① 시공이음은 부재의 압축력이 작용하는 방향과 수평이 되도록 하는 것이 원칙이다.
② 해양 및 항만 콘크리트 구조물 등에 있어서는 시공 이음부를 되도록 두지 않는 것이 좋다.
③ 아치의 시공이음은 아치축에 직각방향이 되도록 설치한다.
④ 신축이음은 양쪽의 구조물 혹은 부재가 구속되지 않는 구조이어야 한다.

해설
- 시공이음은 부재의 압축력이 작용하는 방향과 직각이 되도록 하는 것이 원칙이다.
- 수평시공이음이 거푸집에 접하는 선은 될 수 있는대로 수평한 직선이 되도록 한다.
- 시공이음은 될 수 있는대로 전단력이 적은 위치에 설치한다.
- 역방향 타설 콘크리트의 시공 시에는 콘크리트의 침하를 고려하여 시공이음이 일체가 되도록 시공방법을 결정하여야 한다.

60 마모에 대한 저항성을 크게 할 목적으로 실시하는 표면 마무리 방법이 아닌 것은?

① 철분이나 수지 콘크리트를 사용한다.
② 폴리머 콘크리트를 사용한다.
③ 섬유보강 콘크리트를 사용한다.
④ 표면에 요철을 둔다.

해설 마모에 대한 저항성을 크게 할 목적으로 철분이나 수지 콘크리트, 폴리머 콘크리트, 섬유보강 콘크리트, 폴리머함침 콘크리트 등의 특수 콘크리트를 사용한다.

4과목 콘크리트 구조 및 유지관리

61 설계기준항복강도가 400MPa 이하인 이형철근을 사용한 슬래브의 최소 수축·온도 철근비는 다음 중 어느 것인가?

① 0.0020
② 0.0030
③ 0.0035
④ 0.0040

해설
- 어떤 경우에도 이형철근의 철근비는 0.0014 이상이어야 한다.
- 수축·온도철근의 간격은 슬래브 두께의 5배 이하, 또한 450mm 이하로 하여야 한다.

정답 59. ① 60. ④ 61. ①

62 콘크리트 균열의 깊이를 측정할 수 있는 시험방법으로 가장 적절한 것은?

① 반발경도법 ② 초음파법
③ 관입저항법 ④ Break-off법

해설 초음파법을 이용하여 내부의 결함을 추정한다.

63 어떤 철근콘크리트 부재에 하중이 재하됨과 동시에 순간적인 탄성처짐 20mm가 발생하였으며, 이 하중이 5년 이상 지속적으로 재하되는 경우 이 부재의 최종적인 총처짐은? (단, 단순보로서 압축철근비는 0.02이다.)

① 30mm ② 40mm
③ 50mm ④ 60mm

해설
- 장기추가처짐계수 $\lambda_\Delta = \dfrac{\xi}{1+50\rho'}$
- 장기처짐
  순간처짐(탄성처짐)×장기추가처짐계수 = $20 \times \dfrac{2}{1+50\times 0.02} = 20\text{mm}$
- 최종처짐
  순간처짐(탄성처짐)+장기처짐 = $20+20 = 40\text{mm}$

64 폭은 300mm, 유효깊이는 500mm, A_s는 2,000cm², f_{ck}는 28 MPa, f_y는 400MPa인 단철근 직사각형 보가 있다. 강도설계법으로 설계할 때 공칭 휨모멘트강도(M_n)는 얼마인가?

① 301.9kN·m ② 318.5kN·m
③ 332.3kN·m ④ 355.2kN·m

해설
- $a = \dfrac{A_s f_y}{\eta(0.85 f_{ck})b} = \dfrac{2000 \times 400}{1.0 \times (0.85 \times 28) \times 300} = 112\text{mm}$
- $M_n = A_s f_y \left(d - \dfrac{a}{2}\right) = 2000 \times 400 \times \left(500 - \dfrac{112}{2}\right) = 355,200,000\text{N·mm}$
  $= 355.2\text{kN·m}$

65 콘크리트의 중성화 진행속도를 크게 하는 조건이 아닌 것은?

① 건조한 환경
② 투기성이 큰 콘크리트

정답 62. ② 63. ② 64. ④ 65. ①

③ 표면 마감재 또는 도장이 없는 콘크리트
④ 물-시멘트비가 큰 콘크리트

> **해설** 환경조건으로서 탄산가스 농도가 높을수록, 습윤도가 낮을수록, 온도가 높을수록 중성화 속도는 빨라진다. 단, 현저하게 건조되어 있는 경우에는 중성화 진행이 어렵다.

66 콘크리트 바닥판의 보강 공법 중 연속섬유 시트접착공법에 대한 설명으로 틀린 것은?

① 내식성이 우수하고, 염해지역의 콘크리트 구조물 보강에도 적용할 수 있다.
② 주로 바닥판 콘크리트 압축측에 접착하여 콘크리트 압축강도 향상의 효과를 목적으로 한다.
③ 보강효과로서 균열의 구속효과, 내하성능의 향상효과도 기대된다.
④ 섬유시트는 현장성형이 용이하기 때문에 작업공간이 한정된 장소에서 작업이 편리하다.

> **해설** 섬유보강 접착공법은 단면 강성의 증가가 크지 않으나 탄성한도 내의 피로강도가 높고 부착성이 양호하며 인장강도가 높다.

67 활하중 70kN/m, 고정하중 30kN/m의 등분포 하중을 받는 지간 7m의 직사각형 단순보에서 소요강도 U는?

① 113kN/m
② 132kN/m
③ 148kN/m
④ 165kN/m

> **해설** $U = 1.2D + 1.6L = 1.2 \times 30 + 1.6 \times 70 = 148\text{kN/m}$

68 아래의 표에서 설명하는 균열보수공법은?

> 콘크리트 구조물의 균열을 따라 약 10mm 폭으로 콘크리트를 U형 또는 V형으로 절개한 후, 이 부위에 가요성 에폭시 수지 또는 폴리머 시멘트 모르타르 등을 채워넣어 보수한다.

① 표면처리공법
② 단면복구공법
③ 충전공법
④ 강판접착공법

> **해설** 충전공법은 균열 폭이 0.5mm 이상의 비교적 큰 폭의 보수 균열에 적용하는 공법으로 균열선을 따라 콘크리트를 U형 또는 V형으로 잘라내고 보수하는 공법이다.

정답 66. ② 67. ③ 68. ③

69 비합성 띠철근 기둥의 전체 단면적(A_g)이 60,000mm²인 경우 축방향 주철근의 최소 철근량은?

① 600mm² ② 1,200mm²
③ 2,400mm² ④ 4,800mm²

> **해설** 비합성 압축부재의 축방향 주철근 단면적은 전체 단면적의 1~8%로 하므로 60,000×0.01=600mm²이다.

70 다음 중 콘크리트의 균열 폭을 줄일 수 있는 방법으로 가장 적합한 것은?

① 굵은 철근을 사용하기보다는 가는 철근을 많이 사용한다.
② 철근에 발생하는 응력이 커질 수 있도록 배근한다.
③ 철근이 배근되는 곳에서 피복두께를 크게 한다.
④ 콘크리트의 압축부분에 압축철근을 배치한다.

> **해설**
> • 인장측에 철근을 잘 분배하면 균열 폭을 최소로 할 수 있다.
> • 동일한 철근을 사용하더라도 가는 철근을 여러 개 사용하고 이형철근을 사용하며 배근 간격을 지나치게 크게 하지 않는 것이 좋다.

71 다음 중 중성화 깊이 조사방법에 해당하지 않는 것은?

① 쪼아내기에 의한 방법 ② 코어 채취에 의한 방법
③ 드릴에 의한 방법 ④ 전위차 적정법

> **해설** 전위차 적정법, 질산은 적정법은 염화물 함유량을 측정하는 방법이다.

72 콘크리트 공사 중에 플라스틱 수축균열이 발생할 가능성이 있다면 이를 방지할 수 있는 가장 좋은 방법은?

① 표면을 덮개로 보호한다.
② 배합 시에 적합한 혼화제를 첨가한다.
③ 충분한 다짐을 실시한다.
④ 배합비율을 조절한다.

> **해설** 굳지 않은 콘크리트의 소성수축균열(플라스틱 수축균열)은 바닥판이나 슬래브와 같이 큰 표면적을 갖는 부재에서 치기 종료 직후에 건조한 바람이나 고온저습한 외기에 노출될 경우 급격한 습윤손실로 인하여 발생하므로 표면을 덮개로 보호한다.

정답 69. ① 70. ① 71. ④ 72. ①

73 자중을 포함한 수직하중 800kN을 받는 독립 확대기초를 정사각형 단면으로 설계하고자 한다. 지반의 허용지지력이 200kN/m²일 때 기초 단면의 한 변 길이의 최소값은?

① 0.25m ② 1.0m
③ 2.0m ④ 4.0m

해설
$q_a = \dfrac{P}{A} = \dfrac{P}{a^2}$

$a^2 = \dfrac{P}{q_a}$

$\therefore a = \sqrt{\dfrac{800}{200}} = 2.0\text{m}$

74 옹벽의 안정에 대한 설명으로 틀린 것은?
① 전도에 대한 저항휨모멘트는 횡토압에 의한 전도모멘트의 1.5배 이상이어야 한다.
② 활동에 대한 저항력은 옹벽에 작용하는 수평력의 1.5배 이상이어야 한다.
③ 전도 및 지반지지력에 대한 안정조건은 만족하지만, 활동에 대한 안정조건만을 만족하지 못할 경우에는 활동 방지벽 혹은 횡방향 앵커 등을 설치하여 활동저항력을 증대시킬 수 있다.
④ 지반에 유발되는 최대 지반반력이 지반의 허용지지력을 초과하지 않아야 한다.

해설 전도에 대한 저항 휨모멘트는 횡토압에 의한 전도모멘트의 2배 이상이어야 한다.

75 경간이 15m인 거더에 단면적이 1,115mm²인 PS강재를 사용하여 양단에 1,360kN을 긴장하여 보강하고자 할 때, PS강재에 발생하는 늘음량은? (단, PS강재의 탄성계수는 2×10^5MPa이며, 긴장재의 마찰과 콘크리트의 탄성수축은 무시한다.)

① 73.2mm ② 77.8mm
③ 82.4mm ④ 91.5mm

해설
- $\Delta f_p = \dfrac{P}{A} = \dfrac{1,360,000}{1,115} = 1,219\text{MPa}$
- $\Delta f_p = E_p \cdot \dfrac{\Delta l}{l}$

  $1219 = 2 \times 10^5 \times \dfrac{\Delta l}{15000}$

  $\therefore \Delta l \fallingdotseq 91.5\text{mm}$

정답 73. ③ 74. ①
75. ④

76. 콘크리트 압축강도 추정을 위한 반발 경도시험(KS F 2730)에 대한 설명으로 틀린 것은?

① 시험면은 다공질의 조악한 면은 피하고 평활한 면을 선택해야 한다.
② 타격봉이 중추에 부딪힐 때까지 타격봉에 대한 압력을 서서히 증가시키고, 타격봉이 중추에 부딪힌 후, 지침상의 값을 읽고 기록한다.
③ 시험 영역의 지름은 100mm 이상이 되어야 한다.
④ 시험값 20개의 평균으로부터 오차가 20% 이상이 되는 경우의 시험값은 버린다.

해설
- 시험 영역의 지름은 150mm 이상이 되어야 한다.
- 시험할 콘크리트 부재는 두께가 100mm 이상이어야 하며, 하나의 구조체에 고정되어야 한다.
- 시험할 때 타격위치는 가장자리로부터 100mm 이상 떨어져야 하고, 서로 30mm 이내로 근접해서는 안 된다.
- 콘크리트 내부의 온도가 0°C 이하인 경우 정상보다 높은 반발경도를 나타낸다.
- 탄산화가 진행된 콘크리트의 경우 정상보다 높은 반발경도를 나타낸다.

77. 보수공법 중 표면처리 공법을 적용하고자 할 때 가장 적합한 균열은?

① 0.5mm 이상의 균열
② 구조적 균열
③ 정지된 0.2mm 이하의 균열
④ 누수균열

해설
- 0.2mm 이하의 미세한 결함에 대해 방수성, 내화성을 확보할 목적으로 표면처리공법이 사용된다.
- 주입공법은 균열 폭이 0.2mm 이상의 경우에 결함부분에 수지계 또는 시멘트계 등으로 주입한다.

78. 철근 콘크리트가 성립되는 조건으로 옳지 않은 것은?

① 철근은 콘크리트 속에서 녹이 슬지 않는다.
② 철근과 콘크리트의 탄성계수가 거의 같다.
③ 철근과 콘크리트의 열팽창계수가 거의 같다.
④ 철근과 콘크리트 사이의 부착강도가 크다.

정답 76. ③ 77. ③ 78. ②

해설
- 콘크리트는 철근에 비해 탄성계수가 상당히 작다.
- 철근의 탄성계수 값은 200,000MPa이다.

79 콘크리트 구조물의 열화에 해당하지 않는 것은?
① 균열 ② 박리
③ 백태 ④ 수소취성

해설 열화기구에는 염해, 중성화, 동해, 알칼리골재반응, 화학적 콘크리트 침식, 피로 등이 있다.

80 인장 이형철근의 정착길이는 무엇과 반비례하는가?
① 철근의 단면적
② 철근의 항복강도
③ 철근의 공칭지름
④ 콘크리트 설계기준 압축강도의 제곱근

해설
- 인장 이형철근의 기본 정착길이

$$l_{db} = \frac{0.6 d_b f_y}{\lambda \sqrt{f_{ck}}}$$

- 인장철근의 정착길이에 영향을 주는 요소
  피복두께, 철근의 설계기준 항복강도, 콘크리트의 설계기준 압축강도, 철근의 공칭직경, 철근의 순간격, 표준갈고리 유무 등이 영향을 미친다.
- 인장철근의 정착길이는 300mm 이상이어야 한다.

정답 79. ④ 80. ④

02회 CBT 모의고사

1과목 콘크리트 공학

01 시멘트 응결시간시험 방법으로 옳은 것은?

① 오토클레이브 방법
② 비비시험
③ 블레인시험
④ 길모어 침에 의한 시험

해설 시멘트의 응결시험 방법에는 길모어 침, 비카 침 시험이 있다.

02 콘크리트 내구성 기준 압축강도(f_{cd})가 24MPa, 설계기준 압축강도(f_{ck})가 21MPa이다. 50회의 실험실적으로부터 구한 압축강도의 표준편차가 5MPa이라면, 콘크리트의 배합강도는?

① 29.0MPa
② 30.5MPa
③ 32.2MPa
④ 33.9MPa

해설
- 품질기준강도(f_{cq})
  f_{ck}와 f_{cd} 중 큰 값인 24MPa이다.
- $f_{cq} \leq 35$MPa인 경우이므로 $f_{cr} = f_{cq} + 1.34s = 24 + 1.34 \times 5 = 30.7$MPa
  $f_{cr} = (f_{cq} - 3.5) + 2.33s = (24 - 3.5) + 2.33 \times 5 = 32.2$MPa
- ∴ 두 값 중 큰 값인 32.2MPa이다.

03 특수 시멘트인 팽창 시멘트에 관한 설명으로 옳지 않은 것은?

① 적당량의 팽창재($CaO-Al_2O_3-SO_3$)를 혼합시킨 시멘트이다.
② 팽창 시멘트를 사용한 콘크리트는 화학적 내구성이 크게 향상된다.
③ 콘크리트의 균열 방지를 주목적으로 하는 수축보상 콘크리트로 사용된다.
④ 믹싱시간이 길어지면 팽창률이 감소하므로 주의할 필요가 있다.

해설
- 고로 슬래그 시멘트, 실리카 시멘트, 플라이 애시 시멘트 등의 혼합시멘트가 콘크리트의 화학적 내구성을 크게 향상시킨다.
- 팽창성 시멘트를 사용하면 응결, 블리딩 및 워커빌리티는 보통 콘크리트와 비슷하고 수축률은 보통 콘크리트에 비해 20~30% 작다.

정답 01. ④ 02. ③ 03. ②

04 시멘트의 원료, 제조 및 조성광물에 대한 설명으로 틀린 것은?

① 시멘트의 성분 중 산화마그네슘은 수화에서 체적 증가를 동반하므로 6% 이상 포함되어야 한다.
② 시멘트는 석회석, 점토, 혈암 등의 원료를 혼합하여 약 1,450℃까지 가열하여 얻어진다.
③ 클링커에서 가장 많은 성분은 C_3S를 주성분으로 하는 알라이트이다.
④ 포틀랜드 시멘트의 주요 화학성분은 CaO, SiO_2, Al_2O_3, Fe_2O_3이다.

해설 시멘트의 성분 중 산화마그네슘은 수화에서 체적 증가를 동반하므로 5% 이하로 제한하고 있다.

05 화학 혼화제의 품질시험 항목으로 옳지 않은 것은?

① 블리딩량의 비
② 길이 변화비
③ 동결융해에 대한 저항성
④ 휨강도 비

해설 감수율(%), 블리딩량의 비(%), 응결시간의 차(mm), 압축강도의 비(%), 길이 변화비(%), 동결융해에 대한 저항성(상대동탄성계수 %)

06 다음의 시멘트 시험항목에 대한 관련장치로서 적절하게 연결된 것은?

① 밀도시험 – 비카트 침
② 압축강도 – 르샤틀리에 프라스크
③ 분말도 – $45\mu m$ 표준체
④ 응결시간 – 블레인 공기투과장치

해설
- **밀도시험** – 르샤틀리에 프라스크
- **응결시간** – 비카트 침
- **분말도** – $45\mu m$ 표준체, 블레인 공기투과장치

07 시멘트의 응결에 대한 설명으로 옳은 것은?

① 분말도가 크면 응결은 빨라진다.
② 온도가 높을수록 응결은 늦어진다.
③ 석고 첨가량이 많을수록 응결은 빨라진다.
④ 물-시멘트비가 클수록 응결은 빨라진다.

해설
- 온도가 높을수록 응결은 빨라진다.
- 석고 첨가량이 많을수록 응결은 늦어진다.
- 물-시멘트비가 클수록 응결은 늦어진다.

정답 04. ① 05. ④ 06. ③ 07. ①

08 압축강도의 시험기록이 없는 현장에서 호칭강도가 20MPa인 경우 배합강도는?

① 25MPa ② 27MPa
③ 28.5MPa ④ 30MPa

해설 호칭강도가 21MPa 미만의 경우이므로
$f_{cr} = f_{cn} + 7 = 20 + 7 = 27$MPa이다.

09 시멘트의 강도시험(KS L ISO 679)의 공시체 제작을 위해 모르타르를 제작하고자 한다. 사용하는 시멘트가 450g인 경우 필요한 표준사의 양으로 옳은 것은?

① 900g ② 1,103g
③ 1,215g ④ 1,350g

해설 1 : 3이므로 450×3=1,350g

10 콘크리트용 굵은골재의 유해물 함유량의 한도(질량백분율) 중 점토 덩어리의 경우는 최대 몇 %인가?

① 0.1% ② 0.25%
③ 0.5% ④ 1%

해설 잔골재의 유해물 함유량의 한도(질량백분율) 중 점토 덩어리의 경우는 최대 1%이다.

11 콘크리트 배합설계에서 물-결합재비의 기준으로 옳지 않은 것은?

① 제빙화학제에 노출되는 도로와 교량 바닥판의 경우에는 45% 이하로 한다.
② 황산염 노출 정도가 보통의 경우에는 50% 이하로 한다.
③ 수밀 콘크리트의 경우에는 50% 이하로 한다.
④ 탄산화에 의한 철근 부식이 우려되는 노출환경에는 50% 이하로 한다.

해설 탄산화에 의한 철근 부식이 우려되는 노출환경에는 60% 이하로 한다.

정답 08. ② 09. ④ 10. ② 11. ④

12 KS F 2508 로스앤젤레스 시험기에 의한 굵은골재의 마모시험에서 사용시료의 등급이 A인 경우 사용철구 수와 철구의 총 질량(g)이 맞는 것은?

① 12개, 5000±25(g)　② 11개, 5000±25(g)
③ 12개, 4580±25(g)　④ 11개, 4580±25(g)

 A등급 : 철구수 12개, 500회, 5kg 시료

13 실제 사용한 콘크리트의 31회 압축강도 시험으로부터 압축강도 (MPa) 잔차의 제곱을 구하여 합한 값이 270이었다. 콘크리트의 배합강도를 결정하기 위한 압축강도의 표준편차를 구하면?

① 2.85MPa　② 2.90MPa
② 2.95MPa　④ 3.00MPa

 표준편차 $\sigma = \sqrt{\dfrac{S}{n-1}} = \sqrt{\dfrac{270}{31-1}} = 3\text{MPa}$

14 아래 표와 같은 조건의 시방배합에서 잔골재와 굵은골재의 단위량은 약 얼마인가?

- 단위수량 = 175kg
- W/C = 50%
- 잔골재 표건밀도 = 2.6g/cm³
- 굵은골재 표건밀도 = 2.65g/cm³
- S/a = 41.0%
- 시멘트 밀도 = 3.15g/cm³
- 공기량 = 1.5%

① 잔골재 : 735 kg, 굵은골재 : 989 kg
② 잔골재 : 745 kg, 굵은골재 : 1093 kg
③ 잔골재 : 756 kg, 굵은골재 : 1193 kg
④ 잔골재 : 770 kg, 굵은골재 : 1293 kg

- 단위 시멘트량 $\dfrac{W}{C} = 0.5$ ∴ $C = \dfrac{175}{0.5} = 350\text{kg}$
- 단위 골재량의 절대부피
  $V_{S+G} = 1 - \left(\dfrac{175}{1 \times 1000} + \dfrac{350}{3.15 \times 1000} + \dfrac{1.5}{100}\right) = 0.699\text{m}^3$
- 단위 잔골재량의 절대부피 $V_S = 0.699 \times 0.41 = 0.2866\text{m}^3$
- 단위 굵은골재량의 절대부피 $V_G = 0.699 - 0.2866 = 0.4124\text{m}^3$
- 단위 잔골재량 $S = 2.6 \times 0.2866 \times 1000 = 745\text{kg}$
- 단위 굵은골재량 $G = 2.65 \times 0.4124 \times 1000 = 1093\text{kg}$

정답 12. ①　13. ④　14. ②

15 다음 중 굵은골재의 안정성 시험에 사용되는 시약은?

① 황산나트륨 ② 염화나트륨
③ 규산나트륨 ④ 수산화나트륨

해설 황산나트륨에 의해 안정성 시험을 하며 조작을 5번 반복했을 때 굵은골재의 손실질량 백분율은 12% 이하로 한다.

16 플라이 애시(KS L 5405)의 품질 시험항목 중 아래에서 설명하는 것은?

> 기준 모르타르의 압축강도에 대한 시험 모르타르의 압축강도의 비를 백분율로 나타낸 것

① 안정도 ② 플로값 비
③ 활성도 지수 ④ 팽창도

해설
- 플로값 비는 기준 모르타르의 플로값에 대한 시험 모르타르의 플로값 비를 백분율로 표시한 것이다.
- 콘크리트용 플라이 애시의 품질을 평가하기 위한 시험항목에는 밀도, 비표면적(브레인 방법), 활성도 지수, 이산화규소, 수분, 강열감량, 플로값 비 항목을 규정하고 있다.

17 AE제에 대한 일반적인 설명으로 옳은 것은?

① AE제를 사용한 콘크리트에서 물-시멘트비가 일정한 경우 공기량이 증가하면 슬럼프는 커지는 경향이 있다.
② AE제를 사용한 콘크리트에서 물-시멘트비가 일정한 경우 공기량이 증가하면 압축강도는 증가하는 경향이 있다.
③ AE제의 대표적인 종류로는 시메졸, 리그널 등이 있으며, 시메졸과 리그널은 알칸술폰산의 염화물이다.
④ AE제를 사용할 경우 기포가 시멘트 및 골재의 미립자를 떠오르게 하거나 물의 이동을 도움으로써 블리딩이 많아진다.

해설
- AE제를 사용한 콘크리트에서 물-시멘트비가 일정한 경우 공기량이 증가하면 압축강도는 감소하는 경향이 있다.
- AE제의 대표적인 종류에는 리그닌 설폰산염 혹은 그 유도체를 주성분으로 한다.
- AE제를 사용할 경우 기포가 시멘트 및 골재의 미립자를 떠오르게 하거나 물의 이동이 억제되어 블리딩이 감소한다.

정답 15. ① 16. ③ 17. ①

18 부순골재의 단위용적질량이 1.60kg/L이고, 절건 밀도가 2.65kg/L일 때 이 골재의 공극률(%)은?

① 29.7%
② 34.2%
③ 39.6%
④ 43.5%

해설 공극률 $= \left(1 - \dfrac{w}{\rho}\right) \times 100 = \left(1 - \dfrac{1.6}{2.65}\right) \times 100 = 39.6\%$

19 콘크리트 배합설계의 기본원칙에 대한 설명으로 틀린 것은?

① 최대치수가 작은 굵은 골재를 사용할 것
② 가능한 한 단위수량을 적게 할 것
③ 충분한 내구성을 확보할 것
④ 경제성 있는 배합일 것

해설
- 굵은골재 최대치수가 큰 것을 사용할 것
- 물-결합재비는 소요강도, 내구성, 수밀성 등으로 정해지는 값에서 최소값을 선정할 것
- 잔골재율은 소요의 워커빌리티를 얻을 수 있는 범위 내에서 단위수량이 최소가 되도록 시험에 의해 정할 것

20 레디믹스트 콘크리트에 사용할 혼합수에 관한 설명으로 옳은 것은?

① 상수돗물이나 지하수는 시험을 하지 않아도 사용할 수 있다.
② 회수수를 사용하였을 경우, 단위 슬러지 고형분율이 5% 이하이어야 한다.
③ 배합할 때, 회수수 중에 함유된 슬러지 고형분은 물의 질량에는 포함하지 않는다.
④ 레디믹스트 콘크리트 공장에서 운반차, 플랜트의 믹서, 호퍼 등에 부착된 콘크리트 및 현장에서 되돌아오는 레디믹스트 콘크리트를 세척하여 잔골재, 굵은골재를 분리한 세척 배수로서 슬러지수 및 상징수의 총칭을 공업용수라고 한다.

해설
- 상수돗물은 시험을 하지 않아도 사용할 수 있다.
- 회수수를 사용하였을 경우, 단위 슬러지 고형분율이 3% 이하이어야 한다.
- 레디믹스트 콘크리트 공장에서 운반차, 플랜트의 믹서, 호퍼 등에 부착된 콘크리트 및 현장에서 되돌아오는 레디믹스트 콘크리트를 세척하여 잔골재, 굵은골재를 분리한 세척 배수로서 슬러지수 및 상징수의 총칭을 회수수라고 한다.

정답 18. ③ 19. ① 20. ③

2과목 콘크리트 제조, 시험 및 품질관리

21 관리도의 가장 기본이 되는 관리도로서 평균치와 데이터변화를 관리할 수 있고 콘크리트의 압축강도, 슬럼프, 공기량 등의 특성을 관리하는 데에 편리한 관리도의 명칭은?

① $\bar{x} - R$관리도
② $\bar{x} - \sigma$관리도
③ x관리도
④ P관리도

해설 계량값 관리도로 평균값과 범위의 관리도인 $\bar{x} - R$관리도가 쓰인다.

22 콘크리트 강도 시험용 원주공시체(ϕ150mm×300mm)를 할렬에 의한 간접인장강도 시험을 실시한 결과 160kN에서 파괴되었다. 콘크리트 인장강도로 옳은 것은?

① 1.54MPa
② 2.26MPa
③ 2.96MPa
④ 4.57MPa

해설 인장강도 $= \dfrac{2P}{\pi dl} = \dfrac{2 \times 160000}{3.14 \times 150 \times 300} = 2.26\text{N/mm}^2 = 2.26\text{MPa}$

23 콘크리트의 워커빌리티 측정법이 아닌 것은?

① 비비 시험
② 구관입 시험
③ 로스앤젤레스 시험
④ 슬럼프 시험

해설 로스앤젤레스 시험은 굵은골재의 마모율을 알기 위해 실시한다.

24 각주형 콘크리트 시험체를 4점 재하방법에 따라 휨강도를 측정한 결과가 아래 표와 같을 때 휨강도를 구하면? (단, 공시체가 인장쪽 표면 지간 방향 중심선의 4점 사이에서 파괴되었다.)

- 공시체의 규격 : 150mm×150mm×530mm
- 지간 : 450mm
- 파괴하중 : 45kN

① 3.0MPa
② 4.0MPa
③ 5.0MPa
④ 6.0MPa

정답 21. ① 22. ② 23. ③ 24. ④

해설 휨강도 $= \dfrac{Pl}{bd^2} = \dfrac{45000 \times 450}{150 \times 150^2} = 6\text{N/mm}^2 = 6\text{MPa}$

25 콘크리트의 균열 중 경화 후에 발생하는 균열의 종류에 속하지 않는 것은?

① 건조수축균열
② 온도균열
③ 소성수축균열
④ 휨균열

해설 경화 전의 균열 종류
- 침하수축균열
- 소성수축균열(플라스틱 수축균열)

26 관입저항침에 의한 콘크리트의 응결시간 시험방법에 관한 설명으로 적합하지 않은 것은?

① 시료는 콘크리트를 체로 쳐서 모르타르로 시험한다.
② 시료의 위 표면적 1,000mm²당 1회의 비율로 다진다.
③ 보통의 배합인 경우 20~25℃ 온도의 실험실에서 시험한다.
④ 관입저항이 3.5MPa, 28.0MPa이 될 때의 시간을 각각 초결시간과 종결시간으로 결정한다.

해설 다짐대로 다지는 경우는 시료의 위 표면적 645mm²당 1회의 비율로 다진다.

27 레디믹스트 콘크리트의 품질에서 슬럼프에 따른 슬럼프의 허용오차로 틀린 것은?

① 슬럼프 25mm일 때 허용오차는 ±10mm이다.
② 슬럼프 50mm일 때 허용오차는 ±15mm이다.
③ 슬럼프 65mm일 때 허용오차는 ±15mm이다.
④ 슬럼프 80mm일 때 허용오차는 ±20mm이다.

해설 슬럼프 80mm 이상인 경우에는 ±25mm 범위를 넘어서는 안된다.

28 콘크리트의 제조 공정에 있어서의 검사에 관한 설명으로 틀린 것은?

① 시방배합은 공사 중 적절히 실시하는 것이 원칙이다.
② 잔골재의 조립률은 1일 1회 이상 실시한다.
③ 잔골재의 표면수율은 1일 2회 이상 실시한다.
④ 굵은골재의 표면수율은 1일 2회 이상 실시한다.

해설 굵은골재 조립률, 굵은골재 표면수율은 1일 1회 이상 실시한다.

정답 25. ③ 26. ② 27. ④ 28. ④

29. 슬럼프 시험에 대한 설명으로 틀린 것은?

① 굵은골재의 최대치수가 40mm를 넘는 콘크리트의 경우에는 40mm를 넘는 굵은골재를 제거한다.
② 시험체를 만들 콘크리트 시료는 그 배치를 대표할 수 있어야 한다.
③ 슬럼프 콘에 콘크리트를 넣고 각 층을 다질 때 다짐봉의 다짐 깊이는 그 앞 층에 거의 도달할 정도로 한다.
④ 슬럼프 콘을 들어올렸을 때 콘크리트의 모양이 불균형이 된 경우 같은 시료로 재시험을 한다.

해설 콘크리트가 슬럼프 콘의 중심축에 대하여 치우치거나 무너지거나 해서 모양이 불균형이 된 경우는 다른 시료에 의해 재시험을 한다.

30. 콘크리트의 일반적인 성질에 대한 설명으로 틀린 것은?

① 일반적으로 단위수량이 많을수록 콘크리트의 반죽질기는 크게 된다.
② 골재 중의 세립분은 콘크리트에 점성을 주고 성형성을 좋게 한다.
③ 콘크리트의 온도가 높을수록 반죽질기가 크게 된다.
④ 혼합 시멘트는 일반적으로 보통 포틀랜드 시멘트와 비교해서 워커빌리티를 좋게 한다.

해설 콘크리트의 온도가 높을수록 반죽질기가 되게(작게) 된다.

31. KS F 4009(레디믹스트 콘크리트)에서 정한 레디믹스트 콘크리트의 호칭강도에 포함되지 않는 것은?

① 27MPa
② 30MPa
③ 37MPa
④ 40MPa

해설 18, 21, 24, 27, 30, 35, 40, 45, 50, 55, 60MPa 등이 있다.

32. $\phi 100 \times 200$mm 원주형 공시체로 압축강도 시험을 수행하여 재하 하중 230kN에서 파괴되었다면 압축강도는?

① 2.9MPa
② 7.3MPa
③ 29.3MPa
④ 73.2MPa

[정답] 29. ④ 30. ③ 31. ③ 32. ③

해설 $f_{cu} = \dfrac{P}{A} = \dfrac{P}{\dfrac{\pi d^2}{4}} = \dfrac{230,000}{\dfrac{3.14 \times 100^2}{4}} = 29.3\text{MPa}$

33 다음 중 콘크리트의 응결이 지연되는 경우에 해당되지 않는 것은?
① 시멘트 분말도의 증가　② 지연형 AE 감수제의 사용
③ 슬럼프 값의 증가　　　④ 플라이 애시 사용의 증가

해설 시멘트의 분말도가 큰 것을 사용할 경우에는 콘크리트의 응결이 지연되지 않는다.

34 콘크리트 믹서 종류별 비비기 시간의 표준값에 대한 설명 중 맞는 것은? (단, 일반콘크리트의 경우)
① 가경식 : 1분 30초 이상, 강제식 : 1분 이상
② 가경식 : 1분 30초 이상, 강제식 : 30초 이상
③ 가경식 : 2분 이상, 강제식 : 1분 이상
④ 가경식 : 30초 이상, 강제식 : 1분 이상

해설 일반 콘크리트의 경우
① 가경식 : 1분 30초 이상
② 강제식 : 1분 이상

35 시멘트의 저장에 대한 설명으로 틀린 것은?
① 시멘트는 방습적인 구조로 된 사일로 또는 창고에 품종별로 구분하여 저장하여야 한다.
② 시멘트를 저장하는 사일로는 시멘트가 바닥에 쌓여서 나오지 않는 부분이 생기지 않도록 한다.
③ 포대 시멘트가 저장 중에 지면으로부터 습기를 받지 않도록 하기 위해서는 창고의 마룻바닥과 지면 사이에 어느 정도의 거리가 필요하며, 현장에서의 목조 창고를 표준으로 할 때, 그 거리를 0.3m로 하면 좋다.
④ 포대 시멘트를 쌓아서 저장하면 그 질량으로 인해 하부의 시멘트가 고결할 염려가 있으므로 시멘트를 쌓아 올리는 높이는 15포대 이하로 하는 것이 바람직하다.

해설
• 포대 시멘트를 쌓아서 저장하면 그 질량으로 인해 하부의 시멘트가 고결할 염려가 있으므로 시멘트를 쌓아 올리는 높이는 13포대 이하로 하는 것이 바람직하다. 저장 기간이 길어질 우려가 있는 경우에는 7포 이상 쌓아 올리지 않는 것이 좋다.
• 저장 중에 약간이라도 굳은 시멘트는 공사에 사용하지 않아야 한다. 3개월 이상 장기간 저장한 시멘트는 사용하기에 앞서 재시험을 실시하여 그 품질을 확인한다.
• 시멘트의 온도가 너무 높을 때는 그 온도를 낮춘 다음 사용한다. 시멘트의 온도는 일반적으로 50℃ 정도 이하를 사용하는 것이 좋다.

정답 33. ①　34. ①　35. ④

02회 CBT 모의고사

36 콘크리트 받아들이기 품질검사 항목에 속하지 않는 것은?
① 비비기 시간
② 굳지 않은 콘크리트의 상태
③ 펌퍼빌리티
④ 염화물 함유량

해설 굳지 않은 콘크리트의 상태, 슬럼프, 공기량, 온도, 단위용적질량, 염화물 함유량, 배합, 펌퍼빌리티가 있다.

37 콘크리트 탄산화에 대한 대책으로 틀린 것은?
① 콘크리트의 다지기를 충분히 하여 결함을 발생시키지 않도록 한 후 습윤양생을 한다.
② 양질의 골재를 사용하고 물-시멘트비를 크게 한다.
③ 철근 피복두께를 확보한다.
④ 탄산화 억제효과가 큰 투기성이 낮은 마감재를 사용한다.

해설
• 양질의 골재를 사용하고 물-시멘트비를 작게 한다.
• 콘크리트를 부배합으로 한다.
• 충분한 초기 양생을 한다.

38 KCS 14 20 10에 따른 콘크리트용 재료의 계량에 대한 설명으로 옳은 것은?
① 혼화제의 1회 계량 허용오차는 ±3%이다.
② 시멘트의 1회 계량 허용오차는 -2%, +1%이다.
③ 골재의 1회 계량 허용오차는 ±2%이다.
④ 물의 1회 계량 허용오차는 ±2%이다.

해설
• 시멘트의 1회 계량 허용오차는 -1%, +2%이다.
• 골재의 1회 계량 허용오차는 ±3%이다.
• 물의 1회 계량 허용오차는 -2%, +1%이다.
• 혼화재의 1회 계량 허용오차는 ±2%이다.

39 콘크리트의 타설 시 생기는 재료분리 현상을 증가시키는 요인에 대한 설명으로 틀린 것은?
① 단위수량이 지나치게 많을 때
② 단위 시멘트량이 많을 때
③ 굵은 골재의 최대치수가 지나치게 클 때
④ 콘크리트의 슬럼프 값이 클 때

[정답] 36. ① 37. ② 38. ① 39. ②

해설 입자가 거친 잔골재를 사용하거나 단위 골재량이 너무 많은 경우도 재료분리 현상을 증가시키는 요인이 된다.

40 골재의 알칼리-실리카 반응을 검토하기 위하여 적합한 시험은?
① 질산은 적정법
② 전자파 레이더법
③ 모르타르봉 방법
④ 변색법

해설 골재의 알칼리-실리카 반응을 검토하기 위하여 적합한 시험은 화학법과 모르타르봉 방법이 있다.

3과목 콘크리트의 시공

41 다음 시멘트 중에서 댐과 같이 큰 단면의 콘크리트에 적합하지 않는 것은?
① 플라이 애시 시멘트
② 고로 시멘트
③ 실리카 시멘트
④ 조강 포틀랜드 시멘트

해설 댐과 같은 매시브한 구조물은 시멘트량이 많이 소요되므로 수화열이 커 균열의 우려가 있으므로 수화열이 큰 조강 포틀랜드 시멘트를 사용해서는 안 된다.

42 콘크리트의 치기 작업에 대한 다음의 서술 중 콘크리트의 품질 확보를 위하여 바람직하지 않은 것은?
① 콘크리트를 직접 지면에 치는 경우에는 미리 깔기 콘크리트를 깔아두는 것이 좋다.
② 먼저 모르타르를 쳐서 널리 펴고 그 위에 콘크리트를 치면 곰보 방지, 시공이음 일체화의 효과가 있다.
③ 콘크리트를 2층 이상으로 나누어 칠 경우, 원칙적으로 하층의 콘크리트가 굳기 시작한 후 상층의 콘크리트를 쳐야 한다.
④ 친 콘크리트는 거푸집 안에서 횡방향으로 이동시켜서는 안되며, 내부진동기를 써서 유동화시키면서 콘크리트를 이동시켜서도 안 된다.

해설 콘크리트를 2층 이상으로 나누어 타설할 경우 상층의 콘크리트 타설은 원칙적으로 하층의 콘크리트가 굳기 시작하기 전에 타설하여야 하며 상층과 하층이 일체가 되도록 해야 한다.

정답 40. ③ 41. ④ 42. ③

02회 CBT 모의고사

43 수밀콘크리트의 물-결합재비의 표준은 몇 % 이하로 하는가?

① 45% 이하 ② 50% 이하
③ 55% 이하 ④ 60% 이하

해설 가급적 물-결합재비를 작게 한다. 50% 이하를 표준한다.

44 매스 콘크리트로 다루어야 하는 구조물 부재치수의 일반적인 표준에 대한 아래 문장의 ( )에 알맞은 수치는?

> 넓이가 넓은 평판 구조에서는 두께 (㉠)m 이상, 하단이 구속된 벽조에서는 두께 (㉡)m 이상일 경우

① ㉠ 0.5, ㉡ 0.8
② ㉠ 0.8, ㉡ 0.5
③ ㉠ 0.5, ㉡ 1.0
④ ㉠ 1.0, ㉡ 0.5

해설 프리스트레스트 콘크리트 구조물 등 부배합의 콘크리트가 쓰이는 경우에는 더 얇은 부재라도 구속조건에 따라 매스 콘크리트로 다룬다.

45 매스 콘크리트에서 온도균열지수는 구조물의 중요도, 기능, 환경조건 등에 대응할 수 있도록 선정되어야 한다. 철근이 배치된 일반적인 구조물에서 유해한 균열발생을 제한할 경우 온도균열지수값으로 옳은 것은?

① 2.2~2.7 ② 1.7~2.2
③ 1.2~1.7 ④ 0.7~1.2

해설
- 균열 발생을 방지하여야 할 경우 : 1.5 이상
- 균열 발생을 제한할 경우 : 1.2~1.5
- 유해한 균열 발생을 제한할 경우 : 0.7~1.2

46 댐 콘크리트 중 롤러 다짐 콘크리트 반죽질기의 표준값으로 옳은 것은? (단, VC시험을 실시한 경우)

① 10±5초 ② 20±10초
③ 30±15초 ④ 40±20초

해설 콘크리트의 반죽질기를 슬럼프로 측정하는 경우 타설장소에서 측정한 슬럼프는 체가름을 하여 40mm 이상의 굵은골재를 제거하고 측정한 값으로 20~50mm를 표준으로 한다.

정답 43. ② 44. ② 45. ④ 46. ②

47 콘크리트 다지기에서 내부진동기의 사용방법에 대한 설명으로 틀린 것은?

① 2층 이상의 층에 대한 시공 시에 내부진동기는 하층의 콘크리트 속으로 찔러 넣으면 안 된다.
② 내부진동기는 연직으로 찔러 넣으며, 삽입간격은 일반적으로 0.5m 이하로 하는 것이 좋다.
③ 1개소당 진동시간은 다짐할 때 시멘트 페이스트가 표면 상부로 약간 부상하기까지 한다.
④ 내부진동기는 콘크리트를 횡방향으로 이동시킬 목적으로 사용하지 않아야 한다.

해설 내부진동기를 하층의 콘크리트 속으로 0.1m 정도 찔러 넣는다.

48 포장 콘크리트의 휨 호칭강도(f_{28})는 얼마 이상을 기준으로 하는가?

① 3MPa
② 3.5MPa
③ 4MPa
④ 4.5MPa

해설 포장용 콘크리트의 배합기준
- 휨 호칭강도(f_{28}) : 4.5MPa 이상
- 단위수량 : 150kg/m³ 이하
- 굵은골재 최대치수 : 40mm 이하
- 슬럼프 : 40mm 이하
- 공기연행 콘크리트의 공기량 범위 : 4~6%

49 해양 콘크리트는 염해를 받기 쉬운 환경이므로 콘크리트 중의 강재 방식을 위한 대책을 수립할 필요가 있는데 다음 중 적당하지 않은 것은?

① 피복두께를 크게 한다.
② 물-결합재비를 크게 한다.
③ 균열 폭을 적게 한다.
④ 플라이 애쉬 시멘트를 적용한다.

해설 물-결합재비를 작게 한다.

50 보통(중량) 콘크리트에서 고강도 콘크리트란 설계기준 압축강도가 몇 MPa의 콘크리트를 말하는가?

① 27MPa 이상
② 40MPa 이상
③ 55MPa 이상
④ 60MPa 이상

해설 고강도 콘크리트의 설계기준 압축강도는 일반적으로 40MPa 이상이며 고강도 경량골재 콘크리트는 27MPa 이상으로 한다.

정답 47. ① 48. ④ 49. ② 50. ②

51. 콘크리트를 2층 이상으로 나누어 타설할 경우 각 층의 콘크리트가 일체화되도록 아래층 콘크리트가 경화되기 전에 위층 콘크리트를 쳐야 한다. 외기온도가 25℃ 이하인 경우 허용 이어치기 시간 간격의 표준은?

① 1시간
② 1.5시간
③ 2.0시간
④ 2.5시간

해설 외기온도가 25℃ 초과의 경우 허용 이어치기 시간 간격의 표준 : 2시간

52. 고유동 콘크리트의 사용이 필요한 경우에 대한 설명으로 잘못된 것은?

① 보통 콘크리트로는 충전이 곤란한 구조체인 경우
② 콘크리트의 자중을 감소시켜 지간의 증대, 보의 유효높이 감소가 요구되는 경우
③ 균질하고 정밀도가 높은 구조체를 요구하는 경우
④ 타설작업의 합리화로 시간 단축이 요구되는 경우

해설 다짐시 소음, 진동을 억제할 경우에 적용한다.

53. 유동화 콘크리트의 슬럼프 증가량에 대한 설명으로 옳은 것은?

① 80mm 이하를 원칙으로 하며, 30~50mm를 표준으로 한다.
② 80mm 이하를 원칙으로 하며, 50~80mm를 표준으로 한다.
③ 100mm 이하를 원칙으로 하며, 50~80mm를 표준으로 한다.
④ 100mm 이하를 원칙으로 하며, 80~100mm를 표준으로 한다.

해설 유동화 콘크리트의 슬럼프는 210mm 이하를 원칙으로 한다.

54. 해양 콘크리트의 시공에서 콘크리트가 충분히 경화되기 전까지 직접 해수에 닿지 않도록 보호하여야 하는데 이때의 보호기간으로 옳은 것은? (단, 보통 포틀랜드 시멘트를 사용한 경우)

① 21일
② 14일
③ 7일
④ 5일

해설 보통 포틀랜드 시멘트를 사용한 콘크리트는 적어도 재령 5일이 될 때까지 해수에 직접 접촉되지 않도록 한다.

정답 51. ④ 52. ② 53. ③ 54. ④

55 숏크리트에 대한 설명으로 잘못된 것은?

① 일반 숏크리트의 장기 설계기준 압축강도는 재령 28일로 설정하며, 그 값은 21MPa 이상으로 한다.
② 뿜어붙이기 성능의 하나로서 반발률의 상한치를 설정하는데 일반적으로 40~50%의 값을 표준으로 한다.
③ 베이스 콘크리트를 펌프로 압송할 경우 슬럼프는 120mm 이상을 표준으로 한다.
④ 숏크리트에 사용하는 시멘트는 보통포틀랜드 시멘트를 사용하는 것을 표준으로 한다.

해설 일반적으로 숏크리트의 리바운드율은 20~30%의 값을 표준한다.

56 일반 콘크리트에서 콘크리트의 압축강도를 시험하지 않을 경우 거푸집널의 해체시기로서 옳은 것은? (단, 평균기온이 10℃ 이상 20℃ 미만이고 보통 포틀랜드 시멘트를 사용한 기초, 보, 기둥 및 벽의 측면이다.)

① 2일
② 3일
③ 5일
④ 6일

해설 20℃ 이상의 경우 : 4일

57 콘크리트 구조물의 균열유발 이음의 간격 및 단면의 결손율에 대한 설명 중 옳은 것은?

① 균열유발 이음의 간격은 부재높이의 1배 이상에서 2배 이내 정도로 하고 단면의 결손율은 20%를 약간 넘을 정도로 하는 것이 좋다.
② 균열유발 이음의 간격은 부재높이의 1배 이상에서 2배 이내 정도로 하고 단면의 결손율은 10%를 약간 넘을 정도로 하는 것이 좋다.
③ 균열유발 이음의 간격은 부재높이의 3배 이상에서 4배 이내 정도로 하고 단면의 결손율은 20%를 약간 넘을 정도로 하는 것이 좋다.
④ 균열유발 이음의 간격은 부재높이의 2배 이상에서 3배 이내 정도로 하고 단면의 결손율은 10%를 약간 넘을 정도로 하는 것이 좋다.

해설 콘크리트 구조물의 변형이 구속되면 균열이 발생한다. 그래서 미리 어느 정해진 장소에 균열을 집중시킬 목적으로 소정의 간격으로 단면 결손부를 설치하여 균열을 강제적으로 생기게 하는 균열유발 이음을 설치한다.

정답 55. ② 56. ④ 57. ①

58. 고강도 콘크리트의 제조방법에 대한 설명으로 틀린 것은?

① 물-결합재비를 감소시킨다.
② 고성능 감수제를 사용한다.
③ 양질의 골재를 사용한다.
④ 굵은골재 최대치수를 증가시킨다.

해설
- 고강도 콘크리트에 사용되는 굵은골재의 최대치수는 25mm 이하로 한다.
- 골재와 시멘트풀의 강도 개선 및 부착성을 증진시킨다.
- 잔골재율은 가능한 작게 한다.

59. 프리캐스트 콘크리트의 특징으로 옳지 않은 것은?

① 제품이 다양하고 동일 규격의 제품이 사용 가능하다.
② 현장에 있어서 양생이 필요하지 않아 공사기간이 단축된다.
③ 충분한 품질관리로 신뢰성이 높은 제품의 생산이 가능하다.
④ 제품의 제조는 날씨에 좌우되지 않지만 동해를 방지하기 위해 한랭지에는 시공이 불가능하다.

해설
- 기후에 좌우되지 않고 제조가 가능하다.
- 프리캐스트 콘크리트의 특성상 대량 생산이 용이하며 범용성이 증대된다.
- 현장에서 거푸집이나 동바리 등의 준비가 필요없다.
- 규격품을 제조하므로 어느 정도 작업에 대한 숙련공이 필요하다.

60. 프리캐스트 콘크리트의 배합 특징으로 옳지 않은 것은?

① 슬럼프가 적은 된반죽 콘크리트가 사용된다.
② 제품에 따라 최소 단위 시멘트량을 규정하는 경우도 있다.
③ 기계적 다짐으로 성형하므로 단위수량이 많아야 한다.
④ 양생기간의 단축과 취급 중의 불량품을 적게 하기 위해 일반적으로 부배합 콘크리트가 사용된다.

해설 일반적으로 프리캐스트 콘크리트에서는 물-결합재비가 적은 된반죽의 콘크리트를 사용한다.

정답 58. ④ 59. ④ 60. ③

4과목 콘크리트 구조 및 유지관리

61 수동식 주입공법의 장점으로 틀린 것은?

① 다량의 수지를 단시간에 주입할 수 있다.
② 결함폭 0.5mm 이하의 경우에 매우 효과적이다.
③ 들뜸이 매우 작은 부위에도 주입이 가능하다.
④ 주입압이나 속도를 조절할 수 있다.

해설
- 결함폭 0.5mm 이하의 경우에는 주입이 매우 곤란한 단점이 있다.
- 주입량을 정확히 알 수 있다.

62 1방향 슬래브에 대한 설명으로 틀린 것은?

① 4변에 의해 지지되는 2방향 슬래브 중에서 단변에 대한 장변의 비가 2배를 넘으면 1방향 슬래브로 해석한다.
② 슬래브의 정모멘트 철근 및 부모멘트 철근의 중심간격은 위험단면에서는 슬래브 두께의 3배 이하이어야 하고, 또한 450mm 이하로 하여야 한다.
③ 1방향 슬래브의 두께는 최소 100mm 이상으로 하여야 한다.
④ 1방향 슬래브에서는 정모멘트 철근 및 부모멘트 철근에 직각방향으로 수축·온도철근을 배치하여야 한다.

해설 슬래브의 정철근 및 부철근의 중심간격은 최대 휨모멘트가 일어나는 단면에서는 슬래브 두께의 2배 이하, 또는 300mm 이하로 한다. 기타 단면은 슬래브 두께의 3배 이하, 또한 400mm 이하로 한다.

63 보의 보강공법으로 적합하지 않은 것은?

① 강판접착공법   ② 강판감기공법
③ 탄소섬유시트 보강공법   ④ 증타보강공법

해설 강판감기 보강공법은 기둥에 적합하고 벽에도 적용이 가능하다.

64 보의 폭은 300mm, 보의 유효깊이는 500mm인 단철근 직사각형 보에서 콘크리트가 부담하는 공칭 전단강도(V_c)를 구하면? (단, 콘크리트의 설계기준 압축강도 f_{ck}=28MPa, λ=1.0이다.)

① 91.9kN   ② 102.5kN
③ 132.3kN   ④ 244.9kN

해설 $V_c = \dfrac{1}{6}\lambda\sqrt{f_{ck}}\,b_w d = \dfrac{1}{6}\times 1.0 \times \sqrt{28} \times 300 \times 500 = 132,287\text{N} = 132.3\text{kN}$

정답 61. ② 62. ② 63. ② 64. ③

65 그림과 같은 보에 최소 전단철근을 배근하려고 한다. 전단철근의 간격을 200mm로 할 때 최소 전단철근량은? (단, $f_{ck}=24$ MPa, $f_y=350$ MPa이다.)

① 52.5mm^2
② 56.8mm^2
③ 60.0mm^2
④ 64.7mm^2

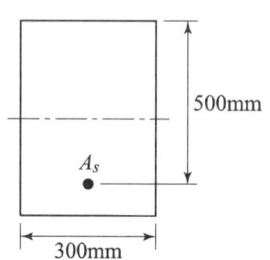

해설
$$A_{v,\min} = 0.35\frac{b_w s}{f_{yt}}$$
$$= 0.35 \times \frac{300 \times 200}{350}$$
$$= 60.0\text{mm}^2$$

66 인장철근 D29(공칭직경은 28.6mm, 공칭단면적=642mm²)를 정착시키는 데 소요되는 기본 정착길이는? (단, $f_{ck}=24$MPa, $f_y=350$MPa, $\lambda=1.0$이다.)

① 987mm
② 1,138mm
③ 1,226mm
④ 1,372mm

해설
$$l_{db} = \frac{0.6 d_b f_y}{\lambda \sqrt{f_{ck}}} = \frac{0.6 \times 28.6 \times 350}{1.0 \times \sqrt{24}} = 1,226\text{mm}$$

67 $b_w = 400$mm, $d = 500$mm인 직사각형 단면 보의 균형 철근비는? (단, $f_{ck}=21$MPa, $f_y=400$MPa이다.)

① 0.008
② 0.011
③ 0.022
④ 0.033

해설
$$\rho_b = \eta(0.85 f_{ck})\frac{\beta_1}{f_y}\frac{660}{660+f_y}$$
$$= 1.0 \times (0.85 \times 21)\frac{0.8}{400} \times \frac{660}{660+400} = 0.022$$
여기서, $\eta = 1.0(f_{ck} \leq 40\text{MPa})$

정답 65. ③ 66. ③ 67. ③

68 그림과 같은 단철근 직사각형 보에서 $f_y = 400\text{MPa}$, $f_{ck} = 30\text{MPa}$일 때 강도설계법에 의한 등가응력의 깊이 a는?

① 49.2mm
② 94.1mm
③ 13.8mm
④ 21.7mm

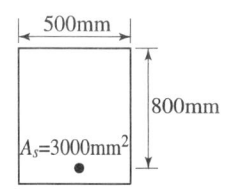

해설 $C = T$
$$\eta(0.85f_{ck})ab = A_s f_y$$
$$\therefore a = \frac{A_s f_y}{\eta(0.85f_{ck})b} = \frac{3000 \times 400}{1.0 \times (0.85 \times 30) \times 500} \fallingdotseq 94.1\text{mm}$$

69 콘크리트 외관을 육안조사할 때, 추를 이용한 조사방법은 다음 중 어떤 종류의 손상에 적합한가?

① 균열
② 박리
③ 이상진동
④ 경사

해설 추를 이용하여 콘크리트 구조물 외관의 경사 여부를 육안으로 조사할 수 있다.

70 다음 중 옹벽을 설계할 때 고려해야 하는 안정조건이 아닌 것은?

① 전도에 대한 안정
② 활동에 대한 안정
③ 지반 지지력에 대한 안정
④ 벽체 좌굴에 대한 안정

해설 전도, 활동, 침하(지반 지지력)에 대한 안정을 고려해야 한다.

71 다음과 같은 단철근 직사각형 단면 보가 균형철근비를 가질 때 중립축까지의 거리 c는 얼마인가? (단, $f_{ck} = 28\text{MPa}$, $f_y = 400\text{MPa}$, $d = 450\text{mm}$이다.)

① 255mm
② 260mm
③ 265mm
④ 280mm

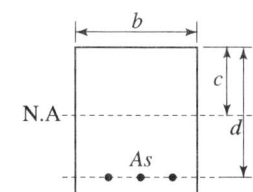

해설 $c = \dfrac{660}{660 + f_y} \times d = \dfrac{660}{660 + 400} \times 450 = 280\text{mm}$

02회 CBT 모의고사

72 알칼리 골재반응이 일어나기 위해서는 일반적으로 반응의 3조건이 충족되어야 한다. 여기에 해당하지 않은 것은?

① 골재 중의 유해물질
② 대기 중의 이산화탄소
③ 시멘트 중의 알칼리
④ 반응을 촉진하는 수분

해설 알칼리 골재반응은 콘크리트 중의 알칼리 이온이 골재 중의 실리카 성분과 결합하여 알칼리 실리카겔을 형성하고 이 겔이 주변의 수분을 흡수하여 콘크리트 내부에 국부적인 팽창으로 구조물에 균열이 생긴다.

73 다음 중 콘크리트 동결융해에 대한 설명으로 틀린 것은?

① 콘크리트 속 기포간격계수가 작을수록 동결융해 저항성이 크다.
② AE제 공기량은 2% 정도 이하를 유지하면 동결융해에 대한 저항성이 향상된다.
③ 콘크리트 속 수분이 결빙점 이상과 이하를 반복하면 동해가 발생한다.
④ 동결융해에 대한 내구성 지수(DF)가 클수록 내구성이 양호하다.

해설 AE제 공기량은 5% 정도 이하를 유지하면 동결융해에 대한 저항성이 향상된다.

74 아래의 표에서 설명하는 비파괴시험방법은?

> 콘크리트 중에 파묻힌 가력 Head를 지닌 Insert와 반력 Ring을 사용하여 원추 대상의 콘크리트 덩어리를 뽑아낼 때의 최대 내력에서 콘크리트의 압축강도를 추정하는 방법

① RC-Radar Test
② BS Test
③ Tc-To Test
④ Pull-out Test

해설 콘크리트 타설시에 매설하는 방법(pull out법)으로 이것을 인발시켜 그 반력을 이용하여 강도를 추정한다.

75 콘크리트의 열화원인 중 환경적 요인에 해당되지 않는 것은?

① 동해
② 염해
③ 단면의 부족
④ 중성화

해설
- 물리·화학적 작용에 의한 열화원인 : 염해, 알칼리골재반응, 중성화 등
- 기상작용에 의한 열화원인 : 동결융해, 건조수축, 온도변화 등

정답 72. ② 73. ② 74. ④ 75. ③

76. 강판 접착공법의 특징에 대한 설명으로 틀린 것은?

① 모든 방향의 인장력에 대응할 수 있다.
② 강판의 분포, 배치를 똑같이 할 수 있으므로 균열특성이 좋다.
③ 현장 타설콘크리트, 프리캐스트 부재 모두에 적용할 수 있어 응용범위가 넓다.
④ 방청 및 방화의 특성이 뛰어나다.

해설 접착에 이용되는 에폭시 수지는 내수성, 내약품성, 가소성, 내마모성이 우수하나 방화의 특성은 떨어진다.

77. 다음 중 교량의 현장 재하시험 목적으로 거리가 먼 것은?

① 개통 전 현장 재하시험을 통하여 완공 직후 교량의 내하력·건전도를 검증하고 구조응답의 초기 값을 선정
② 차량의 주행을 통한 교량 노면의 요철도 평가
③ 교량의 물리적 변화를 반영한 교량의 손상도·건전도 평가와 실응답 산정
④ 교량에 구축된 유지관리 시스템의 성능평가

해설 교량의 내하력 평가에서 재하시험의 목적
- 교량의 실제 정적 및 동적 거동 평가
- 처짐, 진동 등에 대한 사용성 검토
- 교량의 보수·보강 효과 확인
- 교량의 활하중 지지능력 평가

78. 다음 중 옵셋 굽힘철근(offset bent bar)에 대한 설명으로 옳은 것은?

① 전체 깊이가 500mm를 초과하는 휨부재 복부의 양 측면에 부재 축방향으로 배치하는 철근
② 구부려 올리거나 또는 구부려 내린 부재길이 방향으로 배치된 철근
③ 하중을 분포하거나 균열을 제어할 목적으로 주철근과 직각에 가까운 방향으로 배치한 보조철근
④ 상하 기둥 연결부에서 단면치수가 변하는 경우에 구부린 주철근

해설
- **표피철근**: 전체 깊이가 900mm를 초과하는 휨부재 복부의 양 측면에 부재 축방향으로 배치하는 철근
- **굽힘철근**: 구부려 올리거나 또는 구부려 내린 부재길이 방향으로 배치된 철근
- **배력철근**: 하중을 분포하거나 균열을 제어할 목적으로 주철근과 직각에 가까운 방향으로 배치한 보조철근

정답 76. ④ 77. ② 78. ④

79. 콘크리트의 열화현상 중 아래의 표에서 설명하는 현상은?

> 도로 및 철도 교량, 포장구조, 항만 및 해양구조 등과 같은 구조는 반복하중을 받는 경우가 많고, 이런 반복하중을 받게 되면 부재가 정적강도보다 낮은 응력 하에서도 파괴에 이르게 된다.

① 풍화
② 동해
③ 피로
④ 화학적 부식

해설
- **동해(凍害)** : 콘크리트 중의 수분이 외부온도의 저하에 의하여 동결과 융해의 반복 작용으로 균열이 발생하거나 표면부가 박리하여 콘크리트 표면층에 가까운 부분으로부터 파괴되어 콘크리트의 성능이 저하되어 가는 현상
- **화학적 부식** : 주로 산, 염에 의한 화학물질과 콘크리트 구조물의 결합재인 시멘트 수화물이 반응하여 조직이 다공화되거나 팽창하는 열화현상

80. 콘크리트에 프리스트레스를 도입하면 콘크리트가 탄성체로 전환된다는 생각으로서 응력개념으로도 불리는 프리스트레스트 콘크리트의 기본개념은?

① 균등질 보의 개념
② 내력 모멘트의 개념
③ 하중 평형의 개념
④ 하중-저항계수의 개념

해설
- **균등질 보의 개념(응력 개념)** : 프리스트레스가 도입되면 콘크리트 부재에 대한 해석이 탄성이론으로 가능하다는 개념
- **내력 모멘트 개념(강도 개념)** : 철근 콘크리트와 같이 압축은 콘크리트가 받고 인장력은 프리스트레스 강재가 받는 것으로 하여 두 힘에 의한 내력 모멘트가 외력 모멘트에 저항한다는 개념
- **하중 평형 개념(등가 하중 개념)** : 프리스트레싱에 의한 작용과 부재에 작용하는 하중을 평형이 되도록 하자는 개념

정답 79. ③ 80. ①

1과목 콘크리트 공학

01 콘크리트의 배합에 있어서 단위시멘트량에 관한 일반적인 설명으로 옳지 않은 것은?

① 단위시멘트량이 증가하면 슬럼프가 저하한다.
② 단위시멘트량이 증가하면 수화열이 증가한다.
③ 단위시멘트량이 증가하면 강도가 증가한다.
④ 단위시멘트량이 증가하면 공기량이 증가한다.

해설 시멘트의 분말도가 크고 단위시멘트량이 증가할수록 공기량이 감소한다.

02 콘크리트용 혼화재로서 플라이 애시의 특징이 아닌 것은?

① 콘크리트의 워커빌리티를 좋게 하고 사용수량을 감소시킬 수 있다.
② 수화열이 적어 매스콘크리트용에 적합하다.
③ 포졸란 작용으로 인해 초기강도가 작다.
④ 경화시 건조수축이 큰 것이 단점이지만, 화학적 저항성이 우수하다.

해설 경화시 건조수축이 작고, 화학적 저항성이 우수하다.

03 잔골재의 체가름 시험을 실시한 결과가 아래 표와 같을 때 조립률은 얼마인가? (단, 10mm 이상의 체 잔류량은 0이다.)

체 구분	5mm	2.5mm	1.2mm	0.6mm	0.3mm	0.15mm	pan
체 잔류량(%)	3	9	21	27	20	15	5

① 2.73   ② 2.78
③ 2.83   ④ 2.88

해설 $FM = \dfrac{3+12+33+60+80+95}{100} = 2.83$

[정답] 01. ④ 02. ④
03. ③

04. 콘크리트용 고로슬래그 미분말의 품질을 평가하기 위한 시험으로 적합하지 않은 것은?

① 밀도
② 비표면적(블레인)
③ 활성도지수
④ 전알칼리량

해설 플로값비, 산화마그네슘, 삼산화황, 강열감량, 염화물 이온 시험 등이 있다.

05. 잔골재의 절대건조상태 중량이 300g, 표면건조포화상태 중량이 330g, 습윤상태 중량이 350g일 때 흡수율과 표면수율은 각각 얼마인가?

① 흡수율 : 8%, 표면수율 : 8%
② 흡수율 : 10%, 표면수율 : 6%
③ 흡수율 : 12%, 표면수율 : 4%
④ 흡수율 : 14%, 표면수율 : 2%

해설
- 흡수율 $= \dfrac{330-300}{300} \times 100 = 10\%$
- 표면수율 $= \dfrac{350-330}{330} \times 100 = 6\%$

06. 콘크리트용 혼합수에 대한 다음 설명 중 KS F 4009 레디믹스트 콘크리트 부속서에서 규정하고 있는 내용으로 옳은 것은?

① 하천수는 상수돗물 이외의 물에 대한 품질규정에 적합하지 않으면 사용할 수 없다.
② 상수돗물 이외의 물에 대한 품질기준으로 용해성 증발 잔류물의 양은 10g/L 이하로 규정하고 있다.
③ 상수돗물, 상수돗물 이외의 물 및 회수수를 혼합하여 사용하는 경우는 시험을 하지 않아도 사용할 수 있다.
④ 회수수는 배합보정을 실시하면 슬러지 고형분율에 관계없이 사용할 수 있다.

해설
- 상수돗물 이외의 물에 대한 품질기준으로 용해성 증발 잔류물의 양은 1g/L 이하로 규정하고 있다.
- 상수돗물을 혼합하여 사용하는 경우는 시험을 하지 않아도 사용할 수 있다.
- 회수수를 사용할 경우 단위 슬러지 고형분율이 3.0% 초과하면 안 된다.
- 레디믹스트 콘크리트를 배합할 때 회수수 중에 함유된 슬러지 고형분은 물의 질량에는 포함되지 않는다.

정답 04. ④ 05. ② 06. ①

07 콘크리트 배합설계에서 시방배합을 현장배합으로 고칠 때 고려해야 하는 사항이 아닌 것은?

① 현장의 잔골재 중에서 5mm 체에 남는 굵은골재량
② 현장골재의 함수 상태
③ 혼화제를 희석시킨 희석수량
④ 현장의 굵은골재 최대치수

해설 시방배합을 현장배합으로 고칠 때에는 골재의 입도 및 함수를 고려한다.

08 굵은골재의 밀도시험 결과가 아래 표와 같을 때 절대건조상태의 밀도를 구하면?

- 대기 중 시료의 절대건조상태의 질량 : 385g
- 대기 중 시료의 표면건조 포화상태의 질량 : 480g
- 물 속에서의 시료의 질량 : 325g
- 시험온도에서 물의 밀도 : 1g/cm³

① 2.25g/cm^3
② 2.48g/cm^3
③ 2.61g/cm^3
④ 2.75g/cm^3

해설
- 절건밀도 = $\dfrac{A}{B-C} \times \rho_w = \dfrac{385}{480-325} \times 1 = 2.48\text{g/cm}^3$
- 표건밀도 = $\dfrac{B}{B-C} \times \rho_w$
- 겉보기밀도 = $\dfrac{A}{A-C} \times \rho_w$

09 혼화재의 저장방법으로 틀린 것은?

① 방습적인 사일로 또는 창고 등에 품종별로 구분하여 보관한다.
② 장기 저장이 가능하므로 입하하는 순서와 상관없이 사용한다.
③ 장기간 저장한 혼화재는 사용 전에 시험을 실시하여 품질을 확인해야 한다.
④ 혼화재는 취급 시에 비산하지 않도록 주의한다.

해설 입하의 순서대로 사용해야 한다.

10 체가름 시험 결과 잔골재 조립률 2.65, 굵은골재 조립률 7.38이며 잔골재 대 굵은골재비를 1 : 1.6으로 할 때 혼합골재의 조립률은?

① 4.56
② 5.56
③ 6.56
④ 7.56

해설 $FM = \dfrac{1 \times 2.65 + 1.6 \times 7.38}{1 + 1.6} = 5.56$

정답 07. ④ 08. ② 09. ② 10. ②

11 콘크리트 배합에 대한 일반적인 설명으로 틀린 것은?

① 배합강도를 결정하기 위한 콘크리트 압축강도의 표준편차는 실제 사용한 콘크리트의 30회 이상의 시험실적으로부터 결정하는 것을 원칙으로 한다.
② 잔골재율은 단위 시멘트량이 최소가 되도록 시험에 의해 정하여야 한다.
③ 물-결합재비는 소요의 강도, 내구성, 수밀성 및 균열저항성 등을 고려하여 정하여야 한다.
④ 단위 시멘트량은 원칙적으로 단위수량과 물-결합재비로부터 정하여야 한다.

해설
- 잔골재율은 소요의 워커빌리티를 얻을 수 있는 범위 내에서 단위수량이 최소가 되도록 시험에 의해 정한다.
- 단위수량은 작업이 가능한 범위 내에서 될 수 있는 대로 적게 되도록 시험을 통해 정한다.
- 현장 콘크리트의 품질변동을 고려하여 콘크리트 배합강도는 품질기준강도보다 크게 정한다.

12 콘크리트 배합시 물-결합재비에 관한 설명 중 옳지 않은 것은?

① 물-결합재비는 소요의 강도, 내구성, 수밀성 및 균열저항성 등을 고려하여 정한다.
② 유해한 수준의 황산염 이온에 노출되는 콘크리트의 물-결합재비는 55% 이하로 하여야 한다.
③ 수밀 콘크리트의 경우 그 값은 50% 이하로 하여야 한다.
④ 습윤하고 드물게 건조되는 콘크리트로 탄산화의 위험이 보통인 경우 물-결합재비는 55% 이하로 하여야 한다.

해설 유해한 수준의 황산염 이온에 노출되는 콘크리트의 물-결합재비는 45% 이하로 하여야 한다.

13 콘크리트용 화학 혼화제의 품질규격 항목(KS F 2560)이 아닌 것은?

① 오토클레이브 팽창도(%)
② 감수율(%)
③ 압축강도비(%)
④ 블리딩량의 비(%)

정답 11. ② 12. ② 13. ①

해설 감수율(%), 블리딩량의 비(%), 응결시간의 차(mm), 압축강도의 비(%), 길이 변화비(%), 동결융해에 대한 저항성(상대동탄성계수 %)

14 AE 감수제를 사용하므로 얻을 수 있는 효과가 아닌 것은?

① 수밀성이 증대된다.
② 투수성이 증대된다.
③ 동결융해에 대한 저항성이 증대된다.
④ 단위수량을 감소시킬 수 있다.

해설 투수성을 감소시킬 수 있다.

15 해안선으로부터 200m 떨어진 육상지역에 콘크리트 구조물을 신축할 경우 사용하는 시멘트로 부적절한 것은?

① 고로 슬래그 시멘트
② 중용열 포틀랜드 시멘트
③ 조강 포틀랜드 시멘트
④ 플라이 애시 시멘트

해설 조강 포틀랜드 시멘트는 수화열이 커서 동절기 공사에 유리하며 긴급공사 등에 사용한다.

16 콘크리트 배합 설계의 기본 원칙에 대한 설명으로 틀린 것은?

① 적당한 강도와 내구성을 확보할 것
② 가능한 단위 수량을 적게 할 것
③ 경제성을 고려할 것
④ 굵은골재 최대치수가 작은 것을 사용할 것

해설
• 굵은골재 최대치수가 큰 것을 사용할 것
• 일반적인 구조물에서 굵은골재의 최대치수는 20mm 또는 25mm를 표준으로 한다.

17 시멘트의 일반적인 성질에 대한 설명으로 틀린 것은?

① 시멘트의 응결은 시멘트의 수화반응과 밀접한 관계가 있다.
② 시멘트의 수화는 화학반응이므로 온도에 영향을 받는다.
③ 시멘트는 대기 중에서 수분과 CO_2와의 반응으로 품질이 저하된다.
④ 미분쇄한 시멘트는 수화가 느리고 장기강도가 증가한다.

해설
• 미분쇄한 시멘트는 수화가 빠르고 조기강도가 증가한다.
• 시멘트의 제조 방법 중 습식법은 원료 분쇄기에 물을 약 40% 정도 가한 후 분쇄한다.

정답 14. ② 15. ③ 16. ④ 17. ④

18 콘크리트용 재료 중 시멘트에 대한 설명으로 틀린 것은?

① 시멘트는 석회석질, 점토질, 규석질, 철질 등의 혼합물을 약 1450℃까지 가열시켜 얻은 클링커에 석고를 가하여 분쇄한 것이다.
② 석고는 시멘트의 내염화 반응성능을 향상시키기 위해 첨가한다.
③ 포틀랜드 시멘트 조성에는 보통 시멘트, 중용열 시멘트, 조강 시멘트, 저열 시멘트, 내황산염 시멘트 등이 존재한다.
④ 마그네슘, 나트륨, 칼슘 등은 시멘트의 필수성분은 아니지만 구성원소의 성분으로 불순물로 시멘트에 존재하게 되며, 이런 성분의 종류와 양에 따라 시멘트의 특성이 변화하게 된다.

해설 포틀랜드 시멘트류를 제조할 때 석고를 2~3% 정도 첨가하여 응결시간을 조절한다.

19 콘크리트용 골재에 요구되는 일반적인 성질이 아닌 것은?

① 골재는 표면이 매끄럽고 모양은 사각형에 가까울 것
② 골재는 내마모성과 내화성이 있을 것
③ 크고 작은 알맹이의 혼합의 정도 즉, 입도가 적당할 것
④ 골재의 강도는 단단하고 강할 것

해설
• 골재는 표면이 시멘트 풀과 부착력이 큰 약간 거칠고 모양은 입방체 또는 구(球) 모양에 가까울 것
• 물리, 화학적으로 안정하고 내구성이 클 것

20 10회의 콘크리트 압축강도 시험으로부터 구한 압축강도의 표준편차가 5MPa일 때 호칭강도가 20MPa인 콘크리트의 배합강도는?

① 26.7MPa
② 27.0MPa
③ 28.15MPa
④ 28.5MPa

해설
• 배합강도를 결정하기 위한 콘크리트 압축강도의 표준편차는 실제 사용한 콘크리트의 30회 이상의 시험실적으로부터 결정하는 것을 원칙으로 한다.
• 호칭강도가 21MPa 미만이므로 $f_{cr} = f_{cn} + 7 = 20 + 7 = 27$MPa이다.

정답 18. ② 19. ① 20. ②

2과목 콘크리트 제조, 시험 및 품질관리

21 레디믹스트 콘크리트의 공기량은 보통 콘크리트의 경우 (㉠)%이며, 그 허용오차는 ±(㉡)%로 한다. 여기서 빈 칸에 알맞은 것은?

	㉠	㉡		㉠	㉡
①	2.5,	1.0	②	3.0,	1.5
③	4.0,	1.0	④	4.5,	1.5

해설 레디믹스트 콘크리트의 공기량은 보통 콘크리트의 경우 4.5%이며, 그 허용오차는 ±1.5%로 한다.

22 침하균열의 방지 대책으로 옳지 않은 것은?

① 단위수량을 될 수 있는 한 크게 하고, 슬럼프가 작은 콘크리트를 잘 다짐해서 시공한다.
② 침하 종료 이전에 급격하게 굳어져 점착력을 잃지 않는 시멘트, 혼화제를 선정한다.
③ 타설속도를 늦게 하고 1회 타설 높이를 작게 한다.
④ 균열을 조기에 발견하고, 각재 등으로 두드리거나 흙손으로 눌러서 균열을 폐색시킨다.

해설 단위수량을 될 수 있는 한 작게 하고, 슬럼프가 작은 콘크리트를 잘 다짐해서 시공한다.

23 현장 품질관리에 있어 관리도를 사용하려 할 때 가장 먼저 행해야 할 것은?

① 관리할 항목을 선정한다.
② 관리도의 종류를 선정한다.
③ 이상원인을 발견하면 이를 규명하고 조치한다.
④ 관리하고자 하는 제품을 선정한다.

해설 관리도 사용시 관리하고자 하는 제품 선정을 가장 먼저 행하여야 한다.

24 시멘트 분말도가 높은 경우에 일어나는 현상이 아닌 것은?

① 수화반응이 빨라진다.
② 발열량이 낮아지고 수축균열이 많이 생긴다.
③ 응결 및 강도의 증진이 크다.
④ 풍화되기 쉽다.

해설 발열량이 높아지고 수축균열이 많이 생긴다.

[정답] 21. ④ 22. ① 23. ④ 24. ②

25 콘크리트의 워커빌리티에 관한 설명 중 옳지 않은 것은?

① 시멘트량이 많을수록 콘크리트는 워커블하게 된다.
② 온도가 높을수록 슬럼프는 증가되고 슬럼프 감소는 줄어든다.
③ 플라이 애시를 사용하면 워커빌리티가 개선된다.
④ 둥근 모양의 천연모래가 모가 진 것이나 편평한 것이 많은 부순모래에 비하여 워커블한 콘크리트를 얻기 쉽다.

해설 온도가 높을수록 슬럼프는 감소되고 슬럼프 감소는 커진다.

26 콘크리트의 압축강도 시험결과에 대한 서술로 바르지 않은 것은?

① 재하속도가 빠르면 강도가 작아진다.
② 공시체의 단면에 요철이 있으면 강도가 실제보다 작아지는 경향이 있다.
③ 공시체의 치수가 클수록 강도는 작게 된다.
④ 시험 직전에 공시체를 건조시키면 일시적으로 강도가 증대한다.

해설 재하속도가 빠르면 강도가 커진다.

27 관입저항침에 의한 콘크리트의 응결시험에 대한 아래 표의 ( )에 들어갈 수치로 옳은 것은?

> 관입저항이 (㉠)MPa가 되기까지의 경과시간을 초결시간, (㉡)MPa가 되기까지의 시간을 종결시간으로 한다.

① ㉠ 3.0, ㉡ 28.0
② ㉠ 3.5, ㉡ 28.0
③ ㉠ 3.0, ㉡ 28.5
④ ㉠ 3.5, ㉡ 28.5

해설 관입저항값은 침의 관입길이가 25mm가 될 때까지 소요된 힘을 침의 지지면으로 나누어 계산한다.

28 콘크리트의 블리딩 시험에 대한 설명으로 틀린 것은?

① 시험 중에는 실온 20±3℃로 한다.
② 콘크리트를 채워 넣을 때 콘크리트의 표면이 용기의 가장자리에서 20mm 정도 높아지도록 고른다.
③ 기록한 처음 시각에서 60분 동안은 10분마다 콘크리트 표면에 스며나온 물을 빨아낸다.

정답 25. ② 26. ① 27. ② 28. ②

④ 물을 빨아내는 것을 쉽게 하기 위하여 2분 전에 두께 약 50mm의 블록을 용기의 한쪽 밑에 주의 깊게 괴어 용기를 기울이고, 물을 빨아낸 후 수평위치로 되돌린다.

해설 콘크리트를 채워 넣을 때 콘크리트의 표면이 용기의 가장자리에서 30±3mm 낮아지도록 고른다.

29 콘크리트 압축강도 시험에 지름 100mm, 높이 200mm인 원주형 공시체를 사용하였을 때 최대압축하중이 437kN이었다면 압축강도는 얼마인가?

① 55.6MPa
② 56.6MPa
③ 57.6MPa
④ 58.6MPa

해설
- $A = \dfrac{\pi D^2}{4} = \dfrac{3.14 \times 100^2}{4} = 7850 \text{mm}^2$
- $f = \dfrac{P}{A} = \dfrac{437000}{7850} = 55.6 \text{MPa}$

30 품질관리의 진행 순서로 옳은 것은?

① 계획 → 실시 → 검토 → 조치
② 계획 → 검토 → 실시 → 조치
③ 계획 → 실시 → 조치 → 검토
④ 계획 → 검토 → 조치 → 실시

해설 PDCA의 품질관리 사이클
계획(Plan), 실시(Do), 검토(Check), 조치(Action)

31 콘크리트의 비비기에 대한 설명으로 틀린 것은?

① 비비기 시간의 시험을 하지 않은 경우 그 최소 시간은 강제식 믹서일 때에는 1분 이상을 표준으로 한다.
② 비비기는 미리 정해 둔 비비기 시간의 3배 이상 계속해서는 안 된다.
③ 콘크리트를 오래 비비면 골재가 파쇄되어 미분의 양이 많아질 우려가 있다.
④ 콘크리트를 오래 비빌수록 공기연행(AE) 콘크리트의 경우는 공기량이 증가한다.

해설 공기량은 적당한 비비기 시간에 최대의 값이 얻어진다. 다시 장시간 비비면 일반적으로 감소한다.

정답 29. ① 30. ① 31. ④

32 비파괴시험법 중 타격법에 해당되는 것은?

① 반발경도법　　② 초음파속도법
③ 전기저항법　　④ 자연전위법

해설 반발경도법에 의한 비파괴시험법으로 강도를 추정하며 슈미트 해머에 의한 측정점의 수는 측정치의 신뢰도를 고려하여 20점을 표준으로 한다.

33 콘크리트 시험체(150mm×150mm×530mm)를 지간의 가운데 부분에서 40kN로 파괴되었을 때 휨강도는? (단, 지간 : 450mm이다.)

① 3.33MPa　　② 4.33MPa
③ 5.33MPa　　④ 6.33MPa

해설 휨강도 $= \dfrac{Pl}{bd^2} = \dfrac{40,000 \times 450}{150 \times 150^2} = 5.33\text{MPa}$

34 콘크리트의 품질관리에 사용되는 관리도 중 계량값 관리도가 아닌 것은?

① x 관리도　　② P 관리도
③ $\overline{x} - R$ 관리도　　④ $\overline{x} - \sigma$ 관리도

해설 P 관리도(불량률 관리도)는 계수값 관리도에 속한다.

35 골재의 저장에 대한 설명으로 틀린 것은?

① 잔골재 및 굵은 골재에 있어 종류와 입도가 다른 골재는 각각 구분하여 따로 따로 저장한다.
② 골재의 받아들이기, 저장 및 취급에 있어서는 대소의 알을 분리한다.
③ 골재의 저장설비에는 적당한 배수시설을 설치한다.
④ 여름철에는 적당한 상옥시설을 하거나 살수를 하는 등 고온 상승 방지를 위한 적절한 시설을 하여 저장한다.

해설 골재의 받아들이기, 저장 및 취급에 있어서 대소의 알이 분리가 되어서는 안 된다.

정답　32. ①　33. ③
　　　34. ②　35. ②

36 KS F 2456에 규정되어 있는 급속 동결 융해에 대한 콘크리트의 저항 시험 방법에 대한 설명으로 틀린 것은?

① 동결융해 1사이클은 공시체 중심부의 온도를 원칙으로 하며 4℃에서 −18℃로 떨어지고, 다음에 −18℃에서 4℃로 상승되는 것으로 한다.
② 동결융해 1사이클의 소요시간은 4시간 이상, 6시간 이하로 하고 시험 방법에서 융해시간을 총 시간의 30%보다 적게 사용해서는 안 된다.
③ 시험의 종료는 300사이클로 하고 그때까지 상대동탄성 계수가 60% 이하가 되는 사이클이 있으면 그 사이클에서 시험은 종료한다.
④ 급속 동결 융해에 대한 콘크리트의 저항 시험방법의 종류는 2종류이며 수중 급속 동결융해시험 방법과 기중 급속 동결 후 수중 융해 시험 방법으로 나뉜다.

해설
- 동결융해 1사이클의 소요시간은 2시간 이상, 4시간 이하로 하고 A방법에서는 융해시간을 총 시간의 25%, B방법에서는 총 시간의 20%보다 적게 하여서는 안 된다.
- 특별히 다른 재령으로 규정되어 있지 않는한 공시체는 14일간 양생한 후 동결융해 시험을 시작한다.

37 레디믹스트 콘크리트의 장점으로 거리가 먼 것은?

① 품질이 균일한 콘크리트를 얻을 수 있다.
② 주문제조하기 때문에 공기에 영향을 미치지 않는다.
③ 일반적으로 콘크리트의 생산비용이 많아지게 된다.
④ 소요 콘크리트 재료비의 산정이 용이하다.

해설 일반적으로 콘크리트의 생산비용이 적게 든다.

38 콘크리트 재료의 계량에 대한 설명으로 옳지 않은 것은?

① 계량은 현장배합에 의해 실시하는 것으로 한다.
② 각 재료는 1배치씩 질량으로 계량하여야 한다.
③ 시멘트의 계량의 허용오차는 ±2%이다.
④ 연속믹서를 사용할 경우, 각 재료는 용적으로 계량해도 좋다.

해설
- 시멘트의 계량의 허용오차는 -1%, +2%이다.
- 각 재료는 1배치씩 질량으로 계량하는 것이 원칙이다. 단, 물과 혼화제 용액은 용적으로 계량해도 좋다.

정답 36. ② 37. ③ 38. ③

39 탄산화의 깊이가 6cm가 되려면 일반적인 경우에 있어서 소요되는 경과 년수는 몇 년인가? (단, 탄산화 속도계수는 4이다.)

① 1.75년
② 2.0년
③ 2.25년
④ 2.5년

해설 $C = A\sqrt{t}$
$6 = 4\sqrt{t}$ ∴ $t = 2.25$년

40 다음 중 굳지 않은 콘크리트의 성질을 알아보는 시험방법이 아닌 것은?

① 염화물 함유량 시험
② 공기량 시험
③ 슬럼프 시험
④ 슈미트 해머 시험

해설 반발경도 시험에 사용되는 슈미트 해머 시험은 비파괴 시험으로 굳은 콘크리트의 강도를 측정한다.

3과목 콘크리트의 시공

41 고강도 콘크리트에 대한 다음의 서술 중 옳게 기술된 것은?

① 고강도 콘크리트는 설계기준강도만 높은 것이 아니라 높은 내구성을 필요로 하는 철근 콘크리트 공사에도 적용될 수 있다.
② 고강도의 콘크리트를 얻기 위해서는 소요의 워커빌리티를 얻을 수 있는 범위 내에서 단위수량은 가능한 크게 하여야 한다.
③ 공기연행제의 적용은 고강도 콘크리트의 제조에 필수적이며 콘크리트의 강도 증진에 크게 기여한다.
④ 고강도 콘크리트는 빈배합이며, 시멘트 대체재료인 플라이 애시나 실리카 품 등의 적용은 적절하지 않다.

해설
- 고강도의 콘크리트를 얻기 위해 소요 워커빌리티 범위 내에서 단위수량 가능한 작게 한다.
- 고강도 콘크리트는 기상의 변화가 심하거나 동결융해에 대한 대책이 필요한 경우를 제외하고는 공기연행제를 사용하지 않는 것을 원칙으로 한다.
- 고강도 콘크리트는 부배합이며 플라이 애시, 실리카 품, 고로 슬래그 미분말 등을 혼화재로 사용한다.

정답 39. ③ 40. ④ 41. ①

42 수화열이나 건조수축으로 인한 콘크리트 구조물의 변형이 구속됨으로써 발생할 수 있는 균열에 대한 대책중의 하나로, 소정의 간격으로 단면 결손부를 설치한 것을 지칭하는 것은?

① 콜드 조인트
② 시공이음
③ 균열유발줄눈
④ 전단키

해설 균열유발줄눈의 간격은 4~5m 정도를 기준으로 하고 단면감소율은 20~30%이상으로 한다.

43 한중콘크리트의 보온양생 방법이 아닌 것은?

① 급열양생
② 단열양생
③ 피복양생
④ 기건양생

해설 추운 날씨이므로 기건양생을 해서는 안 된다.

44 철근이 배치된 일반적인 매스 콘크리트 구조물에서 균열 발생을 방지하여야 할 경우 표준적인 온도균열지수의 범위는?

① 1.5 이상
② 1.2~1.5
③ 0.7~1.2
④ 0.7 이하

해설 구조물에서의 표준적인 온도균열지수
 • 균열 발생을 방지하여야 할 경우 : 1.5 이상
 • 균열 발생을 제한할 경우 : 1.2~1.5
 • 유해한 균열 발생을 제한할 경우 : 0.7~1.2

45 프리플레이스트 콘크리트용 잔골재의 입도는 주입 모르타르의 유동성과 보수성을 좋게 하기 위하여 콘크리트표준시방서에서 표준입도 범위 및 조립률의 범위를 규정하고 있다. 이때 조립률의 범위로서 옳은 것은?

① 0.6~1.3
② 1.4~2.2
③ 2.3~3.1
④ 6~7

해설 • 잔골재의 표준입도

체의 호칭치수(mm)	체 통과율(%)
2.5	100
1.2	90~100
0.6	60~80
0.3	20~50
0.15	5~30

 • 굵은골재의 최소치수는 15mm 이상, 굵은골재의 최대치수는 부재단면 최소치수의 1/4 이하, 철근 콘크리트의 경우 철근 순간격의 2/3 이하로 하여야 한다.

정답 42. ③ 43. ④ 44. ① 45. ②

46 매스 콘크리트로 다루어야 하는 구조물 부재치수의 일반적인 표준에 대한 아래 문장의 ( )에 알맞은 수치는?

> 넓이가 넓은 평판 구조에서는 두께 (㉠)m 이상, 하단이 구속된 벽조에서는 두께 (㉡)m 이상일 경우

① ㉠ 0.5, ㉡ 0.8
② ㉠ 0.8, ㉡ 0.5
③ ㉠ 0.5, ㉡ 1.0
④ ㉠ 1.0, ㉡ 0.5

해설 프리스트레스트 콘크리트 구조물 등 부배합의 콘크리트가 쓰이는 경우에는 더 얇은 부재라도 구속조건에 따라 매스 콘크리트로 다룬다.

47 물이 침투하지 못하도록 밀실하게 만든 콘크리트를 수밀 콘크리트라고 한다. 수밀 콘크리트의 배합설계시 고려해야 할 내용과 관계가 먼 것은?

① 단위 굵은골재량은 되도록 적게 한다.
② 단위수량 및 물-결합재비는 되도록 적게 한다.
③ 콘크리트의 워커빌리티를 개선시키기 위해 공기연행제 등을 사용하는 경우라도 공기량은 4% 이하가 되게 한다.
④ 물-결합재비는 50% 이하를 표준으로 한다.

해설 단위 굵은골재량은 되도록 크게 한다.

48 영구 지보재 개념으로 숏크리트를 타설하는 경우 설계기준압축강도는 얼마 이상으로 하여야 하는가?

① 18MPa
② 21MPa
③ 28MPa
④ 35MPa

해설
• 일반 숏크리트의 장기 설계기준압축강도는 재령 28일로 설정하며 그 값은 21MPa 이상으로 한다. 단, 영구 지보재 개념으로 숏크리트를 타설할 경우에는 설계기준압축강도를 35MPa 이상으로 한다.
• 영구 지보재로 숏크리트를 적용할 경우 재령 28일 부착강도는 1.0MPa 이상이 되도록 관리하여야 한다.

49 포장 콘크리트의 휨 호칭강도(f_{28})는 얼마 이상을 기준으로 하는가?

① 3MPa
② 3.5MPa
③ 4MPa
④ 4.5MPa

정답 46. ② 47. ① 48. ④ 49. ④

해설 포장용 콘크리트의 배합기준
- 휨 호칭강도(f_{28}) : 4.5MPa 이상
- 단위수량 : 150kg/m³ 이하
- 굵은골재 최대치수 : 40mm 이하
- 슬럼프 : 40mm 이하
- 공기연행 콘크리트의 공기량 범위 : 4~6%

50 콘크리트 다지기에서 내부진동기의 사용방법에 대한 설명으로 틀린 것은?

① 2층 이상의 층에 대한 시공 시에 내부진동기는 하층의 콘크리트 속으로 찔러 넣으면 안 된다.
② 내부진동기는 연직으로 찔러 넣으며, 삽입간격은 일반적으로 0.5m 이하로 하는 것이 좋다.
③ 1개소당 진동시간은 다짐할 때 시멘트 페이스트가 표면 상부로 약간 부상하기까지 한다.
④ 내부진동기는 콘크리트를 횡방향으로 이동시킬 목적으로 사용하지 않아야 한다.

해설 내부진동기를 하층의 콘크리트 속으로 0.1m 정도 찔러 넣는다.

51 프리캐스트 콘크리트의 특징을 설명한 것으로 틀린 것은?

① 규격의 표준화가 되어 있지 않아 실물 시험이 불가능하다.
② 숙련된 작업원에 의하여 안정된 품질에서 상시 제조가 가능하다.
③ 재료 선정에서 배합, 제조설비, 시공까지 전반적인 관리가 가능하다.
④ 형상이나 성형법에 따라 다양한 형상의 제품을 만들 수 있다.

해설
- KS 규격에 따라 표준화되어 실물 시험을 할 수 있는 경우가 많다.
- 단면적이 치밀하다.

52 숏크리트 작업의 일반적인 사항으로 틀린 것은?

① 숏크리트는 빠르게 운반하고 급결제를 첨가한 후에는 바로 뿜어붙이기 작업을 실시하여야 한다.
② 노즐은 뿜어붙일 면에 직각을 유지하며, 적절한 뿜어붙이는 거리와 뿜는 압력을 유지하여야 한다.
③ 뿜어붙인 콘크리트가 적당한 두께로 되도록 한번에 뿜어 붙여야 한다.
④ 리바운드된 재료가 다시 혼입되지 않도록 하여야 한다.

해설 뿜어붙인 콘크리트가 흘러내리지 않는 범위의 적당한 두께를 뿜어붙이고 소정의 두께가 될 때까지 반복해서 뿜어붙여야 한다.

[정답] 50. ① 51. ① 52. ③

53. 한중 콘크리트에 대한 설명으로 틀린 것은?

① 한중 콘크리트는 공기연행 콘크리트로 시공하는 것을 원칙으로 한다.
② 가능한 한 단위수량을 적게 한다.
③ 물-결합재비는 원칙적으로 60% 이하로 한다.
④ 초기 양생 시 심한 기상작용을 받는 콘크리트는 소정의 압축강도가 얻어질 때까지 콘크리트의 온도를 0℃ 이상으로 유지하여야 한다.

해설
- 소요 압축강도가 얻어질 때까지 콘크리트의 온도를 5℃ 이상으로 유지하여야 하며 또한 소요 압축강도에 도달한 후 2일간은 구조물의 어느 부분이라도 0℃ 이상이 되도록 유지하여야 한다.
- 초기동해에 필요한 압축강도가 초기양생기간 내에 얻어지도록 배합하여야 한다.

54. 콘크리트의 이음부 시공에 대한 설명으로 틀린 것은?

① 바닥틀의 시공이음은 슬래브 또는 보의 경간 중앙부 부근에 두어야 한다.
② 바닥틀과 일체로 된 기둥 또는 벽의 시공이음은 바닥틀과의 경계 부근에 설치하는 것이 좋다.
③ 아치의 시공이음은 아치축에 직각이 되도록 설치하여야 한다.
④ 신축이음은 양쪽의 구조물 혹은 부재가 구속되어 있는 구조이어야 한다.

해설 신축이음은 양쪽의 구조물 혹은 부재가 구속되지 않는 구조라야 한다.

55. 속이 빈 원통형 콘크리트 제품의 제조에 사용하는 다짐방법 중 가장 적합한 방법은?

① 봉다짐
② 진동다짐
③ 원심력다짐
④ 가압성형다짐

해설 원심력 다짐은 말뚝, 전주, 흄관 등을 생산하는 데 능률적이다.

정답 53. ④ 54. ④
55. ③

56 일반 콘크리트의 타설에 대한 설명으로 틀린 것은?

① 한 구획 내의 콘크리트는 타설이 완료될 때까지 연속해서 타설해야 한다.
② 콘크리트를 2층 이상으로 나누어 타설할 경우, 상층 콘크리트는 하층 콘크리트가 완전히 굳은 뒤에 타설하여야 한다.
③ 슈트, 펌프배관, 버킷, 호퍼 등의 배출구와 타설면의 높이는 1.5m 이하를 원칙으로 한다.
④ 벽 또는 기둥과 같이 높이가 높은 콘크리트를 연속해서 타설할 경우 콘크리트를 쳐올라가는 속도는 일반적으로 30분에 1~1.5m 정도로 하는 것이 좋다.

해설
- 콘크리트를 2층 이상으로 나누어 타설할 경우 상층의 콘크리트 타설은 원칙적으로 하층의 콘크리트가 굳기 시작하기 전에 타설하여야 한다.
- 콘크리트는 그 표면이 한 구획 내에서는 거의 수평이 되도록 타설하는 것을 원칙으로 한다.
- 일반적으로 타설을 먼저 한 콘크리트에 영향을 주지 않기 위해 운반거리가 먼 장소부터 콘크리트를 타설한다.

57 일반 수중 콘크리트 타설의 원칙으로 틀린 것은?

① 한 구획의 콘크리트 타설을 완료한 후 레이턴스를 모두 제거하고 다시 타설하여야 한다.
② 콘크리트를 수중에 낙하시키면 재료 분리가 일어나고 시멘트가 유실되기 때문에 콘크리트는 수중에 낙하시키지 않아야 한다.
③ 완전히 물막이를 할 수 없이 타설할 경우에는 유속 500mm/s 이하로 하여야 한다.
④ 콘크리트가 경화될 때까지 물의 유동을 방지하여야 한다.

해설 완전히 물막이를 할 수 없이 타설할 경우에는 유속 50mm/s 이하로 하여야 한다.

58 확대기초, 보, 기둥 등의 측면 거푸집을 해체하고자 할 때 기준이 되는 콘크리트의 강도는?

① 설계기준 압축강도의 2/3배 이상
② 14MPa 이상
③ 10MPa 이상
④ 5MPa 이상

해설
- 확대기초, 보 옆, 기둥, 벽 등의 측벽은 콘크리트 압축강도가 5MPa 이상일 때 거푸집을 해체할 수 있다.
- 슬래브 및 보의 밑면, 아치 내면은 설계기준강도 $\times \dfrac{2}{3}$ 이상일 때 거푸집을 해체할 수 있다. 이때 14MPa 이상이어야 한다.

[정답] 56. ② 57. ③ 58. ④

59 대규모 시멘트 콘크리트 포장 공사에서 다져지지 않은 콘크리트를 포설면에 고르게 펴는 장비로 적합하지 않은 것은?

① 벨트형 스프레더
② 호퍼용 스프레더
③ 스크류형 스프레더
④ 슬립폼 페이버

해설 슬립폼 페이버는 콘크리트를 펴고, 다지고, 고르고, 마무리 하는 일을 일관된 작업으로 수행하는 장비이다.

60 팽창 콘크리트에 사용하는 팽창재의 취급 및 저장에 대한 설명으로 틀린 것은?

① 팽창재는 풍화되지 않도록 저장하여야 한다.
② 포대 팽창재는 15포대 이하로 쌓아야 한다.
③ 포대 팽창재는 지상 0.3m 이상의 마루 위에 쌓아 운반이나 검사에 편리하도록 배치하여 저장하여야 한다.
④ 포대 팽창재는 사용 직전에 포대를 여는 것을 원칙으로 하며, 저장 중에 포대가 파손된 것은 공사에 사용할 수 없다.

해설 포대 팽창재는 12포대 이하로 쌓아야 한다.

4과목 콘크리트 구조 및 유지관리

61 철근콘크리트의 성립 이유로 적절하지 않은 것은?

① 전단력과 사인장력에 대한 균열은 철근을 설치하여 방지할 수 있다.
② 압축응력은 철근이 부담하고, 인장응력은 콘크리트가 부담한다.
③ 콘크리트는 내구, 내화성이 있으며 철근을 보호하여 부식을 방지한다.
④ 콘크리트와 철근이 잘 부착되면 철근의 좌굴이 방지되어 압축력에도 철근이 유효하게 작용한다.

해설 압축응력은 콘크리트가 부담하고 인장응력은 철근이 부담한다.

정답 59. ④ 60. ② 61. ②

62 시멘트계 보수재료 중에서 폴리머 재료의 장점으로 보기 어려운 것은?

① 부착성이 크다.
② 양생일수가 1일 이내이다.
③ 내화학 저항성이 크다.
④ 취급이 용이하다.

해설 취급하는 데 용이하지 않다.

63 프리스트레스를 도입할 때 일어나는 즉시 손실의 원인으로 옳지 않은 것은?

① 정착장치의 활동
② PS강재와 쉬스 사이의 마찰
③ PS강재의 릴랙세이션
④ 콘크리트의 탄성변형

해설 프리스트레스 도입 후 손실에는 콘크리트의 건조수축, 콘크리트의 크리프, 강재의 릴랙세이션이 있다.

64 콘크리트 구조물이 공기중의 탄산가스의 영향을 받아 콘크리트 중의 수산화칼슘이 서서히 탄산칼슘으로 되어 콘크리트가 알칼리성을 상실하는 현상을 무엇이라 하는가?

① 알칼리 골재반응
② 염해
③ 탄산화
④ 화학적 침식

해설 시멘트의 수화반응에서 생성되는 수산화칼슘은 pH 12~13 정도의 강알칼리성을 나타내는데 중성화(탄산화)가 되면 일반적으로 pH가 8.5~10 정도로 낮아진다.

65 폭은 300mm, 유효깊이는 500mm, A_s는 2,000cm², f_{ck}는 28MPa, f_y는 400MPa인 단철근 직사각형 보가 있다. 강도설계법으로 설계할 때 공칭 휨모멘트강도(M_n)는 얼마인가?

① 301.9kN·m
② 318.5kN·m
③ 332.3kN·m
④ 355.2kN·m

해설
- $a = \dfrac{A_s f_y}{\eta(0.85 f_{ck})b} = \dfrac{2000 \times 400}{1.0 \times (0.85 \times 28) \times 300} = 112\text{mm}$
- $M_n = A_s f_y \left(d - \dfrac{a}{2}\right) = 2000 \times 400 \times \left(500 - \dfrac{112}{2}\right) = 355,200,000\text{N·mm}$
  $= 355.2\text{kN·m}$

정답 62. ④ 63. ③ 64. ③ 65. ④

66. 콘크리트 중 염화물 이온 함유량 측정방법으로 옳지 않은 것은?

① 페놀프탈레인법
② 모아법
③ 전위차 적정법
④ 염화은 침전법

해설 페놀프탈레인법은 중성화 측정에 일반적으로 사용하는 표준 시약이다. 1% 용액을 사용하여 무색이 된 부분을 중성화로 판단한다.

67. 보의 폭은 300mm, 보의 유효깊이는 500mm인 단철근 직사각형 보에서 콘크리트가 부담하는 공칭 전단강도(V_c)를 구하면? (단, 콘크리트의 설계기준 압축강도 f_{ck} = 28MPa, λ = 1.0이다.)

① 91.9kN
② 102.5kN
③ 132.3kN
④ 244.9kN

해설 $V_c = \frac{1}{6} \lambda \sqrt{f_{ck}} \, b_w \, d = \frac{1}{6} \times 1.0 \times \sqrt{28} \times 300 \times 500 = 132,287\text{N} = 132.3\text{kN}$

68. 전기방식 보수공법은 콘크리트 속에 있는 철근의 부식반응을 정지시키는 것이다. 이러한 전기방식 보수공법에 대한 설명으로 틀린 것은?

① 콘크리트가 건전할 때 적용하면 시공이 용이하고 경제적이다.
② 방식전류를 얻는 방법에 따라 외부 전원방식과 유전양극방식으로 나뉜다.
③ 대규모 콘크리트의 떼어내기 작업이 필요 없고 부식반응을 확실하게 정지시킬 수 있다.
④ 방식전류의 공급은 시공 초기 1시간 정도만 필요하며 정기적인 점검 및 유지관리가 필요 없다.

해설 전기방식방법의 특징

외부전원방식	유전양극방식
전원공급이 필요하다.	전원공급이 필요 없다.
대규모 시설에 유리하다.	소규모 시설에 유리하다.
시공이 복잡하고 유지관리가 필요하다.	시공이 간단하고 유지관리가 거의 불필요하다.

정답 66. ① 67. ③ 68. ④

69 직접설계법을 사용하여 슬래브 시스템을 설계하고자 할 때 만족하여야 하는 조건에 대한 설명으로 틀린 것은?

① 각 방향으로 3경간 이상이 연속되어야 한다.
② 슬래브판들은 단변 경간에 대한 장변 경간의 비가 2 이하인 직사각형이어야 한다.
③ 모든 하중은 연직하중으로서 슬래브판 전체에 분포되어야 하며, 활하중은 고정하중의 3배 이하이어야 한다.
④ 각 방향으로 연속한 받침부 중심간 경간 길이의 차이는 긴 경간의 1/3 이하이어야 한다.

해설
• 모든 하중은 연직하중으로서 슬래브판 전체에 분포되어야 하며, 활하중은 고정하중의 2배 이하이어야 한다.
• 연속한 기둥 중심선을 기준으로 기둥의 어긋남은 그 방향 경간의 10% 이하이어야 한다.

70 부재 단면에 작용하는 강도감소계수(ϕ)의 값으로 틀린 것은?

① 띠철근으로 보강된 철근 콘크리트 부재의 압축지배 단면 : 0.70
② 인장지배 단면 : 0.85
③ 포스트텐션 정착구역 : 0.85
④ 전단력과 비틀림 모멘트 : 0.75

해설
• 압축지배단면 중 띠철근 기둥은 0.65, 나선철근 기둥은 0.70이다.
• 무근 콘크리트의 휨모멘트 : 0.55

71 돌로마이트질 석회암이 알칼리 이온과 반응하여 그 생성물이 팽창하거나 암석 중에 존재하는 점토 광물이 흡수, 팽창하여 콘크리트에 균열을 일으키는 반응으로 옳은 것은?

① 알칼리 실리케이트 반응
② 알칼리 탄산염 반응
③ 알칼리 수산화 반응
④ 알칼리 실리카 반응

해설 알칼리 탄산염 반응에 의한 피해 구조물에는 겔이 발견되지 않는다.

72 전체 깊이가 900mm를 초과하는 휨부재 복부의 양 측면에 부재 축 방향으로 배근하는 철근의 명칭은?

① 배력철근
② 표피철근
③ 피복철근
④ 연결철근

해설 보나 장선의 깊이 h가 900mm를 초과하면 종방향 표피철근을 인장 연단으로부터 $h/2$ 지점까지 부재 양쪽 측면을 따라 균일하게 배치하여야 한다.

정답 69. ③ 70. ① 71. ② 72. ②

73.
복철근 직사각형 보의 $A_s'=1,927\text{mm}^2$, $A_s=4,765\text{mm}^2$이다. 등가 직사각형 블록의 응력 깊이(a)는? (단, $f_{ck}=28\text{MPa}$, $f_y=350\text{MPa}$이다.)

① 139mm
② 147mm
③ 158mm
④ 167mm

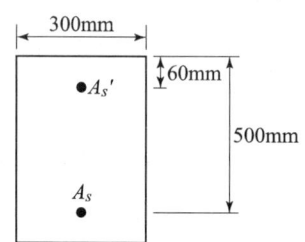

해설
$$a=\frac{(A_s-A_s')f_y}{\eta(0.85f_{ck})b}=\frac{(4765-1927)350}{1.0\times(0.85\times28)\times300}=139\text{mm}$$

74.
콘크리트 압축강도를 평가하기 위한 비파괴 시험방법이 아닌 것은?

① 슈미트 해머법
② 회전식 해머법
③ 초음파 속도법
④ 적외선법

해설 반발경도법, 인발법, 초음파법, 공진법 등이 있다.

75.
콘크리트의 탄산화에 대한 설명으로 틀린 것은?

① 보통 골재 콘크리트가 경량골재 콘크리트보다 탄산화 속도가 빠르다.
② 실외보다 실내에서 탄산화 속도가 빠르다.
③ 물-결합재비가 높을수록 탄산화 속도가 빠르다.
④ 공기 중의 탄산가스의 농도가 높을수록 탄산화 속도가 빨라진다.

해설
• 보통 골재 콘크리트가 경량골재 콘크리트보다 탄산화 속도가 늦다.
• 탄산화 속도는 습도가 낮을수록 빨라진다.
• 콘크리트 탄산화 깊이는 경과시간의 제곱근에 비례한다.

76.
콘크리트 구조물의 균열에 대한 보수공법으로 가장 거리가 먼 것은?

① 에폭시 주입법
② 드라이 패킹
③ 폴리머 침투
④ 상판 단면증설공법

해설 콘크리트 구조물의 보강방법으로는 강판접착공법, 탄소섬유접착공법, 단면증설공법 등이 있다.

정답 73. ① 74. ④ 75. ① 76. ④

77 콘크리트를 타설 후 양생기간 동안에 발생하는 수화열로 인한 열화를 감소시킬 수 있는 방법으로 알맞은 것은?

① 습윤양생을 한다.
② 단면의 치수를 크게 한다.
③ 거푸집의 탈형을 천천히 한다.
④ 강재거푸집 대신에 목재거푸집을 사용한다.

해설 콘크리트를 타설하고 수분과 공기가 접촉하는 작용이 계속되도록 물을 때때로 뿌려주어 항상 습윤상태를 유지한다.

78 다음 중 내하력 평가를 위한 시험으로 적합한 것은?

① 전위차 측정시험
② 재하 시험
③ 체가름 시험
④ 물리탐사시험

해설 재하 시험으로 실제 정적 및 동적 거동 평가, 처짐 및 진동 등에 대한 사용성 검토, 보수 보강 효과의 확인 등을 할 수 있다.

79 PS 강재의 정착방법 중 포스트텐션 방식이 아닌 것은?

① 프레시네 공법
② VSL 공법
③ 디비닥 공법
④ 롱라인 공법

해설 프리텐션 방식은 공장에서 동일 종류의 제품을 대량으로 제조하는 경우가 많으며 롱라인 공법(연속식), 인디비주얼 몰드 공법(단독식)이 있다.

80 압축부재의 축방향 주철근의 최소 개수에 대한 설명으로 틀린 것은?

① 사각형 띠철근으로 둘러싸인 경우 주철근의 최소 개수는 4개로 하여야 한다.
② 삼각형 띠철근으로 둘러싸인 경우 주철근의 최소 개수는 3개로 하여야 한다.
③ 나선철근으로 둘러싸인 경우 주철근의 최소 개수는 6개로 하여야 한다.
④ 원형 띠철근으로 둘러싸인 경우 주철근의 최소 개수는 5개로 하여야 한다.

해설 원형 띠철근으로 둘러싸인 경우 주철근의 최소 개수는 4개로 하여야 한다.

정답 77. ① 78. ② 79. ④ 80. ④

week 5

CBT 모의고사

콘크리트산업기사

- I 콘크리트 재료 및 배합
- II 콘크리트 제조, 시험 및 품질관리
- III 콘크리트의 시공
- IV 콘크리트 구조 및 유지관리

알려드립니다

한국산업인력공단의 저작권법 저촉에 대한 언급(2013년 2회 시험)이 있어 과거에 출제된 동일한 문제나 그 유형의 문제로 재구성하였습니다.

01회 CBT 모의고사

1과목 콘크리트 재료 및 배합

01 골재의 성질이 콘크리트에 미치는 영향에 대한 설명 중 틀린 것은?

① 콘크리트용 부순자갈 및 부순모래 시험결과 실적률이 큰 골재를 사용하면 콘크리트의 단위수량을 감소시킬 수 있다.
② 황산나트륨에 의한 골재 안정성시험결과 손실질량백분율이 작은 골재를 사용하면 콘크리트의 내열성이 향상된다.
③ 잔골재의 유기불순물 시험결과 표준용액과 비교하여 색이 짙어진 골재는 콘크리트의 응결 및 경화를 저해할 우려가 있다.
④ 골재중에 함유된 점토덩어리를 측정한 시험결과 점토덩어리량이 큰 골재는 콘크리트의 강도 및 내구성을 저하시킨다.

해설 황산나트륨에 의한 골재 안정성 시험 결과 손실질량 백분율이 작은 골재를 사용하면 콘크리트의 내구성이 향상되어 기상작용에 대한 큰 저항값을 가지게 된다.

02 분말도가 높은 시멘트를 사용하여 콘크리트를 제조하는 경우 발생되는 특성으로 옳지 않은 것은?

① 건조수축이 감소한다.
② 초기강도가 증가한다.
③ 블리딩량이 감소한다.
④ 수화작용이 빠르다.

해설 건조수축이 증가한다.

03 콘크리트의 압축강도를 알지 못할 때, 또는 압축강도의 시험횟수가 14회 이하인 경우 콘크리트의 배합강도를 구한 것으로 틀린 것은?

① 호칭강도가 20MPa일 때, 배합강도는 27MPa이다.
② 호칭강도가 25MPa일 때, 배합강도는 33MPa이다.
③ 호칭강도가 30MPa일 때, 배합강도는 38.5MPa이다.
④ 호칭강도가 40MPa일 때, 배합강도는 49MPa이다.

해설

호칭강도(MPa)	배합강도(MPa)
21 미만	$f_{cn}+7$
21 이상 35 이하	$f_{cn}+8.5$
35 초과	$1.1f_{cn}+5.0$

• 호칭강도가 25MPa일 때 배합강도 $f_{cr}=25+8.5=33.5\text{MPa}$이다.

답안 표기란

01 ① ② ③ ④
02 ① ② ③ ④
03 ① ② ③ ④

[정답] 01. ② 02. ① 03. ②

04 콘크리트의 배합에 대한 일반사항을 설명한 것으로 틀린 것은?

① 현장 콘크리트의 품질변동을 고려하여 콘크리트의 배합강도는 품질기준강도보다 적게 정한다.
② 잔골재율은 소요의 워커빌리티를 얻을 수 있는 범위 내에서 단위수량이 최소가 되도록 시험에 의해 정한다.
③ 단위수량은 작업이 가능한 범위 내에서 될 수 있는 대로 적게 되도록 시험을 통해 정한다.
④ 물-결합재비는 소요의 강도, 내구성, 수밀성 및 균열저항성 등을 고려하여 정한다.

해설
- 현장 콘크리트의 품질변동을 고려하여 콘크리트 배합강도는 품질기준강도보다 크게 정한다.
- 콘크리트를 경제적으로 제조한다는 관점에서 될 수 있는 대로 굵은골재의 최대치수가 큰 것을 사용하는 것이 유리하다.

05 시방배합 결과 단위수량 185kg/m³, 단위 잔골재량 750kg/m³, 단위 굵은골재량 975kg/m³을 얻었다. 잔골재의 표면수율이 3%, 굵은골재의 표면수율이 2%라면 이를 보정하여 현장배합으로 바꾼 단위수량은?

① 143kg/m^3
② 157kg/m^3
③ 182kg/m^3
④ 227kg/m^3

해설 $W = 185 - (750 \times 0.03 + 975 \times 0.02) = 143 \text{kg/m}^3$

06 터널 등의 숏크리트에 첨가하여 뿜어 붙인 콘크리트의 응결 및 조기의 강도를 증진시키기 위해 사용되는 혼화재료는?

① 감수제
② 급결제
③ 포졸란
④ 공기연행제

해설 급결제는 시멘트의 응결시간을 매우 빨리 하기 위하여 사용되는 혼화제로 콘크리트의 뿜어붙이기 공법, 그라우트에 의한 지수공법 등에 사용된다.

07 콘크리트용 화학혼화제 중 AE제의 성능 기준으로 블리딩량의 비는 몇 % 이하로 규정하고 있는가?

① 70% 이하
② 75% 이하
③ 80% 이하
④ 85% 이하

해설
- AE제 : 75% 이하
- 감수제 : 100% 이하
- AE 감수제 : 70% 이하

정답 04. ① 05. ① 06. ② 07. ②

08 레디믹스트 콘크리트에 사용하는 혼합수에 대한 설명으로 틀린 것은?

① 상수돗물은 시험을 하지 않아도 사용할 수 있다.
② 콘크리트의 회수수에서 상징수를 일부 활용하고 남은 슬러지를 포함한 물을 슬러지수라고 한다.
③ 회수수의 품질기준으로 염소 이온(Cl^-)량은 350mg/L 이하이어야 한다.
④ 고강도 콘크리트에는 회수수를 사용하여서는 안 된다.

해설
- 회수수의 품질기준으로 염소 이온(Cl^-)량은 250mg/L 이하이어야 한다.
- 슬러지수를 사용하였을 경우 슬러지 고형분율이 3%를 초과하면 안 된다.
- 레디믹스트 콘크리트를 배합할 때 슬러지수 중에 포함된 슬러지 고형분은 물의 질량에는 포함되지 않는다.
- 회수수를 사용한 경우 모르타르의 압축강도비는 재령 7일 및 28일에서 90% 이상이어야 한다.

09 콘크리트 배합설계에 대한 일반적인 설명으로 옳은 것은?

① 배합강도는 품질기준강도보다 작게 정한다.
② 일반적 구조물에서 굵은골재의 최대치수는 40mm 이하로 한다.
③ 잔골재율이 작으면 소요 워커빌리티를 얻기 위한 단위수량이 감소된다.
④ 콘크리트 품질변동은 공기량의 증감과는 관련이 없다.

해설
- 배합강도는 품질기준강도보다 크게 정한다.
- 일반적 구조물에서 굵은골재의 최대치수는 20 또는 25mm 이하로 한다.
- 콘크리트 품질변동은 공기량의 증감과는 관련이 있다.

10 골재의 체가름 시험으로부터 알 수 없는 골재의 성질은?

① 골재의 입도
② 골재의 조립률
③ 굵은골재의 최대치수
④ 골재의 실적률

해설 골재의 실적률은 골재의 단위질량 및 실적률 시험방법으로부터 알 수 있다.

정답 08. ③ 09. ③ 10. ④

11 콘크리트용 플라이 애시의 품질을 평가하기 위한 시험항목으로 적합하지 않은 것은?

① 밀도
② 비표면적(브레인 방법)
③ 활성도 지수
④ 염기도

 이산화규소, 수분, 강열감량, 밀도, 분말도, 플로값비, 활성도 지수 항목을 규정하고 있다.

12 조립률 2.4인 잔골재와 조립률 7.4인 굵은골재를 1 : 1.5의 비율로 혼합할 때 혼합골재의 조립률은?

① 4.5
② 5.4
③ 5.7
④ 6.2

 $FM = \dfrac{(2.4 \times 1) + (7.4 \times 1.5)}{1 + 1.5} = 5.4$

13 시멘트의 강도시험(KS L ISO 679)을 실시하기 위하여 공시체를 제작하고자 한다. 표준모래가 1350g이 소요되었다면, 필요한 물의 양은?

① 175g
② 200g
③ 225g
④ 250g

- 질량으로 시멘트 1에 대해서 물/시멘트 비 0.5 및 잔골재 3의 비율로 모르타르를 성형한다.
- 시멘트량 $= \dfrac{1}{3} \times 1350 = 450\,g$
- $\dfrac{W}{C} = 0.5$
  ∴ $W = 450 \times 0.5 = 225\,g$

14 단위 골재량의 절대용적이 0.80L, 단위 굵은골재량의 절대용적이 0.55L일 경우 잔골재율은?

① 31.3%
② 34.2%
③ 38.2%
④ 41.8%

 $S/a = \dfrac{0.80 - 0.55}{0.80} \times 100 = 31.3\%$

정답 11. ④ 12. ②
      13. ③ 14. ①

15 고로 시멘트의 특성에 대한 설명으로 틀린 것은?

① 내열성이 크고 수밀성이 좋다.
② 건조수축은 약간 커지는 경향이 있다.
③ 초기강도는 크나, 장기강도는 보통 시멘트와 거의 비슷하거나 약간 작다.
④ 내화학약품성이 좋으므로 해수, 공장폐수, 하수 등에 접하는 콘크리트에 적당하다.

해설 초기강도는 약간 낮으나 장기강도는 보통 시멘트와 거의 비슷하거나 약간 크다.

16 잔골재의 안정성 시험에서 황산나트륨을 사용할 경우 손실 질량 백분율은 몇 % 이하이어야 하는가?

① 8%   ② 10%
③ 12% ④ 15%

해설
- 잔골재 : 10% 이하
- 굵은골재 : 12% 이하

17 시멘트풀의 응결에 대한 설명으로 틀린 것은?

① 분말도가 크면 응결은 빨라진다.
② 습도가 낮으면 응결은 빨라진다.
③ 온도가 높을수록 응결은 지연된다.
④ 물-시멘트비가 많을수록 응결은 지연된다.

해설 온도가 높을수록 응결은 빨라진다.

18 일반 콘크리트용으로 사용되는 굵은골재의 유해물 함유량 한도 최댓값을 기준으로 다음 현장 적용 사례 중 잘못된 경우는?

① 점토 덩어리가 약 0.3% 함유 되었으나 그대로 사용하였다.
② 연한 석편이 약 4.6% 섞여 있었으나 그대로 사용하였다.
③ 0.08mm 체 통과량 시험을 실시한 결과 통과량이 0.8%여서 그대로 사용하였다.
④ 외관이 중요한 구조물을 제작하기 위한 콘크리트용 굵은골재에 석탄, 갈탄 등으로 밀도 $0.002g/mm^3$의 액체에 뜨는 것이 0.4% 함유되었으나 그대로 사용하였다.

[정답] 15. ③ 16. ②
17. ③ 18. ①

해설
- 점토 덩어리 한도 최대값 기준은 0.25% 이하이므로 사용해서는 안 된다.
- 연한 석편은 5% 이하
- 0.08mm 체 통과량은 1.0% 이하
- 외관이 중요한 구조물을 제작하기 위한 콘크리트용 굵은골재에 석탄, 갈탄 등으로 밀도 0.002g/mm³의 액체에 뜨는 것은 0.5% 이하

19 일반 콘크리트의 배합에서 공기연행제, 공기연행감수제, 고성능 공기연행감수제를 사용한 콘크리트의 공기량에 대한 설명으로 옳은 것은?

① 잔골재의 실적률과 단위시멘트량을 고려하여 정하여야 한다.
② 굵은골재의 입도와 단위수량을 고려하여 정하여야 한다.
③ 잔골재의 조립률과 워커빌리티를 고려하여 정하여야 한다.
④ 굵은골재 최대치수와 내동해성을 고려하여 정하여야 한다.

해설 공기연행제, 공기연행감수제, 고성능 공기연행감수제를 사용한 콘크리트의 공기량은 굵은골재 최대치수와 내동해성을 고려하여 정하여야 한다.

20 기존 콘크리트 구조물의 철거로 인해 발생되는 폐콘크리트 등과 같이 이미 경화된 콘크리트를 파쇄하여 가공한 골재를 무엇이라 하는가?

① 순환골재
② 부순골재
③ 고로 슬래그 골재
④ 페로니켈 슬래그 골재

해설 순환골재는 해체된 건설 폐기물 즉, 폐콘크리트를 파쇄한 후 선별, 입도조정을 거쳐 생산하는 골재이다.

2과목 콘크리트 제조, 시험 및 품질관리

21 굳지 않은 콘크리트의 공기량 시험방법의 종류가 아닌 것은?

① 질량법
② 압력법
③ 용적법
④ 증기법

해설 질량법, 압력법, 용적법 종류 중에 공기실 압력법이 많이 사용되고 있다.

22 다음 중 일반적인 콘크리트 강도의 비파괴 시험방법에 해당하지 않는 것은?

① 반발경도에 의한 방법
② 평판재하법
③ 초음파법
④ 음향방출법

해설 평판재하시험은 지반의 지지력을 측정하는 시험이다.

[정답] 19. ④ 20. ① 21. ④ 22. ②

23. 콘크리트의 중성화시험 측정 시 사용되는 페놀프탈레인 용액의 농도는?

① 1%   ② 2%
③ 3%   ④ 4%

해설 공시체의 파단면에 1% 페놀프탈레인-알코올 용액을 분무하여 무색으로 변화하면 중성화된 것으로 판단한다.

24. 구속되어 있지 않은 무근 콘크리트 부재의 건조수축률이 200×10^{-6}일 때 콘크리트에 작용하는 응력의 종류와 크기는? (단, 콘크리트의 탄성계수는 25GPa이다.)

① 압축응력 5MPa   ② 인장응력 5MPa
③ 인장응력 2.5MPa   ④ 응력이 발생하지 않음

해설
- 부재의 변형이 구속되어 있지 않은 경우에는 응력이 발생하지 않는다.
- 철근이 단면 도심에 대하여 대칭되게 배치되어 있는 경우
$$\varepsilon_{ct} = \frac{f_c}{E_c}$$

25. 일반 콘크리트의 비비기에 대한 설명으로 틀린 것은?

① 믹서 안의 콘크리트를 전부 꺼낸 후가 아니면 믹서 안에 다음 재료를 넣지 않아야 한다.
② 연속믹서를 사용할 경우, 비비기 시작 후 최초에 배출되는 콘크리트는 사용할 수 있다.
③ 비비기 시간은 시험에 의해 정하는 것을 원칙으로 한다.
④ 비비기는 미리 정해 둔 비비기 시간의 3배 이상 계속해서는 안 된다.

해설
- 연속믹서를 사용할 경우 비비기 시작 후 최초에 배출되는 콘크리트는 사용해서는 안 된다.
- 기계 비비기는 콘크리트 재료를 1회분씩 혼합하는 배치 믹서를 사용한다.

26. 관입저항침에 의한 콘크리트의 응결시간 측정시 초결시간으로 정의하는 관입저항값은 얼마인가?

① 2.5MPa   ② 2.8MPa
③ 3.0MPa   ④ 3.5MPa

정답 23. ① 24. ④ 25. ② 26. ④

해설 관입저항이 3.5MPa, 28MPa이 될 때의 시간을 각각 초결시간과 종결시간으로 결정한다.

27 콘크리트 제조를 위한 콘크리트 공시체에 대한 압축강도 시험결과 5개의 시험값이 다음과 같다면, 이 콘크리트 공시체의 표준편차는? (단, 불편분산의 개념에 의함.)

| 34.1, 35.6, 36.1, 34.4, 35.8 (MPa) |

① 1.15MPa ② 1.03MPa
③ 0.96MPa ④ 0.89MPa

해설
- 평균값 $\bar{x} = \dfrac{34.1 + 35.6 + 36.1 + 34.4 + 35.8}{5} = 35.2\text{MPa}$
- 표준편차의 합 $S = (34.1-35.2)^2 + (35.6-35.2)^2 + (36.1-35.2)^2 + (34.4-35.2)^2 + (35.8-35.6)^2 = 3.18\text{MPa}$
- 표준편차 $\sqrt{\dfrac{S}{n-1}} = \sqrt{\dfrac{3.18}{5-1}} = 0.89\text{MPa}$

28 레디믹스트 콘크리트의 품질 중 슬럼프 플로의 허용오차로서 옳게 설명한 것은?

① 슬럼프 플로 500mm인 경우 허용오차는 ±50mm이다.
② 슬럼프 플로 600mm인 경우 허용오차는 ±100mm이다.
③ 슬럼프 플로 700mm인 경우 허용오차는 ±125mm이다.
④ 슬럼프 플로 800mm인 경우 허용오차는 ±150mm이다.

해설
- 슬럼프 플로 500mm인 경우 허용오차는 ±75mm이다.
- 슬럼프 플로 700mm인 경우 허용오차는 ±100mm이다.

29 부착강도에 대한 설명으로 틀린 것은?

① 이형철근의 부착강도가 원형철근의 부착강도보다 크다.
② 조건이 일정한 경우 콘크리트의 압축강도나 인장강도가 커질수록 부착강도는 감소한다.
③ 부착강도는 철근의 종류 및 지름, 콘크리트 속에 묻힌 철근의 위치와 방향, 묻힌 길이, 콘크리트의 피복두께 및 콘크리트 품질 등에 따라 달라진다.
④ 철근을 콘크리트 속에 수평으로 매입하면 콘크리트 중의 입자의 침하나 블리딩에 의하여 철근 하부에 수막 및 공극이 생겨 부착강도가 저하한다.

해설 조건이 일정한 경우 콘크리트의 압축강도나 인장강도가 커질수록 부착강도는 증가한다.

정답 27. ④ 28. ② 29. ②

01회 CBT 모의고사

30 굳지 않은 콘크리트의 워커빌리티에 미치는 영향에 관한 내용으로 옳지 않은 것은?

① AE제나 감수제를 사용하면 워커빌리티가 개선된다.
② 일반적으로 혼합시멘트가 보통 포틀랜드 시멘트보다 워커빌리티에 유리하다.
③ 일반적으로 부배합 콘크리트가 빈배합 콘크리트에 비해 워커빌리티가 좋다.
④ 가능한 한 같은 크기의 입자로 이루어진 골재를 사용하면 워커빌리티에 유리하다.

해설 크고 작은 입자가 골고루 섞인 입도가 양호한 골재를 사용하면 워커빌리티에 유리하다.

31 레디믹스트 콘크리트의 품질에 관한 사항으로 틀린 것은?

① 공기량의 허용오차는 ±1.5% 이하이다.
② 슬럼프 값이 80mm 이상인 경우 허용오차는 ±15mm 이하이다.
③ 1회 강도시험 결과는 구입자가 지정한 호칭강도 값의 85% 이상이어야 한다.
④ 3회 강도시험 결과의 평균값은 구입자가 지정한 호칭강도 값 이상이어야 한다.

해설 슬럼프 값이 80mm 이상인 경우 허용오차는 ±25mm 이하이다.

32 콘크리트의 압축강도 시험방법에 대한 설명으로 틀린 것은?

① 공시체에 충격을 주지 않도록 똑같은 속도로 하중을 가한다.
② 하중을 가하는 속도는 압축 응력도의 증가율이 매초 (0.06±0.04)MPa이 되도록 한다.
③ 공시체를 공시체 지름의 1% 이내의 오차에서 그 중심축이 가압판의 중심과 일치하도록 놓는다.
④ 시험기의 가압판과 공시체의 끝 면은 직접 밀착시키고 그 사이에 쿠션재를 넣어서는 안 된다. 다만 언본드 캐핑에 의한 경우는 제외한다.

해설 하중을 가하는 속도는 압축 응력도의 증가율이 매초 (0.6±0.4)MPa이 되도록 한다.

정답 30. ④ 31. ② 32. ②

33 안지름 25cm, 안높이 28.5cm의 용기로 블리딩 시험을 한 결과 총 블리딩수가 78.5cm³이었다면, 블리딩량은?

① $0.16 \text{cm}^3/\text{cm}^2$
② $0.20 \text{cm}^3/\text{cm}^2$
③ $0.26 \text{cm}^3/\text{cm}^2$
④ $0.30 \text{cm}^3/\text{cm}^2$

해설 블리딩량 $= \dfrac{V}{A} = \dfrac{78.5}{\dfrac{\pi \times 25^2}{4}} = 0.16 \text{cm}^3/\text{cm}^2$

34 150mm×150mm×530mm인 공시체(지간 450mm)로 휨강도 시험을 실시한 결과 중심선의 4점 사이에서 파괴되었으며 파괴 시 최대 하중이 35kN이었다면, 이 콘크리트의 휨강도는?

① 3.48MPa
② 3.92MPa
③ 4.14MPa
④ 4.67MPa

해설 $f_b = \dfrac{Pl}{bd^2} = \dfrac{35000 \times 450}{150 \times 150^2} = 4.67 \text{N/mm}^2 = 4.67 \text{MPa}$

35 콘크리트의 받아들이기 품질검사에 관한 사항으로 옳지 않은 것은?

① 내구성 검사는 단위질량을 측정하는 것으로 한다.
② 강도 검사는 압축강도시험에 의한 검사를 실시한다.
③ 콘크리트 받아들이기 품질관리는 콘크리트를 타설하기 전에 실시하여야 한다.
④ 워커빌리티의 검사는 굵은골재 최대치수 및 슬럼프가 설정치를 만족하는지의 여부를 확인함과 동시에 재료분리 저항성을 외관 관찰에 의해 확인하여야 한다.

해설 내구성 검사는 공기량 및 염화물 함유량을 측정하는 것으로 한다.

36 일반 콘크리트에 대한 설명으로 옳지 않은 것은?

① 굳지 않은 콘크리트 중의 전 염소이온량은 원칙적으로 0.3kg/m³ 이하로 한다.
② 보통 콘크리트의 공기량은 4.5% 이하로 하되, 그 허용오차는 ±1.5%로 한다.
③ 굵은 골재로서 사용할 자갈의 흡수율은 3.0% 이상의 값을 표준으로 한다.
④ 내구성을 갖는 콘크리트는 원칙적으로 AE 콘크리트로 하고, 물-시멘트비는 60% 이하이어야 한다.

해설 굵은 골재로서 사용할 자갈의 흡수율은 3.0% 이하의 값을 표준으로 한다.

정답 33. ① 34. ④ 35. ① 36. ③

37 굳지 않은 콘크리트의 성질에 관한 설명으로 옳지 않은 것은?

① 콘크리트의 온도가 높을수록 반죽질기도 커지며, 공기량에 비례하여 슬럼프 값이 커진다.
② 단위수량이 많을수록 반죽질기는 커지고, 작업성은 용이해지나 재료분리를 일으키기가 쉽다.
③ 워커빌리티(Workability)는 작업의 난이도 및 재료분리에 저항하는 정도를 나타내며, 골재의 입도와 밀접한 관계가 있다.
④ 피니셔빌리티(Finishability)란 굵은 골재의 최대치수, 잔골재율, 골재 입도, 반죽질기 등에 의한 마무리하기 쉬운 정도를 나타내는 성질이다.

해설 콘크리트의 온도가 높을수록 반죽질기가 작게 된다.

38 일반 콘크리트의 현장 품질관리에 관한 설명으로 옳지 않은 것은?

① 합리적이고 경제적인 검사계획을 정하여 공사 각 단계에서 필요한 검사를 실시하여야 한다.
② 시험 결과 불합격되는 경우에는 적절한 조치를 강구하여 소정의 성능을 만족하도록 하여야 한다.
③ 일반적인 품질관리 시험을 실시하는 경우, 판정이 가능한 수법을 모두 사용하여 측정을 실시한다.
④ 검사는 미리 정한 판단기준에 적합한 지의 여부를 필요한 측정이나 시험을 실시한 결과에 바탕을 두어 판정하는 것에 의해 실시한다.

해설 일반적인 품질관리 시험을 실시하는 경우, 객관적인 판정이 가능한 수법을 사용하며 정해진 방법에 따라 실시하는 것을 원칙으로 한다.

39 검사 로트의 1회 타설량이 300m³이고, 동일 강도 및 동일 재료로의 주문자가 없을 경우의 강도 시험 횟수는? (단, KS F 4009에서 규정하는 내용으로 1회의 시험 결과는 3개 공시체 시험치의 평균값을 말한다.)

① 1회 ② 2회
③ 3회 ④ 4회

정답 37. ① 38. ③ 39. ③

해설
- 압축강도에 의한 콘크리트의 품질 검사의 시기 및 횟수는 1회/일, 또는 구조물의 중요도와 공사의 규모에 따라 120m³마다 1회, 배합이 변경될 때마다 한다.
- 횟수 = $\frac{300}{120}$ = 2.5회 ≒ 3회

40 결합재(binder)가 함유하고 있는 것이 아닌 것은?

① AE제 ② 시멘트
③ 실리카 퓸 ④ 플라이 애시

해설 결합재(binder)
물과 반응하여 콘크리트 강도 발현에 기여하는 물질을 생성하는 것의 총칭으로 시멘트, 고로 슬래그 미분말, 플라이 애시, 실리카 퓸, 팽창재 등을 함유하는 것

3과목 콘크리트의 시공

41 숏크리트에 대한 설명으로 틀린 것은?

① 절취면이 비교적 평활하고 넓은 법면에 대해서는 세로방향으로 적당한 간격으로 신축줄눈을 설치하여야 한다.
② 뿜어 붙인 콘크리트가 박리되거나 흘러내리지 않는 범위의 적당한 두께로 뿜어 붙여 소정의 두께가 될 때까지 반복해서 뿜어 붙여야 한다.
③ 숏크리트는 빠르게 운반하고, 급결제를 첨가한 후는 바로 뿜어 붙이기 작업을 실시하여야 한다.
④ 비탈면이 동결하였거나 빙설이 있는 경우 표면에 물을 뿌려 시공한다.

해설 비탈면이 동결하였거나 빙설이나 물이 있는 경우는 제거한 후 시공한다.

42 특정한 입도를 가진 굵은골재를 거푸집에 채워 넣고, 그 공극 속에 특수한 모르타르를 적당한 압력으로 주입하여 만든 콘크리트는?

① 프리플레이스트 콘크리트
② 프리캐스트 콘크리트
③ 프리스트레스트 콘크리트
④ 공기연행 콘크리트

해설 프리플레이스트 콘크리트에 사용되는 잔골재의 조립률은 1.4~2.2 범위가 좋다.

정답 40. ① 41. ④ 42. ①

43 수중 불분리성 콘크리트에 대한 아래 표의 ( )에 알맞은 것은?

> 굵은골재의 최대치수는 수중 불분리성 콘크리트의 경우 40mm 이하를 표준으로 하며, 부재 최소치수의 (㉠) 및 철근의 최소 순간격의 (㉡)를 초과해서는 안 된다.

① ㉠ 1/5, ㉡ 1/2
② ㉠ 1/4, ㉡ 1/2
③ ㉠ 1/4, ㉡ 1/3
④ ㉠ 1/5, ㉡ 1/3

해설 현장타설 말뚝 및 지하연속벽에 사용하는 콘크리트의 경우는 철근 순간격의 1/2 이하, 25mm 이하를 표준한다.

44 고강도 콘크리트의 타설에 대한 아래 표의 설명에서 ( )에 들어갈 알맞은 수치는?

> 수직부재에 타설하는 콘크리트의 강도와 수평부재에 타설하는 콘크리트 강도의 차가 ( )배 이상일 경우에는 수직부재에 타설한 고강도 콘크리트는 수직-수평 부재의 접합면으로부터 수평부재 쪽으로 안전한 내민 길이를 확보하도록 하여야 한다.

① 1.4
② 1.7
③ 2.0
④ 2.3

해설 기둥부재에 타설하는 콘크리트 강도와 슬래브나 보에 타설하는 콘크리트의 강도가 1.4배 이상 차이가 생길 경우에는 기둥에 사용한 콘크리트가 수평부재의 접합면에서 0.6m 정도 충분히 수평부재 쪽으로 안전한 내민 길이를 확보하면서 콘크리트를 타설한다.

45 포장 콘크리트의 호칭강도(f_{28})에 대한 설명으로 옳은 것은?

① 압축강도 28MPa 이상
② 압축강도 30MPa 이상
③ 휨강도 3.5MPa 이상
④ 휨강도 4.5MPa 이상

해설 포장 콘크리트의 배합 기준

항 목	기 준
휨 호칭강도(f_{28})	4.5MPa 이상
단위수량	150kg/m³ 이하
굵은골재의 최대치수	40mm 이하
슬럼프	40mm 이하
공기연행 콘크리트의 공기량 범위	4~6%

정답 43. ① 44. ① 45. ④

46 유동화 콘크리트 제조에서 유동화를 첨가하기 전의 기본배합의 콘크리트를 무엇이라 하는가?

① 고유동 콘크리트
② 베이스 콘크리트
③ 유동화 콘크리트
④ 고성능 콘크리트

해설 베이스 콘크리트의 슬럼프는 콘크리트의 유동화에 지장이 없는 범위의 것으로 하며 최대값은 보통 콘크리트일 경우 150mm 이하로 한다.

47 방사선 차폐용 콘크리트의 슬럼프는 작업에 알맞은 범위 내에서 가능한 한 적은 값이어야 한다. 일반적인 경우의 슬럼프 값의 기준으로 옳은 것은?

① 100mm 이하
② 120mm 이하
③ 150mm 이하
④ 180mm 이하

해설 물-결합재비는 50% 이하를 원칙으로 하며 실제로 사용되고 있는 차폐용 콘크리트의 물-결합재비는 대개 30~50% 범위이다.

48 롤러다짐 콘크리트의 시공에서 타설 이음면을 고압살수청소, 진공흡입청소 등을 실시하는 것을 무엇이라 하는가?

① 그린 컷
② 콜드 조인트
③ 수축이음
④ 리프트

해설 그린 컷(green cut)
롤러다짐 콘크리트의 시공할 때 타설이음면을 고압살수청소, 진공흡입청소 등을 실시하는 것이다.

49 한중 및 서중 콘크리트의 설명으로 틀린 것은?

① 하루의 평균기온이 25℃를 초과하는 경우 서중 콘크리트로 시공해야 한다.
② 하루의 평균기온이 4℃ 이하가 예상되는 기상조건일 때 한중 콘크리트로 시공해야 한다.
③ 서중 콘크리트 배합 시 일반적으로 기온 10℃의 상승에 대하여 단위수량은 2~5% 증가시켜야 한다.
④ 한중 콘크리트 시공방법은 0~4℃에서는 물과 골재를 65℃ 이상으로 가열하고 어느 정도 보온이 필요하다.

해설 한중 콘크리트 시공방법은 0~4℃에서는 간단한 주의와 보온으로 시공할 수 있다.

정답 46. ② 47. ③ 48. ① 49. ④

01회 CBT 모의고사

50 콘크리트의 양생에 관한 내용으로 틀린 것은?

① 재령 5일이 될 때까지는 해수에 씻기지 않도록 보호한다.
② 습윤양생 시 거푸집판이 건조될 우려가 있는 경우에는 살수하여야 한다.
③ 촉진양생을 실시하는 경우에는 양생 시작 시기, 온도상승속도 등을 정하여야 한다.
④ 일평균 기온이 15℃ 이상일 때 보통 포틀랜드 시멘트의 습윤양생 기간의 표준은 3일이다.

해설 일평균 기온이 15℃ 이상일 때 보통 포틀랜드 시멘트의 습윤양생 기간의 표준은 5일이다.

51 콘크리트의 시공이음에 대한 설명으로 틀린 것은?

① 시공이음은 될 수 있는 대로 전단력이 작은 위치에 설치한다.
② 신축이음은 양쪽의 구조물 혹은 부재가 구속되지 않는 구조이어야 한다.
③ 시공이음은 부재의 압축력이 작용하는 방향과 평행하게 설치하는 것이 원칙이다.
④ 바닥틀과 일체로 된 기둥이나 벽의 시공이음은 바닥틀과의 경계부근에 설치하는 것이 좋다.

해설 시공이음은 부재의 압축력이 작용하는 방향과 직각이 되도록 설치하는 것이 원칙이다.

52 고강도 콘크리트에 대한 설명으로 틀린 것은?

① 경량골재 콘크리트에서 설계기준 압축강도가 20MPa 이상인 콘크리트를 말한다.
② 보통(중량) 콘크리트에서 설계기준 압축강도가 40MPa 이상인 콘크리트를 말한다.
③ 고강도 콘크리트에 사용되는 굵은골재의 최대치수는 25mm 이하로 한다.
④ 기상의 변화가 심하거나 동결융해에 대한 대책이 필요한 경우를 제외하고는 공기연행제를 사용하지 않는 것을 원칙으로 한다.

해설 경량골재 콘크리트에서 설계기준 압축강도가 27MPa 이상인 콘크리트를 말한다.

정답 50. ④ 51. ③ 52. ①

53 콘크리트 타설 시 온도균열을 제어하기 위해 타설 온도를 낮게 유지하고 양생 시 온도제어를 위해 관로식 냉각 등의 조치를 취할 수 있는 콘크리트는?

① 매스 콘크리트
② 수중 콘크리트
③ 한중 콘크리트
④ 해양 콘크리트

해설 온도균열의 제어 방법으로는 콘크리트의 프리쿨링(pre-cooling), 파이프쿨링(pipe-cooling) 등이 있다.

54 수밀 콘크리트의 시공에 관한 설명으로 옳은 것은?

① 수밀 콘크리트는 시공이음이 필요하지 않다.
② 가능한 한 콘크리트를 연속 타설하지 않아야 한다.
③ 수밀 콘크리트는 건조수축 균열이 발생하지 않는다.
④ 수밀 콘크리트는 콜드 조인트가 발생하지 않도록 하여야 한다.

해설
- 소요의 품질을 갖는 수밀 콘크리트를 얻을 수 있도록 적당한 간격으로 시공이음을 두어야 한다.
- 콜드 조인트는 누수의 원인이 되므로 가능한 한 연속 타설하여 균일한 구조물을 만든다.
- 수밀 콘크리트의 경우에도 건조수축 균열이 발생한다.

55 일반 콘크리트의 타설에 대한 설명으로 틀린 것은?

① 콘크리트의 타설은 원칙적으로 시공계획서에 따라야 한다.
② 한 구획 내의 콘크리트는 타설이 완료될 때까지 연속해서 타설하여야 한다.
③ 타설한 콘크리트를 거푸집 안에서 횡방향으로 이동시켜서는 안 된다.
④ 콘크리트를 2층 이상으로 나누어 타설할 경우, 상층의 콘크리트 타설은 원칙적으로 하층의 콘크리트가 굳은 후에 해야 한다.

해설 콘크리트를 2층 이상으로 나누어 타설할 경우, 상층의 콘크리트 타설은 원칙적으로 하층의 콘크리트가 굳기 전에 해야 한다.

56 물-시멘트비(W/C)가 55%이고, 단위수량이 165kg/m³일 때 단위 시멘트량은?

① 200kg/m³
② 250kg/m³
③ 300kg/m³
④ 350kg/m³

해설
$$\frac{W}{C} = 0.55$$
$$\therefore C = \frac{165}{0.55} = 300 \text{kg/m}^3$$

[정답] 53. ① 54. ④ 55. ④ 56. ③

57 지하수위가 높은 조건에서 지하연속벽에 사용하는 수중 콘크리트를 타설 할 경우 물-결합재비(㉠)와 단위 시멘트량(㉡)의 표준은?

① ㉠ : 45% 이하, ㉡ : 350kg/m³
② ㉠ : 50% 이하, ㉡ : 370kg/m³
③ ㉠ : 55% 이하, ㉡ : 350kg/m³
④ ㉠ : 60% 이하, ㉡ : 370kg/m³

해설 일반 수중 콘크리트의 경우 물-결합재비는 50% 이하, 단위 시멘트량은 370kg/m³ 이상으로 한다.

58 한중 콘크리트의 보온양생 방법이 아닌 것은?

① 급열양생
② 기건양생
③ 단열양생
④ 피복양생

해설 기건양생은 공기중에 노출되므로 보온양생 방법이 아니다.

59 수평시공이음 중 역방향 타설 콘크리트의 이음방법으로 틀린 것은?

① 격자법
② 주입법
③ 직접법
④ 충전법

해설 역방향 타설 콘크리트의 이음은 신·구 콘크리트의 일체성을 확보하기 위해 직접법, 충전법, 주입법의 방법이 있다.

60 일반적인 경우 무근 콘크리트를 타설할 때의 슬럼프 표준값은?

① 50~100mm
② 50~150mm
③ 60~120mm
④ 80~150mm

해설 슬럼프의 표준값(mm)

종 류		슬럼프 값
철근 콘크리트	일반적인 경우	80~150
	단면이 큰 경우	60~120
무근 콘크리트	일반적인 경우	50~150
	단면이 큰 경우	50~100

정답 57. ③ 58. ② 59. ① 60. ②

4과목　콘크리트 구조 및 유지관리

61 콘크리트 타설 후 가장 빨리 발생되는 균열의 종류는?

① 온도 균열　　　② 소성수축균열
③ 건조수축균열　　④ 알칼리 골재반응

해설　소성수축균열(초기수축균열)
① 콘크리트를 친 후 건조한 외기에 노출시 표면건조로 수축현상이 생기며 이 수축현상이 건조되지 않는 내부 콘크리트에 의한 변형 구속 때문에 표면에 인장응력이 발생한다.
② 표면에 발생한 인장응력이 콘크리트 초기 인장강도를 초과하여 여러 방향의 미세한 균열인 소성수축균열이 발생하게 된다.

62 콘크리트 내의 철근은 외부로부터의 염화물 침투에 의해서 부식할 수 있다. 다음 중 철근의 부식에 미치는 영향이 가장 적은 것은?

① 콘크리트에 침투하는 염화물의 양
② 콘크리트의 침투성
③ 콘크리트의 설계기준강도
④ 습기와 산소의 양

해설
• 이산화탄소, 이산화황에 노출되어 콘크리트 중의 알칼리를 중성화시킨다.
• 염화물의 함량에 따라 영향을 준다.
• 콘크리트 피복두께, 콘크리트 속의 공극, 이음부 누수 등이 영향을 준다.

63 현행 콘크리트 구조 기준에 의거 강도감소계수 ϕ의 값으로 틀린 것은?

① 인장지배 단면 : 0.85
② 압축지배 단면으로서 나선철근으로 보강된 철근콘크리트 부재 : 0.65
③ 전단력과 비틀림모멘트 : 0.75
④ 무근콘크리트의 휨모멘트 : 0.55

해설　압축지배 단면으로서 나선철근으로 보강된 철근콘크리트 부재 : 0.7

64 보 및 슬래브의 휨 보강방법으로 적합하지 않은 것은?

① 외부 긴장재 배치　　② 콘크리트의 단면 증대
③ 경간길이의 증대　　　④ 강판 보강재 배치

해설　경간길이를 증대하면 보 및 슬래브의 휨에 대한 저항이 감소된다.

정답　61. ②　62. ③
　　　　63. ②　64. ③

65. 콘크리트 탄산화 방지대책이 아닌 것은?

① 콘크리트를 충분히 다짐하여 타설하고 결함을 발생시키지 않는다.
② 콘크리트의 피복두께를 크게 한다.
③ 물-결합재비를 높게 한다.
④ 충분한 초기양생을 한다.

해설
- 물-결합재비를 가능한 낮게 한다.
- 콘크리트를 부배합으로 한다.

66. 구조물의 내화성을 증대시키기 위한 대책으로 틀린 것은?

① 내화성능이 약한 강재는 보호하여 피복두께를 충분히 취한다.
② 콘크리트 표면에 내화재료로 피복을 한다.
③ 콘크리트 표면에 단열재료로 피복을 한다.
④ 석영질 골재를 사용하여 콘크리트를 제작한다.

해설 골재는 내화적인 화산암, 슬래그 등이 좋다.

67. 굳지 않은 콘크리트 중의 전 염소이온량은 원칙적으로 얼마 이하로 규정하고 있는가?

① 0.3kg/m^3
② 0.5kg/m^3
③ 0.7kg/m^3
④ 0.9kg/m^3

해설 상수도 물을 혼합수로 사용할 때 여기에 함유되어 있는 염소이온량이 불분명한 경우에는 혼합수로부터 콘크리트 중에 공급되는 염소이온량을 0.04kg/m^3로 가정할 수 있다.

68. 균열의 성장이 정지된 상태나 미세한 균열시에 주로 적용되는 공법으로서, 손상된 부분을 보수재로 도포하여 처리하는 공법은?

① 표면처리공법
② 균열주입공법
③ 단면복구공법
④ 단면보강공법

해설 표면처리공법은 0.2mm 이하의 미세한 결함에 대해 방수성, 미관성 확보를 위해 실시한다.

정답 65. ③ 66. ④ 67. ① 68. ①

69 균열의 폭을 측정할 수 있는 방법이 아닌 것은?

① 균열 스케일 ② 균열 게이지
③ 균열 현미경 ④ 와이어 스트레인 게이지

해설 와이어 스트레인 게이지는 탄성계수를 측정하는데 변형 측정에 이용된다.

70 표준갈고리를 갖는 인장 이형철근 D25(공칭직경 25.4mm)의 기본 정착길이(l_{hb})는 약 얼마인가? (단, 보통(중량) 콘크리트 및 도막되지 않은 철근을 사용하고 f_{ck} =24MPa, f_y =400MPa이다.)

① 456mm ② 473mm
③ 498mm ④ 517mm

해설 $l_{hb} = \dfrac{0.24\,\beta\,d_b\,f_y}{\lambda\,\sqrt{f_{ck}}} = \dfrac{0.24 \times 1.0 \times 25.4 \times 400}{1.0 \times \sqrt{24}} = 498\,\text{mm}$

여기서, 보통(중량) 콘크리트의 경우 $\lambda = 1.0$, 도막되지 않은 철근의 경우 $\beta = 1.0$이다.

71 폭은 300mm, 유효깊이는 500mm, A_s는 2,000cm², f_{ck}는 28MPa, f_y는 400MPa인 단철근 직사각형 보가 있다. 강도설계법으로 설계할 때 공칭 휨모멘트강도(M_n)는 얼마인가?

① 301.9kN·m ② 318.5kN·m
③ 332.3kN·m ④ 355.2kN·m

해설
- $a = \dfrac{A_s f_y}{\eta(0.85 f_{ck})b} = \dfrac{2000 \times 400}{1.0 \times (0.85 \times 28) \times 300} = 112\,\text{mm}$
- $M_n = A_s f_y \left(d - \dfrac{a}{2}\right) = 2000 \times 400 \times \left(500 - \dfrac{112}{2}\right) = 355,200,000\,\text{N·mm}$
  $= 355.2\,\text{kN·m}$

72 옹벽의 안정조건에 대한 아래의 설명에서 (   ) 안에 적합한 수치는?

> 전도에 대한 저항휨모멘트는 횡토압에 의한 전도모멘트의 (   )배 이상이어야 한다.

① 1 ② 1.5
③ 2 ④ 2.5

해설
- 활동에 대한 저항력은 옹벽에 작용하는 수평력의 1.5배 이상이다.
- 지지 지반에 작용하는 최대 압력이 지반의 허용 지지력을 넘어서는 안 된다.

정답 69. ④ 70. ③
      71. ④ 72. ③

01회 CBT 모의고사

73 압축부재의 축방향 주철근의 최소 개수로 틀린 것은?

① 나선철근으로 둘러싸인 경우 6개
② 원형 띠철근으로 둘러싸인 경우 5개
③ 사각형 띠철근으로 둘러싸인 경우 4개
④ 삼각형 띠철근으로 둘러싸인 경우 3개

해설 원형 띠철근으로 둘러싸인 경우 4개

74 전단철근으로 사용할 수 없는 것은?

① 스트럽과 굽힘철근의 조합
② 부재축에 직각으로 배치한 용접철망
③ 주인장 철근에 30°의 각도로 구부린 굽힘철근
④ 주인장 철근에 30°의 각도로 설치되는 스터럽

해설 주인장 철근에 45° 이상의 각도로 설치되는 스터럽

75 아래와 같은 조건으로 설계된 띠철근 기둥에서 띠철근의 수직간격으로 적합한 것은?

- 기둥 단면 : 400×300mm인 직사각형 단면
- 사용한 띠철근 : D10(공칭지름 9.5mm)
- 사용한 축방향 철근 : D32(공칭지름 31.8mm)

① 300mm ② 400mm
③ 456mm ④ 508mm

해설
- 띠철근의 수직간격은 종방향 철근 지름의 16배 이하, 띠철근 지름의 48배 이하, 기둥 단면의 최소치수 이하이다.
- 32×16=512mm, 10×48=480mm, 기둥 단면 최소치수 300mm
  ∴ 300mm

76 콘크리트 구조물 진단을 위해 콘크리트의 강도를 평가하고자 할 때 적합한 시험방법이 아닌 것은?

① 인발법 ② 분극 저항법
③ 코어 강도시험 ④ 슈미트 해머에 의한 반발경도법

해설 자연 전위법, 전기 저항법, 분극 저항법은 철근의 부식 여부를 검사하는 방법이다.

정답 73. ② 74. ④ 75. ① 76. ②

77 $b_w = 400$mm, $d = 500$mm인 직사각형 단면 보의 균형 철근비는? (단, $f_{ck} = 21$MPa, $f_y = 400$MPa)

① 0.008
② 0.011
③ 0.022
④ 0.033

해설
$$\rho_b = \eta(0.85 f_{ck}) \frac{\beta_1}{f_y} \frac{660}{660 + f_y}$$
$$= 1.0 \times (0.85 \times 21) \frac{0.8}{400} \times \frac{660}{660 + 400} = 0.022$$
여기서, $\eta = 1.0 (f_{ck} \leq 40\,\text{MPa})$

78 철근 콘크리트 구조물에 사용하는 보수재료의 선정에 대한 설명으로 틀린 것은?

① 기존 콘크리트보다 큰 탄성계수를 갖는 재료를 선정하여야 한다.
② 기존 콘크리트와 가능한 한 열팽창계수가 비슷한 재료를 선정하여야 한다.
③ 노출 철근을 보수하는 경우는 전도성을 갖는 재료로 수복하는 것이 바람직하다.
④ 기존 콘크리트 구조물과 확실하게 일체화시키기 위해서는 경화 시나 경화 후에 수축을 일으키지 않는 재료가 필요하다.

해설 기존 콘크리트와 동일한 탄성계수의 단면 복구재를 선정하여야 한다.

79 강도설계법의 특징에 관한 내용으로 틀린 것은?

① 강도감소계수를 반영한 설계법이다.
② 허용응력설계법이 가지는 문제점을 개선한 설계법이다.
③ 서로 상이한 재료의 특성을 설계에 합리적으로 반영할 수 있다.
④ 허용응력설계법에 비하여 파괴에 대한 안전도의 확보가 확실하다.

해설 서로 상이한 재료의 특성을 설계에 합리적으로 반영하기 어렵다.

80 경간 10m인 단순보에 계수하중 36kN/m가 등분포하중으로 작용할 때 계수휨모멘트는?

① 350kN·m
② 400kN·m
③ 450kN·m
④ 500kN·m

해설
$$M = \frac{wl^2}{8} = \frac{36 \times 10^2}{8} = 450\,\text{kN·m}$$

정답 77. ③ 78. ① 79. ③ 80. ③

1과목 콘크리트 재료 및 배합

01 시멘트의 응결시험 장치로 짝지워진 것은?

① 길모어 침 장치, Vicat 침 장치
② 오토클레이브 장치, 길이변화 몰드
③ 흐름 시험기, 비중병
④ 비중용기, LA 마모시험기

해설
- 시멘트 응결시험 장치로는 길모어 침, Vicat 침 장치가 있다.
- LA 마모시험기는 굵은골재의 닳음에 대한 저항시험에 이용된다.
- 오토클레이브 장치는 시멘트의 팽창도 시험으로 시멘트의 안정성을 알기 위한 장치이다.

02 다음 시멘트 클링커의 조성광물 중 건조수축이 가장 큰 것은?

① $3CaO \cdot SiO_2$
② $2CaO \cdot SiO_2$
③ $3CaO \cdot Al_2O_3$
④ $4CaO \cdot Al_2O_3 \cdot Fe_2O_3$

해설 알루민산 3석회($3CaO \cdot Al_2O_3$: C_3A)는 수화열이 제일 높아 수화반응속도가 순간적이며 강도발현속도가 아주 빠르다.

03 시멘트의 분말도에 대한 설명 중 틀린 것은?

① 분말도가 높으면 건조수축이 커져서 균열이 발생하기 쉽다.
② 분말도가 작을수록 물과 혼합시 접촉 표면적이 커서 수화작용이 빠르다.
③ 분말도가 높을수록 초기강도가 크다.
④ 분말도가 높을수록 블리딩이 적고 워커블한 콘크리트가 얻어진다.

해설 분말도가 높을수록 물과 혼합시 접촉 표면적이 커서 수화작용이 빠르다.

정답 01. ① 02. ③ 03. ②

04 골재에 대한 설명 중 옳지 않은 것은?

① 질량비로 90% 이상을 통과시키는 체 중에서 최대치수의 체눈의 호칭치수로 나타낸 것을 굵은골재의 최대치수라 한다.
② 골재의 입경이 클수록 조립률이 크다.
③ 골재 입자의 표면은 물기가 없고 내부는 물이 꽉 차 있는 상태를 표면건조 포화상태라 한다.
④ 골재의 입도가 양호하면 실적률이 크다.

해설 질량비로 90% 이상을 통과시키는 체 중에서 최소치수의 체눈의 호칭치수로 나타낸 것을 굵은골재의 최대치수라 한다.

05 배합설계에서 잔골재의 절대용적이 320L, 굵은골재의 절대용적이 560L일 때, 잔골재율은 얼마인가?

① 36.4%
② 42.5%
③ 57.1%
④ 63.6%

해설 $S/a = \dfrac{320}{560+320} \times 100 = 36.4\%$

06 레디믹스트 콘크리트에 사용하는 혼합수에 대한 설명으로 틀린 것은?

① 품질시험을 하지 않은 상수돗물
② 모르타르의 압축강도비가 재령 7일 및 28일에서 90%인 회수수
③ 시멘트 응결시간의 차가 초결은 30분 이내, 종결은 60분 이내인 하천수
④ 품질시험을 하지 않은 회수수

해설
• 회수수의 품질시험으로 염소 이온(Cl⁻)량은 250mg/L 이하이어야 한다.
• 슬러지수를 사용하였을 경우 슬러지 고형물율이 3%를 초과하면 안 된다.

07 콘크리트 1m³를 만드는 배합설계에서 필요한 골재의 절대용적이 720L이었다. 잔골재율이 34%, 잔골재 밀도가 2.7g/cm³, 굵은골재 밀도가 2.6g/cm³일 때, 단위잔골재량 S와 단위굵은골재량 G를 구하면?

① $S=636$kg, $G=1,283$kg
② $S=661$kg, $G=1,236$kg
③ $S=1,236$kg, $G=661$kg
④ $S=1,283$kg, $G=636$kg

해설
• $S = 0.72 \times 0.34 \times 2.7 \times 1,000 = 661$kg
• $G = 0.72 \times 0.66 \times 2.6 \times 1,000 = 1,236$kg

정답 04. ① 05. ① 06. ④ 07. ②

08 콘크리트 제조를 위한 콘크리트 공시체에 대한 압축강도 시험결과 5개의 시험값이 다음과 같다면, 이 콘크리트 공시체의 표준편차는? (단, 불편분산의 개념에 의함.)

> 34.1, 35.6, 36.1, 34.4, 35.8 (MPa)

① 1.15MPa ② 1.03MPa
③ 0.96MPa ④ 0.89MPa

해설
- 평균값 $\bar{x} = \dfrac{34.1 + 35.6 + 36.1 + 34.4 + 35.8}{5} = 35.2\text{MPa}$
- 표준편차의 합
  $S = (34.1-35.2)^2 + (35.6-35.2)^2 + (36.1-35.2)^2 + (34.4-35.2)^2 + (35.8-35.6)^2 = 3.18\text{MPa}$
- 표준편차
  $\sqrt{\dfrac{S}{n-1}} = \sqrt{\dfrac{3.18}{5-1}} = 0.89\text{MPa}$

09 KS L 5110에 의하여 시멘트 밀도시험을 실시한 결과, 르샤틀리에 병에 광유를 주입하고 측정한 눈금이 0.6mL였다. 이 병에 시멘트 64g을 넣고 광유가 올라온 눈금을 측정한 결과 21.25mL를 얻었다. 시멘트의 밀도는 얼마인가?

① 3.05g/cm³ ② 3.10g/cm³
③ 3.15g/cm³ ④ 3.20g/cm³

해설
시멘트 비중 = $\dfrac{64}{21.25 - 0.6} = 3.10\text{g/cm}^3$

10 혼화재의 품질시험에서 아래 표의 내용을 무엇이라고 하는가?

> 기준 모르타르의 압축강도에 대한 시험 모르타르의 압축강도의 비를 백분율로 나타낸 것

① 플로값 비 ② 활성도 지수
③ 안정도   ④ 길이 변화비

해설
활성도 지수 = $\dfrac{\text{재령의 공시체 압축강도}}{\text{각 재령의 기준 시멘트를 이용한 모르타르 압축강도}} \times 100$

정답 08. ④   09. ②   10. ②

11 잔골재를 각 상태에서 계량한 결과가 아래와 같을 때 아래 골재의 유효흡수량(%)을 구하면?

- 노건조상태 : 2,000g
- 공기중건조상태 : 2,066g
- 표면건조포화상태 : 2,124g
- 습윤상태 : 2,152g

① 1.32% ② 2.73%
③ 2.81% ④ 7.60%

해설
- 유효흡수율 = $\dfrac{2,124 - 2,066}{2,066} \times 100 = 2.81\%$
- 흡수율 = $\dfrac{2,124 - 2,000}{2,000} \times 100 = 6.2\%$
- 표면수율 = $\dfrac{2,152 - 2,124}{2,124} \times 100 = 1.3\%$

12 콘크리트의 내구성 기준 압축강도(f_{cd})가 40MPa이고, 설계기준 압축강도(f_{ck})가 35MPa이다. 30회 이상의 시험실적으로부터 구한 압축강도의 표준편차가 5MPa이라면 배합강도는?

① 45.2MPa ② 46.7MPa
③ 47.7MPa ④ 48.2MPa

해설
- 품질기준강도(f_{cq})
  f_{ck}와 f_{cd} 중 큰 값인 40MPa이다.
- f_{cq} > 35MPa
  $f_{cr} = f_{cq} + 1.34S = 40 + 1.34 \times 5 = 46.7\text{MPa}$
  $f_{cr} = 0.9f_{cq} + 2.33S = 0.9 \times 40 + 2.33 \times 5 = 47.7\text{MPa}$
  ∴ 큰 값인 47.7MPa이다.

13 골재의 체가름 시험에 대한 설명으로 틀린 것은?
① 시료는 사분법 또는 시료 분취기로 채취한다.
② 잔골재와 굵은골재를 혼합하여 체가름 시험을 한다.
③ 분취한 시료는 (105±5)℃의 온도로 일정 질량이 될 때까지 건조한다.
④ 각 체에 남은 시료를 전 시료 질량의 0.1% 이상까지 정확히 측정한다.

해설 잔골재와 굵은골재는 따로 체가름 시험을 한다.

정답 11. ③ 12. ③ 13. ②

14 콘크리트 배합설계의 물-결합재비에 대한 설명으로 틀린 것은?

① 제빙화학제가 포함된 물과 동결에 노출되는 콘크리트 표면의 물-결합재비는 45% 이하로 한다.
② 소요의 강도, 내구성, 수밀성 및 균열저항성 등을 고려하여 정한다.
③ 모르타르 또는 콘크리트에 포함된 시멘트 페이스트 중의 결합재에 대한 물의 체적 백분율이다.
④ 콘크리트의 압축강도를 기준으로 물-결합재비를 정하는 경우 시험용 공시체는 재령 28일을 표준으로 한다.

해설 굳지 않은 콘크리트 또는 굳지 않은 모르타르에 포함되어 있는 시멘트 페이스트 속의 물과 결합재의 질량비이다.

15 운반시간이 길어짐에 따른 반죽질기의 저하를 억제하여 시공성과 작업성을 확보할 수 있으며 서중 콘크리트 타설 시 첨가하는 혼화제는?

① 지연제
② 유동화제
③ AE감수제
④ 분리저감제

해설 서중 콘크리트 시공시, 레디믹스트 콘크리트의 운반거리가 멀 때, 수조 및 대형구조물 등 연속타설 시 사용되는 콘크리트에는 지연제가 적합하다.

16 시멘트의 강도는 수소결합과 같은 약한 결합작용이나 경화가 진행되면서 C-S-C(II)와 같은 섬유상 수화물이 Si-O-Si의 강한 결합으로 전환되어 강도가 증진되는데 이러한 강도발현의 영향과 관계가 없는 것은?

① 믹서의 성능
② 물-결합재비
③ 수화온도(양생조건)
④ 시멘트 조성 및 분말도

해설 믹서의 성능은 시멘트의 강도발현과는 영향이 없다.

정답 14. ③ 15. ①
16. ①

17 굵은골재의 체가름 시험 결과가 아래의 표와 같을 때 조립률은?

체의 크기(mm)	각 체의 통과 백분율(%)
75	100
40	100
20	72
10	23
5	12
2.5	7
1.2	1
0.6	0

① 3.15 ② 3.85
③ 6.15 ④ 6.85

해설

체의 크기(mm)	각 체의 통과율(%)	각 체의 잔유율(%)	가적 잔유율(%)
75	100	0	0
40	100	0	0
20	72	28	28
10	23	49	77
5	12	11	88
2.5	7	5	93
1.2	1	6	99
0.6	0	0	100
0.3	0	0	100
0.15	0	0	100

$$FM = \frac{28+77+88+93+99+100+100+100}{100} = 6.85$$

18 콘크리트용 팽창재(KS F 2562) 품질 규정 시 적용하는 시험이 아닌 것은?

① 비표면적 시험
② 내흡수 성능 시험
③ 산화마그네슘 시험
④ 팽창성(길이 변화율) 시험

해설 콘크리트용 팽창재(KS F 2562) 품질 규정 시 적용하는 시험은 산화마그네슘, 비표면적, 강열감량, 1.2mm체 잔유율, 응결, 팽창성(길이 변화율), 압축강도 시험이 있다.

19 콘크리트의 일반적인 혼화제가 아닌 것은?

① 감수제
② 지연제
③ 착색제
④ 유동화제

해설 콘크리트에는 감수제, 지연제, 유동화제 등이 일반적으로 사용된다.

[정답] 17. ④ 18. ② 19. ③

20 동해 저항 콘크리트에 요구되는 공기량에 대한 설명으로 틀린 것은?

① 연행되는 공기량의 허용 편차는 ±1.5%이다.
② 설계기준 압축강도가 30MPa를 초과하는 경우, 공기량은 1% 감소시킬 수 있다.
③ 굵은골재 최대치수가 20mm인 경우, 심한 노출 조건에서 필요 공기량은 6.0%이다.
④ 굵은골재 최대치수가 25mm 및 40mm인 경우, 보통 노출 조건에서 필요 공기량은 동일하다.

해설 설계기준 압축강도가 35MPa를 초과하는 경우, 공기량은 1% 감소시킬 수 있다.

2과목 콘크리트 제조, 시험 및 품질관리

21 원기둥 콘크리트 공시체(지름 150mm, 길이 300mm)를 할렬 인장 강도시험을 하여 얻어진 최대 하중이 150kN일 때, 이 콘크리트의 인장강도로 알맞은 것은?

① 3.1MPa ② 3.0MPa
③ 2.4MPa ④ 2.1MPa

해설 인장강도 $= \dfrac{2P}{\pi dl} = \dfrac{2 \times 150,000}{3.14 \times 150 \times 300} = 2.1\text{MPa}$

22 콘크리트의 각종 강도에 관한 설명으로 틀린 것은?

① 콘크리트의 인장강도 시험은 쪼갬인장강도 시험방법을 주로 이용한다.
② 콘크리트의 압축강도가 일반콘크리트의 품질관리에 가장 대표적으로 이용된다.
③ 고강도 콘크리트일수록 인장강도/압축강도의 비가 작아진다.
④ 압축강도시험에서 재하속도를 빠르게 하면 강도값이 실제보다 작아지는 경향이 있다.

해설 압축강도시험에서 재하속도를 빠르게 하면 강도값이 실제보다 큰 경향이 있다.

[정답] 20. ② 21. ④ 22. ④

23 콘크리트의 압축강도 시험 방법에 대한 설명으로 틀린 것은?

① 상하의 가압판의 크기는 공시체의 지름 이상으로 하고 두께는 25mm 이상으로 한다.
② 공시체를 공시체 지름의 5% 이내의 오차에서 그 중심축이 가압판의 중심과 일치하도록 놓고 시험을 실시한다.
③ 하중을 가하는 속도는 압축응력도의 증가율이 매초 (0.6±0.4)MPa이 되도록 한다.
④ 시험기의 가압판과 공시체의 사이에 쿠션재를 넣어서는 안 된다.(다만, 언본드 캐핑에 의한 경우는 제외한다.)

해설
• 공시체를 공시체 지름의 1% 이내의 오차에서 그 중심축이 가압판의 중심과 일치하도록 놓고 시험을 실시한다.
• 공시체가 급격한 변형을 시작한 후에는 하중을 가하는 속도의 조정을 중지하고 하중을 계속 가한다.

24 콘크리트의 내구성을 향상시키기 위한 방법으로 잘못된 것은?

① 체적 변화가 큰 콘크리트를 만든다.
② 습윤양생을 충분히 실시한다.
③ 물-결합재비는 가능한 낮게 한다.
④ 다짐을 철저히 한다.

해설 체적 변화가 작은 콘크리트를 만든다.

25 콘크리트 압축강도 시험에 관한 설명으로 올바르지 않은 것은?

① 공시체의 지름은 0.1mm, 높이는 1mm까지 측정한다.
② 공시체의 제작에서 몰드를 떼는 시기는 채우기가 끝나고 나서 16시간 이상 3일 이내로 한다.
③ 일반적으로 사용하는 공시체는 원통형 공시체로 직경에 대한 길이의 비가 1 : 3인 것을 많이 사용한다.
④ 콘크리트의 압축강도의 표준은 특별한 경우를 제외하고는 일반적으로 재령 28일을 설계의 표준으로 한다.

해설
• 일반적으로 사용하는 공시체는 원통형 공시체로 직경에 대한 길이의 비가 1 : 2인 것을 많이 사용한다.
• 콘크리트의 압축강도는 공시체의 건조상태나 온도에 따라 상당히 변화하는 경우도 있으므로 양생을 끝낸 직후 상태에서 시험을 하여야 한다.

정답 23. ② 24. ① 25. ③

26 콘크리트의 수밀성을 향상시키기 위한 방법으로 적합하지 않는 것은?

① 배합시 콘크리트의 물-결합재비를 저감시킴
② 혼화재로 플라이 애시를 사용
③ 습윤양생기간을 충분히 함
④ 경량골재를 사용

해설 경량골재는 고강도를 요구하는 구조물이나 수밀성을 요구하는 구조물에는 부적당하다.

27 레디믹스트 콘크리트의 굵은골재 계량값이 아래 표와 같을 때 계량오차와 허용치 만족 여부를 순서대로 옳게 나열한 것은?

- 굵은골재 목표 1회 분량=2,000kg
- 굵은골재 저울에 의한 계측치=2,040kg

① 계량오차 : 1%,   허용치 만족 여부 : 합격
② 계량오차 : 2%,   허용치 만족 여부 : 합격
③ 계량오차 : 1%,   허용치 만족 여부 : 불합격
④ 계량오차 : 2%,   허용치 만족 여부 : 불합격

해설
- 계량오차 $= \dfrac{2040-2000}{2000} \times 100 = 2\%$
- 골재의 계량오차는 ±3% 허용오차 이내이므로 만족하여 합격이다.

28 침하균열의 방지 대책으로 옳지 않은 것은?

① 단위수량을 될 수 있는 한 크게 하고, 슬럼프가 작은 콘크리트를 잘 다짐해서 시공한다.
② 침하 종료 이전에 급격하게 굳어져 점착력을 잃지 않는 시멘트, 혼화제를 선정한다.
③ 타설속도를 늦게 하고 1회 타설 높이를 작게 한다.
④ 균열을 조기에 발견하고, 각재 등으로 두드리거나 흙손으로 눌러서 균열을 폐색시킨다.

해설 단위수량을 될 수 있는 한 작게 하고, 슬럼프가 작은 콘크리트를 잘 다짐해서 시공한다.

정답 26. ④ 27. ② 28. ①

29 레디믹스트 콘크리트의 품질에서 슬럼프에 따른 슬럼프의 허용오차로 틀린 것은?

① 슬럼프 25mm일 때 허용오차는 ±10mm이다.
② 슬럼프 50mm일 때 허용오차는 ±15mm이다.
③ 슬럼프 65mm일 때 허용오차는 ±15mm이다.
④ 슬럼프 80mm일 때 허용오차는 ±20mm이다.

해설 슬럼프 80mm 이상인 경우에는 ±25mm 범위를 넘어서는 안 된다.

30 자재 품질관리에서 시멘트의 품질관리를 수행하는 시기 및 횟수로 옳지 않은 것은?

① 공사 시작 전
② 공사 중
③ 1회 월 이상 및 장기간 저장한 경우
④ 공사 후

해설 **시험·검사방법** : 제조회사의 시험성적표에 의한 확인 또는 KS L 5201의 방법

31 콘크리트의 성능과 관련된 지표를 정리한 것으로 틀린 것은?

① 투수계수—슬럼프, 블리딩
② 응결특성—시멘트의 품질, 혼화재료 품질, 타설 시 온도
③ 단열온도상승특성—결합재의 품질, 단위결합재량, 타설 시 온도
④ 펌퍼빌리티—골재의 품질, 굵은골재의 최대치수, 슬럼프, 블리딩

해설
- **투수계수** : 물-결합재비
- **강도** : 시멘트(결합재)-물비
- **동결융해 저항성** : 물-결합재비, 공기량, 골재의 품질

32 무근 콘크리트의 단면이 큰 경우 슬럼프 값(㉠)과 굵은골재의 최대치수(㉡)로 옳은 것은?

① ㉠ 60~120mm ㉡ 20mm 또는 25mm
② ㉠ 50~100mm ㉡ 40mm
③ ㉠ 60~120mm ㉡ 40mm
④ ㉠ 50~100mm ㉡ 20mm 또는 25mm

해설
- 무근 콘크리트의 단면이 큰 경우 : ㉠ 50~100mm ㉡ 40mm
- 철근 콘크리트의 단면이 큰 경우 : ㉠ 60~120mm ㉡ 40mm

정답 29. ④ 30. ④ 31. ① 32. ②

33. 시멘트의 저장에 대한 설명으로 틀린 것은?

① 시멘트의 온도가 너무 높을 때는 그 온도를 낮춘 다음에 사용한다.
② 포대시멘트를 쌓아 올리는 높이는 13포대 이하로 하며, 저장기간이 길어질 우려가 있는 경우에는 7포대 이상 쌓아 올리지 않는 것이 좋다.
③ 장기간 저장한 시멘트도 저장관리가 잘 되었으면 사용 전에 시험을 통한 품질 확인을 하지 않아도 상관없으며 사용여부나 배합의 조정 등도 하지 않아도 무방하다.
④ 시멘트는 공기 중의 수분과 접촉하면 풍화하므로 방습에 주의하고 시멘트 창고는 되도록 공기의 유통이 없게 하며 포대의 경우 지상으로부터 0.3m 이상 떨어져서 쌓아 놓아야 한다.

해설 장기간 저장한 시멘트가 저장관리가 잘 되었다 하더라도 사용 전에 시험을 실시하여 품질을 확인해야 한다.

34. 레디믹스트 콘크리트를 오후 2시부터 비비기 시작하였다면 타설 종료 시간으로 옳은 것은? (단, 외기온도가 27℃인 경우)

① 오후 3시
② 오후 3시 30분
③ 오후 4시
④ 오후 4시 30분

해설 콘크리트는 신속하게 운반하여 즉시 타설하고 충분히 다져야 한다. 비비기로부터 타설이 끝날 때까지의 시간은 원칙적으로 외기온도가 25℃ 이상일 때는 1.5시간, 25℃ 미만일 때는 2시간을 넘어서는 안 된다.

35. AE제를 사용한 콘크리트에서 물-결합재비가 일정하고 공기량만 증가시킬 경우, 공기량이 1% 증가함에 따라 변화하는 내용으로 틀린 것은?

① 슬럼프가 약 25mm 증가한다.
② 휨강도가 약 4~6% 감소한다.
③ 압축강도가 약 4~6% 증가한다.
④ 탄성계수는 약 $7~8 \times 10^2$MPa 감소한다.

해설 압축강도가 약 4~6% 감소한다.

정답 33. ③ 34. ② 35. ③

36 슬럼프 시험방법에 관한 내용으로 옳지 않은 것은?

① 슬럼프 콘의 높이는 300mm이다.
② 슬럼프 시험은 굳지 않은 콘크리트 품질관리의 필수 항목이다.
③ 무너져 내린 콘크리트의 바닥에서 정상부까지의 높이를 슬럼프 값이라 한다.
④ 슬럼프 시험은 3층으로 나누어 콘크리트를 부어넣고 매 층마다 25회 다짐을 하여야 한다.

해설 **슬럼프** : 슬럼프 콘 상단부에서 콘크리트의 정상부까지 무너져 내린 값을 5mm 단위로 읽는다.

37 일정량의 AE제를 사용한 콘크리트에서 연행되는 공기량에 영향을 주는 요소에 대한 설명으로 틀린 것은?

① 슬럼프가 클수록 공기량은 많게 된다.
② 물-결합재비가 클수록 공기량은 많게 된다.
③ 단위 잔골재량이 적을수록 공기량은 많게 된다.
④ 콘크리트의 온도가 낮을수록 공기량은 많게 된다.

해설 단위 잔골재량이 많을수록 공기량은 많게 된다.

38 히스토그램(histogram)의 작성순서를 보기에서 골라 올바르게 나열한 것은?

(보기) ㉠ 히스토그램과 규격값을 대조하여 안정상태인지 검토한다.
㉡ 히스토그램을 작성한다.
㉢ 도수분포도를 만든다.
㉣ 데이터에서 최솟값과 최댓값을 구하여 전 범위를 구한다.
㉤ 구간 폭을 구한다.
㉥ 데이터를 수집한다.

① ㉥-㉣-㉤-㉢-㉡-㉠
② ㉥-㉤-㉣-㉢-㉡-㉠
③ ㉥-㉣-㉢-㉤-㉡-㉠
④ ㉥-㉡-㉤-㉣-㉢-㉠

해설 **히스토그램 작성순서**
• 데이터를 수집한다.
• 데이터에서 최솟값과 최댓값을 구하여 전 범위를 구한다.
• 구간 폭을 구한다.
• 도수분포도를 만든다.
• 히스토그램을 작성한다.
• 히스토그램과 규격값을 대조하여 안정상태인지 검토한다.

정답 36. ③ 37. ③ 38. ①

39 다음 중 워커빌리티 측정 시험이 아닌 것은?

① 비비시험
② L플로시험
③ 리몰딩 시험
④ 다짐계수 시험

해설 L플로시험은 고유동 콘크리트의 컨시스턴시시험 평가방법이다.

40 콘크리트의 비파괴시험 방법 중 분극저항법으로 알 수 있는 것은?

① 철근의 부식유무
② 콘크리트의 압축강도
③ 콘크리트의 동해 정도
④ 콘크리트의 탄산화 정도

해설 콘크리트 구조물의 철근 부식 상황을 파악하는데는 분극저항법, 자연전위법, 전기저항법 등이 있다.

3과목 콘크리트의 시공

41 콘크리트 타설과정에서 이어치기면(cold Joint)의 품질관리에 관련되는 사항 중에서 관계가 먼 내용은?

① 하절기 (서중)콘크리트 타설시는 이어치기 한계시간을 준수한다.
② 외기 온도가 25℃ 초과인 경우, 2시간 이내에 콘크리트의 이어치기를 한다.
③ 외기 온도가 25℃ 이하인 경우, 3시간 이내에 콘크리트의 이어치기를 한다.
④ 콘크리트를 2층 이상으로 나누어 타설할 경우, 상층의 콘크리트 타설은 하층의 콘크리트가 굳기 시작하기 전에 하여야 한다.

해설 이어치기 허용시간 간격 표준
① 외기 온도가 25℃ 이하인 경우 : 2.5시간 이내
② 외기 온도가 25℃ 이상인 경우 : 2.0시간 이내

42 콘크리트 이음(joint) 중에서 수축줄눈(contraction joint)의 기능 또는 역할과의 관계가 먼 내용은?

① 콘크리트의 구조균열제어
② 콘크리트의 균열유도

정답 39. ② 40. ①
41. ③ 42. ①

③ 콘크리트의 건조수축제어
④ 콘크리트의 온도변화에 대응

해설 수축줄눈은 콘크리트의 구조적 균열을 제어할 수 없다.

43 다음은 프리플레이스트 콘크리트의 압송에 대한 설명이다. ( ) 안에 들어가는 기준이 되는 수치는?

> 수송관의 연장이 ( )m를 넘을 때는 중계용 애지테이터와 펌프를 사용한다.

① 40　　② 70
③ 100　　④ 130

해설 모르타르 펌프의 압송시 수송관의 연장이 100m를 넘을 때는 중계용 애지테이터와 펌프를 사용한다.

44 고강도 콘크리트의 제조에 필수적으로 필요한 혼화제로서 물-결합재비가 낮은 콘크리트 배합의 워커빌리티를 개선하는 데 가장 크게 기여하는 것은?

① 실리카 퓸　　② 촉진제
③ 고성능감수제　　④ 플라이 애시

해설 콘크리트 운반 중 슬럼프값 저하에 대비해 고성능감수제 투여장치 등 보조장치를 준비한다.

45 매스 콘크리트의 타설온도를 낮추는 방법으로 물, 골재 등의 재료를 미리 냉각시키는 방법을 무엇이라 하는가?

① 파이프 쿨링　　② 트레미 방법
③ 콜드 조인트　　④ 프리 쿨링

해설 파이프 쿨링은 미리 콘크리트 속에 묻은 파이프 내부에 냉수 또는 공기를 보내 콘크리트의 온도를 제어하는 것이다.

46 시공이음면의 거푸집 철거는 콘크리트가 굳은 후 되도록 빠른 시기에 하는 것이 좋다. 일반적으로 겨울철에 연직시공이음부의 거푸집 제거시기는 콘크리트 타설 후 얼마 정도로 하는 것이 좋은가?

① 4~6시간　　② 7~9시간
③ 10~15시간　　④ 15~20시간

해설 일반적으로 연직시공 이음부의 거푸집 제거시기는 콘크리트를 타설하고 난 후 여름에는 4~6시간 정도, 겨울에는 10~15시간 정도로 한다.

정답 43. ③　44. ③　45. ④　46. ③

47 재령 24시간에서의 숏크리트의 초기강도 표준값은?
① 0.5~1.0MPa ② 1.0~3.0MPa
③ 3.0~5.0MPa ④ 5.0~10.0MPa

해설 재령 3시간에서의 숏크리트의 초기강도는 1.0~3.0MPa이다.

48 수중 콘크리트 시공 공법의 종류가 아닌 것은?
① 트레미 공법 ② 밑열림 상자 공법
③ 콘크리트 펌프 공법 ④ 단면 증대 공법

해설 트레미나 콘크리트 펌프를 사용해서 타설한다. 그러나 부득이한 경우 및 소규모 공사의 경우 밑열림 상자나 밑열림 포대를 사용할 수 있다.

49 콘크리트의 이음부 시공에 대한 설명으로 틀린 것은?
① 바닥틀의 시공이음은 슬래브 또는 보의 경간 중앙부 부근에 두어야 한다.
② 바닥틀과 일체로 된 기둥 또는 벽의 시공이음은 바닥틀과의 경계 부근에 설치하는 것이 좋다.
③ 아치의 시공이음은 아치축에 직각이 되도록 설치하여야 한다.
④ 신축이음은 양쪽의 구조물 혹은 부재가 구속되어 있는 구조이어야 한다.

해설 신축이음은 양쪽의 구조물 혹은 부재가 구속되지 않는 구조라야 한다.

50 다음 시멘트 중에서 댐과 같이 큰 단면의 콘크리트에 적합하지 않는 것은?
① 플라이 애시 시멘트 ② 고로 시멘트
③ 실리카 시멘트 ④ 조강 포틀랜드 시멘트

해설 댐과 같은 매시브한 구조물은 시멘트량이 많이 소요되므로 수화열이 커 균열의 우려가 있으므로 수화열이 큰 조강 포틀랜드 시멘트를 사용해서는 안 된다.

51 프리캐스트 콘크리트에 대한 설명으로 옳지 않은 것은?
① 오토클레이브 양생 등의 고압증기양생을 한 공장제품에는 양생 후 재령에 따라 강도, 수밀성, 내구성 등이 향상된다.

정답 47. ④ 48. ④
49. ④ 50. ④
51. ①

② 증기양생은 보통 비빈 후 2~3시간 이상 경과한 후에 실시한다.
③ 가압양생은 성형된 콘크리트에 0.5~1.0MPa의 압력을 가한 상태에서 약 100℃의 고온으로 양생한다.
④ 오토클레이브 양생은 PSC 말뚝 등의 제조에 쓰인다.

해설
- 오토클레이브 양생 등의 고압증기양생을 한 공장제품은 양생 후 재령에 따른 강도의 증가는 없다.
- 프리스트레스트 콘크리트 제품에는 재생골재를 사용해서는 안 된다.

52 한중 콘크리트에 대한 설명으로 틀린 것은?

① 한중 콘크리트에는 공기연행 콘크리트를 사용하지 않는 것을 원칙으로 한다.
② 하루의 평균 기온이 4℃ 이하가 예상되는 조건일 때는 한중 콘크리트로 시공한다.
③ 물-결합재비는 원칙적으로 60% 이하로 하여야 한다.
④ 가열한 재료를 믹서에 투입하는 순서는 시멘트가 급결하지 않도록 정하여야 한다.

해설
- 한중 콘크리트에는 공기연행 콘크리트를 사용하는 것을 원칙으로 한다.
- 재료를 가열할 경우, 물 또는 골재를 가열하는 것으로 하며, 시멘트는 어떠한 경우라도 직접 가열할 수 없다.

53 콘크리트의 습윤양생이 충분하지 못할 경우 발생하는 현상으로 틀린 것은?

① 침하수축의 감소
② 강도의 감소
③ 건조수축의 증가
④ 수밀성의 저하

해설 콘크리트를 유해한 응력으로부터 소정의 강도가 발현되기까지 보호하는 것을 양생이라 하며 습윤양생을 할 경우 충분하게 수분이 공급되도록 하여야 한다.

54 고강도 콘크리트의 배합 특성으로 틀린 것은?

① 사용되는 굵은골재의 최대 치수는 25mm 이하로 한다.
② 수밀성 향상을 위해 공기연행제를 사용하는 것을 원칙으로 한다.
③ 비비기에는 가경식 믹서보다 강제식 팬 믹서가 좋다.
④ 고강도 콘크리트의 설계기준 압축강도는 일반적으로 40MPa 이상으로 하며 고강도 경량골재 콘크리트는 27MPa 이상으로 한다.

해설 기상의 변화가 심하거나 동결융해에 대한 대책이 필요한 경우를 제외하고는 공기연행제를 사용하지 않는 것을 원칙으로 한다.

정답 52. ① 53. ① 54. ②

55 한중콘크리트 배합시 이용하는 일반적인 적산 온도식으로 알맞은 것은? [단, M : 적산온도(°D·D(일), ℃·D), θ : Δt 시간 중의 콘크리트의 일평균 양생온도(℃), Δt : 시간(일)]

① $M = \sum_{0}^{t}(\Delta t + \theta) \times 30°C$

② $M = \sum_{0}^{t}(\theta + 10°C)\Delta t$

③ $M = \sum_{0}^{t}(\Delta t + 30°C) \times \theta$

④ $M = \sum_{0}^{t}(\Delta t + 10°C) \times \theta$

해설 $M = \sum_{0}^{t}(\theta + A)\Delta t$

여기서, A : 정수로서 일반적으로 10℃가 사용된다.

56 방사선 차폐용 콘크리트에 일반적으로 사용되는 골재가 아닌 것은?

① 팽창성 혈암　　② 바라이트
③ 자철광　　　　④ 적철광

해설 방사선 차폐용 콘크리트는 주로 생물체의 방호를 위하여 X선, γ선 및 중성자선을 차폐할 목적으로 사용되는 콘크리트이다.

57 콘크리트의 펌프 압송부하에 관한 설명으로 틀린 것은?

① 콘크리트 슬럼프가 클수록 작다.
② 배관길이가 짧을수록 압송부하는 작다.
③ 콘크리트 토출량(m^3/h)이 같은 경우 수송관 지름이 클수록 크다.
④ 콘크리트 토출량(m^3/h)이 클수록 관내압력 손실이 커지고 펌프의 압송부하는 증가한다.

해설 콘크리트 토출량(m^3/h)이 같은 경우 수송관 지름이 작을수록 크다.

58 물-결합재비(W/B)를 결정할 때 고려할 사항이 아닌 것은?

① 강도　　　　② 입도
③ 내구성　　　④ 수밀성

정답　55. ②　56. ①　57. ③　58. ②

해설: W는 물의 질량, B는 시멘트와 플라이 애쉬, 고로슬래그 미분말 등 혼화재 질량의 총합이다.

59 팽창 콘크리트에 대한 설명으로 틀린 것은?

① 한중 콘크리트인 경우 타설 시 콘크리트 온도는 10℃ 이상 20℃ 미만으로 한다.
② 팽창재는 다른 재로와 별도로 질량으로 계량하며 그 오차는 1회 계량분량의 5% 이내로 한다.
③ 콘크리트 거푸집 존치기간은 평균기온 20℃ 미만인 경우에는 5일 이상, 20℃ 이상인 경우에는 3일 이상으로 한다.
④ 콘크리트의 비비기 시간은 강제식 믹서를 사용하는 경우 1분 이상, 가경식 믹서를 사용하는 경우 1분 30초 이상으로 한다.

해설: 팽창재는 다른 재로와 별도로 질량으로 계량하며 그 오차는 1회 계량분량의 1% 이내로 한다.

60 일반적인 상황에서 트레미를 사용한 현장 타설 콘크리트 말뚝을 수중 콘크리트로 타설할 경우 슬럼프의 표준값은?

① 100~150mm
② 130~180mm
③ 150~190mm
④ 180~210mm

해설:
- 일반 수중 콘크리트 : 130~180mm
- 현장 타설말뚝 및 지하연속벽에 사용하는 수중 콘크리트 : 180~210mm

4과목 콘크리트 구조 및 유지관리

61 보강의 시공 및 검사 내용 중 적합하지 않는 것은?

① 보강에 대한 시공을 할 경우에는 기존 시설물을 손상시키는 일이 없도록 세심한 주의를 기울여야 한다.
② 기존 시설물에 대한 바탕처리는 설계조건을 만족시키도록 적절히 실시하여야 한다.
③ 사용할 재료는 현장의 상황에 따라 시험을 실시하지 않아도 된다.
④ 보강 완료 후 설계에 정해진 조건에 부합된 시공이 되었는가의 여부를 검사하여야 한다.

해설: 보강의 시공에 있어 사용될 재료는 시험을 실시해야 한다.

정답 59. ② 60. ④ 61. ③

62 300mm×400mm의 단면을 가진 띠철근 기둥의 설계강도(ϕP_n)는 얼마인가? (단, f_{ck} = 24MPa, f_y = 300MPa, 종방향철근 전체의 단면적(A_{st})은 5700mm², ϕ = 0.65이다.)

① 2102kN
② 2829kN
③ 3233kN
④ 4042kN

해설
$\phi P_n = \phi \, 0.8 \, [\eta(0.85 f_{ck})(A_g - A_{st}) + A_{st} f_y]$
$= 0.65 \times 0.8 \, [1.0(0.85 \times 24)(120000 - 5700) + 5700 \times 300]$
$= 2102\text{kN}$

63 기존 콘크리트 구조물의 중성화 깊이 측정 시험에 필요한 시약은?

① 완전 탈수한 등유
② 벤젠
③ 수산화칼슘
④ 페놀프탈레인

해설 콘크리트 파단면에 1% 페놀프탈레인 용액을 분무하여 변색 여부를 관찰하여 무색으로 변화한 부분은 중성화된 것이다.

64 다음 중에서 동결융해에 의해 콘크리트의 열화를 증대시키는 요인에 해당되지 않는 것은?

① 콘크리트 내부의 많은 수분 함유
② 빈번한 동결융해 주기
③ 흡수성이 큰 골재의 사용
④ 공기연행제와 같은 공기연행제 사용

해설 적당한 공기량을 연행한 공기연행 콘크리트는 동결융해의 반복에 대한 저항성이 크게 개선된다.

65 전기방식 공법에서 외부 전원을 필요로 하지 않는 공법은 어느 것인가?

① 티탄 메시방식
② 유전 양극방식
③ 내부 양극방식
④ 도전성 도료방식

해설 유전 양극방식은 외부 전원이 필요 없다.

정답 62. ① 63. ④ 64. ④ 65. ②

66 철근의 정착에 관한 사항 중 옳지 않은 것은?
① 압축철근의 정착에 갈고리를 두는 것이 유리하다.
② 정착에는 갈고리에 의한 정착, 기계적 정착, 묻힘길이에 의한 정착 방법 등이 있다.
③ 인장철근 정착길이는 압축철근 정착길이보다 길 필요가 있다.
④ 정착길이는 위험단면에서 철근의 설계기준 항복강도를 발휘하는 데 필요한 최소 묻힘길이를 말한다.

해설
- 인장이형철근의 최소 정착길이는 300mm 이상이어야 한다.
- 압축철근의 정착길이는 200mm 이상이어야 한다.
- 단부에 표준갈고리를 갖는 인장이형철근의 정착길이는 150mm 이상이어야 한다.
- 인장이형철근의 정착에 갈고리를 두는 것이 유리하다.

67 내동해성이 작은 골재를 콘크리트에 사용하는 경우 동결융해작용에 의해 골재가 팽창하여 파괴되어 떨어져 나가거나 그 위치의 콘크리트 표면이 떨어져 나가는 현상을 무엇이라 하는가?
① 팝아웃   ② 백화
③ 스케일링   ④ 침식

해설 콘크리트가 동해를 받았을 경우에는 미세균열, 박리·박락, 팝아웃의 열화현상이 발생한다.

68 콘크리트 구조기준의 구조물 사용성 및 내구성 검토에서 피로를 고려하지 않아도 되는 철근과 긴장재의 응력범위로 옳지 않은 것은?
① 이형철근(f_y=350MPa) : 140MPa
② 이형철근(f_y=400MPa) : 140MPa
③ 긴장재(연결부 또는 정착부) : 140MPa
④ 긴장재(기타 부위) : 160MPa

해설 피로를 고려하지 않아도 되는 철근과 긴장재의 응력범위

강재의 종류	설계기준항복강도 혹은 위치	철근 또는 긴장재의 응력범위(MPa)
이형철근	300MPa	130
	350MPa	140
	400MPa	150
긴장재	연결부 또는 정착부	140
	기타 부위	160

정답 66. ① 67. ① 68. ②

69. 1방향 슬래브에 대한 설명으로 틀린 것은?

① 4변에 의해 지지되는 2방향 슬래브 중에서 단변에 대한 장변의 비가 2배를 넘으면 1방향 슬래브로 해석한다.
② 슬래브의 정모멘트 철근 및 부모멘트 철근의 중심간격은 위험단면에서는 슬래브 두께의 3배 이하이어야 하고, 또한 450mm 이하로 하여야 한다.
③ 1방향 슬래브의 두께는 최소 100mm 이상으로 하여야 한다.
④ 1방향 슬래브에서는 정모멘트 철근 및 부모멘트 철근에 직각방향으로 수축·온도철근을 배치하여야 한다.

해설 슬래브의 정철근 및 부철근의 중심간격은 최대 휨모멘트가 일어나는 단면에서는 슬래브 두께의 2배 이하, 또는 300mm 이하로 한다. 기타 단면은 슬래브 두께의 3배 이하, 또한 450mm 이하로 한다.

70. 강도설계법에 의한 전단설계에서, 전단보강철근을 사용하지 않고 계수하중에 의한 전단력 $V_u=100$kN을 지지하려고 한다. 보의 폭이 1,000mm일 경우 보의 유효깊이의 최소값은? (단, $f_{ck}=25$MPa이다.)

① 120mm
② 160mm
③ 240mm
④ 320mm

해설
$$V_u \leq \frac{1}{2}\phi V_c$$
$$V_u \leq \frac{1}{2}\phi \frac{1}{6}\lambda \sqrt{f_{ck}}\, b_w\, d$$
$$100,000 = \frac{1}{2}\times 0.75 \times \frac{1}{6}\times 1.0 \times \sqrt{25} \times 1,000 \times d$$
$$\therefore\ d=320\text{mm}$$

71. 구조물의 안전성 평가에서 안전성을 좌우하는 가장 중요한 사항으로 안전성 조사 시 우선적으로 파악하여야 하는 것은?

① 균열
② 부재변형
③ 철근부식
④ 하중 및 단면

해설 균열을 우선 조사하여 발생 원인을 재료, 시공, 사용 환경 및 구조 외력조건으로 크게 나누어 구조물의 안전성 평가를 한다.

정답 69. ② 70. ④ 71. ①

72 균열폭 0.2mm 이하의 미세한 결함에 대해 탄성실링제를 이용하여 도막을 형성, 방수성 및 내화성을 확보할 목적으로 사용하는 구조물 보수공법은?

① 표면처리 공법
② 주입공법
③ 충전공법
④ 침투성 방수제 도포공법

해설
- 0.2mm 이하인 미세한 결함에 대해 방수성, 내화성을 확보할 목적으로 표면처리 공법이 사용된다.
- 주입공법은 균열 폭이 0.2mm 이상의 경우에 결함부분에 수지계 또는 시멘트계 등으로 주입한다.

73 하중 재하기간이 60개월 이상 된 철근콘크리트 부재가 있다. 하중 재하시 탄성처짐량이 20mm 발생했다고 하면 부재의 총처짐량은 얼마인가? (단, 압축철근비는 0.02이다.)

① 20mm
② 30mm
③ 40mm
④ 50mm

해설
- 탄성 처짐량 : 20mm
- $\lambda_\Delta = \dfrac{\xi}{1+50\rho'} = \dfrac{2}{1+50\times 0.02} = 1$
- 장기 처짐량 = 탄성 처짐량 × λ_Δ = 20×1 = 20mm
- 총 처짐량 = 탄성 처짐량 + 장기 처짐량 = 20+20 = 40mm

74 다음 중 옹벽을 설계할 때 고려해야 하는 안정조건이 아닌 것은?

① 전도에 대한 안정
② 활동에 대한 안정
③ 지반 지지력에 대한 안정
④ 벽체 좌굴에 대한 안정

해설 전도, 활동, 침하(지반 지지력)에 대한 안정을 고려해야 한다.

75 연성파괴를 일으키는 직사각형 단면에서 중립축의 거리(c)는 얼마인가? (단, $f_{ck}=30$MPa, $f_y=500$MPa, $A_s=3-D25=1520\text{mm}^2$이다.)

① 175.3mm
② 186.3mm
③ 182.7mm
④ 185.4mm

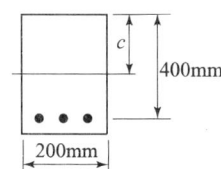

해설
- $\beta_1 = 0.8$
- $a = \dfrac{A_s \cdot f_y}{\eta(0.85f_{ck})b} = \dfrac{1520\times 500}{1.0\times(0.85\times 30)\times 200} = 149.02\text{mm}$
- $a = \beta_1 \cdot c$ ∴ $c = \dfrac{a}{\beta_1} = \dfrac{149.02}{0.8} ≒ 186.3\text{mm}$

정답 72. ① 73. ③ 74. ④ 75. ②

76 다음 복철근 직사각형 보에서 등가 응력 사각형의 깊이 a는? (단, 압축철근과 인장철근이 모두 항복하며, $A_s' = 860\text{mm}^2$, $A_s = 1,935\text{mm}^2$, $f_{ck} = 24\text{MPa}$, $f_y = 350\text{MPa}$이다.)

① 40.3mm
② 52.7mm
③ 60.2mm
④ 70.4mm

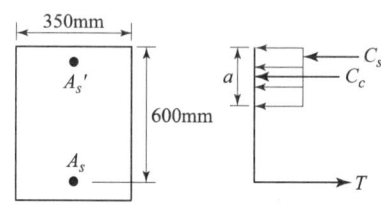

해설
$$a = \frac{(A_s - A_s')f_y}{\eta(0.85f_{ck})b}$$
$$= \frac{(1935-860) \times 350}{1.0 \times (0.85 \times 24) \times 350}$$
$$= 52.7\text{mm}$$

77 구조물의 상태평가 ABCDE 5단계 등급에 대한 설명 중 틀린 것은?

① A등급 : 문제점이 없는 최상의 상태
② B등급 : 보조 부재에 경미한 결함이 발생하였으나 기능 발휘에는 지장이 없으며 내구성 증진을 위하여 일부 보수가 필요한 상태
③ D등급 : 주요 부재에 결함이 발생하여 긴급한 보수·보강이 필요하며 사용 제한 여부를 결정해야 하는 상태
④ E등급 : 주요 부재에 경미한 결함 또는 보조 부재에 광범위한 결함이 발생하였으나 전체적인 구조물의 안전에는 지장이 없으며 주요 부재에 내구성, 기능성 저하방지를 위한 보수가 필요하거나 보조 부재에 간단한 보강이 필요한 상태

해설 안전등급

안전등급	시설물의 상태
A(우수)	문제점이 없는 최상의 상태
B(양호)	보조 부재에 경미한 결함이 발생하였으나 기능 발휘에는 지장이 없으며, 내구성 증진을 위하여 일부 보수가 필요한 상태
C(보통)	주요 부재에 경미한 결함 또는 보조 부재에 광범위한 결함이 발생하였으나 전체적인 시설물의 안전에는 지장이 없으며, 주요 부재에 내구성, 기능성 저하방지를 위한 보수가 필요하거나 보조 부재에 간단한 보강이 필요한 상태
D(미흡)	주요 부재에 결함이 발생하여 긴급한 보수·보강이 필요하며, 사용 제한 여부를 결정해야 상태
E(불량)	주요 부재에 발생한 심각한 결함으로 인하여 시설물의 안전에 위험이 있어 즉각 사용을 금지하고 보강 또는 개축을 해야 하는 상태

정답 76. ② 77. ④

78 포스트텐션 방식에 의한 프리스트레스트 콘크리트의 정착방법 중 옳지 않은 것은?

① BBRV 공법
② 롱라인 공법
③ Dywidag 공법
④ Freyssinet 공법

해설 롱라인 공법은 프리텐션 방식에 의한 프리스트레스트 콘크리트의 정착방법이다.

79 콘크리트의 강도평가에 대한 설명으로 옳은 것은?

① 초음파 속도법에 의한 콘크리트 추정강도에 대한 정밀도가 매우 높다.
② 조합법은 반발경도법과 초음파 속도법을 조합하여 압축강도 추정에 대한 정밀도를 향상시키기 위해 실시한다.
③ 반발경도법은 측정부위를 10cm 간격으로 격자망을 구성하고 교차점 10개소 이상을 해머로 타격하여 평균 반발경도 R을 구한다.
④ 인발법은 가력 헤드를 지닌 앵커볼트와 원뿔형의 콘크리트를 뽑아내는 반력링을 사용하여 소요되는 최대 인발력으로 인장강도를 추정한다.

해설
- 초음파 속도법에 의한 콘크리트 추정강도에 대한 정밀도가 매우 낮다.
- 반발경도법은 측정부위를 3cm 간격으로 격자망을 구성하고 교차점 20개소 이상을 해머로 타격하여 평균 반발경도 R을 구한다.
- 인발법은 가력 헤드를 지닌 앵커볼트와 원뿔형의 콘크리트를 뽑아내는 반력링을 사용하여 소요되는 최대 인발력으로 전단강도를 추정한다.

80 보강공사를 위한 업무의 진행 순서로 옳은 것은?

① 보강방침의 결정 → 손상원인의 평가 → 목표성능의 설정 → 보강방법의 결정
② 목표성능의 설정 → 손상원인의 평가 → 보강방침의 결정 → 보강방법의 결정
③ 보강방침의 결정 → 목표성능의 설정 → 손상원인의 평가 → 보강방법의 결정
④ 손상원인의 평가 → 보강방침의 결정 → 목표성능의 설정 → 보강방법의 결정

해설 보강공사에 앞서 손상원인을 분석하고 보강방침에 따라 목표성능을 설정하여 보강공법을 결정한다.

정답 78. ② 79. ② 80. ④

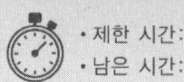

1과목　콘크리트 재료 및 배합

01 상수돗물 이외의 물을 혼합수로 사용할 경우에 대한 물의 품질 기준을 나타낸 것으로 틀린 것은?

① 현탁 물질의 양 : 2g/L 이하
② 용해성 증발 잔류물의 양 : 5g/L 이하
③ 염소(Cl^-) 이온량 : 250mg/L 이하
④ 모르타르의 압축강도비 : 재령 7일 및 재령 28일에서 90% 이상

해설
- 용해성 증발 잔류물의 양 : 1g/L 이하
- 시멘트 응결시간의 차 : 초결은 30분 이내, 종결은 60분 이내

02 콘크리트의 배합설계에서 물-결합재비의 결정을 위하여 고려하는 사항으로 거리가 먼 것은?

① 강도
② 시공성
③ 수밀성
④ 내구성

해설 물-결합재비는 소요의 강도, 내구성, 수밀성 및 균열 저항성 등을 고려하여 정한다.

03 압축강도의 시험기록이 없는 현장에서 호칭강도가 20MPa인 경우 배합강도는?

① 25MPa
② 27MPa
③ 28.5MPa
④ 30MPa

해설 호칭강도가 21MPa 미만의 경우이므로
$f_{cr} = f_{cn} + 7 = 20 + 7 = 27$MPa이다.

04 철근의 인장시험에 의하여 구할 수 있는 기계적 특성값이 아닌 것은?

① 연신율
② 단면 수축률
③ 내력
④ 취성 파면율

해설 강재의 인장시험은 항복점, 인장강도, 파단 연신율, 단면 수축률을 측정한다.

정답　01. ②　02. ②　03. ②　04. ④

05 레디믹스트 콘크리트에 사용하는 혼합수에 대한 설명으로 틀린 것은?

① 상수돗물은 시험을 하지 않아도 사용할 수 있다.
② 콘크리트의 회수수에서 상징수를 일부 활용하고 남은 슬러지를 포함한 물을 슬러지수라고 한다.
③ 회수수의 품질기준으로 염소 이온(Cl⁻)량은 350mg/L 이하이어야 한다.
④ 고강도 콘크리트에는 회수수를 사용하여서는 안 된다.

해설
- 회수수의 품질기준으로 염소 이온(Cl⁻)량은 250mg/L 이하이어야 한다.
- 슬러지수를 사용하였을 경우 슬러지 고형분율이 3%를 초과하면 안 된다.
- 레디믹스트 콘크리트를 배합할 때 슬러지수 중에 포함된 슬러지 고형분은 물의 질량에는 포함되지 않는다.
- 회수수를 사용한 경우 모르타르의 압축강도비는 재령 7일 및 28일에서 90% 이상이어야 한다.

06 굵은골재 체가름 시험을 실시한 결과 다음과 같은 성과표를 얻었다. 굵은골재 최대치수는?

체 크기(mm)	40	30	25	20	15	10
통과질량 백분율(%)	98	91	86	74	35	5

① 15mm
② 20mm
③ 25mm
④ 30mm

해설 골재의 체가름 시험을 하였을 때 통과질량 백분율이 90% 이상 통과한 체 중에서 최소치수의 눈금을 굵은골재 최대치수로 한다.

07 콘크리트 배합에 있어서 단위수량 165kg, 물-시멘트비 45%, 공기량 4%일 때 단위골재량의 절대용적은? (단, 시멘트 밀도는 3.14g/cm³이다.)

① 0.62m³
② 0.64m³
③ 0.68m³
④ 0.72m³

해설
- $\dfrac{W}{C} = 45\%$ ∴ $C = \dfrac{165}{0.45} = 367\text{kg}$
- $V = 1 - \left(\dfrac{165}{1 \times 1000} + \dfrac{367}{3.14 \times 1000} + \dfrac{4}{100}\right) = 0.68\text{m}^3$

08 시멘트 응결시간시험 방법으로 옳은 것은?

① 오토클레이브 방법
② 비비시험
③ 블레인시험
④ 길모어 침에 의한 시험

해설 시멘트의 응결시험 방법에는 길모어 침, 비카 침 시험이 있다.

정답 05. ③ 06. ④ 07. ③ 08. ④

09 실제 사용한 콘크리트의 31회 압축강도 시험으로부터 압축강도(MPa) 잔차의 제곱을 구하여 합한 값이 270이었다. 콘크리트의 배합강도를 결정하기 위한 압축강도의 표준편차를 구하면?

① 2.85MPa ② 2.90MPa
③ 2.95MPa ④ 3.00MPa

해설 표준편차 $\sigma = \sqrt{\dfrac{S}{n-1}} = \sqrt{\dfrac{270}{31-1}} = 3\text{MPa}$

10 다음 중 콘크리트 배합설계에 대한 내용으로 옳지 않은 것은?

① 경제성을 고려한다.
② 굵은골재 최대치수는 가능한 작게 한다.
③ 소요의 강도와 내구성을 고려한다.
④ 단위수량은 작업이 가능한 범위에서 적게 한다.

해설 굵은골재 최대치수는 작업이 가능한 크게 한다.

11 콘크리트 배합시 물-결합재비에 관한 설명 중 옳지 않은 것은?

① 물-결합재비는 소요의 강도, 내구성, 수밀성 및 균열저항성 등을 고려하여 정한다.
② 제빙화학제가 사용되는 콘크리트의 물-결합재비는 45% 이하로 하여야 한다.
③ 콘크리트의 수밀성을 기준으로 물-결합재비를 정할 경우, 그 값은 50% 이하로 하여야 한다.
④ 콘크리트 탄산화 저항성을 고려해야 하는 경우 물-결합재비는 45% 이하로 하여야 한다.

해설 콘크리트 탄산화 저항성을 고려해야 하는 경우 물-결합재비는 55% 이하로 하여야 한다.

12 시멘트의 종류별 특성에 대한 설명 중 틀린 것은?

① 백색 포틀랜드 시멘트는 보통 포틀랜드 시멘트 보다 산화철(Fe_2O_3) 양이 극히 적다.

정답 09. ④ 10. ② 11. ④ 12. ④

② 중용열 포틀랜드 시멘트는 일반적으로 조성광물 중 규산이석회 (C_2S) 양이 보통 포틀랜드 시멘트 보다 많다.
③ 고로 슬래그 시멘트 중 고로 슬래그는 잠재수경성을 갖고 있다.
④ 조강 포틀랜드 시멘트는 조강성을 얻기 위해 분말도가 보통 포틀랜드 시멘트 보다 작아야 한다.

해설 조강 포틀랜드 시멘트는 조강성을 얻기 위해 분말도가 보통 포틀랜드 시멘트 보다 커야 한다.

13 절대건조 상태에서 350g의 잔골재 시료가 표면건조 포화상태에서 364g, 공기중 건조상태에서는 357g이 되었다. 이 시료의 흡수율은?

① 2%   ② 3%
③ 4%   ④ 5%

해설
- 흡수율 = $\dfrac{364-350}{350} \times 100 = 4\%$
- 유효 흡수율 = $\dfrac{364-357}{357} \times 100 = 1.96\%$

14 시멘트의 수화에 영향을 주는 인자들에 관한 설명으로 옳은 것은?

① 시멘트의 분말도가 높을수록 수화반응속도가 빨라져서 응결이 빨리 진행된다.
② 단위수량이 클수록 응결이 빠르게 진행된다.
③ 포졸란계 혼화재료가 사용된 경우 CaO 성분이 줄어들므로 수화반응이 촉진된다.
④ 온도가 높을수록 응결이 지연된다.

해설
- 단위수량이 클수록 응결이 늦게 진행된다.
- 온도가 높을수록 응결이 빨라진다.
- 포졸란계 혼화재료가 사용된 경우 CaO(석회)가 줄어들므로 수화반응이 늦어진다.

15 혼화재의 품질시험에서 아래 표의 내용을 무엇이라고 하는가?

| 기준 모르타르의 압축강도에 대한 시험 모르타르의 압축강도의 비를 백분율로 나타낸 것 |

① 플로값 비   ② 활성도 지수
③ 안정도   ④ 길이 변화비

해설 활성도 지수 = $\dfrac{\text{재령의 공시체 압축강도}}{\text{각 재령의 기준 시멘트를 이용한 모르타르 압축강도}} \times 100$

[정답] 13. ③ 14. ① 15. ②

16. 콘크리트용 잔골재의 특성을 평가하기 위한 시험으로 거리가 먼 것은?

① 절대건조밀도 ② 흡수율
③ 안정성 ④ 마모율

해설 마모율은 굵은골재의 특성을 평가하기 위한 시험에 속한다.

17. 시멘트 밀도시험의 목적이 아닌 것은?

① 시멘트의 종류를 알 수 있다.
② 시멘트의 응결시간을 예측한다.
③ 콘크리트 배합계산 시 필요하다.
④ 시멘트의 풍화 정도를 알 수 있다.

해설 비카침, 길모어 침에 의해 시멘트의 응결시간을 예측한다.

18. 공기 연행제의 사용 목적과 효과에 대한 설명으로 틀린 것은?

① 굳은 콘크리트의 동결융해 저항성을 증대시키기 위해 사용한다.
② 유효공기량이 6% 이상이 되면 강도 발현이 현저히 증가한다.
③ 유효공기량은 2% 이하에서 동결융해의 저항성이 개선되지 않는다.
④ 굳지 않은 콘크리트의 작업성을 개량하여 콘크리트의 시공성을 좋게 한다.

해설 유효공기량이 6% 이상이 되면 강도 발현이 현저히 감소한다.

19. 콘크리트용 잔골재의 특징에 관한 설명으로 옳지 않은 것은?

① 잔골재의 함유될 수 있는 점토 덩어리의 최댓값은 1.5%이다.
② 잔골재의 안정성은 황산나트륨을 사용한 시험으로 평가한다.
③ 부순 골재의 씻기 시험에서 0.08mm체 통과량은 7% 이하이어야 한다.
④ 유기불순물 시험결과 잔골재 위에 있는 용액의 색깔은 표준색보다 엷어야 한다.

해설 잔골재의 함유될 수 있는 점토 덩어리의 최댓값은 1%, 굵은 골재는 0.25%이다.

정답 16. ④ 17. ② 18. ② 19. ①

20 굵은 골재의 최대치수가 20mm인 시료로 밀도 및 흡수율 시험(KS F 2503)을 실시하고자 한다. 1회 시험에 사용하는 시료의 최소 질량으로 옳은 것은? (단, 보통 골재를 사용한다.)

① 1kg
② 2kg
③ 4kg
④ 8kg

해설
- 1회 시험에 사용하는 시료의 최소 질량은 굵은 골재 최대치수(mm 표시)의 0.1배를 kg으로 나타낸 양으로 한다.
- 경량 굵은 골재의 경우 최소 질량(kg)

$$m_{min} = \frac{d_{max} \times D_e}{25}$$

여기서, d_{max} : 경량 굵은 골재의 최대치수(mm)
D_e : 경량 굵은 골재의 추정 밀도(g/cm³)

2과목 콘크리트 제조, 시험 및 품질관리

21 콘크리트는 신속하게 운반하여 즉시 타설하고 충분히 다져야 한다. 외기온도가 25°C 미만일 때 비비기로부터 타설이 끝날 때까지의 시간은?

① 1.5시간 이내
② 2시간 이내
③ 2.5시간 이내
④ 3시간 이내

해설 외기온도가 25°C 이상일 때 : 1.5시간 이내

22 동결융해 150사이클에서 상대동탄성계수가 60%일 때 동결융해에 대한 내구성 지수는 얼마인가? (단, 시험의 종료는 300사이클로 한다.)

① 100
② 60
③ 30
④ 15

해설
- 내구성 지수 $DF = \dfrac{PN}{M} = \dfrac{60 \times 150}{300} = 30$
- 내구성 지수가 클수록 내구성이 좋다.

23 레디믹스트 콘크리트의 구입자가 지정해야 할 사항이 아닌 것은?

① 단위수량의 하한치
② 골재의 종류
③ 시멘트의 종류
④ 굵은골재의 최대치수

해설 구입자는 굵은골재의 최대치수, 슬럼프 및 호칭강도 등을 지정한다.

[정답] 20. ② 21. ② 22. ③ 23. ①

24 굳은 콘크리트의 역학적 성질에 대한 설명으로 가장 거리가 먼 것은?

① 탄성계수는 압축강도가 클수록 크다.
② 인장강도와 압축강도는 어느 정도 비례한다.
③ 하중을 재하하여 응력-변형률 곡선을 그리면 거의 선형 곡선이 된다.
④ 압축강도용 공시체 가압면에 요철이 있으면 실제 강도보다 강도가 저하한다.

해설 콘크리트의 응력이 낮은 범위에서는 콘크리트는 거의 탄성적으로 거동하며 응력-변형률 곡선이 거의 직선을 이루고 변형률이 0.005까지는 응력-변형률 곡선이 거의 선형을 나타낸다.

25 강제식 믹서로 콘크리트의 비비기를 할 경우, 최소 비비기 시간은 얼마를 표준으로 하는가? (단, 비비기 시간에 대한 시험을 실시하지 않을 경우)

① 30초
② 1분
③ 1분 30초
④ 2분

해설
• 강제식 믹서 : 1분
• 가경식 믹서 : 1분 30초

26 압축강도에 의한 일반 콘크리트의 품질검사에 관한 설명 중 옳지 않은 것은? (단, 콘크리트 표준시방서의 규정에 의한다.)

① 품질기준강도로부터 배합을 정한 경우 각각의 압축강도 시험값이 품질기준강도보다 5.0MPa에 미달하는 확률이 1% 이하이어야 한다.
② 품질기준강도로부터 배합을 정한 경우 연속 3회 시험값의 평균이 품질기준강도 이상이어야 한다.
③ 공칭강도 및 품질기준강도는 기온보정강도값을 더한 값으로 한다.
④ 압축강도에 의한 콘크리트 품질관리는 일반적인 경우 조기 재령에 있어서의 압축강도에 의해 실시한다.

해설 각각의 압축강도 시험값이 품질기준강도보다 3.5MPa 이하로 내려갈 확률 1/100로 하여 정한 것이다.

정답 24. ③ 25. ② 26. ①

27 콘크리트 타설 후 응결 및 경화과정에서 나타나는 초기 소성수축 균열에 대한 설명으로 옳은 것은?

① 콘크리트 표면의 물의 증발속도가 블리딩 속도보다 빠른 경우 발생되는 균열이다.
② 콘크리트 표면 가까이에 있는 철근, 매설물 또는 입자가 큰 골재 등이 침하를 방해하기 때문에 나타난다.
③ 균열이 발생하여 커지는 정도는 블리딩이 큰 콘크리트일수록 높아진다.
④ 콘크리트 작업시 시공이음부의 레이턴스를 제거하지 않았을 때 나타난다.

해설
- 콘크리트를 친 후 건조한 외기에 노출시 표면건조로 수축현상이 생기며 이 수축현상이 건조되지 않는 내부 콘크리트에 의한 변형 구속 때문에 표면에 인장응력이 발생한다. 이렇게 발생된 인장응력이 콘크리트의 초기 인장강도를 초과하여 여러 방향의 미세한 균열인 소성수축균열을 발생하게 한다.
- 소성수축균열을 방지하기 위해서는 콘크리트 표면과 기타 부분과의 상대적인 체적변화의 폭을 줄이거나 분무 노즐을 사용하며 최종 마무리 작업중에 표면을 덮기 위한 플라스틱 시트를 사용한 차양설비를 한다.

28 통계적 품질관리 방법이 아닌 것은?

① 관리도법   ② 발취검사법
③ 표본조사   ④ 현장검사

해설 통계적 품질관리 방법은 관리도법, 발취검사법, 표본조사 등이 있다.

29 다음 중 콘크리트 비파괴시험으로 측정하거나 추정하지 않는 것은?

① 크리프 변형률   ② 압축강도
③ 동탄성계수   ④ 동결융해 저항성

해설 콘크리트에 일정한 하중을 지속적으로 작용하면 응력의 변화가 없어도 콘크리트의 변형은 시간의 경과와 함께 증가하는 성질을 크리프라 하며 크리프로 인하여 일어난 변형률을 크리프 변형률이라 한다.

30 콘크리트의 쪼갬 인장강도 시험에서 직경 150mm, 길이 300mm인 원주형 공시체를 사용한 경우 최대하중이 220 kN이었다면, 인장강도는?

① 3.1MPa   ② 3.5MPa
③ 4.2MPa   ④ 4.5MPa

해설 인장강도 $= \dfrac{2P}{\pi dl} = \dfrac{2 \times 220,000}{\pi \times 150 \times 300} = 3.1 \mathrm{MPa}$

정답 27. ① 28. ④ 29. ① 30. ①

03회 CBT 모의고사

31 굳지 않은 콘크리트의 단위용적질량 및 공기량 시험방법(질량방법)(KS F 2409) 중 진동기로 다질 경우에 대한 설명으로 틀린 것은?

① 시료를 용기의 1/3까지 넣고 진동기로 진동 다짐을 한다. 다음에 용기에서 넘칠 때까지 시료를 채우고 앞에서와 같이 진동기로 진동 다짐을 한다.
② 위층의 콘크리트를 다질 때 진동기의 앞끝이 거의 아래층의 콘크리트에 이르는 정도로 한다.
③ 진동시간은 콘크리트 표면에 큰 기포가 없어지는데 필요한 최소 시간으로 한다.
④ 다진 후에는 콘크리트 중에 빈 틈새가 남지 않도록 진동기를 천천히 빼낸다.

해설
- 시료를 용기의 1/2까지 넣고 진동기로 진동 다짐을 한다. 다음에 용기에서 넘칠 때까지 시료를 채우고 앞에서와 같이 진동기로 진동 다짐을 한다.
- 다짐 구멍이 없어지고 콘크리트 표면에 큰 기포가 보이지 않을 때까지 용기의 바깥쪽을 10회~15회 고무망치로 두들긴다.

32 콘크리트용 혼화제의 계량 허용오차는 몇 %인가?

① ±1%   ② ±2%
③ ±3%   ④ ±4%

해설
- 물 : -2%, +1%
- 시멘트 : -1%, +2%
- 혼화재 : ±2%
- 골재, 혼화제 : ±3%

33 레디믹스트 콘크리트에서 회수수 중 슬러지수를 혼합수로 사용하는 경우에 대한 설명 중 옳지 않은 것은?

① 슬러지수에 포함된 슬러지 고형분은 배합설계시 물의 질량에 포함되지 않는다.
② 슬러지수는 시험을 해야 하며 슬러지 고형분율이 3% 이하이어야 한다.
③ 슬러지 고형분이 많은 경우에는 단위수량을 감소시킨다.
④ 슬러지 고형분이 많은 경우에는 잔골재율을 감소시킨다.

해설
- 슬러지 고형분이 많은 경우에는 단위수량을 증가시킨다.
- 슬러지 고형분이 많은 경우에는 공기연행제 사용량을 증가시킨다.

정답 31. ① 32. ③ 33. ③

34 압력법에 의한 굳지 않은 콘크리트의 공기량 시험에 대한 설명으로 틀린 것은?

① 물을 붓고 시험하는 경우(주수법) 공기량 측정기의 용적은 적어도 7L 이상으로 한다.
② 시료를 용기에 채울 때 거의 같은 양으로 3층으로 채우고, 각 층은 다짐봉으로 25회씩 균등하게 다져야 한다.
③ 공기량 측정 종료 후에는 덮개를 떼기 전에 주수구와 배수구를 양쪽으로 열고 압력을 푼다.
④ 콘크리트의 공기량은 측정한 콘크리트의 겉보기 공기량에서 골재 수정계수를 뺀 값으로 구한다.

해설 용적은 물을 붓고 시험하는 경우(주수법) 적어도 5L로 하고, 물을 붓지 않고 시험하는 경우(무주수법)는 7L 정도 이상으로 한다.

35 믹서의 효율을 시험하기 위하여 콘크리트 중의 모르타르의 단위용적질량의 차 및 단위 굵은골재량의 차의 시험을 수행하여야 한다. 굵은골재의 최대치수가 25mm인 경우 각 부분에서 채취하는 시료의 양은 얼마인가?

① 10L
② 20L
③ 25L
④ 50L

해설 굵은골재의 최대치수가 20mm 이하일 경우에는 각 부분에서 채취하는 시료의 양은 20L로 한다.

36 콘크리트의 골재에 관한 설명으로 틀린 것은?

① 모래 및 자갈의 밀도는 $2.65 \sim 2.70 \text{g/cm}^3$ 정도이다.
② 골재의 형태는 구형이면서 표면이 매끈한 것이 좋다.
③ 바다모래를 씻어서 사용하면 콘크리트의 강도에는 큰 영향이 없다.
④ 골재의 표면수의 영향은 굵은 골재에 의한 것보다 잔골재에 의한 것이 크다.

해설 골재의 형태는 구형이면서 표면이 거친 것이 좋다.

37 단면적이 10000mm^2인 콘크리트 공시체가 압축강도 시험에 의해서 270kN에서 파괴되었다면, 이 콘크리트의 압축강도는?

① 21.0MPa
② 24.0MPa
③ 27.0MPa
④ 30.0MPa

해설 압축강도 $= \dfrac{P}{A} = \dfrac{270000}{10000} = 27.0 \text{N/mm}^2 = 27.0 \text{MPa}$

정답 34. ① 35. ③ 36. ② 37. ③

38. 굵은 골재의 최대치수, 잔골재율, 잔골재의 입도, 반죽질기 등에 따르는 마무리하기 쉬운 정도를 나타내는 굳지 않은 콘크리트의 성질을 나타내는 용어는?

① 성형성(plasticity)
② 마감성(finishability)
③ 시공연도(workability)
④ 반죽질기(consistency)

해설
- **성형성**: 거푸집 형태에 충전하기 쉬운 정도
- **워커빌리티**: 재료 분리 없이 운반, 타설, 다지기, 마무리 등의 작업의 용이 정도
- **반죽질기**: 주로 수량의 다소에 의해 좌우되는 굳지 않은 콘크리트, 굳지 않은 모르타르, 굳지 않은 시멘트 페이스트의 변형 또는 유동에 대한 저항성

39. 동결융해 작용에 대한 내구성에 관한 내용으로 틀린 것은?

① 동결되지 않은 물의 압력이 높아져서 콘크리트 속에 미세균열이 발생한다.
② 물-결합재비가 큰 콘크리트는 동결융해에 대한 저항성이 증가한다.
③ AE 콘크리트는 수압이 공기포로 완화되기 때문에 동결융해 작용에 대한 저항성이 증가한다.
④ 인공경량골재를 사용한 콘크리트의 동결융해 작용에 대한 내구성은 보통 콘크리트보다 좋지 않다.

해설 물-결합재비가 작은 콘크리트는 동결융해에 대한 저항성이 증가한다.

40. 4점 재하법에 의한 콘크리트의 휨강도 시험방법(KS F 2408)에 관한 사항 중 틀린 것은?

① 지간은 공시체 높이(공칭값)의 3배로 한다.
② 시험기는 시험 시 최대 하중이 용량의 1/3에서 최대 용량까지의 범위에서 사용한다.
③ 파괴 단면의 너비는 3곳에서 0.1mm까지 측정하여, 그 평균값을 소수점 이하 첫째자리에서 끝맺음 한다.
④ 공시체가 인장쪽 표면의 지간 방향 중심선의 4점의 바깥쪽에서 파괴된 경우는 그 시험 결과를 무효로 한다.

해설
- 시험기는 시험 시 최대 하중이 용량의 1/5에서 최대 용량까지의 범위에서 사용한다.
- 파괴 단면의 높이는 2곳에서 0.1mm까지 측정하여, 그 평균값을 소수점 이하 첫째자리에서 끝맺음 한다.

정답 38. ② 39. ② 40. ②

3과목 콘크리트의 시공

41 시방배합 설계 결과 단위잔골재량이 600kg/m³, 단위굵은골재량이 1,200kg/m³이었다. 골재의 체가름시험 결과, 현장의 잔골재는 5mm체에 남는 것을 2% 포함하며, 굵은골재는 5mm체를 통과하는 것을 4% 포함하고 있다. 이 경우 시방배합을 현장배합으로 수정하여 단위잔골재량 x 와 단위굵은골재량 y 를 구하면?

① $x=562$kg/m³, $y=1,238$kg/m³
② $x=574$kg/m³, $y=1,226$kg/m³
③ $x=600$kg/m³, $y=1,200$kg/m³
④ $x=636$kg/m³, $y=1,164$kg/m³

해설
- $x = \dfrac{100S - b(S+G)}{100-(a+b)} = \dfrac{100 \times 600 - 4(600+1,200)}{100-(2+4)} = 562$kg/m³
- $y = \dfrac{100G - a(S+G)}{100-(a+b)} = \dfrac{100 \times 1,200 - 2(600+1,200)}{100-(2+4)} = 1,238$kg/m³

42 포장용 콘크리트 재료인 굵은골재를 마모시험한 결과 시험 전 시료의 질량이 10,000g, 시험 후 1.7mm체에 남는 시료의 질량 6,730g, 시험 후 1.2mm체에 남는 시료의 질량 6,850g이었다. 이 골재의 마모율은?

① 31.5% ② 32.7%
③ 46.0% ④ 48.6%

해설
마모율 $= \dfrac{10,000 - 6,730}{10,000} \times 100 = 32.7\%$

43 고강도 콘크리트의 특성에 대한 설명으로 틀린 것은?

① 보통강도를 갖는 콘크리트에 비해 재령에 따른 강도발현이 빠르게 나타나면서 늦게까지 강도증진이 이루어진다.
② 고강도 콘크리트는 부배합이므로 시멘트 대체 재료인 플라이애시, 고로 슬래그 분말 등을 같이 사용하는 경우가 많다.
③ 고강도 콘크리트의 설계기준 압축강도는 일반적으로 40MPa 이상으로 하며, 고강도 경량골재 콘크리트는 27MPa 이상으로 한다.
④ 고강도 콘크리트는 설계기준 압축강도가 높은 반면에 내구성은 낮으므로 해양 콘크리트 구조물에는 부적절하다.

해설
- 고강도 콘크리트는 설계기준 압축강도와 내구성이 커 해양 콘크리트 구조물에는 적절하다.
- 고강도 콘크리트에 사용되는 굵은골재의 최대치수는 25mm 이하로 한다.

정답 41. ① 42. ② 43. ④

44. 시공이음에 대한 설명으로 틀린 것은?

① 시공이음은 부재의 압축력이 작용하는 방향과 수평이 되게 설치한다.
② 시공이음은 될 수 있는 대로 전단력이 적은 위치에 설치한다.
③ 바닥틀과 일체로 된 기둥 또는 벽의 시공이음은 바닥틀과의 경계 부근에 설치하는 것이 좋다.
④ 수평시공이음부가 될 콘크리트 면은 경화가 시작되면 되도록 빨리 쇠솔이나 잔골재 분사 등으로 면을 거칠게 하며 충분히 습윤상태로 양생하여야 한다.

해설
- 시공이음은 부재의 압축력이 작용하는 방향과 직각이 되게 설치한다.
- 바닥틀의 시공이음은 슬래브 또는 보의 지간 중앙 근처에 설치하는 것이 보통이다.

45. 유동화 콘크리트에 대한 설명으로 틀린 것은?

① 유동화 콘크리트의 배합에서 슬럼프 증가량은 100mm 이하를 원칙으로 하며, 50~80mm를 표준으로 한다.
② 유동화 콘크리트의 재유동화는 원칙적으로 할 수 없다.
③ 유동화제는 물에 희석하여 사용하고, 미리 정한 소정의 양을 3회 이상 나누어 첨가하여야 한다.
④ 품질관리에서 베이스 콘크리트 및 유동화 콘크리트의 슬럼프 및 공기량 시험은 50m³마다 1회씩 실시하는 것을 표준으로 한다.

해설 유동화제는 원액으로 사용하고 미리 정한 소정의 양을 한꺼번에 첨가하며 계량은 질량 또는 용적으로 계량하고 그 계량오차는 1회에 3% 이내로 한다.

46. 수밀 콘크리트의 연속타설시간 간격은 외기온이 25℃ 이하일 때 몇 시간 이내로 하여야 하는가?

① 1시간
② 1시간 30분
③ 2시간
④ 2시간 30분

해설 연속타설시간 간격은 외기온도가 25℃를 넘었을 경우에는 1.5시간, 25℃ 이하일 경우에는 2시간을 넘어서는 안 된다.

정답 44. ① 45. ③ 46. ③

47 숏크리트 코어 공시체(ϕ10×10cm)로부터 채취한 강섬유의 질량이 30.8g이었다. 강섬유 혼입률(부피기준)을 구하면? (단, 강섬유의 단위질량은 7.85g/cm³이다.)

① 5% ② 3%
③ 1% ④ 0.5%

해설
- 강섬유의 체적 $\gamma = \dfrac{W}{V}$ $\therefore V = \dfrac{W}{\gamma} = \dfrac{30.8}{7.85} = 3.9\text{cm}^3$
- 채취된 공시체 체적 $V = A \cdot H = \dfrac{3.14 \times 10^2}{4} \times 10 = 785\text{cm}^3$
- 강섬유 혼입률 : $\dfrac{3.9}{785} \times 100 = 0.5\%$

48 숏크리트에 대한 설명으로 틀린 것은?

① 건식 숏크리트는 배치 후 45분 이내에 뿜어붙이기를 실시하여야 한다.
② 일반 숏크리트의 장기 설계기준압축강도는 재령 28일로 설정하며 그 값은 24MPa 이상으로 한다.
③ 숏크리트의 휨강도 및 휨인성의 성능 목표는 재령 28일 값을 기준으로 설정하여야 한다.
④ 습식 숏크리트는 배치 후 60분 이내에 뿜어붙이기를 실시하여야 한다.

해설 일반 숏크리트의 장기 설계기준압축강도는 재령 28일로 설정하며 그 값은 21MPa 이상으로 한다. 단, 영구 지보재 개념으로 숏크리트를 타설할 경우에는 설계기준압축강도를 35MPa 이상으로 한다.

49 콘크리트 다지기에 대한 설명으로 틀린 것은?

① 콘크리트 다지기에는 내부진동기의 사용을 원칙으로 한다.
② 재진동을 실시할 경우에는 초결이 일어난 후에 하여야 한다.
③ 내부진동기는 천천히 빼내어 구멍이 나지 않도록 사용해야 한다.
④ 내부진동기는 연직으로 찔러 넣으며 삽입간격은 일반적으로 0.5m 이하로 하는 것이 좋다.

해설
- 재진동을 실시할 경우에는 초결이 일어나기 전에 하여야 한다.
- 얇은 벽과 같이 내부진동기의 사용이 곤란한 장소에서는 거푸집 진동기를 사용한다.

정답 47. ④ 48. ② 49. ②

50. 매스콘크리트의 수화열 저감을 위하여 사용되는 시멘트가 아닌 것은?

① 중용열 포틀랜드 시멘트
② 고로 슬래그 시멘트
③ 플라이 애시 시멘트
④ 알루미나 시멘트

해설 단위시멘트량을 적게 하여 발열량을 감소시킨다.

51. 다음은 서중 콘크리트의 시공에 대한 설명이다. 옳지 않은 것은?

① 콘크리트를 타설할 때의 콘크리트 온도는 35℃ 이하이어야 한다.
② 콘크리트 타설은 콜드 조인트가 생기지 않도록 하여야 한다.
③ 콘크리트는 비빈 후 1.5시간 이내에 타설하여야 한다.
④ 콘크리트 타설 후 양생은 3일 정도 실시하는 것이 바람직하다.

해설
- 타설 후 적어도 24시간은 노출면이 건조하는 일 없이 습윤상태를 유지하며, 또 양생은 적어도 5일 이상 실시한다.
- 거푸집을 떼어낸 후에도 양생기간 동안은 노출면을 습윤상태로 유지한다.
- 단위 시멘트량을 적게 하여야 한다.
- 타설 전에 지반, 거푸집 등을 습윤상태로 유지한다.
- 배합온도는 낮게 유지해야 한다.

52. 일반 콘크리트의 운반은 비비기에서 치기까지 신속하게 진행되어야 한다. 외기온도가 25℃ 이상인 경우 비비기에서 타설이 완료될 때까지 몇 시간을 넘어서는 안 되는가?

① 1.0시간
② 1.5시간
③ 2시간
④ 2.5시간

해설 외기온도가 25℃ 미만인 경우는 2시간을 넘어서는 안 된다.

53. 일반적으로 수중 콘크리트를 시공할 때 시멘트가 물에 씻겨서 흘러 나오지 않도록 사용하는 기계·기구는?

① 트레미
② 밑열림 상자
③ 밑열림 포대
④ 벨트 컨베이어

해설 트레미는 콘크리트를 타설하는 동안 하반부가 항상 콘크리트로 채워져 트레미 속으로 물이 침입하지 않도록 하여야 하며 트레미는 콘크리트를 타설하는 동안 수평 이동시킬 수 없다.

정답 50. ④ 51. ④ 52. ② 53. ①

54 일반 콘크리트의 표면마무리에 대한 설명으로 옳지 않은 것은?

① 시공이음이 미리 정해져 있지 않을 경우에는 직선상의 이음이 얻어지도록 시공하여야 한다.
② 미리 정해진 구획의 콘크리트 타설은 연속해서 일괄작업으로 끝마쳐야 한다.
③ 콘크리트 면의 마무리 두께가 7mm 이상 또는 바탕의 영향을 많이 받지 않는 마무리의 경우 평탄성은 1m당 10mm 이하를 유지하여야 한다.
④ 제물치장 마무리 또는 마무리 두께가 얇은 경우에는 1m당 7mm 이하의 평탄성을 유지하여야 한다.

해설
- 제물치장 마무리 또는 마무리 두께가 얇은 경우에는 3m당 7mm 이하의 평탄성을 유지하여야 한다.
- 콘크리트 면의 마무리 두께가 7mm 이하 또는 양호한 평탄함이 필요한 경우 평탄성은 3m당 10mm 이하를 유지하여야 한다.
- 노출 콘크리트에서 균일한 노출면을 얻기 위해서는 동일 공장제품의 시멘트, 동일한 종류 및 입도를 갖는 골재, 동일한 배합의 콘크리트, 동일한 콘크리트 타설 방법을 사용하여야 한다.

55 한중 콘크리트에 대한 설명으로 틀린 것은?

① 한중 콘크리트의 배합시 물-결합재비는 원칙적으로 60% 이하로 하여야 한다.
② 초기양생에서 소요 압축강도가 얻어질 때까지 콘크리트의 온도를 5℃ 이상으로 유지하여야 하며, 또한 소요 압축강도에 도달한 후 2일간은 구조물의 어느 부분이라도 0℃ 이상이 되도록 유지하여야 한다.
③ 적산온도방식을 적용할 경우 5℃에서 28일간 양생한 콘크리트는 10℃에서 14일간 양생한 콘크리트와 강도가 거의 동일하다.
④ 보통의 노출상태에 있는 콘크리트의 초기양생은 콘크리트 강도가 5MPa 될 때까지 실시한다.

해설 적산온도 방식을 적용할 경우 5℃에서 28일간 양생한 콘크리트는 10℃에서 14일간 양생한 콘크리트와 강도가 다르다.

56 콘크리트의 탄산화 대책으로 적절하지 않은 것은?

① 양질의 골재를 사용한다.
② 철근 피복두께를 확보한다.
③ 물-결합재비를 작게 한다.
④ 투기성이 큰 마감재를 사용한다.

해설 투기성이 작은 마감재를 사용한다.

정답 54. ④ 55. ③ 56. ④

57 방사선 차폐용 콘크리트에 관한 설명으로 틀린 것은?

① 방사선 유출검사는 공사시방서에 따른다.
② 설계에 정해져 있지 않은 이음은 설치할 수 없다.
③ 현장 품질관리는 일반 콘크리트에서 정한 기준을 표준으로 한다.
④ 이어치기 부분에 대하여 기밀이 최대한 유지될 수 있는 방안을 강구하여야 한다.

해설 방사선 차폐용 콘크리트에서 요구되는 성능 중 경화 후의 콘크리트 밀도, 결합수량 등의 성능 이외는 일반 콘크리트에서 규정하고 있는 방법에 따라 시험하면 된다.

58 수밀 콘크리트의 배합 및 시공에 관한 일반적인 설명으로 틀린 것은?

① 팽창재를 사용하여 수축균열을 방지한다.
② 일반 콘크리트보다 잔골재율 및 단위 굵은 골재량을 되도록 작게 한다.
③ 콘크리트의 워커빌리티를 개선시키기 위해 공기연행제를 사용하는 경우라도 공기량은 4% 이하가 되도록 한다.
④ 누수 원인이 되는 건조수축 균열의 발생이 없도록 시공하여야 하며, 0.1mm 이상의 균열 발생이 예상되는 경우 누수를 방지하기 위한 방수를 검토하여야 한다.

해설
• 단위수량 및 물-결합재비는 되도록 적게 하고, 단위 굵은 골재량은 되도록 크게 한다.
• 물-결합재비는 50% 이하를 표준으로 한다.
• 콘크리트의 소요 슬럼프는 되도록 적게 하여 180mm를 넘지 않도록 하며, 콘크리트 타설이 용이할 때에는 120mm 이하로 한다.

59 거푸집 설계 시 고려사항으로 틀린 것은?

① 콘크리트의 모서리는 미관을 고려하여 가급적 직각을 유지해야 한다.
② 거푸집은 조립 및 해체가 용이해야 하며 모르타르가 새어 나오지 않는 구조이어야 한다.
③ 구조물의 거푸집에 대해서는 책임기술자가 요구하는 경우 구조설계도서를 제출하여 승인받아야 한다.
④ 필요한 경우에는 거푸집의 청소, 검사 및 콘크리트 타설에 편리하도록 적당한 위치에 일시적인 개구부를 만들어야 한다.

정답 57. ③ 58. ② 59. ①

[해설] 콘크리트 모서리가 파손 방지 및 미관을 고려하여 특별히 지정하지 않은 경우라도 콘크리트의 모서리는 모따기가 될 수 있는 구조이어야 한다.

60 팽창 콘크리트에서 팽창재의 1회 계량오차는?

① 1% 이내　　② 2% 이내
③ 3% 이내　　④ 4% 이내

[해설] 팽창재는 다른 재료와 별도로 질량으로 계량하며, 그 오차는 1회 계량분량의 1% 이내로 하여야 한다.

4과목 콘크리트 구조 및 유지관리

61 그림과 같은 단면의 보에서 $f_{ck}=21$MPa일 때, 보통 중량 콘크리트가 분담하는 설계전단강도(ϕV_c)는? (단, 강도감소계수 $\phi=0.75$이다.)

① 146.4kN
② 195.1kN
③ 496.4kN
④ 620.6kN

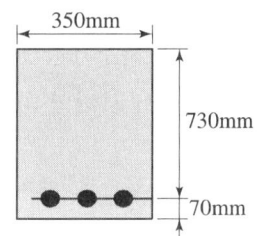

[해설] 콘크리트가 분담하는 설계전단강도(ϕV_c)

$$\phi V_c = \phi \frac{1}{6} \lambda \sqrt{f_{ck}}\, b_w\, d$$
$$= 0.75 \times \frac{1}{6} \times 1.0 \times \sqrt{21} \times 350 \times 730$$
$$= 146,356\text{N} = 146.4\text{kN}$$

62 압축이형철근의 이음에 관한 규정 중 틀린 것은?

① 서로 다른 크기의 철근을 압축부에서 겹침이음시 굵은 철근의 겹침이음길이를 적용한다.
② 겹침이음길이는 f_y가 400MPa 이하인 경우 $0.072 f_y d_b$ 이상 또한 300mm 이상이어야 한다.
③ f_{ck}가 21MPa 미만일 경우에는 겹침이음길이를 1/3 증가시켜야 한다.
④ 단부지압이음은 폐쇄 띠철근, 폐쇄 스터럽 또는 나선철근을 배치한 압축부재에서만 사용한다.

[해설] 서로 다른 크기의 철근을 압축부에서 겹침이음하는 경우 이음길이는 크기가 큰 철근의 정착길이와 크기가 작은 철근의 겹침이음길이 중 큰 값 이상으로 한다.

63 PS 강선이 갖추어야 할 일반적인 성질로 옳지 않은 것은?

① 인장강도가 높아야 한다.
② 적당한 연성과 인성이 있어야 한다.
③ 직선성(直線性)이 우수해야 한다.
④ 릴랙세이션이 가능한 커야 한다.

해설
- 릴랙세이션이 작아야 한다.
- 부착강도가 커야 한다.
- 항복비가 커야 한다.

64 프리스트레스트 콘크리트에 대한 설명으로 틀린 것은?

① 긴장재가 부착되기 전의 단면 특성을 계산할 경우 덕트로 인한 단면적의 손실을 고려하여야 한다.
② 프리스트레스를 도입하자마자 일어나는 즉시손실의 원인은 정착장치의 활동, PS 강재와 쉬스 사이의 마찰, 콘크리트의 탄성변형이 있다.
③ 프리텐션 방식은 긴장재를 곡선으로 배치하기가 어려워 대형부재의 제조에는 적합하지 않다.
④ 균등질 보의 개념은 프리스트레싱의 작용과 부재에 작용하는 하중을 비기도록 하는 데 목적을 둔 개념이다.

해설
- **응력 개념(균등질 보의 개념)**
  프리스트레스가 도입되면 콘크리트 부재가 탄성재료로 전환되어 이에 대한 해석이 탄성이론으로 가능하다.
- **하중평형 개념(등가하중 개념)**
  프리스트레싱의 작용과 부재에 작용하는 하중을 평형이 되게 하는 개념이다.

65 다음 콘크리트 압축강도 평가법 중 가장 신뢰성이 높은 방법은?

① 코어 압축강도시험
② 초음파속도법
③ 인발시험
④ 반발경도방법

해설 직접 시험대상의 구조물에서 코어를 채취하여 압축강도 시험을 하므로 가장 신뢰성이 높다.

정답 63. ④ 64. ④ 65. ①

66 그림과 같은 프리스트레스트 콘크리트 단순보에 PS 강선을 포물선으로 배치했을 때 중앙점에서 PS 강선의 편심은 100mm이고, 양지점에서는 0이었다. PS 강선을 4,000kN으로 인장할 때 생기는 등분포 상향력 U는?

① 11.6kN/m
② 15.0kN/m
③ 18.5kN/m
④ 22.2kN/m

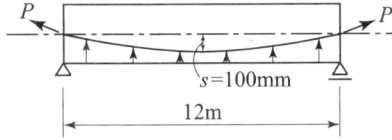

해설
$$P \cdot s = \frac{U \cdot l^2}{8}$$
$$\therefore U = \frac{8P \cdot s}{l^2} = \frac{8 \times 4000 \times 0.1}{12^2} = 22.2 \text{kN/m}$$

67 다음 중 콘크리트 타설 후 가장 빨리 발생하는 균열은?

① 소성수축균열
② 건조수축균열
③ 알칼리골재반응에 의한 균열
④ 온도균열

해설 소성수축균열(플라스틱 수축균열)은 콘크리트 치기 작업에서 표면마감 전이나 마감 후에 급속히 건조가 이루어져 표면에 균열이 생기는 것이다.

68 중성화 속도계수가 $9\text{mm}/\sqrt{년}$인 콘크리트 구조물이 16년 경과한 시점의 중성화 깊이는? (단, 예측식의 변동성을 고려한 안전계수는 1로 가정한다.)

① 12mm
② 36mm
③ 48mm
④ 144mm

해설 $X = A\sqrt{t} = 9\sqrt{16} = 36\text{mm}$

69 콘크리트의 강도를 진단하는 시험으로 거리가 먼 것은?

① 코아테스트
② 반발경도법
③ 투수성시험
④ 부착강도시험

해설
- **직접법**: 코아테스트
- **간접법**: 반발경도법, 인발법, 초음파법, 공진법등이 있다.

정답 66. ④ 67. ① 68. ② 69. ③

70 탄소섬유 보강공법의 시공 순서가 올바른 것은?

① 프라이머 및 수지 도포 → 균열 보수 및 패칭 처리 → 보호 코팅 → 섬유시트 부착
② 균열 보수 및 패칭 처리 → 프라이머 및 수지 도포 → 보호 코팅 → 섬유시트 부착
③ 프라이머 및 수지 도포 → 균열 보수 및 패칭 처리 → 섬유시트 부착 → 보호 코팅
④ 균열 보수 및 패칭 처리 → 프라이머 및 수지 도포 → 섬유시트 부착 → 보호 코팅

해설 먼저 균열 부위를 보수하고 프라이머 도포한 후 섬유시트 부착하고 마지막으로 보호 코팅처리를 한다.

71 복철근 직사각형 보의 $A_s{'}$=1,927mm², A_s=4,765mm²이다. 등가 직사각형 블록의 응력 깊이(a)는? (단, f_{ck}=28MPa, f_y=350MPa이다.)

① 139mm
② 147mm
③ 158mm
④ 167mm

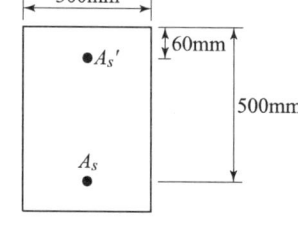

해설
$$a = \frac{(A_s - A_s{'})f_y}{\eta(0.85f_{ck})b}$$
$$= \frac{(4765-1927)350}{1.0 \times (0.85 \times 28) \times 300}$$
$$= 139mm$$

72 일반적으로 정사각형 확대기초에서 전단에 대한 위험단면은? (단, d는 확대기초의 유효높이이고, 2방향 전단이 발생하는 경우)

① 기둥의 전면
② 기둥의 전면에서 $\frac{d}{2}$만큼 떨어진 면
③ 기둥 전면에서 d만큼 떨어진 면
④ 기둥의 전면에서 기둥 두께만큼 안쪽으로 떨어진 면

정답 70. ④ 71. ① 72. ②

해설 확대기초에서 2방향 전단이 발생하는 경우 2방향 슬래브와 같이 위험단면은 기둥 전면에서 $\dfrac{d}{2}$만큼 떨어진 면으로 본다.

73 강도설계법으로 설계시 기본 가정에 어긋나는 것은?
① 철근과 콘크리트의 변형률은 중립축에서의 거리에 비례한다.
② 콘크리트 압축측 상단의 극한 변형률은 0.003으로 가정한다.
③ 철근 변형률이 항복 변형률(ε_y) 이상일 때 철근의 응력은 변형률에 관계없이 f_y와 같다고 가정한다.
④ 휨응력 계산에서 콘크리트의 인장강도는 압축강도의 1/10로 계산한다.

해설 휨응력 계산에서 콘크리트의 인장강도는 무시한다.

74 그림과 같은 보에 최소 전단철근을 배근하려고 한다. 전단철근의 간격을 200mm로 할 때 최소 전단철근량은? (단, f_{ck} =24MPa, f_y =350MPa이다.)

① 52.5mm²
② 56.8mm²
③ 60.0mm²
④ 64.7mm²

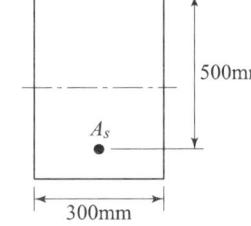

해설
$$A_{v,\min} = 0.35\dfrac{b_w s}{f_{yt}} = 0.35 \times \dfrac{300 \times 200}{350}$$
$$= 60.0\text{mm}^2$$

75 콘크리트 염해에 대한 설명 중 틀린 것은?
① 콘크리트 내 함수율이 높을수록 염화물이온의 확산계수비는 커진다.
② 부식반응은 애노드 반응과 캐소드 반응이 조합된 반응이다.
③ 염화물이온에 의한 철근 부식은 산소와 수분, 중성화가 동반되어야만 발생한다.
④ 해안에 가까울수록 염해가 발생할 가능성은 커진다.

해설
- 알칼리 성분의 용출과 중성화에 의해서 콘크리트 중의 알칼리성이 저하되고 콘크리트 중의 각종 유해성분이 혼입되면 철근은 활성태로 되어 부식하기 쉽게 되며 그 중에서도 염화물 이온이 그 작용이 가장 강하다.
- 콘크리트 중의 수분은 강한 알칼리성 환경을 가지고 있기 때문에 철근의 표면에 부동태 피막이라고 하는 얇은 산화피막을 형성하고 부동태화되어 있기 때문에 철근은 부식작용으로부터 보호되고 있다.

76. 옹벽의 안정에 대한 설명으로 틀린 것은?

① 전도에 대한 저항휨모멘트는 횡토압에 의한 전도모멘트의 1.5배 이상이어야 한다.
② 활동에 대한 저항력은 옹벽에 작용하는 수평력의 1.5배 이상이어야 한다.
③ 전도 및 지반지지력에 대한 안정조건은 만족하지만, 활동에 대한 안정조건만을 만족하지 못할 경우에는 활동 방지벽 혹은 횡방향 앵커 등을 설치하여 활동저항력을 증대시킬 수 있다.
④ 지반에 유발되는 최대 지반반력이 지반의 허용지지력을 초과하지 않아야 한다.

해설 전도에 대한 저항 휨모멘트는 횡토압에 의한 전도모멘트의 2배 이상이어야 한다.

77. 콘크리트의 동결융해에 대한 저항성을 설명한 내용으로 틀린 것은?

① 콘크리트 표면으로부터 서서히 열화가 진행된다.
② AE 콘크리트에서는 기포의 직경이 클수록 동결융해에 대한 저항성이 크게 된다.
③ 다공질 골재를 사용하는 등 골재의 흡수성이 큰 경우에는 동결융해에 대한 저항성이 작게 된다.
④ 밀실하고 균질한 콘크리트가 얻어지도록 필요한 워커빌리티를 확보하고 충분히 다짐하면 동결융해에 대한 저항성이 높아진다.

해설 AE 콘크리트에서는 기포의 직경이 작을수록 동결융해에 대한 저항성이 크게 된다.

78. 재하시험에 의해 기존 구조물의 안전성 평가를 하고자 할 때 재하하중에 대한 아래 설명에서 ( )에 적합한 수치는?

> 건물의 휨 부재에 대한 재하시험에서 재하할 시험하중은 해당 구조 부분에 작용하고 있는 고정하중을 포함하여 설계하중의 ( )% 이상이어야 한다.

① 65
② 75
③ 85
④ 95

해설 건물에서 부재의 안전성을 재하시험 결과에 근거하여 직접 평가할 경우에는 보, 슬래브 등과 같은 휨부재의 안전성 검토에만 적용할 수 있다.

정답 76. ① 77. ② 78. ④

79 아래에서 설명하는 균열의 보수기법은?

> 발생된 균열이 멈추어 있거나 구조적으로 중요하지 않을 경우에는 균열에 sealant를 채워 넣음으로써 보수할 수 있다. 이 보수 방법은 비교적 간단하게 시행될 수 있으나 계속 진전되고 있는 균열에는 효과를 발휘하기 어렵다.

① 봉합법
② 짜깁기법
③ 에폭시 주입법
④ 보강철근 이용방법

해설
- 봉합법 보수방법은 발생된 균열이 멈추어 있거나 구조적으로 중요하지 않을 경우에는 균열 부위에 봉합재를 채워 넣는 방법으로 비교적 간단하게 할 수 있다.
- 짜깁기법 보수방법은 균열을 완전히 봉합할 수는 없지만 더 이상 진전되는 것을 막을 수 있다.
- 보강철근 이용방법은 교량 거더 등의 균열에 구멍을 뚫고 에폭시를 주입하며 철근을 끼워넣어 보강하는 방법이다.
- 에폭시 주입법은 균열부위에 수지로 채우게 되어 수밀성이 증대된다.

80 콘크리트 균열에 대한 보수재료 또는 보수공법이 아닌 것은?

① 에폭시
② 주입공법
③ 증설공법
④ 실리카 퓸

해설 콘크리트 구조물의 보강공법으로는 강판접착공법, FRP 접착공법, 탄소섬유 접착공법, 단면증설공법, 프리스트레스 도입공법 등이 있다.

정답 79. ① 80. ③

콘크리트산업기사 필기 5개년 과년도 1200제

정가 | 22,000원

지은이 | 고 행 만
펴낸이 | 차 승 녀
펴낸곳 | 도서출판 건기원

2022년 9월 15일 제1판 제1인쇄
2022년 9월 20일 제1판 제1발행

주소 | 경기도 파주시 연다산길 244(연다산동 186-16)
전화 | (02)2662-1874~5
팩스 | (02)2665-8281
등록 | 제11-162호, 1998. 11. 24

• 건기원은 여러분을 책의 주인공으로 만들어 드리며 출판 윤리 강령을 준수합니다.
• 본 수험서를 복제 · 변형하여 판매 · 배포 · 전송하는 일체의 행위를 금하며, 이를 위반할 경우 저작권법 등에 따라 처벌받을 수 있습니다.

ISBN 979-11-5767-693-4   13530